JN219861

MATERIALS INTEGRATION FOR STRUCTURAL MATERIALS DESIGN

マテリアルズインテグレーションによる構造材料設計ハンドブック

監修・編集委員長

出村 雅彦

監修・編集委員

榎 学

渡邊 誠

岡部 朋永

井上 純哉

源 聡

NTS

刊行に寄せて

2014年，内閣府の総合科学技術会議(当時。現在の総合科学技術イノベーション)が主導する形で，新たに戦略的イノベーション創造プログラム(SIP)が立ち上がった。10の課題の1つに選ばれたのが「革新的構造材料」である。この課題では，航空機を主な対象として日本の部素材産業の競争力を強めるべく，革新的な機体・エンジン向けの材料開発に挑んだ。その中でPDとして強く主張してテーマに加えたのが「マテリアルズインテグレーション」である。

振り返ると，2011年，米国ではMaterials Genome Initiative(MGI)と呼ばれるデータ駆動で材料開発を進めていく国家プロジェクトが開始された。今からは想像ができないと思うが，当時，日本においてデータ科学を活用した材料の研究開発を実施している研究者は一握りであり，AIやビッグデータは材料とは関係ないと多くの材料研究者は考えていた。そのような中で，米国がMGIを立ち上げたことは日本でも大きな驚きを持って受け止められ，次第にデータ科学を材料開発に取り入れる必要性が認識されるようになってきたと見ることができるだろう。

SIPで革新的構造材料のプロジェクトを構想するときに，データ科学，そして，威力を発揮し始めていた計算科学を大きく取り入れることは必須であると強く確信していた。議論を重ね，「プロセス，構造，特性，性能までを計算機でつなぐ」，「データ科学を大胆に取り入れる」といった骨格が出来上がり，これに基づいて新しく「マテリアルズインテグレーション」という概念を打ち立てた次第である。

SIPは社会実装が強く意識されるため，仮説段階であった「マテリアルズインテグレーション」を概念実証するテーマを入れることには，いろいろと議論があったことは事実である。しかし，時代背景，私自身の強い確信に基づいて，このテーマが入らなければPDをやる意味がないという覚悟で主張し，テーマを構成してきた。それだけに，このテーマにはひときわ，思い入れが強い。

幸い，SIP第1期「革新的構造材料」では，東京大学とNIMSがうまく連携して，概念実証を果たしてくれた。鉄鋼溶接部を対象としてプロセス，構造，特性，性能が計算機の上でつながることをいくつかの事例で示すことができている。その上で，これを実装していくためのシステムのプロトタイプも完成した。その成果を受けて，SIP第2期では，マテリアルズインテグレーションを中心に産学連携の新しい形を作っていくマテリアル課題が立ち上がることになった。それが「統合型材料開発システムによるマテリアル革命」である。立ち上げに関わった後，PD のバトンを三島良直先生に渡した。マテリアルズインテグレーションは，SIP 第 2 期において成熟を遂げ，コンソーシアムなどの形で，産業界で生かされようとしている。

本ハンドブックによって，マテリアルズインテグレーションの現時点での達成をお伝えできることに感慨を覚える次第である。そのうえで，これを手にされた産業界，アカデミアからのご意見をいただきながら，マテリアルズインテグレーションの考え方が広がっていくことを大いに期待したい。

時代はさらに進み，生成 AI のパワーが世の中を席巻している。マテリアル分野にも大きなインパクトがあると考えられる。このような中でも，マテリアルズインテグレーションの概念が，再び時代の先端を掴む基盤となることを確信して，筆をおく。

2024 年

初代プログラムディレクター（PD）　岸　輝雄
東京大学名誉教授／国立研究開発法人物質・材料研究機構名誉理事長

監修：執筆者一覧（敬称略）

【監修・編集委員長】

出村　雅彦　国立研究開発法人物質・材料研究機構　技術開発・共用部門　部門長

【監修・編集委員】

榎　　学　東京大学　大学院工学系研究科　教授

渡邊　誠　国立研究開発法人物質・材料研究機構　構造材料研究センター　副センター長

岡部　朋永　東北大学　大学院工学研究科　教授

井上　純哉　東京大学　生産技術研究所　教授

源　　聡　国立研究開発法人物質・材料研究機構
技術開発・共用部門材料データプラットフォーム　プラットフォーム長

【執筆者（掲載順）**】**

岸　輝雄　東京大学名誉教授／国立研究開発法人物質・材料研究機構名誉理事長

毛利　哲夫　北海道大学名誉教授

出村　雅彦　国立研究開発法人物質・材料研究機構　技術開発・共用部門　部門長

榎　　学　東京大学　大学院工学系研究科　教授

山崎　和彦　JFE スチール株式会社　スチール研究所薄板研究部　主任研究員

白岩　隆行　東京大学　大学院工学系研究科　講師

愛須　優輝　株式会社 UACJ　マーケティング・技術本部 R&D センター基盤研究部
材料基盤研究室　研究員

一谷　幸司　株式会社 UACJ　マーケティング・技術本部 R&D センター基盤研究部
材料基盤研究室　室長

井上　純哉　東京大学　生産技術研究所　教授

永田　賢二　国立研究開発法人物質・材料研究機構　マテリアル基盤研究センター
材料設計分野データ駆動型材料設計グループ　主任研究員

井元　雅弘　株式会社神戸製鋼所　技術開発本部材料研究所材質制御研究室

糟谷　　正　東京大学　大学院工学系研究科　特任研究員

鳥形　啓輔　株式会社 IHI　技術開発本部技術基盤センター材料・構造技術部　副主任研究員

阿部　大輔　株式会社 IHI　技術開発本部技術基盤センター先進生産プロセス技術部　主任研究員

南部　将一　東京大学　大学院工学系研究科　准教授

伊津野仁史　国立研究開発法人物質・材料研究機構　技術開発・共用部門材料データプラットフォームデータ活用ユニット　特別研究員

横堀　壽光　帝京大学　先端総合研究機構　特任教授

尾関　　郷　帝京大学　先端総合研究機構　講師

近藤　隆明　日産自動車株式会社　材料技術部　主担

奥野　好成　株式会社レゾナック　計算情報科学研究センター　フェロー/計算情報科学研究センター長

渡邊　　誠　国立研究開発法人物質・材料研究機構　構造材料研究センター材料創製分野副センター長

北野　萌一　国立研究開発法人物質・材料研究機構　構造材料研究センター　主幹研究員

野本　祐春　国立研究開発法人物質・材料研究機構　構造材料研究センター　NIMS 特別研究員

片桐　淳　国立研究開発法人物質・材料研究機構　構造材料研究センター　NIMS 特別研究員

伊藤　海太　国立研究開発法人物質・材料研究機構　マテリアル基盤研究センター材料設計分野材料モデリンググループ　主任研究員

北嶋　具教　国立研究開発法人物質・材料研究機構　構造材料研究センター　主幹研究員

小泉雄一郎　大阪大学　大学院工学研究科　教授

鳥塚　史郎　兵庫県立大学　大学院工学研究科　教授

青柳　健大　東北大学　金属材料研究所　助教

岩崎　勇人　川崎重工業株式会社　技術開発本部　部長

戸田　佳明　国立研究開発法人物質・材料研究機構　マテリアル基盤研究センター材料設計分野材料モデリンググループ　主幹研究員

ディープ冴　国立研究開発法人物質・材料研究機構　マテリアル基盤研究センター材料設計分野データ駆動型材料設計グループ　研究員

長田　俊郎　国立研究開発法人物質・材料研究機構　構造材料研究センター材料創製分野超耐熱材料グループ　グループリーダー

小山　敏幸　名古屋大学　大学院工学研究科　教授

ブルガリビッチ　ドミトリー
国立研究開発法人物質・材料研究機構　構造材料研究センター　NIMS特別研究員

源　　聡　国立研究開発法人物質・材料研究機構　技術開発・共用部門　材料データプラットフォーム　プラットフォーム長

大澤　真人　国立研究開発法人物質・材料研究機構　構造材料研究センター　NIMS特別研究員

川岸　京子　国立研究開発法人物質・材料研究機構　構造材料研究センター　グループリーダー

近藤　勝義　大阪大学　接合科学研究所複合化機構学分野　教授

設樂　一希　一般財団法人ファインセラミックスセンター　ナノ構造研究所　上級研究員

千葉　晶彦　東北大学名誉教授／東北大学　未来科学技術共同研究センター　特任教授／島根大学　先端マテリアル研究開発協創機構　特任教授

川越　吉晃　東北大学　大学院工学研究科航空宇宙工学専攻　助教

菊川　豪太　東北大学　流体科学研究所　准教授

樋口　　諒　東京大学　大学院工学系研究科　准教授

横関　智弘　東京大学　大学院工学系研究科　教授

岡部　朋永　東北大学　大学院工学研究科　教授

門平　卓也　国立研究開発法人物質・材料研究機構　技術開発・共用部門材料データプラットフォーム　副プラットフォーム長

芦野　俊宏　東洋大学　国際学部国際地域学科　教授

原　　徹　国立研究開発法人物質・材料研究機構　構造材料研究センター　微細組織解析グループ　グループリーダー

横田　秀夫　国立研究開発法人理化学研究所　光量子工学研究センター画像情報処理研究チーム　チームリーダー

山下典理男　国立研究開発法人理化学研究所　光量子工学研究センター画像情報処理研究チーム　客員研究員

道川　隆士　国立研究開発法人理化学研究所　光量子工学研究センター画像情報処理研究チーム　上級研究員

吉澤　　信　国立研究開発法人理化学研究所　光量子工学研究センター画像情報処理研究チーム　上級研究員

古城　直道　関西大学　システム理工学部　教授

廣岡　大祐　関西大学　システム理工学部　准教授

赤木　和人　東北大学　材料科学高等研究所　准教授

三島　良直　国立研究開発法人日本医療研究開発機構　理事長

目　次

第0章　マテリアルズインテグレーションについて

第1節　統合型材料開発システム

毛利　哲夫

第2節　マテリアルズインテグレーションの考え方

出村　雅彦

第3節　本ハンドブックの狙いと全体構成

出村　雅彦

第1章　順問題/逆問題解析による鉄鋼材料およびAl合金の特性予測と設計

第1節　マテリアルズインテグレーションにおける順問題/逆問題の考え方

榎　学

第2節　高強度/延性を有する複合組織鋼の最適組織の探索手法

山崎　和彦／白岩　隆行

第3節　高強度/延性を有する 7000 系アルミ合金の製造条件設計

愛須　優輝／一谷　幸司／井上　純哉／永田　賢二

第4節　高強度鋼の接合プロセス最適化

井元　雅弘／糟谷　正

第5節　耐熱鋼の接合プロセス最適化

鳥形　啓輔／阿部　大輔／南部　将一／出村　雅彦／伊津野　仁史／横堀　壽光／尾関　郷

第６節　逆解析を用いた中高炭素鋼における溶接条件最適化技術

第７節　高温強度/延性を有する 2000 系アルミ合金の製造条件設計

第２章　順問題/逆問題解析による先進構造材料プロセスと力学特性の予測

第１節　レーザ三次元積層造形プロセスに関連した予測技術

第２節　三次元積層造形プロセスに適した新規合金組成探索

第０章

マテリアルズインテグレーションについて

第1節　統合型材料開発システム

北海道大学名誉教授　毛利　哲夫

1. はじめに

現代社会において経済と科学技術は不可分の関係にある。成長の停滞が喧伝される日本の経済を立て直し，将来にわたって持続的な発展を促すためには，科学技術のイノベーションとそれらを速やかに社会に実装していくための all Japan 体制による国家プロジェクトとしての取り組みが必須である。内閣府総合科学技術・イノベーション会議(CSTI：Council for Science, Technology and Innovation)は，このような考え方に基づいて，総合的・基本的な科学技術・イノベーション政策の企画立案と総合政策を行うことを旨とし，日本の科学技術全体を主導すべく，「政府全体の科学技術関係予算の戦略的策定」，「革新的研究開発推進プログラム(ImPACT)」，「戦略的イノベーション創造プログラム(SIP)」という「三本の矢」(内閣府ホームページ)の施策を打ち出した。

この中の「戦略的イノベーション創造プログラム(SIP：Cross-ministerial Strategic Innovation Promotion Program)」は，「科学技術イノベーション総合戦略」および「日本再興戦略」に基づき創設されたが，2014年度に第1期を開始，10の課題が取り上げられ(2015年度から1課題が追加され，最終は11課題)，5年間のプロジェクトの終了後，2018年度開始の第2期の12課題に引き継がれ，5年の取り組みを経た後，2023年度より第3期へと継承されている。

2. 統合型材料開発システムによるマテリアル革命の成果について

本書で取り上げるのは，2018年度にスタートし2022年度をもって終了した第2期の12課題の1つ，「統合型材料開発システムによるマテリアル革命」の成果である。本課題では，三島良直プログラム ディレクター(現・国立研究開発法人日本医療研究開発機構 理事長，元・東京工業大学 学長)の下，43機関(産：5 学：24 国研：4，2023年3月の終了時)が参画し，後述する12個の課題に挑戦した。2022年5月に公表されている研究開発計画書によると，その意義・目標として「我が国が高い競争力を有してきた材料分野において，AIを駆使した材料開発手法の刷新に向けて諸外国で集中投資が行われ，ものづくりが大変革を迎えている。こうした手法が海外で先行して確立されると，我が国がそのための材料提供の役割に甘んじ，プレゼンスを急速に損なうことが危惧される。諸外国との競争を勝ち抜くために，産学官が協働して研究開発を加速することが必要不可欠である。我が国が開発してきたマテリアルズインテグレーションの素地を活かし，欲しい性能から材料・プロセスをデザインする「逆問題」に対応した次世代型マテリアルズインテグレーションシステム(MIシステム)を世界に先駆けて開発するとともに，MIシステムを活用して，競争力ある革新的な高信頼性材料の開発や設計・製造・評価技術の確立に取り組み，発電プラント用材料や航空用材料などを出口に先端的な構造材料・プロセスの事業化を目指す。さらに日本が蓄積してきた材料データベースの活用や新たなプロセス・評価技術に対応したデータベースの充実を図るなど，サイバーとフィジカルが融合した新たな材料開発による「マテリアル革命」を加速する」とある。遡ること2014年，SIP第1期は岸輝雄プログラム ディレクター(東京大学名誉教授)の下，「革新的構造材料」なるタイトルを掲げ，「航空機用樹脂の開発とCFRPの開発」，「耐熱合金・金属間化合物の開発」，「セラミックス基複合材料の開発」，「マテリアルズインテグレーション」という4つの領域の研究課題に取り組んだが，第2期はこれらを引き継ぐ形で，MIシステムの構築へと具体化していくのが大きな目的であった。MIはMaterials Informaticsの略として使われることが多いが，本プロジェクトのMIはMaterials Integrationsであり，MIシステムとは，「材料工学手法に実験及び理論計算に基づいたデータ科学を活用して，計算機上でプロセス・組織・特性・性能をつないで材料開発を加速する統合型材料開発システム」というのが正式な定義である。計算機上で材料の諸事象をバーチャルに再現することで，材料開発の時間短縮・コスト低減を主目的としている。

3. 4つのシステム

本プロジェクトでは4つのシステムを開発したが，その全貌が**図1**である。図1に示すように，43の参画機関をA領域：逆問題MI基盤，B領域：逆問題MIの実構造材料への適用(CFRP)，C領域：逆問題MIの実構造材料への適用(粉末・3D積層)の3領域に分け，さらにA領域はA1からA5に，B領域はB1からB3に，そしてC領域はC1からC5の計12チームに分かれて図中に記された課題に挑戦した(C3は2020年度で終了)。そして，A3を除くA領域の4チームとC1およびC2チームが一体となってMInt(Materials Integration by network technology)を，A3とB領域の3チームはCoSMIC(Comprehensive System for Materials Integration of CFRP)を，さらにC4チームとC5チームはそれぞれが独自にstand-aloneのシステムを開発したが，これらの4つのシステムを総称してMIシステムと呼んでいる。本書は，これらの中で中核となった2つの基幹システム，MIntとCoSMICに関して，学術的内容，システム概要，データ構造・解析，そして社会実装に関して紹介するものである。

MIntとCoSMICの違いは，前者は広範な構造用金属合金材料を対象にしているのに対して，後者は構造用複合材料，特にCFRP(Carbon Fibre Reinforced Plastics)に特化している点である。対象とする空間スケールや，ターゲットとする特性を比較したのが**図2**である。MIntでは電子状態や結晶構造を陽に取り扱わないために，空間スケール域はいわゆるメソスケール(内部組織，微細組織)以上に限定されているが，対象とする物質はFe合金，Al合金，Ni合金と広範であり，また，特性も強度，疲労，破壊など材料強度学のほぼ全領域をカバーし，加えて，粉末を始めとするプロセスシミュレーション迄踏み込んでいる。いわゆる，材料開発の要諦であるProcessing-Structure-Properties-Performance(PSPP)の連環を計算機上で具現

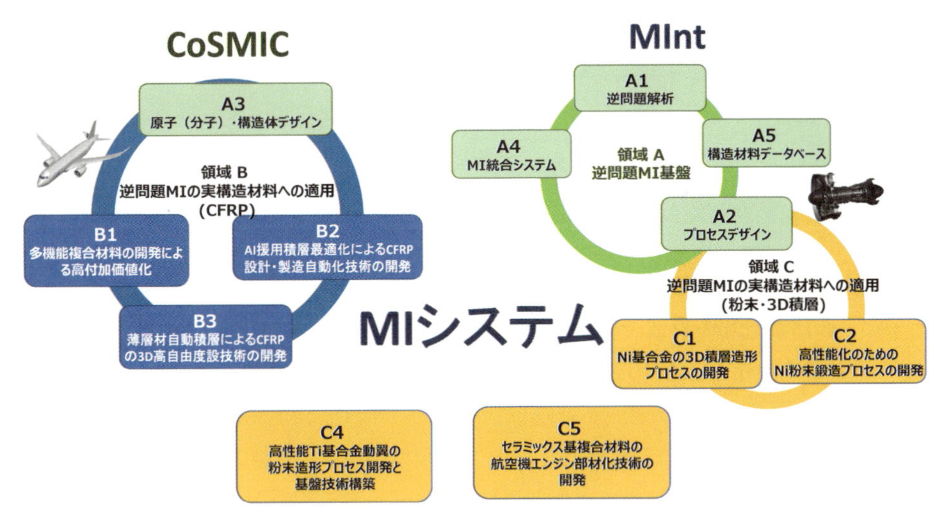

MInt（Materials Integration by network technology）は構造用金属合金材料を，CoSMIC（Comprehensive System for Materials Integration of CFRP）はCFRPを，そしてC4とC5（共にチーム名）は次世代耐熱材料と次世代複合材料を対象にしたシステムである。本書では，MintとCoSMICに関して紹介を行う

図1　4つのシステムから構成されるMIシステム

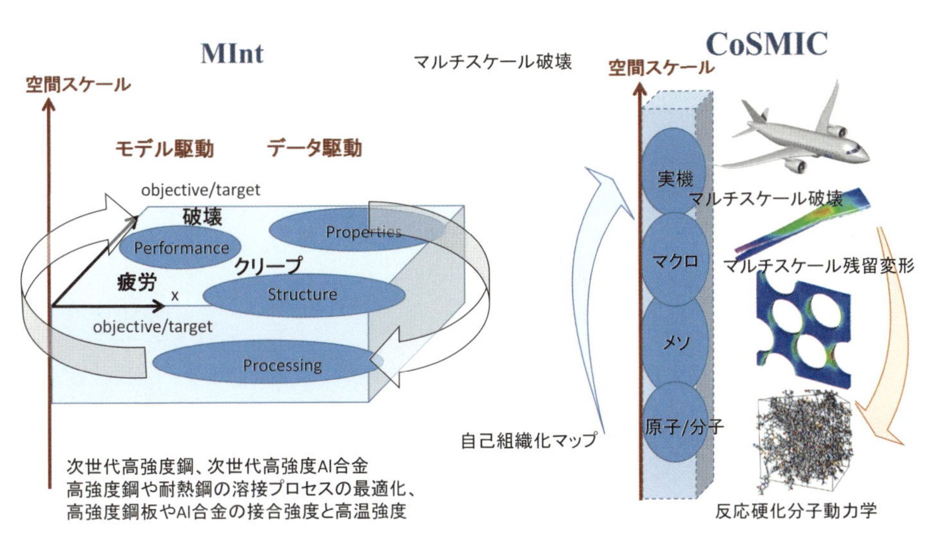

MIntは，対象とする金属合金の種類や，取り扱う機械的特性において広がりを持ち，モデル駆動，データ駆動の手法を駆使して順解析・逆解析を遂行することができる
CoSMICは，CFRPに限定されているが，ターゲットとする空間スケールは電子・原子から実機迄を対象にしたマルチスケール性を特徴としており，反応分子動力学計算など12本のスパコン用プログラムを搭載している

図2　MIntとCoSMIC

化し，Processing から Performance への順解析と，Performance から Processing へと遡る逆解析の双方向性を兼ね備えたシステムである。

これに対して CoSMIC は，対象とする物質は CFRP に限定しているが，空間スケールは原子・分子からマクロ，実機に至っており，分子動力学計算や有限要素解析など，各スケールの代表的計算手法を網羅するマルチスケール計算を実行する。上に述べた PSPP の連環はミクロからマクロを往復する連環と捉えることもできるが，その意味において，CoSMIC も順・逆双方向性を備えたシステムである。

MInt はいわば手造りのシステムであり，関係者の努力によって，CPU の地道な増強やセキュリティ対策の強化などを実現し，37 の計算モデュールと，これをユーザーの目的に応じて自在につなぐ 24 のワークフローが完備している。一方の CoSMIC は東北大学のスーパーコンピューター AOBA を基幹の計算機とし，12 の大規模計算プログラムを搭載しているが，中小規模の強度計算の要素プログラムは個別にワークステーションなどで動かすべく，スパコンから in-house の PC まで，ハード・ソフトの階層構造を構成している。

MInt，CoSMIC 共に産学共同で開発されてきたシステムであるが，プロジェクト終了後の持続的な発展を期すためには，ユーザーコミュニティの拡大を図り，情報共有の場を提供すると共に，多様な業種の要望・要請をシステムの拡充に反映させていくことが必要である。このような考え方に基づいて，MInt に関しては 2022 年 11 月に MI コンソーシアム（この段階の企業会員 9 社）が，CoSMIC に関しても同年 5 月に CoSMIC コンソーシアム（企業会員 19 社）が設立された。MI コンソーシアムでは，搭載モデュールやワークフローに対する解説を含めた MInt セミナーを鋭意開催しており，すでに 15 回（2024 年 9 月段階）を数えている。一方，このような共通のシステムを使って材料開発を行うためには，企業にとっては差別化が必須である。これは，両システムのオープン・クローズド戦略の考え方とも軌を一にする課題である。

以下の各章で，両システムの背後にある学理，ハード・システム，社会実装などが紹介されるが，本書が本プロジェクトで開発した MI システムのさらなる普及に資することを祈念するものである。本プロジェクトの正式名称は「統合型材料開発によるマテリアル革命」であるが，本稿の題目を「統合型材料開発システム」としたのは，マテリアル「革命」はこのプロジェクトと共に終了したものではなく，本 MI システムのさらなる改良と進化・普及のうえに，材料開発の諸現場で達成されることへの期待と希望を込めたものである。

4. おわりに

最後に，本システムの開発に対して，ハードからソフトに至るまで多くの研究者・技術者の普段の努力がなされたことを記し，プログラムディレクターとして 5 年間にわたり本プロジェクトを率いてこられた三島良直先生，第 1 期ではプログラムディレクターを，そして第 2 期では顧問を務められた岸輝雄先生，さらに，研究推進法人である JST（国立研究開発法人科学技術振興機構）の参事役として本プロジェクトの統括，推進に尽力をされた竹村誠洋氏，評価を担当された吉田豊信先生（東京大学名誉教授）の 4 名を始め，関係各位に謝意を表して稿を閉じる。

第2節　マテリアルズインテグレーションの考え方

国立研究開発法人物質・材料研究機構　出村　雅彦

1. マテリアルズインテグレーションの概念

本稿ではマテリアルズインテグレーションの考え方について概説する。マテリアルズインテグレーションは内閣府 SIP「革新的構造材料」において初めて提唱された概念である[1]。関係者の議論を経て,「材料工学手法にデータ科学を活用して, 計算機上でプロセス・組織・特性・性能をつないで材料開発を加速する統合型材料開発システム」と定義された[2]。**図1**に定義(a)とともに概念図を示す。図1(b)では, プロセス, 組織, 特性, 性能を頂点に配置した4面体によってこれらの要素をつなぐという考え方を示している。この4面体は, 1990年代の米国において材料分野, 化学分野の大学人が集まって議論され, 両分野で共通する学問体系を表現するものとして提案された[3]。さまざまなアレンジはあるものの, 材料研究の全体を表現するものとして各所で使用されている。マテリアルズインテグレーションの定義にある「つなぐ」部分は辺で表現されており, マテリアルズインテグレーションはこの4面体全体を計算機で実現しようとするものといえる。

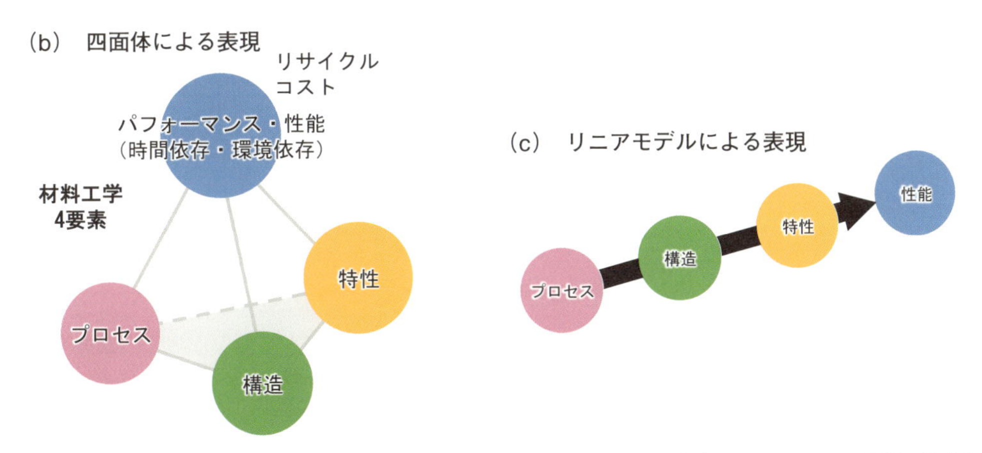

図1　マテリアルズインテグレーションにおける材料工学4要素(プロセス, 構造, 特性, 性能)の連関

これら4要素の連関を表現する方法としては，Cohenが提案した考え方[4]を，Olsonが拡張して図解したリニアモデル(図1(c))も有名である[5]。プロセスから構造を予測し，構造から特性を予測して，特性から性能を導くという流れを直線的に表現したもので，因果律を表現する理にかなった方法といえる。マテリアルズインテグレーションにおいても，プロセスから構造，特性を経て性能までを一貫して予測していくことを重視しており，その意味ではCohen-Olson型のリニアモデルも良い表現といえる。

リニアモデルと比べると，4面体表現(図1(b))は，一貫予測のパス以外にも，プロセスから直接，特性や性能を予測するパスも表現されている点で，より懐が広い表現となっている。構造を理解しながら特性や性能が予測できることは重要であるものの常に可能で，構造を経由しない連関についても表現できる点は4面体ならではといえるだろう。他にも，性能からプロセスを最適化する逆問題を解く局面では，プロセスと性能を直接，機械学習モデルで接続する場合もある。このようにより柔軟で幅広い連関が含まれることを念頭において，ここでは4面体をマテリアルズインテグレーションの概念を表現するものとして採用したい。

マテリアルズインテグレーションのもう1つのポイントは，データ科学と計算機の活用である。これは2024年現在としては，当然取り込むべき要素といって良いが，2014年当時においては，特にデータ科学の活用は先駆的な提言であったと考える。データ科学を活用する方向性はいくつかあり，因果律に沿った連関をつなぐという観点からは，大きく3つに大別できる。1つ目は，物理モデルが明確ではない連関について，実験データに基づいて機械学習によって繋いでいくという使い方である。マテリアルズインテグレーションは，第6章で述べるように産業界における材料開発に活用されることを重視しており，そのためには，物理がわかっている連関だけをつなぐということでは足りない。その観点から，機械学習に代表される統計モデルを大胆に取り入れていくことになる。2つ目の方向性は，物理モデルがある場合に予測性を高めるために用いるというものである。ここではデータ同化技術を用いて，実験データを再現するように材料定数を調整していくことになる。材料における物理モデルの多くは現象論でありモデルパラメータを含む。これを現実に合うように調整することで予測の精度を高めることができる。物理モデルと実験データを融合的に活用するためにデータ科学を用いる方向性である。3つ目は，予測の確からしさを定量化するためにデータ科学を用いるという方向性である。予測ができても確からしさについての情報がないと，予測に基づいた判断はなかなか難しい。特に，実験のコストが高い構造材料においては，確実な予測なのかどうかによって実験計画の立て方は変わる。予測の不確定性は従来，これまでに得られている実験データに対するフィッティング誤差で表現されることが多かった。しかし，本来知りたい不確定性は，未知のデータに対する予測性，統計数理で汎化性能と呼ばれる量である。データ科学には，確率的な予測を可能とするベイズ推定など，近似的に汎化性能を評価する学問的な枠組みが備わっている。これら3つの方向性に加えて，データ科学の活用は逆問題においても重要となるが，この点については[**2.**]で述べる。

以上，述べてきた2つのポイントを統合(＝インテグレーション)という概念でまとめてみたい。まず，プロセス，構造，特性，性能をつなぐという点についてである。実用的な課題を念頭におくと，部分的な連関を明らかにすることだけでは不十分である。そのため，複数の連関を統合していき，プロセスから性能までを一貫予測することが必要となる。この点は，[2.]で述べるように，因果を遡る逆問題を考えるときにも重要となる。もう1つのデータ科学・計算科学の活用は，実験データ，既存のデータベース，物理法則，経験則，これらに基づく計算シミュレーションをデータ科学によって統合的に用いると表現できる。このほか第6章で詳述するように産学連携の観点でマテリアルズインテグレーションは結節点となることが期待されている。この観点についても，産業界と学術界とが統合(融合)的に社会課題解決に取り組んでいくためのマテリアルズインテグレーションという言い方ができるだろう。このように統合(=インテグレーション)というキーワードはこれからの材料開発において重要であり，この点を強調する意図がマテリアルズインテグレーションという名称に込められていると筆者は考えている。

最後に，プロセス，構造，特性，性能という4要素について，述べておく。これらの概念は一般的に受け入れられているものではあるものの，具体的に考えていくとそれぞれが示す内容については，多少，揺れがある。金属材料を溶解・凝固する場合を考えてみよう。溶解や凝固はプロセスであることは明確であるが，それでは化学組成はどうか。仕込み組成は研究者・開発者が制御できるので，これをプロセスに入れるのは合理的にみえる。一方で，凝固後に化学分析して特定した平均組成についてはどうか。これは原子の配列についての平均的な情報を与えているという考え方に立つ構造ということになるだろう。このように同じ化学組成であってもプロセス，構造のどちらに属すべきかについて揺れがあるようにみえる。この例を通して考えると，プロセスは制御可能であるが構造は直接制御できないとする分け方が，わかりやすい指標になるかもしれない。しかし，この分け方も，仕込み組成と分析組成の値が一致し，両者が実際上同じ値と見なせるような実験の場合には明瞭ではなくなるだろう。他にも，特性と性能の定義があいまいになりやすい。この2つに類似するものとして，物性という用語もある。まず，物性は物質が有する性質と定義できる。ここで物質は役に立つかどうかは問われない。一方，材料は使われることが前提であって，その用途に必要な物性を特性と呼ぶことにするのが，1つのわかりやすい定義であろう。そして，材料が実際に使われる場面，環境や部品において発揮されるべき材料の性質が，性能ということになるだろう。構造材料においては，環境や時間に依存する性質，腐食，疲労，クリープに関する性質を性能と呼ぶという考え方が1つの整理となる。ここまで4要素の定義に関して補足してきたが，厳密に定義することは難しいというのが実際である。本ハンドブックにおいても，執筆者や対象課題によって，どの情報をどの要素に属すると考えるかには，多少の揺れがあるだろう。

2. マテリアルズインテグレーションと材料開発

マテリアルズイングレーションの考え方に基づいて構築されたシステムが，MInt であり，CoSMIC である。これらの詳細な中身や材料課題への応用事例については，第1章以降で紹介される。ここでは，MInt に実装されたワークフローを例に取り上げて，マテリアルズインテグレーションが材料開発に活用されるイメージを共有したい。

マテリアルズインテグレーションから期待される効能の1つは，材料開発の高速化である。

たとえば，ニッケル基超合金における時効熱処理を最適化する課題を考えてみよう。この材料はニッケル固溶体相(γ)に金属間化合物相(γ')が析出した二相構造で高温強度を発揮する。析出物のサイズ，体積率が強度を支配し，これを制御する時効熱処理が重要なプロセスになっている。つまり，熱処理パターンがγ/γ'二相構造を決め，二相構造(γ'のサイズ，体積率，固溶元素濃度など)から高温強度が決まるという構図になっている。熱処理パターンを実験で最適化しようとすると，熱処理実験，ミクロ組織観察，高温機械試験を繰り返し実施する必要があり，時間とコストがかかる。具体的には，1つのパターンについて検証するには半月くらいの時間がかかる。これをマテリアルズインテグレーションの考え方に従って，計算機の上でプロセスから構造を経て，特性をつなぐと，半日以内に計算することも可能となる(**図 2**(a))。実際に，筆者らは，時効熱処理から二相組織を計算するモジュール，二相組織から強度を支配する特徴量を抽出するモジュール，特徴量から高温強度を計算するモジュールを開発し，これをつなげたワークフローを MInt 上で構築した[6]。このワークフローを用いることで，等温時効において，時効温度・時間軸で達成される強度をプロットするプロセスマップを作製できる(図 2(b))。このようなプロセスマップは最適な等温時効条件を決めるうえで大変便利なものであるが，実験を中心とした従来のやり方では作製することが困難であったものである。この成果については第 2 章で詳しく記述されている。

次に，当該ワークフローと AI を組み合わせた例[7]を紹介することで，マテリアルズインテグレーションを材料・プロセス開発に活用する型を示すことにしたい。材料・プロセスの開発とは欲しい性能から最適な材料・プロセスを設計することに他ならない。材料・プロセスが決まれば性能が決まるという因果律を逆に辿るという意味で，典型的な逆問題といえる。マテリアルズインテグレーションによって逆問題はどのように解析されていくかを示したのが**図 3**である。この図では MInt を例として記載しているが，基本的な考え方は CoSMIC でも共通である。まず，因果律に沿った順問題の解析方法，すなわち，材料・プロセスから性能を予測する計算手法を確立する。この予測手法は MInt ではワークフローという形で具現化される。次に，予測手法と最適化手法とを組み合わせて，欲しい性能を実現できる材料・プロセスを探索する。従来からある最適化手法に加えて，AI・コンピュータ科学・統計数理などの分野では様々な最適化アルゴリズムが研究されており，python，R などのプログラム言語のライブラリーとして実装されている。その多くは逐次最適化に分類される。この手法は，これまでのデータから目的に合致する可能性が高い条件を提案し，提案に沿って検証した結果をデータに加えるという作業を繰り返しながら，逐次的に最適化を進めていくというものである。提案を効率的に行う手法として，ベイズ最適化，モンテカルロ木探索などが有名である。

先に紹介したニッケル基超合金の例でいえば，高温強度をできるだけ高くするような時効熱処理パターンを設計するというのが，逆問題になるだろう。探索範囲を等温時効に限定すれば，プロセスマップを作製することで網羅的に検討できる。探索範囲をさらに拡大して，昇温や降温を許容することとした場合にはどうなるか。筆者らは，トータルの熱処理時間を決めて，その中で等温時効よりも高温強度を高くできるパターンを探す問題設定のもとで，**図 4**の枠組みで逆問題解析を実施した。詳しくは既報[7]に譲るが，時間を 10 分割，温度を 9 水準とした場合，取りうるパターンの数は 35 億(～9^10)を超える。例え計算ワークフローを確立したと

(a) MInt による研究加速

※ Ni基耐熱合金の熱処理プロセス最適化の事例

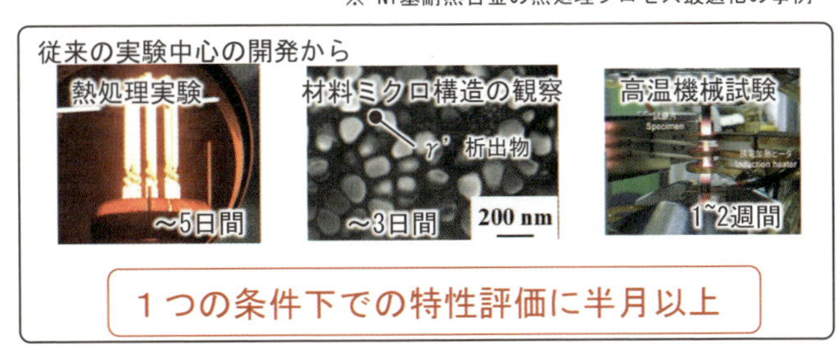

モジュール、ワークフローとしてデジタル化

MInt

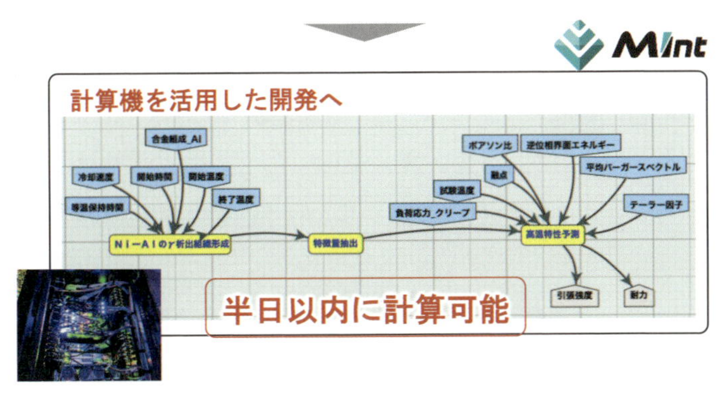

(b) 時効熱処理プロセスマップ作製例[6]

- **プロセスマップを用いれば**生産設備に合わせて製造条件を**容易に最適化**できる
- **実験では210条件の実施に5年以上の時間と膨大なコスト**がかかり事実上、プロセスマップの作成は困難。
- **MIntで製造工程をデジタル化して100倍以上高速化。**
- **熱処理プロセスマップの作成に成功。**

MInt　で求めたプロセスマップ

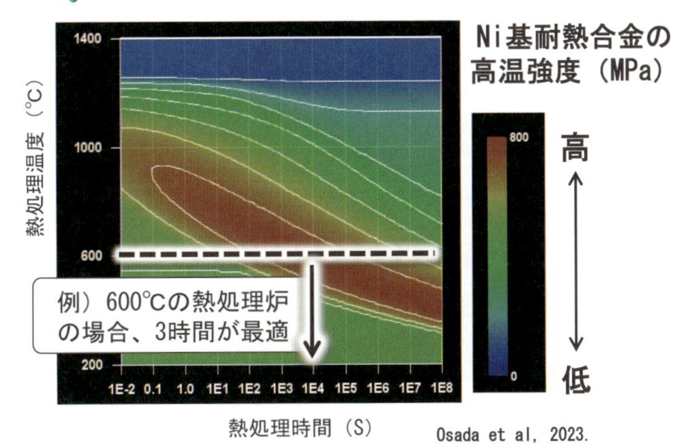

図2　マテリアルズインテグレーションの活用事例

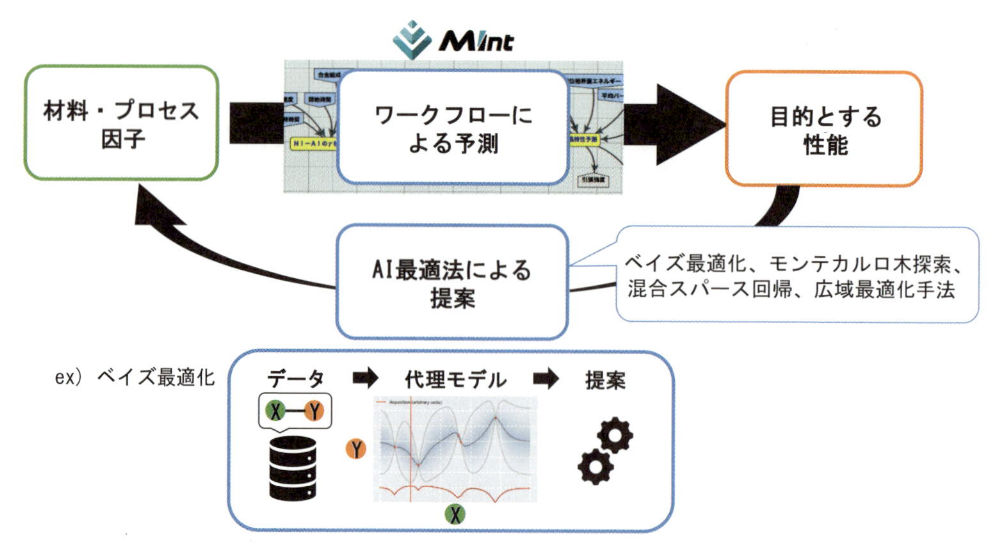

図3　マテリアルズインテグレーションにおける逆問題解析（MInt を例として）

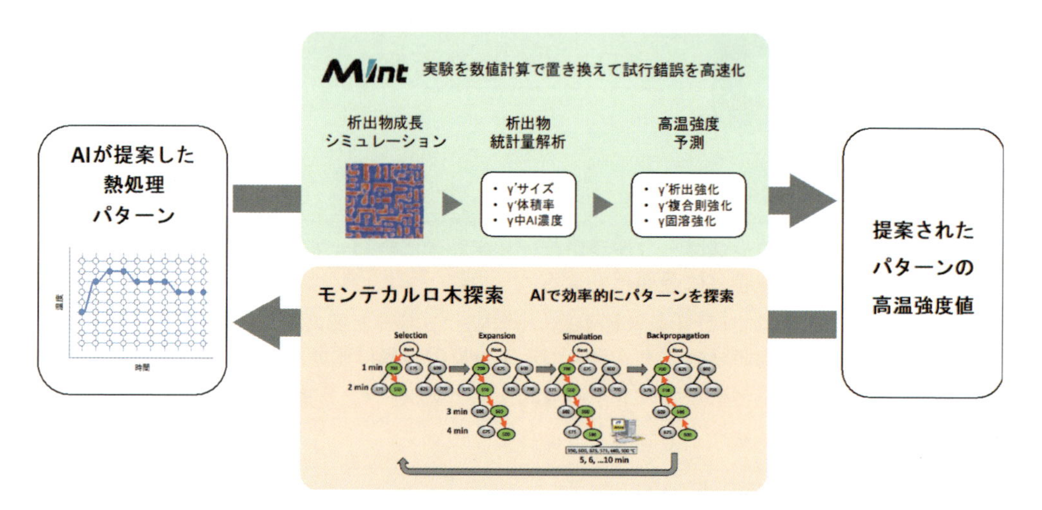

図4　逆問題解析事例：ニッケル基超合金モデル合金における時効熱処理方案を設計するための逐次最適化法

しても，これだけの数を全て検証できない。そのため最適化手法と組み合わせて効率的に探索していく必要がある。ここでは，将棋や囲碁などで膨大な組み合わせから有望な手を探索するために活用されているモンテカルロ木探索を用いた。この方法は，枝分かれするノードごとに有望かどうかを判定するためのスコアを設定し，それに基づいて先へ先へと手を伸ばしていく形で，膨大なパターンの中から有望なものを選ぶという AI 手法である。

AI による探索を実行したところ，等温時効を超える熱処理パターンを多数，発見できた。具体的には，逐次的に 1,620 パターンが提案され，その中から 110 個の等温時効を超えるパターンを見つけることができた。**図 5**(a)に AI が発見したパターンのうちトップ 5(以降 AI パターン)を示している。これまでニッケル基超合金の時効熱処理において等温時効以外のパ

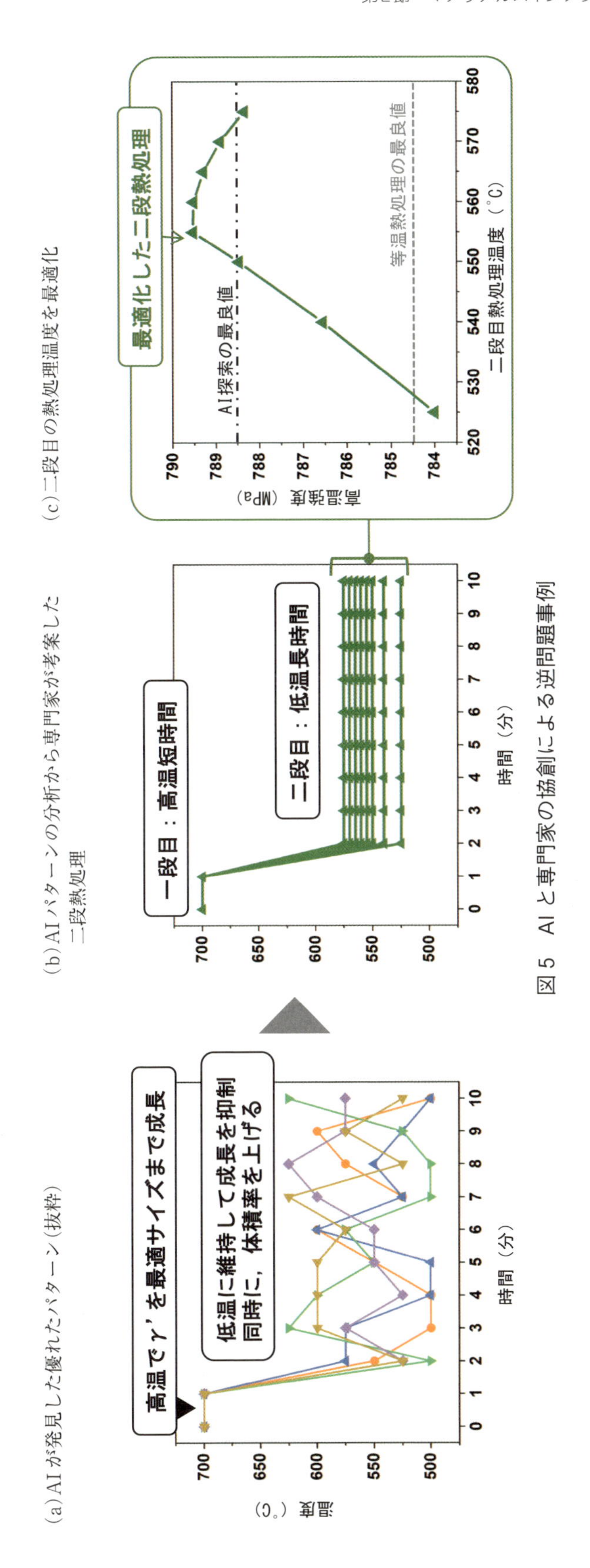

図5　AIと専門家の協創による逆問題事例

ターンが提案された例はなく，等温時効を超えるような熱処理パターンの存在が今回初めて明らかとなったといえる。

AIパターンは昇温と降温が一見，無秩序に組み合わされているようにみえる。しかし，中身を分析すると共通する特徴がみえてくる。まず，熱処理パターンそのものからは，初期に高温で短時間，熱処理するという共通点にすぐに気が付く。さらに，MIntシステムを用いて，各時間ステップにおける析出物(γ')のサイズと体積率を調べた。その結果，(1)初期の高温短時間の熱処理の間に40 nm付近まで粗大化が著しく進行し，(2)その後，温度が下がることで粗大化が抑制されていることがわかった。別に実施した，等温時効を超えることができなかったパターンの分析から，このモデル合金では析出物のサイズが41 nmを超えると強度が低下する傾向を見出した。いわゆる過時効が生じていると考えられる。これらの分析から，AIパターンは，高温短時間で臨界サイズまで粗大化させた後に，過時効を避けて温度を下げていることがわかってきた。次に，低温域で長時間保持されている間には，粗大化が抑制されつつ，体積率が緩やかに上昇していた。この体積率の向上は強度の増大に貢献していた。低温において体積率が上昇するのは，γ'が低温ほど熱力学的に安定であり，平衡体積率が高くなることに因る。以上の分析からは，AIパターンが実に巧妙な制御をしていることがわかる。すなわち，まず拡散が速い高温において短時間で析出物を最適なサイズ付近まで粗大化させた後，残りの時間を熱力学的により安定な低温で保持することによって体積率を最大化していると捉えることができる。

以上の分析から，低温域で保持する際に小刻みに昇温や降温を繰り返す必要はなく，高温短時間と低温長時間の2つの等温時効を組み合わせる二段熱処理(図5(b))で良いことがわかる。実際に，この着想に基づいて低温長時間の温度を最適化したところ，図5(c)に示したように，AIが発見したもっとも良いパターンよりも，さらに優れた熱処理パターンを設計することに成功している。このように，いわばAIと専門家のコラボレーションによって，新しい着想を得ながら，より優れた材料・プロセス条件を効率的に発見できることが今後期待される。

この例から，2つの点を学ぶことができる。1つは，構造を計算しておくことの大切さである。AIが発見した熱処理パターンの「意味」を理解するためには，γ'のサイズや体積率の時間発展を解析することが必要であった。構造の情報を取得できるようにしておくことで，AIによる最適化の結果を解釈でき，そのことがさらに良い解の発見につながる。2つ目に気づくことは，プロセスと接続することの大切さである。たとえば，構造と特性の連関だけで逆問題を解くこともできるが，その場合には自明な答えが出てくる場合が想定される。今回の事例でいえば，高温強度を高くするには，できるだけ体積率を高くし，γ'のサイズは過時効にならない臨界サイズを選ぶということになる。この解は逐次最適化を行うまでもなく自明といえる。ところが，プロセスと接続することで体積率とサイズ分布を自由にデザインできないという制約がかかる。ここにおいて，初めて逆問題として取り扱う価値が生まれる。逆問題という観点から見ると，プロセスから構造を経て特性，性能までを「統合」して繋ぐというマテリアルズインテグレーションの重要性があらためて浮かび上がる。

文　献

1) M. Demura and T. Koseki：SIP-MI プロジェクト，これまでとこれから．まてりあ，**58**, 489 (2019).
https://doi.org/10.2320/materia.58.489（閲覧 2024 年 9 月）
SIP-materials integration projects. *Materials Transactions*, **61**, 2041.
https://doi.org/10.2320/matertrans.MT-MA2020003（閲覧 2024 年 9 月）

2) M. Demura：マテリアルズインテグレーションの挑戦．鉄と鋼，**109**, TETSU-2022-122 (2023).
https://doi.org/10.2355/TETSUTOHAGANE.TETSU-2022-122（閲覧 2024 年 9 月）
Challenges in Materials Integration. *ISIJ International*, **64**, 503.
https://doi.org/10.2355/ISIJINTERNATIONAL.ISIJINT-2023-399（閲覧 2024 年 9 月）

3) M. C. Flemings and R. W. Cahn : Organization and trends in materials science and engineering education in the US and Europe. *Acta Materialia*, **48**, 371 (2000).
https://doi.org/10.1016/S1359-6454(99)00305-5（閲覧 2024 年 9 月）

4) M. Cohen : Unknowables in the essence of materials science and engineering. *Materials Science and Engineering*, **25**, 3 (1976).
https://doi.org/10.1016/0025-5416(76)90043-4（閲覧 2024 年 9 月）

5) G. B. Olson : Computational design of hierarchically structured materials. *Science*, **277**, 1237 (1997).
https://doi.org/10.1126/SCIENCE.277.5330.1237/（閲覧 2024 年 9 月）

6) T. Osada et al. : Virtual heat treatment for γ-γ' two-phase Ni-Al alloy on the materials Integration system, MInt. Materials & Design, **226**, 111631 (2023).
https://doi.org/10.1016/J.MATDES.2023.111631（閲覧 2024 年 9 月）

7) V. Nandal et al. : Artificial intelligence inspired design of non-isothermal aging for γ-γ' two-phase, Ni-Al alloys. *Scientific Reports*, **13**, 12660 (2023).
https://doi.org/10.1038/s41598-023-39589-2（閲覧 2024 年 9 月）

第3節　本ハンドブックの狙いと全体構成

国立研究開発法人物質・材料研究機構　出村　雅彦

本ハンドブックは内閣府 SIP 第1期および第2期を通して開発されてきたマテリアルズインテグレーションについて，当該プロジェクトの成果を中心に解説するものである。

まず，第0章において，マテリアルズインテグレーションの考え方，内閣府 SIP プロジェクトにおける進められ方について全容を解説した。以降は，第2期の「統合型材料開発システムによるマナリアル革命」における A 領域のテーマ構成に倣った構成とした。

第1章では，マテリアルズインテグレーションの考え方に基づいた逆問題の事例創出を目指した取り組みの成果を解説する。ここでは，主に鉄鋼材料，アルミ合金を対象としている。プロセス，構造，特性，性能を連関づける順問題の計算ワークフローを確立し，それを AI と組み合わせることで逆問題解析によって欲しい性能から最適なプロセス・構造を提案する事例を紹介している。

第2章では，マテリアルズインテグレーションを先進構造材料プロセスに展開してきた取り組みを解説する。ここでは，金属分野でものづくりを抜本的に変えるインパクトを持つと言われている金属三次元積層造形における順問題解析手法の構築，これを活用した逆問題解析事例が紹介されている。金属三次元積層造形という破壊的イノベーションにおける先導的な DX の取り組みとして注目される内容となっている。

第3章では，炭素繊維強化プラスチック(CFRP)を対象としたマテリアまずインテグレーションの開発について解説する。ここでは日本が強みを持つ CFRP について，分子から機体構造までをマルチスケールで計算シミュレーションをつなぐ取り組みを紹介する。デジタルツインによる検査コストの低減，社会実装の早期化，合理的な安全の確保が注目される中で，世界を先導する成果といえる。

第4章では，マテリアルズインテグレーションを具現化したシステムである MInt について解説した。MInt はコンピュータシステムとして見ると，計算ワークフローとその計算結果を実行・管理するものといえる。しかし，背後にマテリアルズインテグレーションの考え方が入っていることで，単なるワークフロー管理システムを超えた独自の意味づけを持つに至っている。ここでは MInt に加えて，構造材料における逆問題についても解説する。MInt の順問題解析の機能と逆問題解析のアルゴリズムを組み合わせることで，マテリアルズインテグレーションの本領が発揮されることになる。

第5章では，構造材料におけるデータについて議論する。データの重要性は言わずもがなであるが，これを表現するためのデータ構造についてはあまり意識されることがない。本章では構造材料を対象としてデータ構造を開発した取り組みを解説する。加えて，構造材料において重要となるミクロ組織の観察・解析，得られたデータから特徴量を抽出する技術の開発についても紹介する。

最後に，第6章において，社会実装の状況を解説しながら，将来展望を述べることにしたい。

本書の各章・各節は，SIP プロジェクトにおいて該当するテーマを担当した責任者によって執筆されている。本書は，マテリアルズインテグレーションをその開発に関わった当事者が解説する初めてのハンドブックである。読者が，マテリアルズインテグレーションの考え方を取り入れ，研究開発に活かしていくうえで参考になることを祈念する。

第1章

順問題/逆問題解析による鉄鋼材料および AI 合金の特性予測と設計

第1節 マテリアルズインテグレーションにおける順問題/逆問題の考え方

東京大学 榎 学

1. はじめに

これからの材料開発および製品開発においては，計算科学とデータ科学を融合によるマテリアルズ・インテグレーション(MI)を活用することが重要となる。MIを戦略的に用いることにより長期的な信頼性が評価可能となり，種々の材料のの開発が促進されることが期待される。構造物の多くは長期間使用され，人々の安心・安全に直接関わる。そのため材料および構造物の特性・性能評価は時間とコストをかけて行われている。たとえば，繰り返し荷重下で長期に使われる構造材料では，さまざまな試験法を用いて入念に評価され，実使用期間に相当する時間をかけて疲労特性が評価され，実構造体に近いスケールでも評価されてきた。これらは構造物の信頼性を確保するうえで必要であるが，材料開発が長期化・高コスト化する主要因となっており，計算手法を駆使して性能予測をいかに効率的かつ正確に行うかが，今後の構造材料の開発において強い競争力を維持するため重要である。構造材料の研究開発の分野においてもパラダイムシフトが起こっており，すなわちものづくりにおいても，フィジカル空間だけでなくサイバー空間の利用が重要となってきている。

材料開発においては，試行錯誤による多くの実験の中から経験則が導かれ，さらには深い考察のもと理論として確立されていく。理屈がわかっていれば，それを模擬した計算を行うことも可能となる。このような実験/経験則/理論/計算のスパイラルの中で研究開発が進められてきた。一般に原子構造などが直接物性に寄与するような場合においては，直接的に特性を予測することも可能であろう。しかし，構造材料に必要とされるような強度に関係する特性は，さまざまなスケールレベルの現象が複雑に関与して，マクロな性能として発現するために，それらの性能を予測することは必ずしも容易ではない(**図1**)。通常材料開発においてはそれらの性能評価のために多くの時間が必要となり，材料開発のペースを律速する原因となっている。したがって，これらの性能予測がある程度の精度で可能となることは材料開発において非常に意義があることといえる。近年のコンピューティングの飛躍的な発達により，種々のマルチスケールでの計算手法を組み合わせることも実現可能となってきている。

また，いわゆる知能(AI：Artificial Intelligence)の研究は1950年代から始まっており，何度かのブームの隆盛と衰退を経て，現在の世界的ブームとなっている。特に2015年にAlphaGoがプロ囲碁棋士に勝利した際に用いられたアルゴリズムである深層学習(Deep learning)が大いに注目を浴びた。機械学習において必要とされる計算機の能力向上，および

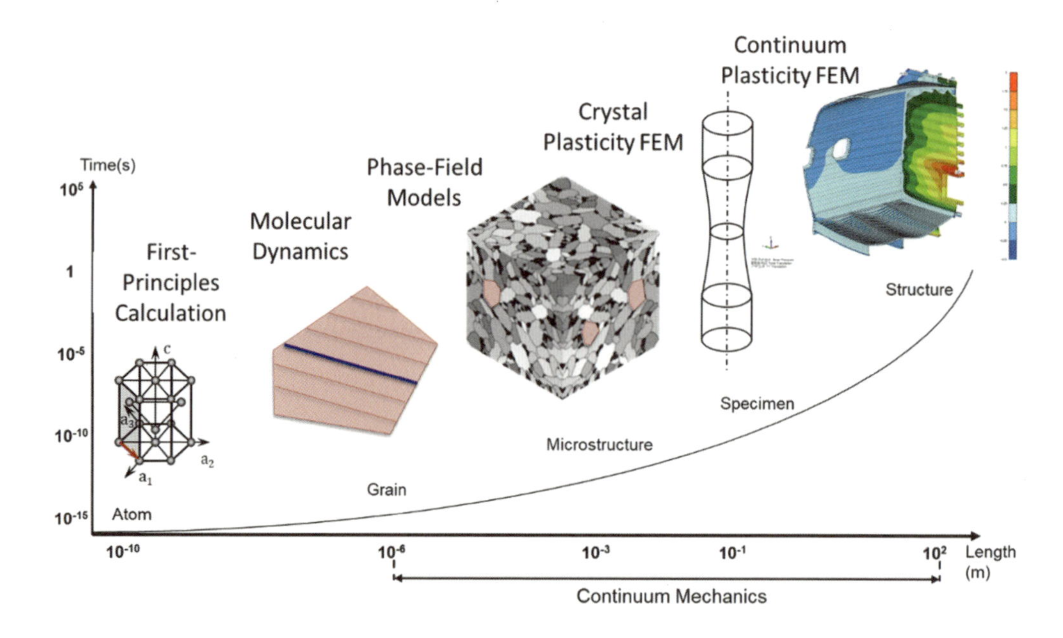

図1　構造材料におけるマルチスケール計算の概念

インターネットを利用した訓練データの調達が容易となることにより，効率的な機械学習が可能となり，音声・画像・自然言語を始めとしてさまざまな問題に対し，他の手法を圧倒する高い問題解決能力を示して大いに普及し始めている。対象とする現象に対する理論やそれに基づくシミュレーション手法の進化に加えて，このようなデータを扱う情報工学的手法を組み合わせることにより，さまざまな科学的や工学的な諸問題に対するアプローチが盛んに行われ始めている。材料工学の分野においても，このようなデータ駆動型アプローチにより，マテリアルズインフォマティクスやマテリアルズインテグレーションと呼ばれる分野の研究が精力的に行われており，新しい材料開発手法として注目されている。このような研究手法の開発にあたっては，これまで長年かけて収集・蓄積してきた信頼性のある実験データもこれまで以上に重要なものとなる。情報工学的な手法だけでは必ずしも望む答えが得られるわけではなく，これまでの色々な経験を有する研究者・技術者の知見を，「学習データ」として活かす仕組みも重要になるであろう。AI技術を有効に活用し，対象とする研究分野における新たな研究の枠組みを構築する，先進的な取り組みが一層期待されている。

2. マテリアルズインテグレーション（MI）

構造材料の性能を考えるうえで，全体をプロセス-組織-特性-性能（PSPP：Process-Structure-Property-Performance）の要素に分割してそのリンクを解析する手法が提案され，重要な概念としてその有用性が広く認識されている[1)]。構造材料においては材料自体とその性能の関係には非常に強い非線形性が存在するので，上記のような要素分割を行い局所的な問題としてとらえることは，その検証可能性も含めて有効である。予測は個々のリンクにおける原因（理論，仮定，モデル）から結果（実現値，データ）への順問題となる。たとえば，溶接は多くの構造体の形成に不可欠な材料の接合技術であり，レーザー溶接やアーク溶接による溶接部の形成は，加熱・冷却の熱サイクル中の溶融，凝固，相変態，粒成長，析出，再結晶など，材料の組織形成の主要な要素を含んでいる。さらに力学特性の予測にあたっては，熱伝導解析や残留応力解析など加えて，微視組織に依存する力学特性の発現を考慮することが必要である。このような現象に対する組織予測や特性予測を組み合わせることによりはじめて，実際の材料のマルチスケールの複雑な課題おける十分な精度を有する特性の予測が実現可能となる。このような解析のアプローチはマテリアルズインテグレーション（MI：Materials Integration）と呼ばれている。

マテリアルズインテグレーションの構想や開発・適用は，形や名称は異なるものの，世界中で活発に進められており，たとえば米国ではMGI（Materials Genome Initiative）[2]構想の下で大きな予算措置がなされ，産官学で，理論や計算，実験データなどを組み合わせて材料の特性や性能を予測するICME（Integrated Computational Materials Engineering）が活発である。NIST（National Institute of Standards and Technology），ノースウェスタン大学，シカゴ大学を中心としたCHiMaD（Center for Hierarchical Materials Design）[3]は，熱力学・状態図計算を中心に，個別のニーズに合わせて速度論のシミュレーションを加えて材料特性の予測，材料開発の支援をコンサルタント的に行っている。ミシガン大学のCenter for PRISMS（PRedictive Integrated Structural Materials Science）[4]では，材料のマルチスケール/マルチフィジックスの課題を解くためのさまざまなツールの開発と，それらの組み合わせにより，構造材料の組織，強度，疲労の解析を精力的に行っている。材料データに関しても，NISTにおいてオープンなデータキュレーションシステム，データレジストリ，データリポジトリの開発が進められている[5]。欧州ではドイツのマックスプランクやアーヘン工科大学を中心として，フェーズフィールド法による組織形成のシミュレーションや結晶塑性解析DAMASK[6]などさまざまなICMEのツール開発が進められており，さらにこれらツールを連結したICMEのプラットフォーム構築の動きが進んでいる。フィンランドのVTTでもProper Tune[7]と呼ばれる材料設計のためのツール開発が進められており，個別の課題に対するコンサルティングを行っている。

日本においても，内閣府戦略的イノベーション創造プログラム（SIP），第1期「革新的構造材料/マテリアルズインテグレーション」[8]および第2期「統合型材料開発システムによるマテリアル革命/逆問題解析」プロジェクトが進められた[9]（**図2**）。これらのプロジェクトでは，たとえば，疲労強度・クリープ強度・水素脆化・脆性破壊などの性能に関して，理論，経験則を網羅した順問題解析を行う計算モジュールの開発，性能に関するデータを解析して得られるデータベースモジュールの開発により，実際の構造材料開発に役立つような性能予測システム開発を目的とした。また組織予測に関しても，理論や経験則，数値モデリング，データベース，データ駆動などとの融合を目指している。物理モデルを用いた性能予測を行うにあたっては，プロセス-組織-特性-性能の非線形性を有する連関において，ベイズの定理を用いたデータ駆動型アプローチによる解析が有効な手法となる。さらに，組織-特性のリンクに対して，組織解析，結晶塑性解析，疲労試験結果を組み合わせて，逆問題解析を行うことで材料の設計が可能となる。このようなデータベースと計算モジュールを組み合わせたMInt[10]という名称のプ

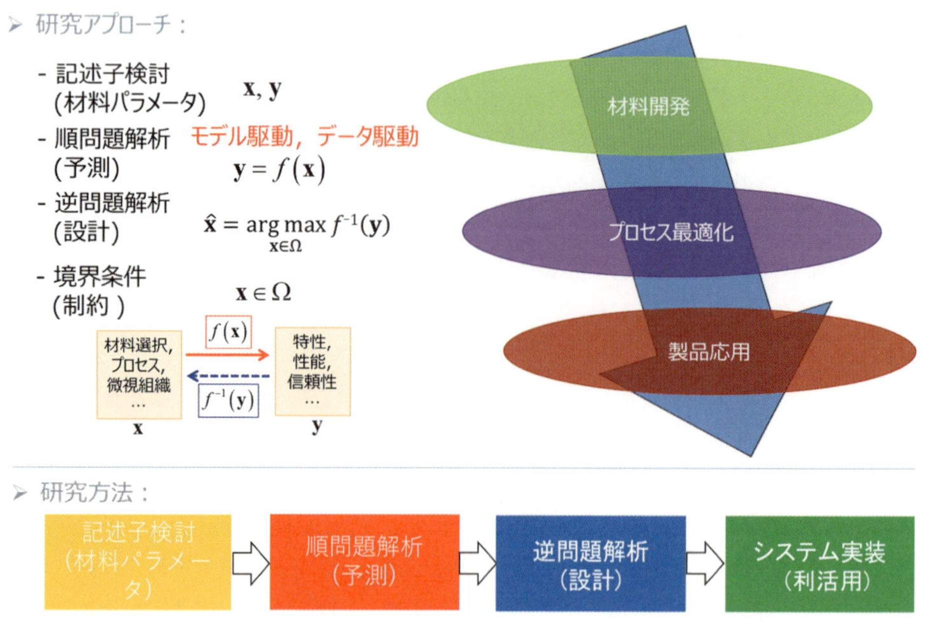

図2　PSPP連関に基づく構造材料設計

ラットフォームの構築しており，構造材料の開発期間の短縮，コスト低減，材料製造や利用加工のプロセス条件の最適化，さらに構造体設計時の材料選択の最適化・信頼性向上が期待されている。

3. データ駆動型アプローチ

物理モデルを用いてマルチスケールのシミュレーションを行う場合は，その計算コストが問題となる。後述するように金属材料の力学特性を考える上ではその微視結晶組織を考慮した計算を行うことが必要であるが，計算能力上の限界が課題となり多くの場合実行することは必ずしも容易ではない。したがって，物理モデルにより疲労き裂発生から破断までの寿命を予測するためにはかなりの計算資源が必要とされ，また溶接材などの複雑な組織や形状を有している場合にはさらに多くの計算が必要となる。そこで別のアプローチとして，これまでに得られている実験データを用いて，材料の合金組成，加工条件，介在物寸法などから線形回帰やニューラルネットワーク(NN)などの機械学習手法を用いて性能を予測することが行われる。機械学習においては，データセットを適切に選ぶことにより精度の良い予測ができることがわかっており，これらのアプローチは，今後の材料開発の有用なツールとなる。

これまでにさまざまな研究機関においては，材料単体や溶接構造材の疲労特性に関して多くのデータが蓄積されている。通常疲労試験データは，応力範囲Δσと破断サイクル数Nの関係に整理されており，それらのデータセットは材料の合金組成や欠陥，溶接条件などの情報と紐づけられている。疲労データベースをもとに，材料の化学組成や熱処理条件，介在物寸法などの因子を入力情報として，疲労強度を予測するニューラルネットワークモデルについて検討されており，適切なデータセット，隠れ層の数，活性化関数を選ぶことにより精度の良い予測モデルを構築できることがわかる[11]。また，構築したモデルをもとに特定のパラメータについての感度解析を行うことも可能である。しかし，十分な量のデータセットがなければ精度の良いモデルの構築ができない。量と質の揃った信頼性のあるデータベースが不可欠である。また，データ量を補うために，データ数の多い強度の結果をもとに機械学習モデルを作成し，転移学習という手法により疲労強度を予測することも可能である。

4. モデル駆動型アプローチ

実用化に向け材料の信頼性評価として疲労特性の評価が必要となり，溶接構造物においては溶接継手部で疲労破壊が起こりやすいことから，溶接継手の疲労寿命評価が重要となる。以下では物理モデルを用いた金属材料の疲労性能予測の例について述べる。疲労破壊の機構としては多くの場合，すべり系上のせん断機構によるき裂発生，微視組織に強く依存した短いき裂成長，それに続く物理的に小さなき裂と長いき裂の成長が一般的である。一般的な構造材料の高サイクル疲労では，き裂発生に要する時間が全疲労寿命の 90 %程度までになり得る。したがって，寿命予測のためには，き裂発生の予測が必要不可欠である。そこで微視組織を考慮した結晶塑性有限要素解析を用いて，すべり系のせん断塑性ひずみ分布を計算することにより疲労き裂発生寿命の予測を行った。疲労き裂発生に関してはさまざまなモデルが提案されているが，主要なすべり面上に蓄積する転位挙動をもとにした疲労き裂発生モデル（Tanaka-Mura モデル）を用いた。このモデルでは，疲労き裂発生のクライテリアとして，結晶粒界に堆積する転位のひずみエネルギーが界面エネルギーを越えたときにき裂が発生すると考え，疲労き裂が発生するサイクル数を導出している。

筆者らのグループでは，鉄鋼材の溶接継手の疲労寿命予測[12]や Mg 合金の変形において重要となる双晶を考慮した結晶塑性解析による疲労き裂発生評価[13]などに取り組んできた。さらに，難燃性 Mg 合金溶接継手の疲労寿命計算によるデータベースの作成，そしてデータサイエンス的手法によるデータベースの解析を行うことで溶接部形状が溶接継手の疲労に与える影響を評価することを行っている（**図 3**）。まず溶接を簡易的に再現したシミュレーションを行い，溶接残留応力分布を計算した。疲労シミュレーションでは，繰返し応力負荷時の巨視的な応力場の計算を行った。次に前ステップの結果から応力集中が起きている場所を特定し，そこを中心とする多結晶組織の再構築を行った。続いて双晶の生成・消滅を考慮した構成則を用いた結晶塑性解析を行い，塑性ひずみ分布を得て，上記のき裂発生モデルにより，き裂発生寿命の指標となる FIP（Fatigue indicator parameter）を求めた。さらに，き裂を導入したモデルに対して有限要素法により J 積分を計算し，パリス則によりき裂進展寿命を計算した。止端半径，フランク角，余盛高さを考慮したモデルと，フランク角，余盛高さ，アンダーカット開口幅，深さ，そして底部の曲率半径を考慮したモデルを作成し，それぞれの値を変えたうえで多数回のき裂発生解析を自動で行うことにより，疲労 DB の作成が可能となった。

網羅的な計算を行ったき裂発生解析の結果に対して，溶接部形状パラメータと FIP の関係について詳細な評価を行った。たとえば，機械学習による予測モデルに基づく確率分布からマ

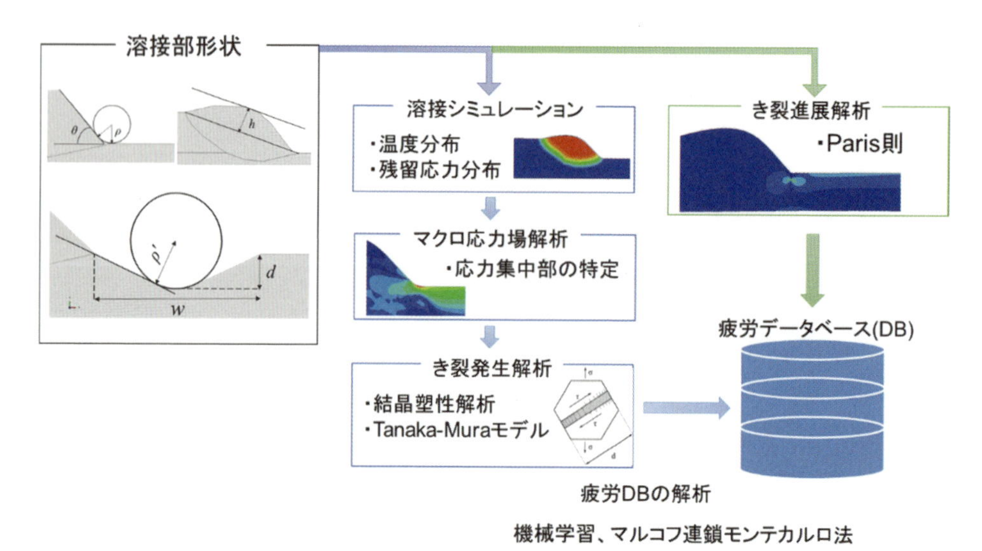

図3　溶接部の疲労特性のデータベースを作成するための計算ワークフローの例

ルコフ連鎖モンテカルロ(MCMC)法によるサンプリングを行い，説明変数と目的変数の関係を評価する手法を用いて解析を行うことができる。たとえば，止端半径が大きくなるとき裂発生寿命が改善されることがわかった。同様の解析によりアンダーカット考慮モデルではアンダーカット深さと曲率半径がき裂発生寿命において重要であることがわかった。さらにき裂進展段階においても，止端半径が大きくなるにつれき裂進展寿命が大きくなる傾向が見られた。このように実験を行わなくても，材料パラメータの影響を抽出することが可能となるのである[14)]。

5. 逆問題解析の課題

データ駆動による機械学習モデルでは，入力と出力のデータさえあれば機械学習モデルの構築は可能である[15)]。そこでは材料学的な知見は必ずしも必要ではない。モデル予測される結果は多くの場合材料学的な考察に一致することが多い，また一致しない場合は新たな方向の知見が得られることが期待される。しかし，精度の良いモデルを構築するためには多くの場合大量の実験データが必要となる。またディープラーニングなどにより著しい精度の向上が期待できる反面，人間がその構造を理解することは難しくなる。一方，実験結果をもとに材料学的知見を用いて物理ベースモデルを構築することも可能である。モデルが複雑だったりパラメータが多い場合には，必要となる実験が膨大となる。材料の問題は，ナノからマクロのマルチスケールのモデルが組み合わさったものである。同一のスケールモデル構築が可能となったとしても，違うスケールとの連結はいまだに多くの課題を抱えている。ただ，一度モデル構築ができれば材料学的な意味は明確になることが多いので，次の段階の材料設計へ繋げることが期待できる。

機械学習モデルが構築できれば特性・性能の予測は容易である。パラメータ空間をデータに基づいて設定すれば内挿範囲なので精度はある程度保証される。また，ある範囲であっても物理モデルのモードが変化している可能性もあり，外挿・内挿の議論はあまり適切ではない。機械学習モデルを用いて，逆問題解析を行うことにより材料設計を行うことも可能である。最適化にあたっては，探索空間の制限や境界条件の設定により得られる解は大きく影響を受ける。物理モデルが計算ワークフローとして実装できていれば，ベイズ最適化等の手法を用いて所望の特性を探索することができる[16)]。また，コストのかかる計算ワークフローを実装した場合は，ある程度多くの計算を実行しておき，計算結果のデータベースを作成することが有効である。機械学習などにより代理モデル作成しておき，予測や設計の場合にはその代理モデルを活用できる。

精度の良い予測と設計のためには，機械学習モデルを構築するためにはたくさんの実験データが必要となる。自動取得による多量の実験データの収集は1つの解であろう。一方機械学習モデルの作成にあたっては多くの場合，データの「清浄化」が必要となる場合が多い。解析に用いるデータベースの信頼性を担保する取り組みが必要となる。詳細な物理ベースモデルの構築あたっては，やはり詳細な実験データが必要とされる。マルチスケールの課題に加えて，材料内の空間的な特性情報，短い時間での動的な挙動などをどこまで考慮するかが課題である。なぜなら詳細な解析を行いモデルを構築したとしても，設計における逆問題解析の不確実性を考えると実効的ではないかもしれない。また，筆者らの対象としている材料の課題において，多次元の対象空間において十分解析可能なほど実験データで埋めることができるのかの想定も必要であろう。一方，機械学習モデルと物理ベースモデルのマルチモーダルな形での結合は今後のモデル構築の手法として期待される。

6. おわりに

予測モジュールおよびデータベースのMIシステムへの組み込みにより，上記で開発した計算モジュールやデータベースを参画機関でしやすい形で提供するシステムの開発を行っている。今後の展開としては，これらのツールの充実，データベースの拡充を進めて行き，種々材料の研究開発の加速に役立つことが期待される。このようにマテリアルズインテグレーションシステムを構築し性能予測を行うことにより，構造材料の開発期間の短縮やコスト低減が可能となることが期待される。さらには材料の製造や加工のプロセス条件の最適化も行われるであろう。さらに踏み込んで構造体設計の際の材料選択の最適化やより高い信頼性向上のためには，プロセスから性能を予測するという順問題解析による「性能予測」だけではなく，さらに踏み込んで材料選択の最適化をするためには，性能からプロセスをデザインするという逆問題解析による「材料設計」が今後さらにとも必要となる。それを実現するためには，フィジカルとサイバー空間において，材料学的知見とデータ科学的手法の有機的な融合が不可欠であり，さらなる研究の推進が望まれる。

文　献

1）G. B. Olson：*Science*, **277**, 1237（1997）.
2）Materials Genome Initiative：
https://www.mgi.gov/（閲覧 2024 年 9 月）
3）Center for Hierarchical Materials Design：
http://chimad.northwestern.edu/（閲覧 2024 年 9 月）
4）PRISMS Center：
http://www.prisms-center.org/#/home（閲覧 2024 年 9 月）
5）MDCS：
https://github.com/usnistgov/MDCS（閲覧 2024 年 9 月）
6）DAMASK：
https://damask.mpie.de/（閲覧 2024 年 9 月）
7）Computational material design – VTT ProperTune®：
https://www.vttresearch.com/en/ourservices/computational-material-design-vtt-propertune（閲覧 2024 年 9 月）
8）戦略的イノベーション創造プログラム（SIP）革新的構造材料：
https://www.jst.go.jp/sip/k03/sm4i/project/project-d.html（閲覧 2024 年 9 月）
9）統合型材料開発システムによるマテリアル革命：
https://www.jst.go.jp/sip/p05/index.html（閲覧 2024 年 9 月）
10）MInt システムについて：
https://www.nims.go.jp/MaDIS/MIconso/MInt.html（閲覧 2024 年 9 月）
11）T. Shiraiwa, Y. Miyazawa and M. Enoki : *Mater. Trans.*, **60**（2）, 189（2018）.
12）T. Shiraiwa, F. Briffod and M. Enoki : *Eng. Fract. Mech.*, **198**, 158（2018）.
13）F. Briffod, T. Shiraiwa and M. Enoki : *Mater. Sci. Eng., A*, **753**, 79（2019）.
14）栗城大輝ほか：軽金属, **74**（2）, 91（2024）.
15）S. Takemoto et al. : *MRS Advances*, **7**, 213（2022）.
16）T. Shiraiwa et al. : *Materials Today Communications*, **33**, 104958（2022）.

第2節　高強度/延性を有する複合組織鋼の最適組織の探索手法

JFEスチール株式会社　山崎　和彦　　東京大学　白岩　隆行

1. はじめに

日本の鉄鋼業は世界最先端の技術力をもって数々の高付加価値鋼製品を開発し，社会の発展に貢献している。この地位は長年の地道で試行錯誤的な研究の蓄積により築いたものである。しかし，近年中国をはじめとする新興国の追い上げが著しくなっており，日本の鉄鋼業の国際的な競争力をいま以上に向上させるためには，これまでの延長線上にない技術を，より早く開発していくことが必要となる。

鉄鋼材料の特性(強度，変形特性，靱性，疲労特性など)は，そのミクロ組織(各種変態組織，析出物の量，サイズ，形状，硬さ，結晶方位など)によって変化するため，最適な特性の探索には，従来は実験により種々のミクロ組織の鋼を作製して特性を評価するトライアンドエラーに頼ってきた。実験作業および作製した鋼の特性とミクロ組織の評価には多大な時間と労力がかかるため，材料開発を加速させるためには効率的に組織や特性を探索する手法の開発が重要である。

近年はコンピュータの性能向上と使いやすいソフトウェアの開発により，有限要素法(FEM)解析によるミクロ組織から特性を計算する技術開発が進んでいる[1)-4)]。解析では，適切な材料パラメータを与えることで，実験をすることなくミクロ組織から特性を精度よく予測する，いわゆる順問題解析が可能となる。

適切な材料パラメータを得るためには，実験により得られた鋼のミクロ組織を定量的に把握する必要がある。ミクロ組織情報は一般的に光学顕微鏡，走査型電子顕微鏡，透過型電子顕微鏡等から画像情報として取得される。取得された画像から変態組織の割合や析出物の量，サイズなどを手作業で計測を行っていたため，作業には莫大な時間を要していた。この作業を自動化することができれば，開発のさらなる時間の短縮が可能となる。さらにはこれらの技術を組み合わせることで，最小限の実験で目標とする特性を実現する最適なミクロ組織を探索する逆問題解析も可能となる。

本稿ではミクロ組織がフェライトとマルテンサイトからなる複合組織鋼(通称Dual Phase鋼，以降DP鋼)を例題として構築し，DP鋼の代表的な特性である引張強さ(TS)と全伸び(El)の積TS×Elを最大化させる効率的な探索手法について概説する。実験科学・計算科学・データ科学を融合してDP鋼のミクロ組織と特性を結ぶ順問題解析モデルと，目標特性から最適なミクロ組織を探索する逆問題解析モデルを開発し，次世代高強度鋼の効率的な開発に貢献するスキームを確立した。

2. 最適組織の探索手順の概要

順問題・逆問題解析手法の概要を**図1**に示す。DP鋼のミクロ組織から特性を予測させる順問題解析は，今回結晶塑性有限要素法(CPFEM)解析を用いて行った。正確に特性を予測させるためには，適切な結晶塑性パラメータを用いる必要があり，そのパラメータの取得・補正のために実験により種々の成分，ミクロ組織を有するDP鋼を作製して引張特性の実験値を取得した。次に順問題解析モデルを作成し，CPFEMによりミクロ組織から引張特性を精度よく計算できるようにした。逆問題解析は，ベイズ最適化等の探索手法に順問題解析モデルを導入することにより，DP鋼のミクロ組織と引張特性との間の連関を逆方向に解析し，TSとElの値を同時に改善するミクロ組織の導出を可能とした。

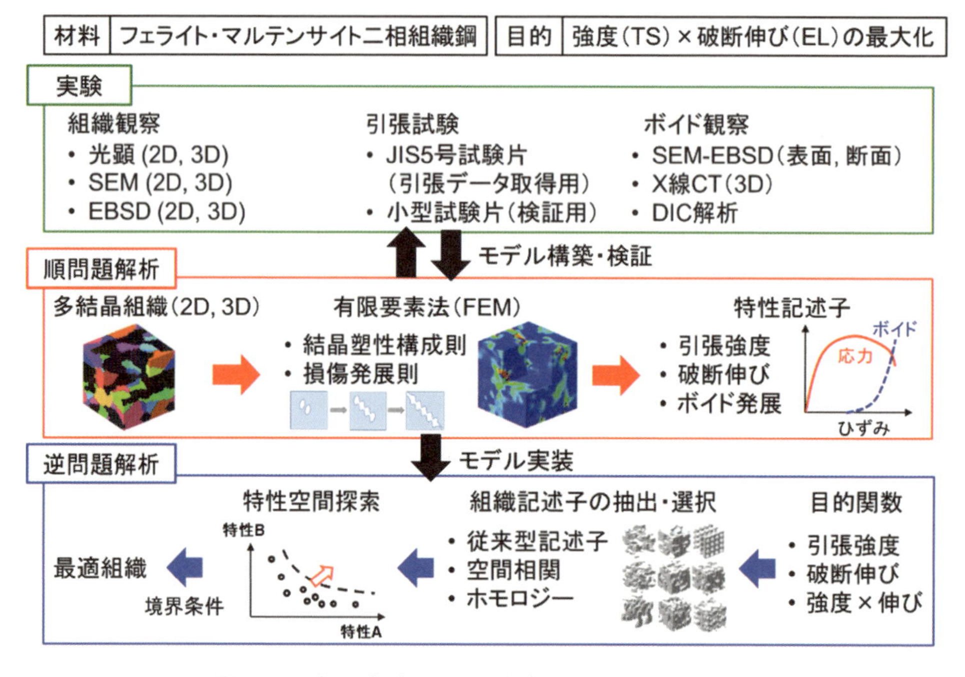

図1　DP鋼の実験，順問題解析，逆問題解析の関係

3. DP鋼のサンプル作製と特性評価

化学組成が(0.10〜0.20 mass%)C-2.0 mass%Si-2.0 mass%Mnの鋼を真空溶解炉で溶製し，熱間圧延，冷間圧延をした後に，**図2**に示すような種々の条件で熱処理をすることでTS×El＝12〜21 GPa%のDP鋼を作製した。**図3**に引張特性であるTS，Elの分布を示す。TSが約900〜1,700 MPa，Elが約8〜22 %のサンプルを作製した。また，**図4**に実サンプルの組織の例を示す。DP鋼は軟質なフェライトと硬質なマルテンサイトから構成されており，観察面を鏡面研磨後に硝酸アルコール溶液(ナイタル液)で腐食し，走査型電子顕微鏡(SEM)で観察すると，コントラストの濃いフェライトと比較的明るいマルテンサイトと区別することができ

る。同一成分の鋼であっても，熱処理条件を変えることで分率や形状の異なる組織を作り分けることができ，その組織に応じた異なる機械特性を示す。これらのDP鋼のミクロ組織の特徴量(面積率，粒径，アスペクト比など)の定量化をするためには，ミクロ組織画像からフェライトとマルテンサイトを区別・分離する必要がある。従来の目視判断では，1枚のミクロ組織写真の組織分類に約1時間の時間を要する。また，鋼板の代表的なミクロ組織情報を得るためには，1つの鋼板に対して複数の視野の組織写真を取得・解析する必要があるため，作製したDP鋼のミクロ組織の特徴量の定量化には膨大な時間を要することが課題であった。そこで，ミクロ組織定量化の効率化のため，[**4.**]で説明する高速でフェライトとマルテンサイトを区別する手法を確立し，高効率なミクロ組織の特徴量の定量化を実現した。

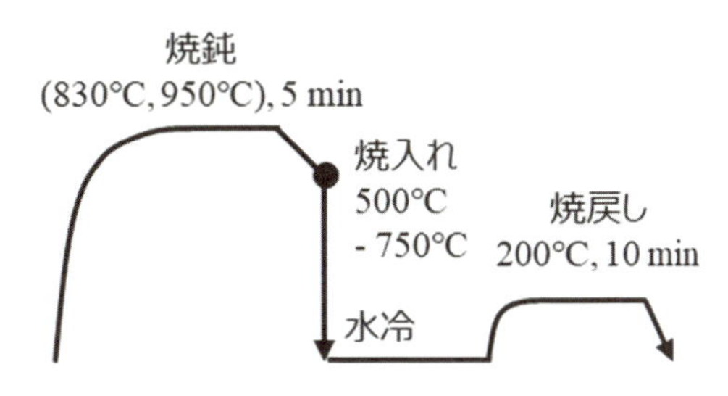

図2　冷間圧延後の鋼板の熱処理条件

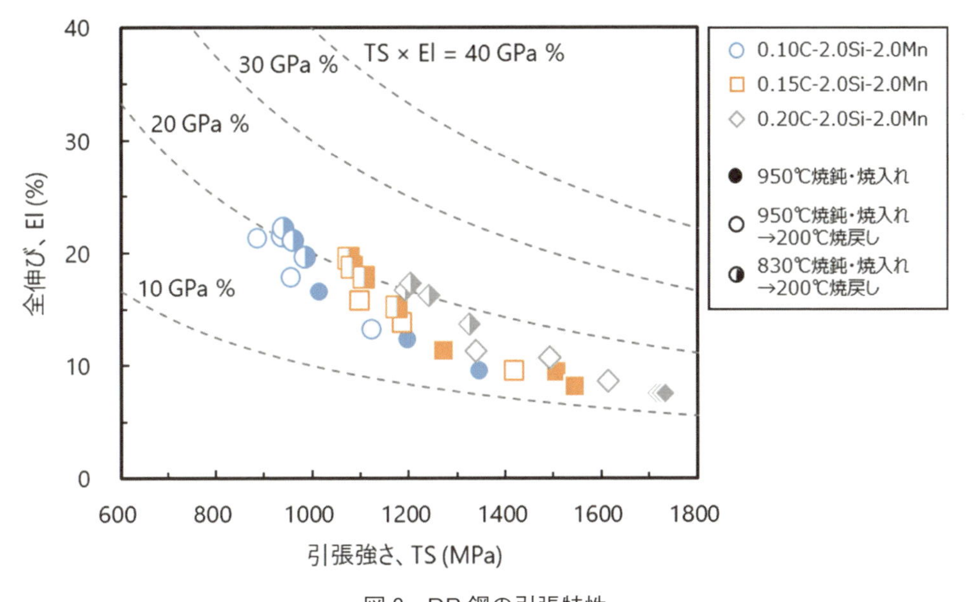

図3　DP鋼の引張特性

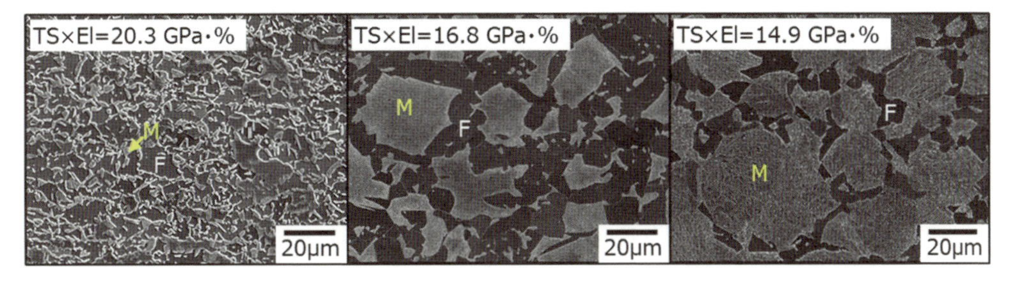

図4　DP鋼の組織例(F：フェライト，M：マルテンサイト)

4. DP鋼のミクロ組織分類，解析手法の確立

作製したDP鋼のミクロ組織画像に対して，畳み込みニューラルネットワーク（CNN）モデルの1つであるU-Net[5]を用いたフェライトとマルテンサイトを判定するアルゴリズムを作成した。このアルゴリズムを用いて，教師付きの画像数枚をベースに学習し，教師なし画像に対してミクロ組織分類を行った。**図5**に学習のために作成した教師画像の例を示す。また，**図6**に教師画像を学習後に教師画像とは別の組織画像を分類した結果の例を示す。開発したモデルは，人間の目視判断と全く劣らない判定をするアルゴリズムになっており，画像1枚につき数秒で処理できるなど，従来の目視判断とは比較にならないほどのスピードを達成している。

前記アルゴリズムを用いて各DP鋼につき100枚のミクロ組織画像の組織分類を行い，DP鋼の中のマルテンサイトの特徴量（面積率，粒径，アスペクト比など）を14個抽出した。次に，DP鋼の特性（TS×El）を目的変数として，抽出したマルテンサイトの特徴量をランダムフォレストにより回帰し，TS×Elに対する重要度の解析を行った。**図7**にその結果を示す。TS×Elに対して，マルテンサイトの粒径に関する特徴量（短軸長さ，長軸長さ，周長等）が重要であることが分かり，マルテンサイト粒の微細化がTS×Elの向上に寄与することが明らかとなった。

今回作成したミクロ組織分類アルゴリズムは，教師画像さえあれば，SEM画像だけではな

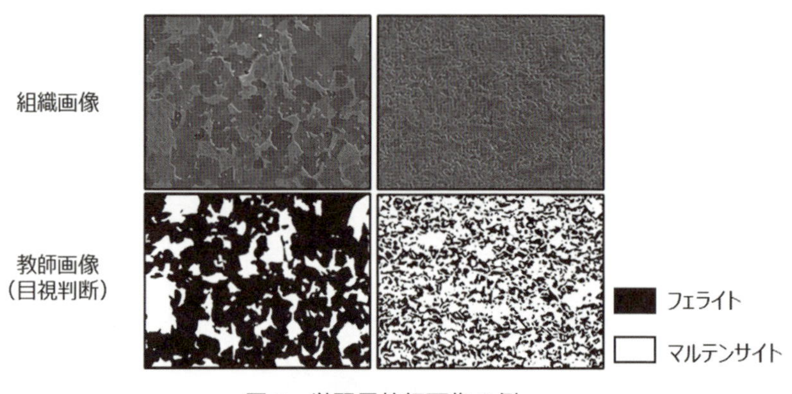

図5　学習用教師画像の例

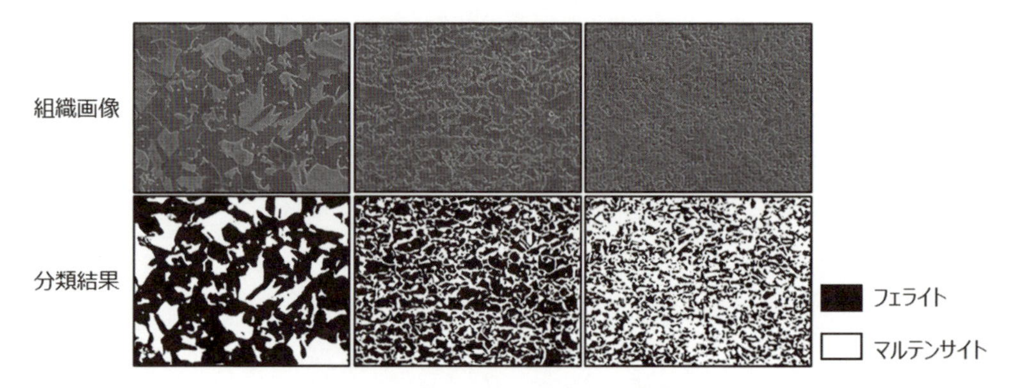

図6　U-Netを用いた組織分類結果例

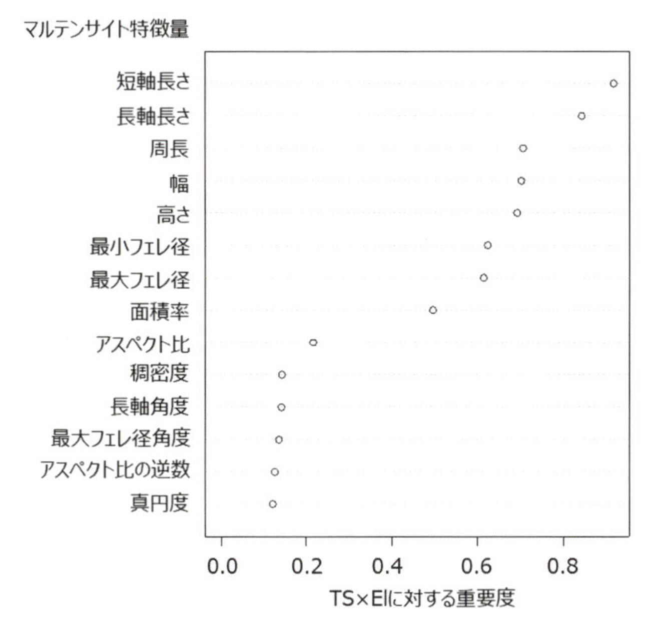

図7　マルテンサイトの各組織特徴量の重要度

く，光学顕微鏡画像での分類も可能であり，また，フェライトとマルテンサイトの2値化だけではなく，パーライトなどの他のミクロ組織が混在した場合の多値化分類にも対応している。

本ミクロ組織分類手法を用いることで，作製したサンプルのミクロ組織情報を短時間で正確に取得することが可能となる。得られたミクロ組織情報と特性とを関連づけてデータベース化することにより，[**5.**]以降で説明する順問題解析の結晶塑性パラメータの決定や補正の高精度化に寄与した。

5. DP鋼のミクロ組織から特性を予測する順問題解析技術

順問題解析では，モデル材として[**3.**]とは別に作製したDP鋼[1]（引張強度800 MPaおよび1000 MPa）について，結晶塑性有限要素モデルを作成し，応力ひずみ曲線を計算した。実験結果と計算結果の比較を**図8**に示す。適切な結晶塑性パラメータを用いることで，応力ひずみ曲線を精度よく再現できることを確認した。またSEMによる表面観察結果から，各相の破壊曲面を定義する材料定数を導出した。破壊曲面には，Mohr-Coulombの破壊基準を拡張したモデルを利用し，応力三軸度とLode角の影響を評価した。フェライト相の破断ひずみは主に応力三軸度に依存することがわかった。一方で，マルテンサイト相の破断ひずみは，応力三軸度やLode角によらずほぼ一定となることが示された。結晶塑性および損傷則パラメータを較正することで，[**3.**]で作製したDP鋼組織に対して引張強度TSと全伸びElを正確に予測できた。損傷の開始はフェライトとマルテンサイト相の界面付近に位置していた。以上のようにして得られた順問題解析の手法を，[**6.**]で述べる逆問題解析に利用した。

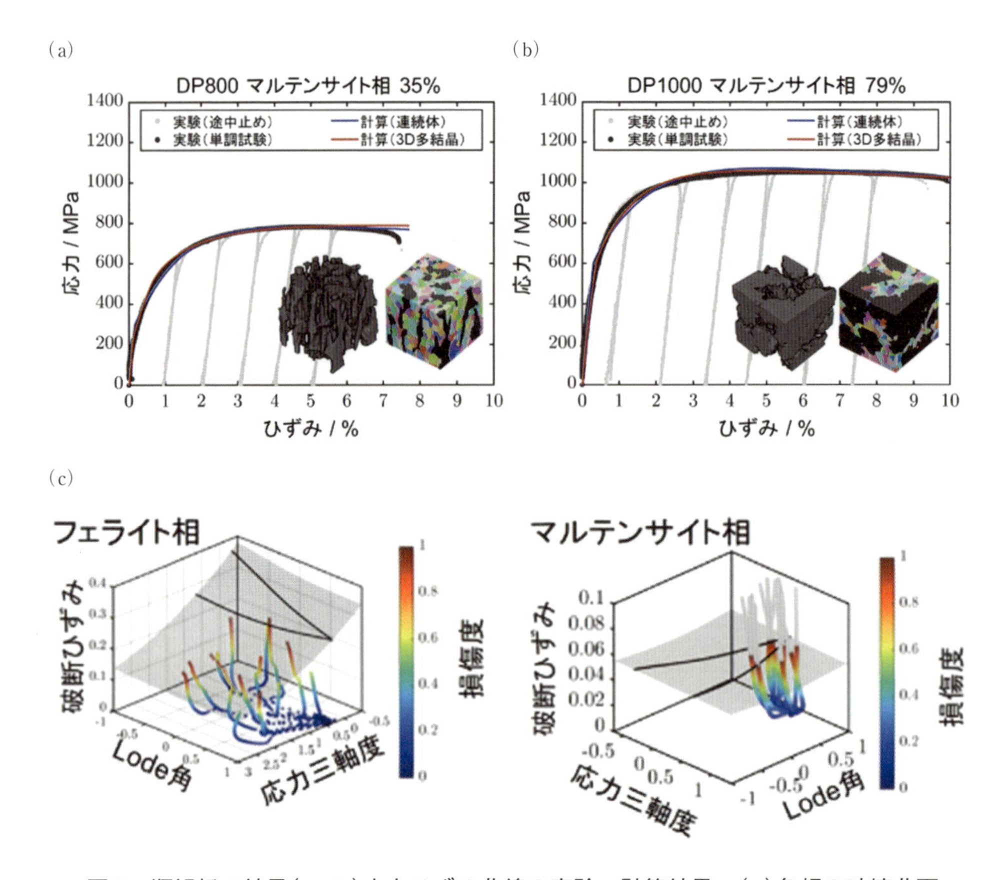

図8　順解析の結果(a, b)応力ひずみ曲線の実験・計算結果，(c)各相の破壊曲面

6. 特性を最大化する最適解を探索する逆問題解析技術

逆問題解析では，検証用例題として，プロセスなどの制約を排除し，延性を最大化する最適解を探索する逆問題解析を行った。ガウシアンランダムフィールド(GRF)法により，フェライト相とマルテンサイト相の空間配置をさまざまに変えて，100,000個の微視組織モデルを作成した。得られた微視組織モデルから有効な組織記述子を導出するために，2点空間相関関数(SC)とパーシステントホモロジー(PH)の主成分を計算し，データベース化した。その微視組織データベースから，ランダムに100個のモデルをサンプリングし，CPFEMにより引張強度TSと全伸びElを計算した。その結果をランダムフォレストにより回帰し，各組織記述子の重要度を解析することで，ElおよびTS×Elを予測するには，マルテンサイト体積分率以外の組織記述子が必要であることがわかった。最適組織の探索では，ベイズ最適化(BO)，BoundLess Objective-free eXploration (BLOX)，One-Class Support Vector Machine (OCSVM)探索の3種類の手法を用いた。探索のための説明変数として，TS×Elに対する重要度が高いSCとPHの主成分を利用した。探索の結果を**図9**に示す。ランダムサーチ(RS)では主に10～20 GPa・%のTS×Elを持つ微視組織の探索に留まったが，SCやPHを用いた探索ではTS×El≧40 GPa·%を実現可能な微視組織候補を発見することができた。各探索結

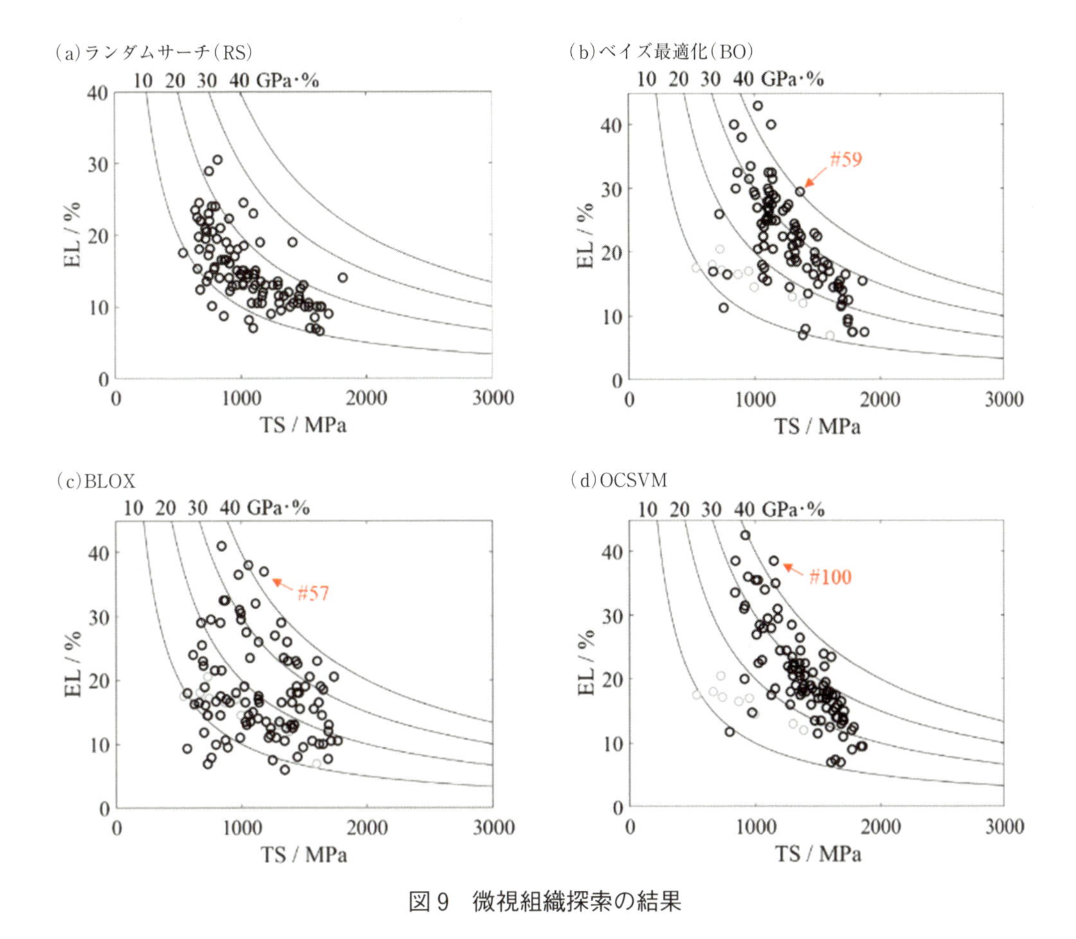

図9　微視組織探索の結果

果を比較すると，二相の空間配置による引張特性の向上は，TSよりもElに対して顕著であることがわかった。また3種類の探索手法による違いはあまりなく，いずれの手法でも探索の効率を向上できることが示された。高いTS×El値が発現するメカニズムを考察するために，各探索で得られた微視組織と，その損傷度分布を**図10**に示す。二相がランダムに分布する場合，フェライト相のくびれ部において応力三軸度が高まり，低いひずみレベルで破断に至ることが確認された。最適化された微視組織は，フェライト/マルテンサイト界面が荷重方向と平行なラメラ状組織または棒状組織を有しており，フェライト相全体に延性損傷が発生することで，高い伸びを示すことがわかった。得られた組織は現状のプロセスでは実現は不可能だが，次世代高強度鋼のミクロ組織設計指針や開発の方向性を示すものである。また探索に用いた組織記述子の物理的意味を考察した。SCの第2主成分はマルテンサイト粒集合体の凸性，0次のパーシステント図の第2主成分は異相界面と荷重方向のなす角度に関係があることがわかった。以上のように，情報学的手法により抽出された組織記述子を用いて逆問題解析することで，力学的考察に矛盾しない最適な微視組織を導出できることが示された。

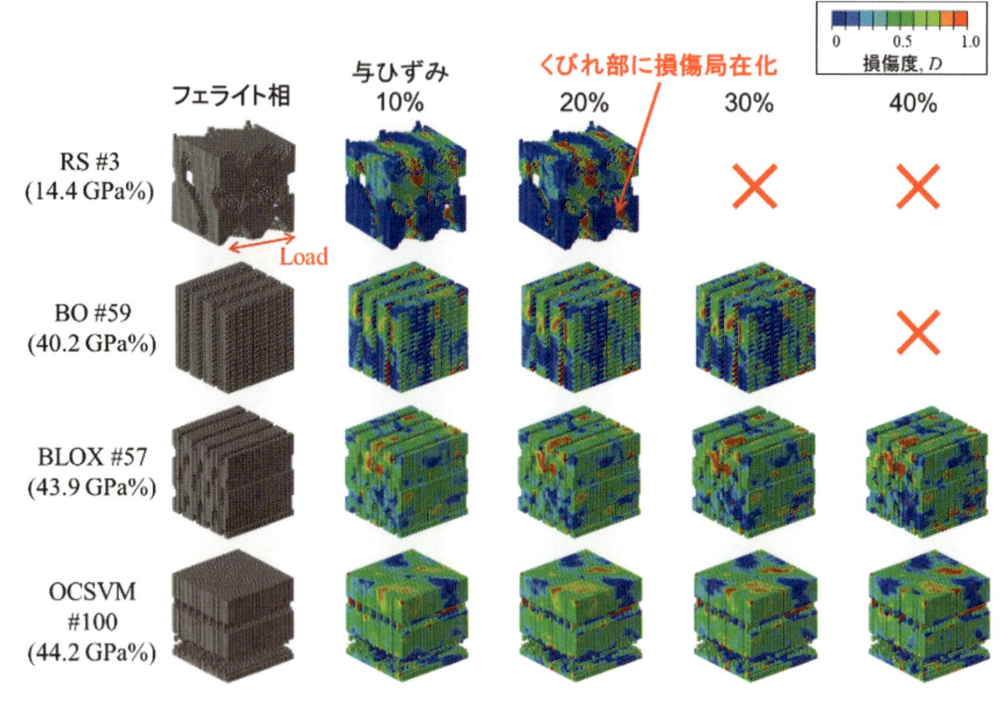

図10　各探索で得られた微視組織の比較

7. おわりに

本稿では，DP鋼を例題として構築した，引張特性であるTSとElを同時に最大化するミクロ組織の探索手法の例を示した。実験データをベースとした順問題解析モデル(CPFEM)とそのモデルを導入した逆問題解析モデルを用いることで，高い特性を有する可能性のあるミクロ組織の探索に成功した。探索されたミクロ組織は現状のプロセスでは実現は不可能だが，次世代高強度鋼のミクロ組織設計指針や開発の方向性を示すものである。

今回の検討は，PSPPモデル(Process, Structure, Property, Performance)[6]の内のStructureとPropertyの連関についてであり，最大のPropertyを有するStructureを逆問題解析により導出することができた。しかしながら，そのStructureを実現するProcessについての検討が十分ではないため，ProcessとStructureの連関について解析する技術の開発が今後の課題である。この技術と本稿で開発した技術を組み合わせることで，最小限の実験工数で高付加価値鋼の開発が可能となり，材料開発スピードの飛躍的な向上が期待される。

文　献

1) F. Briffod, T. Shiraiwa and M. Enoki : *Mater. Sci. Eng. A*, **826** 141933 (2021).

2) T. Shiraiwa et al. : *Sci. Technol. Adv. Mater. Methods*, **2**, 175 (2022).

3) T. M. Belgasam and H. M. Zbib : *Met. Mater. Trans. A*, **48**, 6153 (2017).

4) T. Matsuno et al. : *Int. J. Mech. Sci.*, **163**, 105133 (2019).

5) O. Ronneberger, P. Fischer and T. Brox : *Medical Image Computing and Computer-Assisted Intervention - MICCAI 2015*, **9351**, 234 (2015).

6) G. Schmitz and U. Prahl : Handbook of Software Solutions for ICME, Wiley-VCH Verlag, (2016).

第3節　高強度/延性を有する7000系アルミ合金の製造条件設計

株式会社UACJ　愛須　優輝　　株式会社UACJ　一谷　幸司
東京大学　井上　純哉　　国立研究開発法人物質・材料研究機構　永田　賢二

1. 背景・目的

軽量かつ高強度であるアルミニウム合金は，環境負荷低減の観点から，輸送機材料(航空機・自動車・鉄道車両など)に広く採用されている。特に，超々ジュラルミン(7000系アルミニウム合金，またはAl-Zn-Mg-Cu系合金)は，アルミニウム合金の中でも最も比強度が高く，輸送機材料としての適用拡大が期待されている。

しかし，その一方で，実験による試行錯誤を中心とするこれまでの研究手法では，さらなる特性改善(強度と伸びの特性バランス向上)に限界が来ている。これは，アルミニウム合金の機械的性質には，合金成分や製造プロセス条件が複雑に影響するために，研究開発者が過去の実験結果を元にして，最適条件を合理的に選択することが困難であることが一因として考えられる。

そこで，過去の実験データを元にして，データ駆動により超々ジュラルミンの最適な製造条件を探索するアプローチを試みて，これにより導き出される製造条件について実証実験を行って得られた合金の機械的特性を評価することにより，このデータ駆動によるアプローチの有効性を検討した。

世界で規格化されている各種アルミニウム合金の引張強さ-伸び[1)-4)]を**図1**に示す。低強度・高延性の1000系合金から，高強度・低延性の7000系合金までを総合的に見ても，特性バランスには量産アルミニウム製品の限界ラインがある。また，7000系合金の開発経緯を見ると，年代ごとに特性バランスが改良されているものの，そのレベルは1980年代以降，飽和している。本検討を進めるにあたり，図1中に示すように，7000系合金の機械的性質のうち，強度と延性の指標として，それぞれ引張強さ(TS)と伸び(EL)を選定した。そのうえで，中間目標値(TS750 MPa, EL12 %)と最終目標値(TS800 MPa, EL12 %)を設定した。これらの目標値は，いずれも従来の量産材の限界を超えたレベルに設定しており，従来のような試行錯誤に基づく開発アプローチでは到達が困難なレベルである。

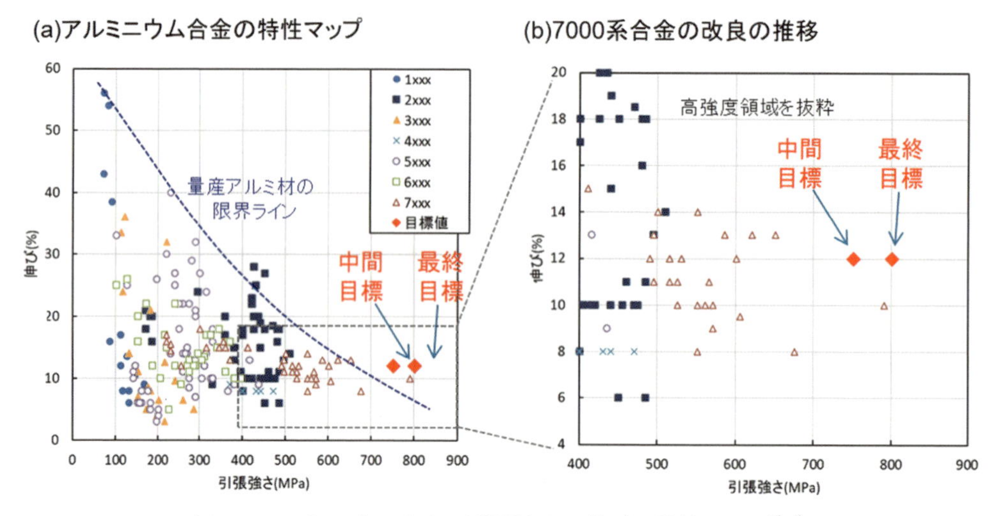

図1　アルミニウム合金の引張強さ・伸びの特性マップ[1)-4)]

2. 製造条件の予測方法

2.1 予測に用いた実験データ

予測には，㈱UACJのR&Dセンターにおいて，これまでに採取したN＝650の実験材試作・評価結果データを用いた。**表1**に実際に用いたデータについて数例を示す。予測に用いたデータには，合金成分(7000系アルミニウムの合金の主要な構成元素であるSi・Fe・Mn・Mg・Cr・Zn・Ti・Zrの各成分値)，作製条件，機械的性質(作製されたアルミニウム合金について引張試験を行い得られた，引張強さTS・耐力YS・伸びEL)から成っている。

表1　予測に用いた実験データの例

合金成分(mass%)								
Si	Fe	Cu	Mn	Mg	Cr	Zn	Ti	Zr
0	0	2.3	0	1.7	0	8.8	0	0.15
0	0	2	0	2	0	10	0	0.15
0	0	1.5	0	2.5	0	10	0	0.15

作製条件(℃または時間)							
NormTemp	NormTime	SSTemp	SSTime	NAgeTemp	NAgeTime	AAgeTemp	AAgeTime
470	48	470	120	20	72	120	48
470	48	470	120	20	72	120	48
470	48	470	120	20	72	120	48

引張性質(MPaまたは%)		
TS	YS	EL
724	697	16
764	739	14
771	750	13

図2　アルミニウム合金実験材の作製プロセス

アルミニウム合金実験材の作製プロセスの概略を**図2**に示した。溶解・鋳造工程において，所定の合金成分となるよう配合した原料を溶解して，DC 鋳造によりアルミニウム合金鋳塊を得る。その後のこの鋳塊について，高温に加熱して保持する均質化処理と呼ばれる熱処理を施した後，熱間加工(圧延または押出)を加えて，所定の形状(板や棒)へ加工する。その後もう一度，高温に加熱して保持する溶体化処理と呼ばれる熱処理を施した後に，室温まで急冷する焼入れ処理を行う。その後，室温に所定時間保持する自然時効を行った後に，人工時効を行うことにより，一連の工程が完了する。

2.2 予測のための3つのアプローチ

本検討では，過去の実験データを元に，最適な作製条件(合金成分を含む)を探索するにあたり，**図3**に模式的に示すような3つのアプローチを採用した。

最初の①理論的アプローチでは，まず，析出物サイズや固溶強化量などの内部変数を含んだ物理モデルを仮定し([**2.3**]にて説明)，過去の実験データにおける実測耐力データと，物理モデルによる計算耐力の差を小さくするように，モンテカルロ計算を用いた内部変数の調整を行った。その後，内部変数および元々の合金成分(Cu, Mg, Zn, Zr)・時効条件のデータを説明

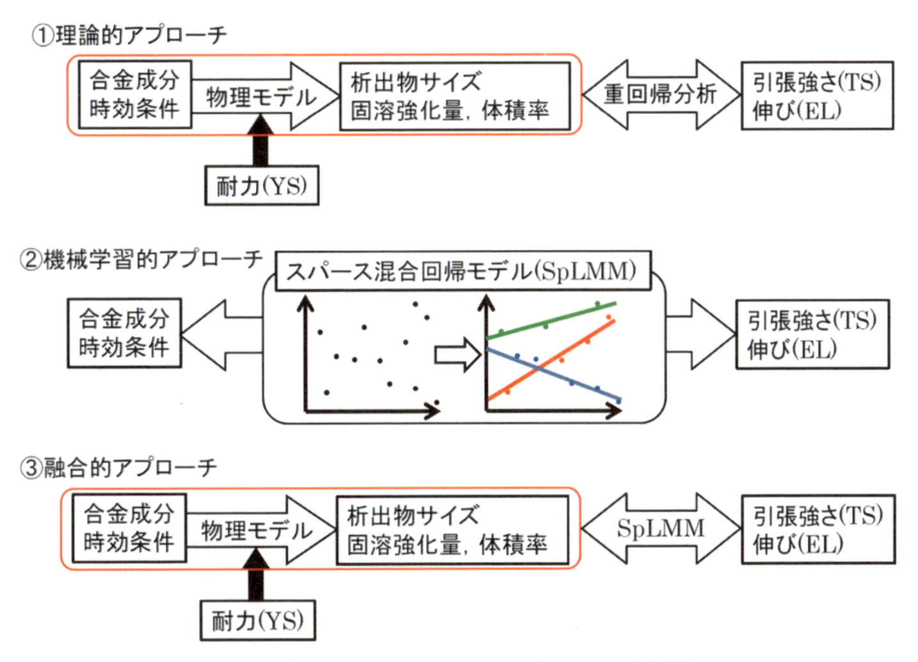

図3　予測のための3つのアプローチの模式図

変数とする重回帰分析を行うことで，引張強さおよび伸びの値を予測した。また，②機械学習的アプローチでは，上記のような物理モデルを用いることなく，純粋に合金成分・時効条件のデータと，引張強さ・伸びのデータを元にして，スパース混合回帰モデル(SpLMM, [**2.4**]で説明)を用いた解析により，引張強さおよび伸びの値を予測した。最後の③融合的アプローチでは，①の場合と同様に合金成分・時効条件を元に，析出物サイズや固溶強化量などの内部変数調整を行い，合金成分・時効条件・内部変数を説明変数とするスパース混合回帰モデルを用いた解析により引張強さ・伸びの値を予測した。

2.3 物理モデル

本検討では，上述の3つのアプローチの内，①理論的アプローチと③融合的アプローチにおいては，金属材料学において材料強度を説明するために良く用いられる物理モデル式を導入した。**図4**に①理論的アプローチにおける物理モデル式と③融合的アプローチにおける物理モデル式をそれぞれ示す。

この物理モデル式においては，対象とするアルミニウム合金の耐力(YS)が，アルミニウムのマトリクス強度(ここでは20 MPaとしている)と，Cu, Mg, Znによる固溶強化機構による強度増分と，微細析出物粒子による析出強化機構による強度増分と，加工硬化機構による強度増分の4つの強度因子の総和であるとしている。本検討では，①理論的アプローチを行った後に③融合的アプローチを行うにあたって，析出強化のモデル式をより実際の物理現象に近づけるための析出強化項の修正と，今回収集したデータベースは，加工硬化量を推定するのに十分なデータ量が確保できていないと判断し，加工硬化項の削除を行った。以降は③融合的アプローチにおける物理モデル式について述べる。本検討で対象として扱っている7000系アルミニウム合金は，熱処理型合金の一種であり，一般的にはこの3つの強度因子の内で，析出強化機構による強度増分が支配的であるとされている。7000系アルミニウム合金の溶体化処理・焼入れ後の過飽和固溶体は，自然時効・人工時効に伴って，GPゾーン→η'→ηの順に相分解が進むものとして理解されている。この中で，実質的に強度に寄与するとされているのは，人工時効時に生成して成長するη'相であるといわれている。

さて，**図4**に示す，融合的アプローチにおける物理モデル式においては，この析出強化機構による強度増分($X_{precipitation}$)が，『$C_1\sqrt{fr}$』と『$0.64Gb\sqrt{f/r}$』の値のうちのいずれか小さい方の値であると定義している。これを説明するため，析出強化機構の模式図を**図5**に示し，析出物強化量と析出物径の関係を**図6**に模式的に示す。人工時効の初期において，析出物粒子(η'相)の粒子半径rが小さい内は，転位が析出物を通過して移動することにより析出物は転位による切断される(Cutting)。これはFriedel機構と呼ばれ，これによる強度増分は，析出物粒子半径の平方根に比例して大きくなる。一方で，析出物粒子半径がさらに大きくなって所定のサイズを超えると，転位は析出物を通過して移動することができなくなり，その析出物の周りに転位ループを残す形で，移動するようになる。これはOrowan機構と呼ばれる。Orowan機構において，析出粒子を転位線が通過するのに必要となるせん断応力は，隣接する平均析出粒子間距離Lに反比例する。析出粒子の体積率fが一定とすると，析出粒子半径rが大きくなると，平均析出粒子間距離Lは比例して大きくなるため，結果としてOrowan機構による強度増分は，析出物粒子半径rに反比例する。したがって，図6中において，析出粒子半径rの増大とともに，2つの機構の内でより小さい強度増分を与える機構が働き，2つの機構の交点において，最大の析出強化による強度増分が得られることとなる。

以上のように本物理モデルでは，予測に用いた実験データの内，自然時効の温度・時間データ，人工時効の温度・時間データを用いて，析出物粒子半径rや析出物の体積率f，各元素の固溶量などの内部変数の計算を行っている。

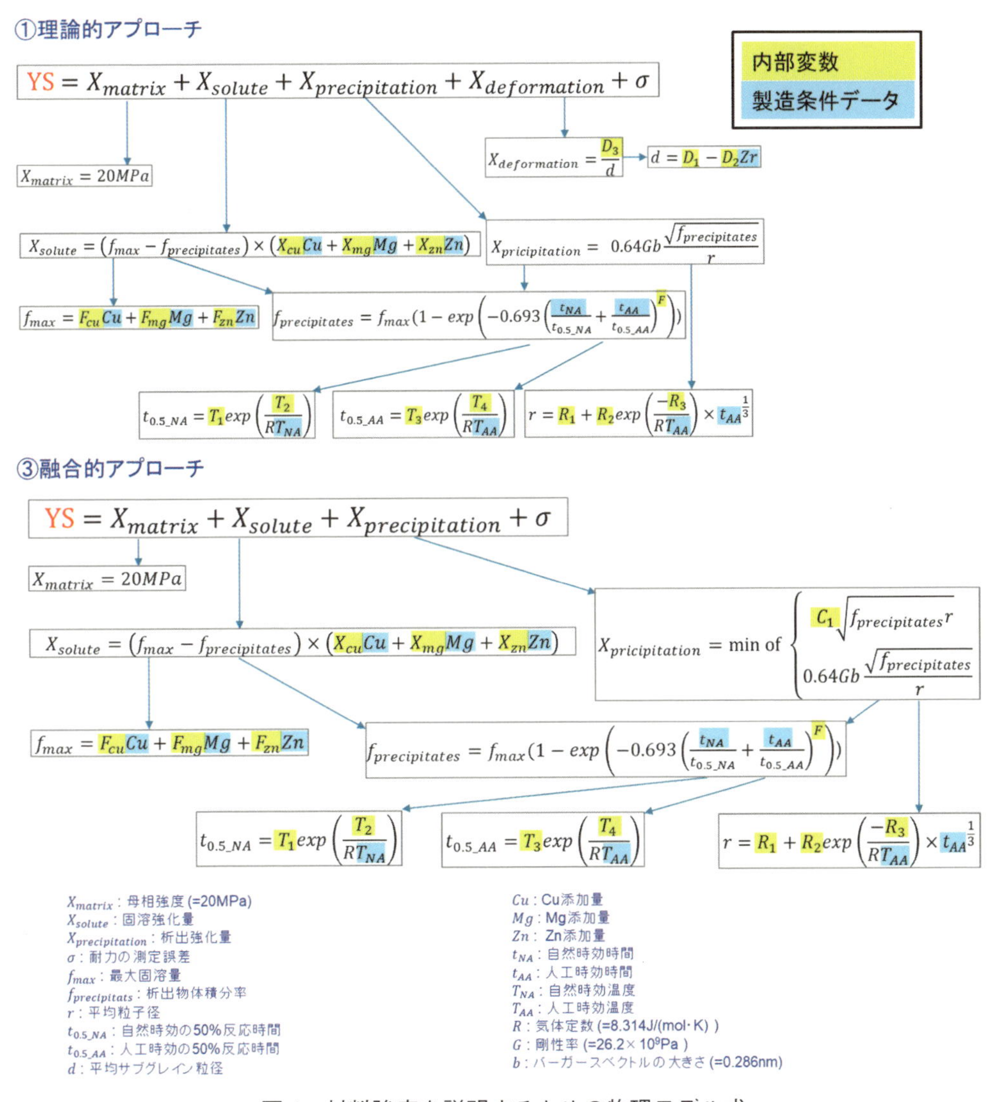

図4　材料強度を説明するための物理モデル式

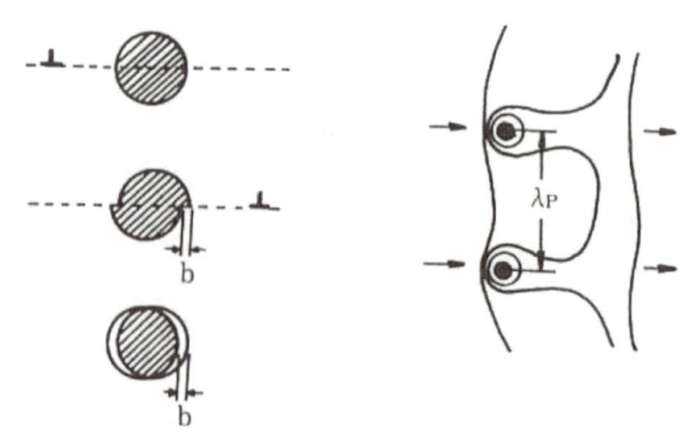

図5　Friedel 機構と Orowan 機構の模式図[5)]

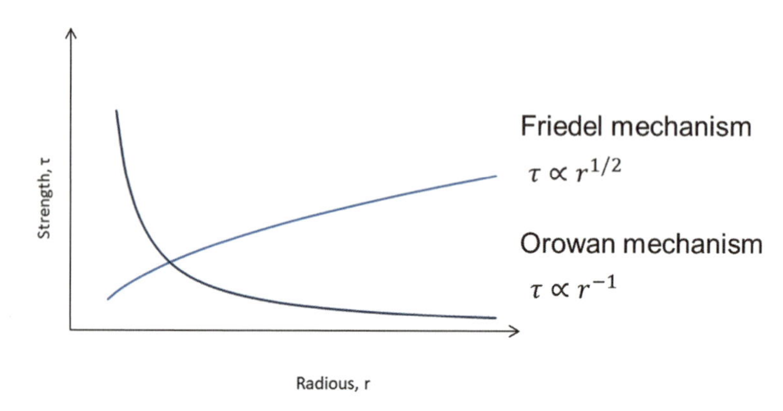

図6　Friedel 機構と Orowan 機構それぞれにおける析出物粒子半径と強度増分の関係の模式図

2.4 スパース混合回帰モデル

本検討では上述の3つのアプローチの内，②機械学習的アプローチと，③融合的アプローチにおいて，予測精度の向上を目的として，スパース混合回帰モデルを用いた。スパース混合回帰モデルは，混合線形回帰モデルに，パラメータのスパース性を仮定したものである。混合線形回帰モデルは，データが複数の線形モデルから生成されたと仮定し，それぞれのモデルのパラメータを予測すると同時に，どちらのモデルからデータ点が生成したかを推定(クラスタリング)する手法である[6)]。このような混合線形回帰モデルは，目的変数と説明変数の関係の中に相変態のような不連続な変化が生じる場合に，効果が期待される。また，スパース性(疎性)とは，高次元データの説明変数が次元数よりも少ないことをいう。高次元データには普遍的にスパース性が内在するとされており，スパース性を考慮することによってビッグデータから最大限の情報を効率よく抽出できるとして注目されている[7)]。

スパース混合回帰は文献[6)]を元に，以下の方法で行った。混合数が K の場合，すなわち K 個の線形モデルからデータが生成していると仮定した場合のスパース混合回帰のモデル式は，以下式(1)のように表される。

$$\boldsymbol{y_n} = \sum_{k=1}^{K} s_k\{(\boldsymbol{W}_k \circ \boldsymbol{V}_k)\boldsymbol{x_n}\} + \boldsymbol{\epsilon_n} \tag{1}$$

ここでは目的変数を$\boldsymbol{y}_n$とし，説明変数を$\boldsymbol{x}_n$としている。s_kは0か1の値をとる係数で，データがどの線形モデルに属するかを分けるためのパラメータである。また，Wは回帰係数に相当する定数行列である。V_kは説明変数が目的変数に関連する場合に1，しない場合に0の値をとるインジケータと呼ばれ，スパース性を導入するためのパラメータである。また，記号「∘」は要素ごとの積を表す演算子であり，$\boldsymbol{\epsilon}_n$は誤差を表す。スパース混合回帰における損失関数Eは，誤差の平方二乗和に，測定誤差に関する正則化項と混合数に関する正則化項を加えた以下の式(2)で表される。

$$E = \sum_{n=1}^{N}\sum_{k=1}^{K} s_{nk} \sum_{i=1}^{d_y} \frac{1}{2\sigma_i^2}\{y_{\boldsymbol{ni}} - (\boldsymbol{w}_{ik} \circ \boldsymbol{v}_{ik})^T \boldsymbol{x_n}\}^2 + \frac{N}{2}\sum_{i=1}^{d_y} log2\pi\sigma_i^2 - \sum_{k=1}^{K} N_k log\pi_k \tag{2}$$

ここで，y_{ni}と$\boldsymbol{w_{ik}}$と$\boldsymbol{v_{ik}}$はy_nとW_{ik}とV_{ik}のi番目の行成分であり，N_kはk番目の線形モデルに属するデータの数である。また，$\pi = (\pi_1, \pi_2, \cdots, \pi_k, \cdots, \pi_K)$は各モデルにデータが属する割合を表す混合率であり，$\sum_{k=1}^{K}\pi_k = 1$である。スパース混合回帰では，この損失関数を最小とするような$\boldsymbol{w_{ik}} \circ \boldsymbol{v_{ik}}, \sigma_i, \pi_k (i=1 \sim d_y,\ k=1 \sim K)$を交換モンテカルロ法によって求めることで回帰パラメータの推定を行っている。また，パラメータ探索の際に交換モンテカルロ法によりサンプリングされた履歴は，ベイズ推定における事後確率分布に従うものとして扱うことができる。この事後確率分布からのサンプル系列全てを利用することで，スパース混合回帰による予測値を確率分布として得ることができる。そのため，中間目標と最終目標それぞれについて，引張強さと伸びの特性が目標達成領域に含まれる確率(目標達成確率)を算出することが可能であり，検証実験での条件選定の際などに，この確率を指標として用いることができる。

2.5 逆解析

以上のような3つのアプローチにより，合金成分と作製条件を入力して機械的性質を予測する。この順問題に対する逆問題は，求める機械的性質を得るための合金成分および作製条件を得ることである。本検討では，この逆問題を解いて検証実験の指針を得るため，逆解析を行った。逆解析の方法について以下に述べる。

順解析結果を数値で得る①理論的アプローチでは，予測モデルに対して，中間目標とした引張強さ750 MPa, 伸び12 %を目的の機械的性質として，ベイズ最適化のアルゴリズムを用いて1,000回順予測を行った。順予測によって得られた機械的性質が，目的の機械的性質を達成する解を抽出することで逆解析を行い，合金成分と作製条件のモデルによる提案条件を得た。順解析結果を確率変数で得る②機械学習的アプローチと，③融合的アプローチでは，予測モデルに対して，合金成分および作製条件をランダムに変化させながら，10,000回順予測を行い，それぞれの合金成分および作製条件に対応する，引張強さ・伸びの予測分布を得た。**図7**に混合数が$K=3$の場合における目標達成確率の算出方法についての模式図を示す。予測の出力結果として，各混合パターンs_kに対応した引張強さ・伸びの予測値が得られる。そこから図7に示すように，確率モデルとしてこの予測値を中心としたガウス分布の混合により予測分布が得られる。こうして得られた予測分布から，最終目標(引張強さ800 MPa，伸び12 %)の領域内に含まれる部分を算出し目標達成確率とした。実際には，交換モンテカルロ法により得られたパラメータの系列全てを保持しているため，それらのパラメータ全てからそれぞれ目標達成確率を計算し，その平均値を最終的な目標達成確率として扱い逆解析の評価とした。目標達成確率の値が高い条件を抽出することで，提案条件を得た。これらの逆解析における探索範囲について，データ点と近似固溶限の模式図を**図8**に示す。探索範囲は，ソフトJMatProを用いた熱力学計算によって求めた，溶体化処理を行った際のS相($CuMgAl_2$)およびη相($MgZn_2$)の固溶限の範囲内とした。これは，かつデータ点がある範囲よりも外側の領域を含む範囲である。このような手法で逆解析を行い，後に行う検証実験の条件は逆解析によって得た合金成分および作成条件を元にして選定した。

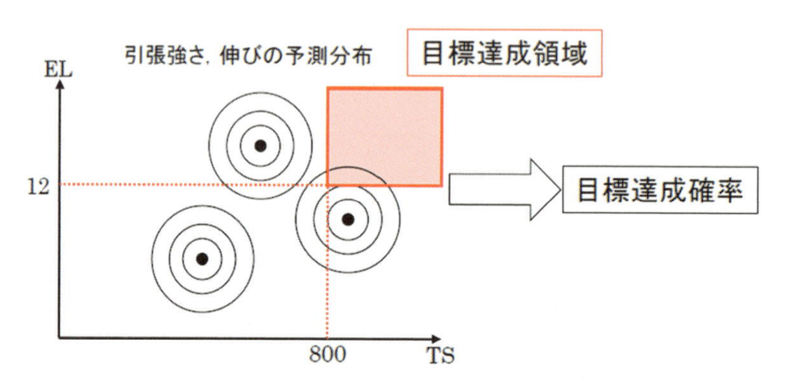

図7　目標達成確率の算出方法の模式図

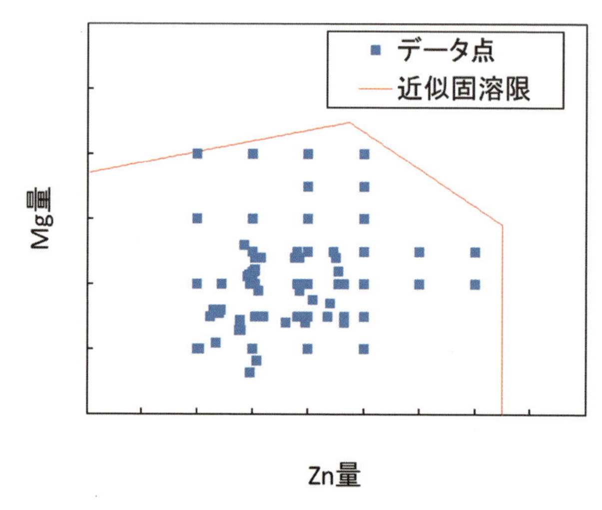

近似的に求めた固溶限の範囲を探索範囲とした

図8　データ点と近似固溶限の模式図

3. 解析結果

3.1 順予測および逆解析の結果

3.1.1 ①理論的アプローチ

理論的アプローチで行った順予測において，学習データを再度予測した場合の予測値-実測値プロットを**図9**に示す。引張強さ，耐力，伸びの決定係数 R^2 がそれぞれ 0.981, 0.972, 0.812 となるような精度で予測ができた。予測モデルを逆解析した結果を**図10**に示す。ここで，各条件における具体的な数値は省略して模式的に示した。逆解析の結果，一部の製造条件で，中間目標（TS750 MPa，EL12 %）を超える予測が得られた。このような製造条件のうち主要な添加元素に注目すると，条件番号 1, 2 のような比較的低 Cu, 高 Mg, 高 Zn 合金と，条件番号 3, 5 のような比較的高 Cu, 低 Zn 合金の 2 条件に大別された。

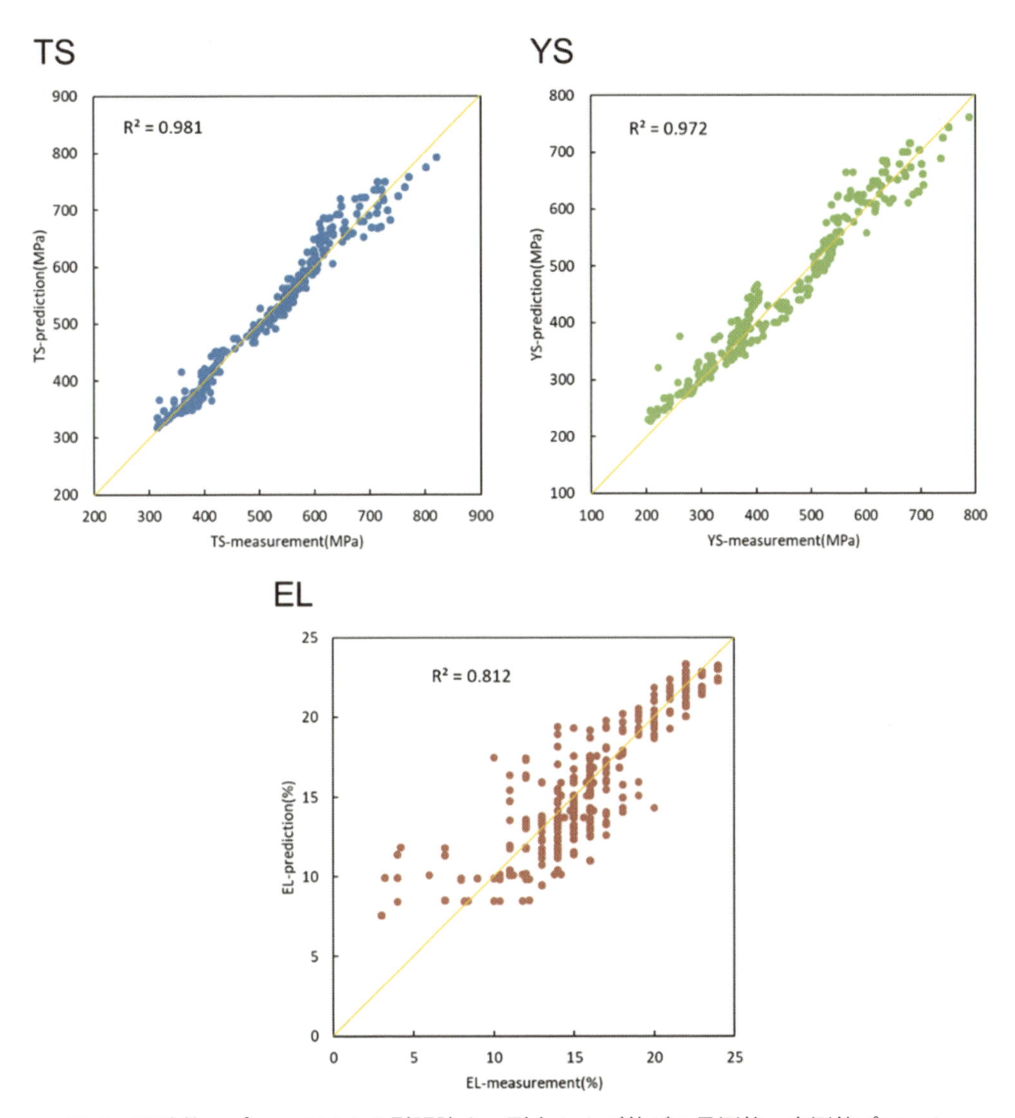

図9　理論的アプローチによる引張強さ，耐力および伸びの予測値－実測値プロット

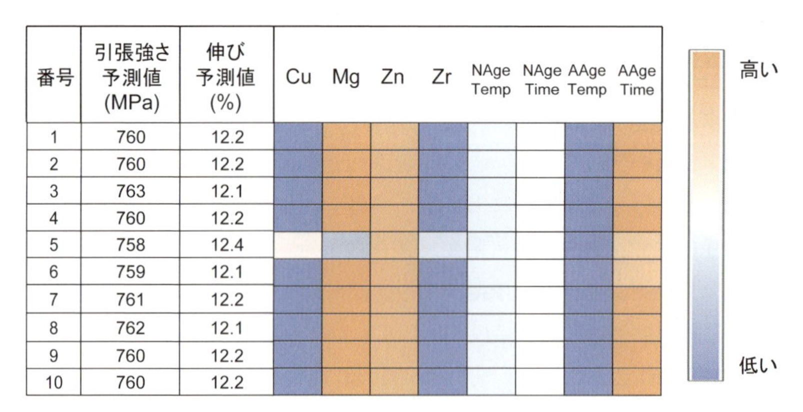

番号	引張強さ予測値(MPa)	伸び予測値(%)	Cu	Mg	Zn	Zr	NAge Temp	NAge Time	AAge Temp	AAge Time
1	760	12.2								
2	760	12.2								
3	763	12.1								
4	760	12.2								
5	758	12.4								
6	759	12.1								
7	761	12.2								
8	762	12.1								
9	760	12.2								
10	760	12.2								

図10　理論的アプローチにおける逆解析結果

3.1.2　②機械学習的アプローチ

スパース混合回帰における混合数については，混合数の事後確率およびベイズ自由エネルギーの計算により，最適な混合数 $N=3$ が得られ，これを用いてスパース混合回帰を行った場合の，予測値 - 実測値プロットを**図11**に示す。引張強さ，耐力，伸びについて，決定係数 R^2 がそれぞれ 0.991, 0.989, 0.919 となるような精度で予測ができ，これらは理論的アプローチの場合よりも高かった。機械学習的アプローチにおける逆解析結果を**図12**に示す。ここで，提案条件は最終目標（TS800 MPa, EL12 %）に対する目標達成確率が最も高い順に 10 条件を示している。目標達成確率の高い条件のうち，主要な添加元素に注目すると，Cu, Zn, Mg 添加量が高いものと低いものが幅広く含まれていた。

3.1.3　③融合的アプローチ

理論的アプローチと同様の方法で内部変数を求めた後，化学成分，製造条件，内部変数を学習データとしてスパース混合回帰を行った結果，最適な混合数は 2 となった。混合数 2 として，順予測を行って得た予測値-実測値プロットを**図13**に示す。引張強さ，耐力，伸びについて，決定係数 R^2 がそれぞれ 0.987, 0.931, 0.927 となるような精度で予測ができた。決定係数の値をモデル間(①理論的アプローチ，②機械学習的アプローチ，③融合的アプローチ)で比較すると，引張強さは② > ③ > ①，耐力は② > ① > ③，伸びは③ > ② > ①であった。ここでの決定係数は，1 に近いほどそのモデルがデータベース上のデータを上手く説明できることを意味するため，融合的アプローチにおける予測モデルは，理論的アプローチまたは機械学習的アプローチにおける予測モデルと比べて，データベースに対する予測精度は優れても劣ってもいないと考えられる。融合的アプローチにおける予測モデルの逆解析結果を**図14**に示す。ここで，提案条件は TS800 MPa, EL12 %の達成確率が最も高い 10 条件を抜粋している。機械学習的アプローチの場合と同様に，目標達成確率が高い合金は Zn, Mg, Cu 添加量が高いものと低いものが幅広く含まれていたが，逆解析によって得られた条件の目標達成確率は機械学習的アプローチの場合よりも高かった。

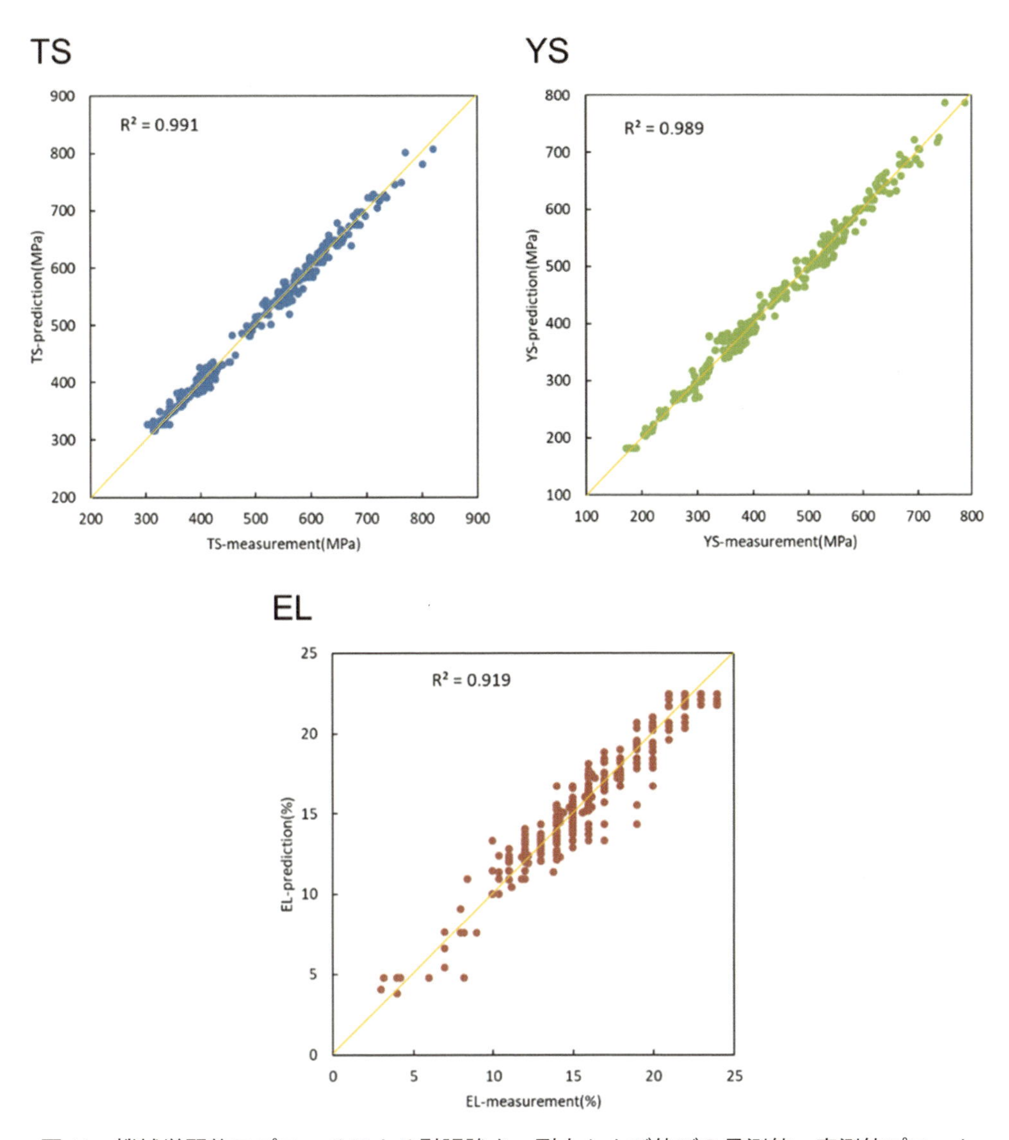

図 11　機械学習的アプローチによる引張強さ，耐力および伸びの予測値 - 実測値プロット

目標達成確率			製造条件															
総合	TS	EL	Si	Fe	Cu	Mn	Mg	Cr	Zn	Ti	Zr	Norm Temp	Norm Time	SS Temp	SS Time	NAge Temp	NAge Time	AAge Temp	AAge Time
0.30	0.31	0.43																	
0.26	0.30	0.48																	
0.25	0.37	0.38																	
0.25	0.39	0.37																	
0.25	0.32	0.41																	
0.25	0.36	0.36																	
0.25	0.34	0.36																	
0.25	0.32	0.36																	
0.25	0.25	0.36																	
0.25	0.25	0.36																	

高い
低い

図 12　機械学習的アプローチにおける逆解析結果

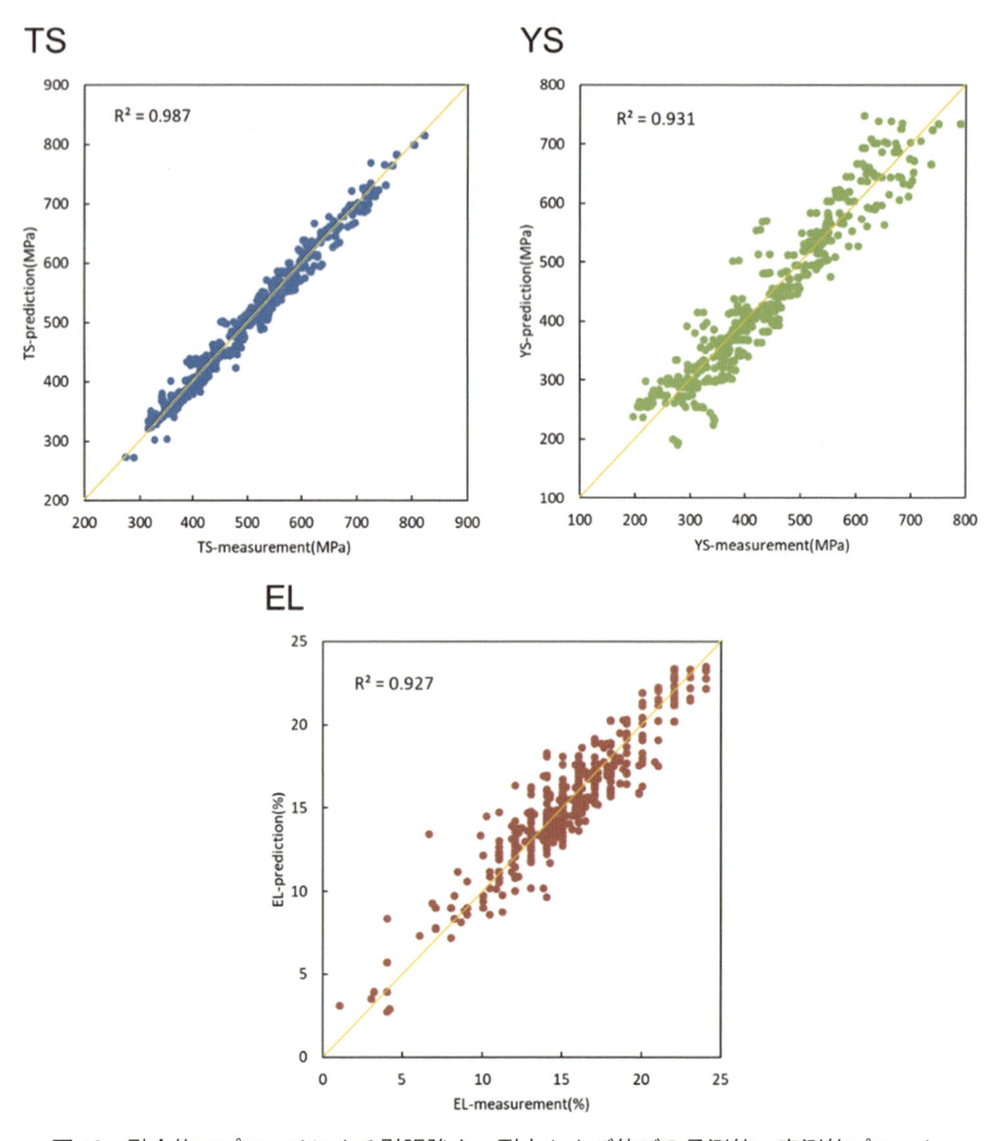

図13　融合的アプローチによる引張強さ，耐力および伸びの予測値 - 実測値プロット

目標達成確率			製造条件																
総合	TS	EL	Si	Fe	Cu	Mn	Mg	Cr	Zn	Ti	Zr	Norm Temp	Norm Time	SS Temp	SS Time	NAge Temp	NAge Time	AAge Temp	AAge Time
0.77	0.97	0.79																	
0.74	0.95	0.78																	
0.73	0.93	0.78																	
0.72	0.74	0.89																	
0.72	0.94	0.77																	
0.72	0.74	0.88																	
0.72	0.74	0.90																	
0.72	0.95	0.76																	
0.72	0.93	0.78																	
0.71	0.97	0.74																	

高い

低い

図14　融合的アプローチにおける逆解析結果

3.2 内部変数について

求めた内部変数のうち，析出強化量と析出物平均粒子径の関係を**図15**に示す。平均粒子径が0.9 nmよりも小さい場合，転位が粒子をせん断する機構を仮定したFriedelの式に基づいた析出強化量のほうが小さい値をとり，0.9 nmよりも大きい場合転位が粒子を回り込む機構を仮定したOrowanの式に基づいた析出強化量のほうが小さい値をとっていた。今回，析出強化量の取り扱いは，Friedelの式と，Orowanの式の2つそれぞれに基づいて析出強化量を計算し，そのうち小さいほうを採用するという方式をとっている。したがって，今回の計算結果は平均粒子径が0.9 nmの前後で転位の通過機構が変化し，析出強化量は最大になるということを示唆している。Seidmanら[8]はAl-0.3mass%Sc合金における析出物径と硬さ増加量の関係を調べて，析出物半径が0.75～1.0 nmで硬さ増加が最大値を示すことを報告しており，今回の計算の結果は，この析出物半径と比較的近い値となっていた。

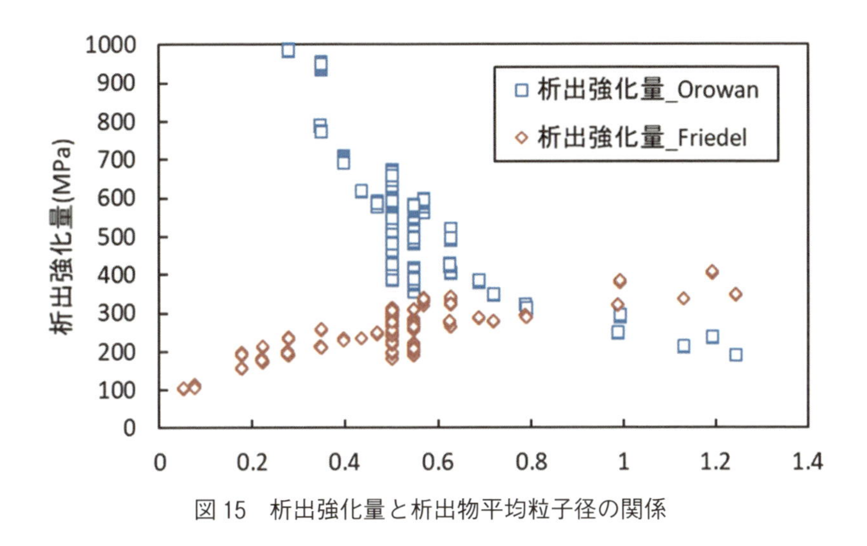

図15　析出強化量と析出物平均粒子径の関係

4. 予測結果の検証実験

4.1 検証実験の方法

上述したように①～③の各アプローチそれぞれについて得られた逆解析結果に基づいて，実際に実験室規模での合金試作を行い，その機械的特性を評価する形での検証実験を行った。ここでは②機械学習的アプローチにより得られた逆解析結果を一例として，検証実験の方法について述べる。

図12に示した②機械学習的アプローチにより得られた逆解析結果について，総合的な確率の上位の3合金に着目すると，相対的にZn量が低いことが分かる。一方で，4位の条件(合金A)および5位の条件(合金B)のZn量は，これらに比べて高い値となっていた。**図16**には，これらの上位3合金とA・B合金のMg量・Zn量の相対的な位置関係を示した。同図中には，参考のためこれらの合金に近いMg量とZn量を持つ2種類のJIS合金も追加した。これらのJIS合金の引張強さは，最も高強度のT6状態においても570 MPa程度である。7000系合金は，

過去の合金開発の経験から，その強度がZn量に大きく依存することが分かっており，機械的特性が既知のこれらの2種のJIS規格合金に近しいZn量を持つ上位の3合金では，本検討で最終目標としたTS800 MPa, EL12 %の到達は困難であると判断した。そこで，ここでの検証実験においては，4位の合金Aと5位の合金Bの2合金を検証実験対象とした。

これら2つの合金を試作する前に，これらの合金組成についても考察を行った。具体的には，解析結果が示すこれらの合金組成値をそのまま用いて，熱力学計算ソフトJMatProによりそれぞれの合金の平衡状態図を計算して，その結果を**図17**と**図18**に示した。これらの状態図においては，高温側に存在するT相(Al・Cu・Mg・Znより成る)の線と，液相(Liquid)の線の交わりに着目した。合金Aの場合には，このT相と液相の線に交わりがなく，これはT相が消失する約487 ℃より高く，液相が出始める温度の約494 ℃より低い温度範囲において，溶体化処理を行うことによって，平衡状態図上は添加したMg・Zn・Cuの全てを固溶させることができ，T相はマトリクス中に残存しないことを意味する。一方，図に示す合金Bの場合は，T相と液相の線が交わっている。この場合には，液相が出始める温度の約479 ℃よりも低い温度(たとえば470 ℃で)溶体化処理を行うことになる。このような場合には，平衡状態図上T相がマトリクス中に残存することになるが，このT相は比較的粗大であるため強度への寄与はほとんどなく，一方で延性に対しては悪影響を及ぼすものと考えられ，極限的な高強度・高延性を指向する本検討の場合には，T相を残すことによる利点はないものと考えられる。そこで合金Bに対しては，逆解析の結果

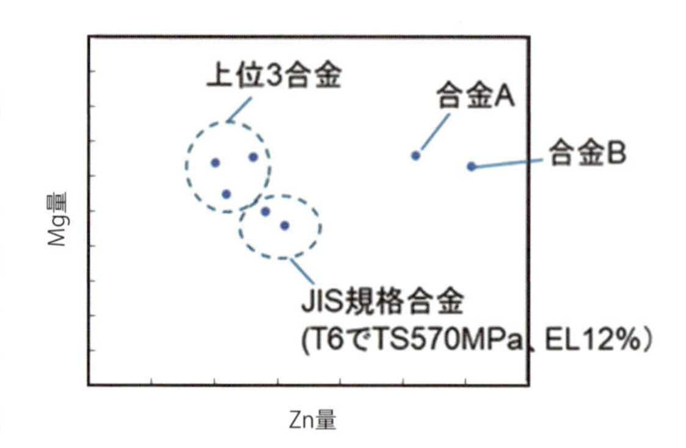

図16　上位3合金、合金A・Bとこれらに近い組成のJIS規格合金のMg量とZn量の相対的な位置関係

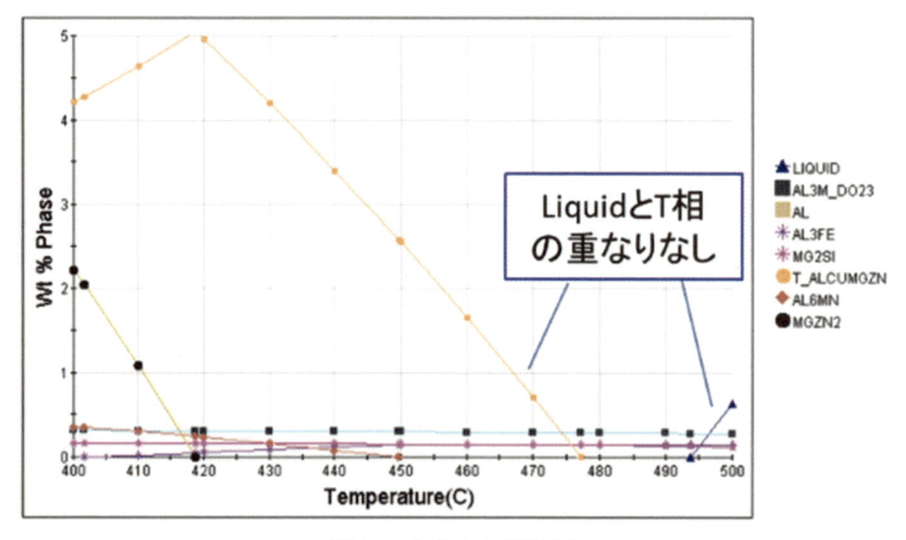

図17　合金Aの状態図

得られた合金成分の内の，T 相へ影響を及ぼす Mg・Zn・Cu 量について，添加量を僅かに減少させる方向での調整を行った。その結果，図 18(b)に示すように，T 相の線と液相の線の交わりは解消した。逆解析の結果は，均質化処理の温度と時間，溶体化処理の温度と時間のそれぞれに関する条件値も具体的に提示するが，今回の検証実験においては，前述のようにして得た状態図を元にして，均質化処理と溶体化処理の温度を決定して，時間については，熱処理の効果が十分に得られるよう，均質化処理を 5 時間，溶体化処理を 1 時間として行った。

また，溶体化処理・焼入れ後の自然時効処理・人工時効処理の温度・時間条件については，逆解析結果において，それぞれの合金に対して具体的な 1 条件が得られるが，今回の検証実験では，条件を振って複数の試験を行うことが，合金種を増やすことに比較して容易であることから，複数の時効処理条件を選定して行った。具体的には，自然時効については，なしと

(a)合金 B の状態図

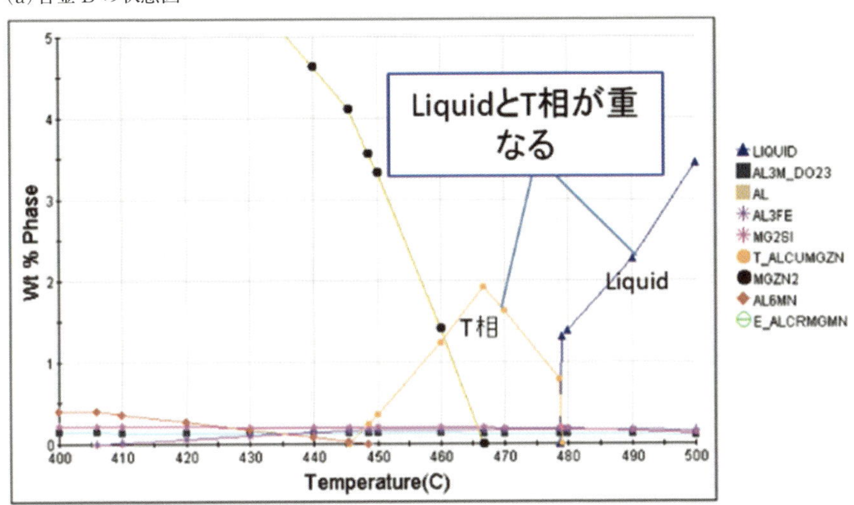

(b)Zn・Mg 量を若干減少させる調整後の状態図

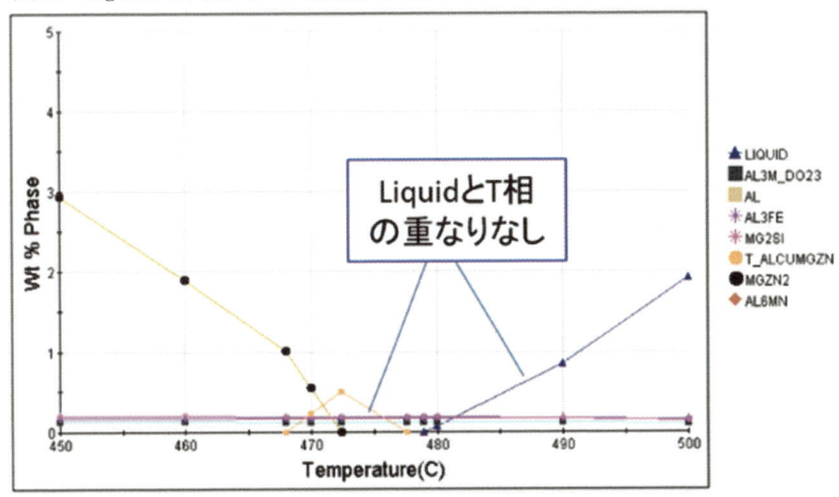

図 18　合金 B の状態図と成分調整後の合金の状態図

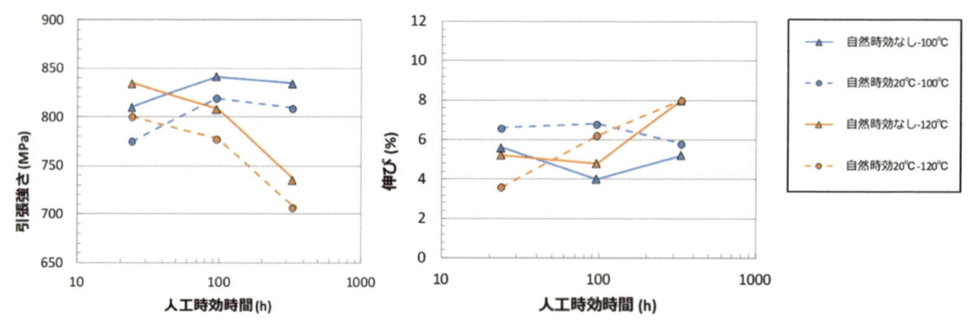

図 19　合金 A の時効処理後の機械的特性

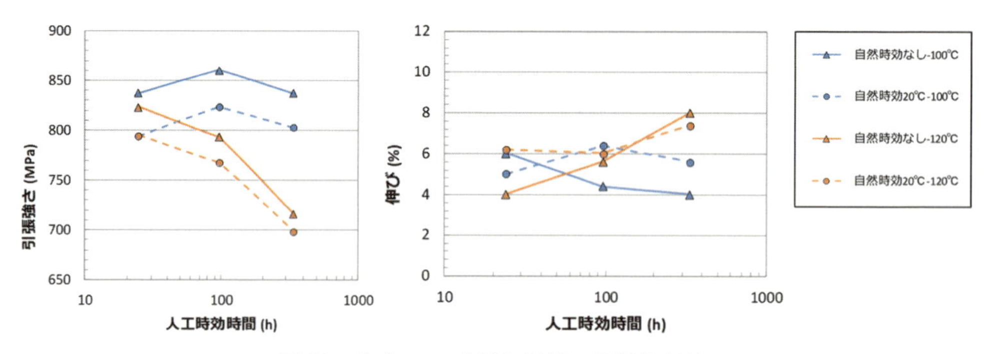

図 20　合金 B の時効処理後の機械的特性

20 ℃×24 時間の 2 条件，人工時効は，温度が 100 ℃・120 ℃の 2 条件，時間が 24 時間・96 時間・336 時間の 3 条件で実施した。

時効処理後に引張試験を行って，引張強さと伸びを評価した結果の例を**図 19** と**図 20** に示した。合金 A・合金 B ともに，引張強さは最終目標の 800 MPa を超える条件があったが，いずれの条件でも伸びは目標の 12 %には大幅に未達という結果であった。

4.2 検証実験の結果

逆解析によって得た製造条件を用いて，[**4.1**]の方法で検証実験を行った結果を**図 21** に示す。①理論的アプローチにおいては，検証実験材のうちの一部が中間目標を超える TS752 MPa, EL12 %を達成した(図 21(a))。これは従来にない特性レベルの達成であり，材料開発におけるデータ駆動の手法の有効性が示されたものと考える。また，②機械学習的アプローチにおける検証実験材では，中間目標(TS750 MPa, EL12 %)を達成するものはなく，全体的に目標領域からやや離れた領域に材料特性が存在した(図 21(b))。このアプローチでは，理論的アプローチの場合よりも R2 値が大きかったにも関わらず，目標特性よりも比較的遠い結果となった。これは，機械学習的アプローチによる予測モデルは理論的アプローチによる予測モデルよりも，データベースの範囲内では誤差が少なく予測できるが，データベースの外側の外挿領域で予測精度が低くなったためではないかと考えられる。一方で，③融合的アプローチでは，最終目標(引張強さ 800 MPa，伸び 12 %)を達成する結果はなかったものの，これに肉薄する特

(a)①理論的アプローチ

(752MPa, 12%)

TS800MPa, EL12%

TS750MPa, EL12%

TS-measurement (MPa)

EL-measurement (%)

(b)②機械学習的アプローチ

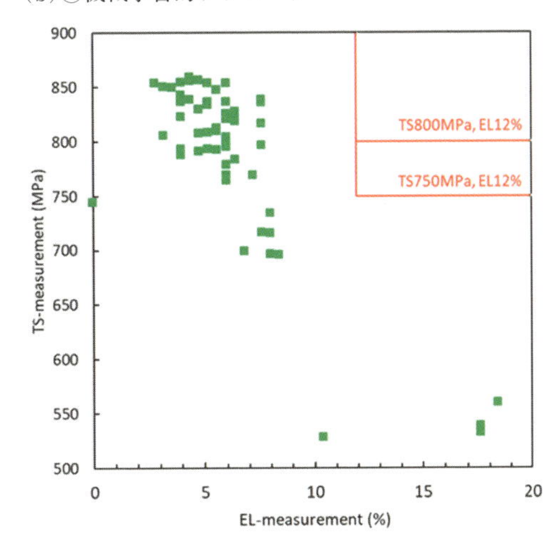

(c)③融合的アプローチ

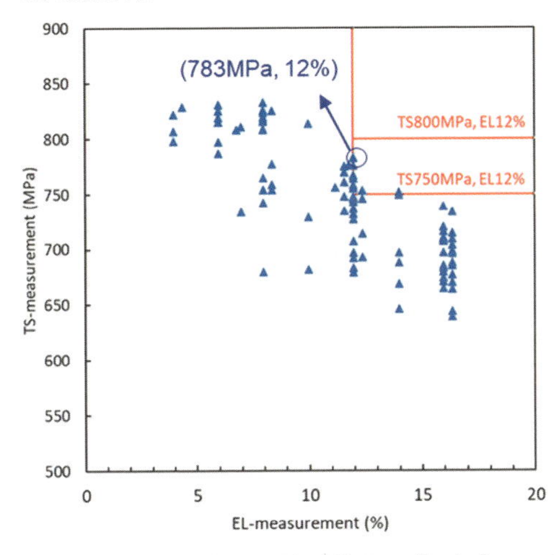

図21　検証実験結果の引張強さ－伸びプロット

性(TS783 MPa, EL12 %)が確認され，また中間目標を複数の条件で達成した(図21(c))。これは，融合的アプローチにおいては，スパース混合回帰に物理式を組み込むことで，未知領域での予測精度が向上したことによるものと考えられる。

5. まとめ

データ駆動による材料特性予測モデルを構築し，モデルの逆解析によって得た提案条件を用いて検証実験を行うことで，従来よりも高強度・高延性の合金を作製することができた。これにより，新合金探索においてデータ駆動手法が有効であると考えられた。また，3種類のアプローチによる探索結果の比較から，スパース混合回帰に物理式を組み込むことで，未知領域での予測において，相対的に優れるという結果が得られた。

文　献

1) J. G. Kaufman : Properties of Aluminum Alloys, Aluminum Association, (1999).
2) 森久史ほか：軽金属，**69**(1), 9 (2019).
3) 株式会社 UACJ HP：
https://www.uacj.co.jp/（閲覧 2024 年 9 月）
4) 日本軽金属株式会社：
https://www.nikkeikin.co.jp/（閲覧 2024 年 9 月）
5) 村上陽太郎：アルミニウム材料の基礎と工業技術，軽金属協会，142 (1985).
6) T. Hirakawa et al. : *IPSJ SIG Tech. Rep.*, 131, 71 (2020).
7) 岡田真人ほか：電子情報通信学会，**99**(5), 370 (2016).
8) D. N. Seidman, A. Marquis and D. C. Dunand : *Acta Mater.*, **50**, 4021 (2002).

第4節　高強度鋼の接合プロセス最適化

株式会社神戸製鋼所　井元　雅弘　　東京大学　糟谷　正

1. はじめに

厚鋼板の溶接熱影響部(HAZ)は，溶接熱によって母材とは異なるミクロ組織となった部分で，一般的に機械特性は劣化する。具体的には，シャルピー衝撃特性に代表される靱性が劣化しやすく，これは溶接構造物の安全性に大きな影響を与えかねない。そのため，これまで多くの知見が蓄積されてきたが，任意の成分，溶接条件で利用することは必ずしも容易ではない。さらに，所定のHAZ靱性を確保できるような高強度鋼の材料設計は，より困難な問題といえる。本稿では，高強度鋼HAZの脆性破壊予測モジュールについて，その後，逆問題解析モジュール(高強度鋼の自動設計)について概説する。

2. 脆性破壊予測モジュール

脆性破壊予測モジュールは，鋼材成分と溶接条件などが与えられた時にHAZ靱性がどうなるかを予測する，順方向解析モジュールである。このモジュールは，相変態サブモジュール，第二相サブモジュール，応力ひずみ(S-S)曲線サブモジュール，脆性破壊サブモジュールで構成される。

相変態サブモジュールでは，まず，等温変態モデルを基に，それから加算則を用いたモデルで連続冷却の変態を予測する。等温変態モデルは，鋼材を一定温度に保持した時，変態生成物の割合と保持時間の関係を表すものであり，以下のような関数形が提案されている[1)]。

$$\tau\left(X,T\right)=\frac{F(C,Si,Mn,\cdots,GN)}{\Delta T^{n}\exp\left(-Q/RT\right)}S\left(X\right) \qquad (1)$$

ここに，τは，保持温度Tのとき，変態生成物の割合がXになるまでの時間を表す。Fは成分影響および変態前のオーステナイト粒度(GN)の影響を表す関数であり，Sはシグモイドな変態挙動を表す関数である。HAZは，フェライト，パーライト，ベイナイト，マルテンサイトが混合し得る組織であるため，各組織に対するτの関数が必要である。また，上述の通り変態前のオーステナイト粒度にも依存するため，変態前のオーステナイト粒成長も計算するようになっている。τを計算する等温変態モデルは従来から利用されているが，本プロジェクトでは，これを基にして，文献にある知見[2)3)]の利用やモデル鋼を用いた実験を行い，それら結果を用いてより高精度なモデルを構築した。**図1**(a)は，合金元素を複合添加したHT570級鋼

（a）連続冷却時の相体積率

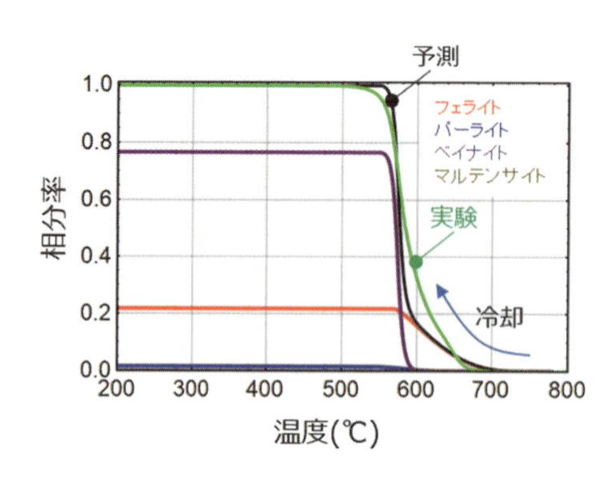

（b）CCT 図

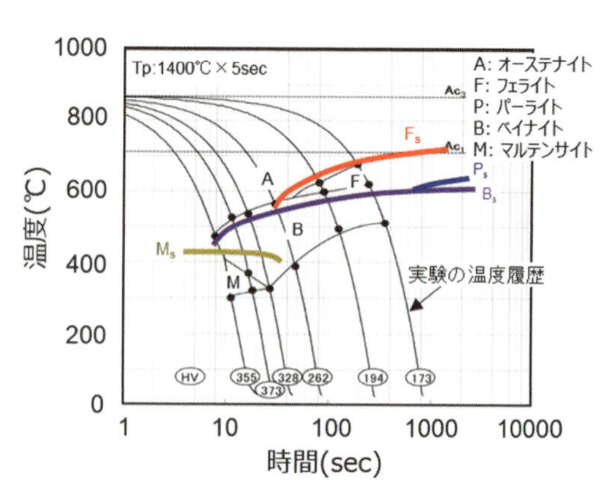

図1　HT570 級鋼の計算結果と実験データの比較[4)]

（Ti, B フリー）での冷却時の相変態計算例で，黒線は各相の合計，黄緑線はその実測データで[4)]，両者はよく一致している。また，図1（b）は，CCT 図の予測値と実験値の比較である。これについても，よい一致が認められる。またHAZの組織制御で特徴的な効果を有する元素についてもモデル化を行った。たとえば，合金元素であるTiは，Nと結合し，TiNを形成するが，これはオーステナイト粒成長を妨げる（ピン止め効果）がある。HAZは鋼材融点直下まで加熱されるので，TiNの溶解・粗大化を考慮してオーステナイト粒成長を計算している。また，微量元素Bは，オーステナイト粒界に偏析し，そこからの変態を抑制する働きを持つので，Bの粒界での非平衡偏析量の計算を行い，τに反映させることでBの影響を考慮した連続冷却の変態予測をしている。

第二相サブモジュールは，脆性破壊の起点となるMA（Martensite-Austenite constituent）や疑似パーライト（DP：Degenerate Pearlite）の体積分率やサイズ分布を計算するモデルである。粒界フェライトや上部ベイナイトからの炭素の吐き出しを考慮して計算した未変態γ分率を基にMA分率とDP分率を計算している。また，変態温度依存性を考慮して計算されるベイナイトラス幅と未変態γ分率を用いてMAの厚さを計算した。なお，ベイナイトラス幅の変態温度依存性は，組織観察の結果から決定した実験式を用いた。靭性に対しては，MAの体積率だけでなく，そのサイズ分布が重要で，相変態の計算情報を利用して，MAのサイズ分布を決定している。

S-S曲線サブモジュールは，HAZ組織におけるS-S曲線を計算するモデルである。HAZは，相変態予測モデルの説明で述べたように混合組織となり得るが，フェライト，ベイナイトなどでS-S曲線は異なるものである。そのため，本サブモジュールでは，各相のS-S曲線をまず計算する。フェライトやパーライトについては文献の知見[5)]をベースに計算するが，ベイナイトについては，変態温度が低温ほど，強度が高くなることを考慮して，相変態予測時の変態温度情報を利用して本プロジェクトの予測モデルを構築した。溶接部の場合，溶接パスが1回だけでなく複数回実施されることがある。その際には，後続溶接パスの熱によりHAZ組織が焼き戻されることがあるが，本サブモジュールでは，この点も考慮できるようになっている。さらには，Nb などの微量元素による析出硬化も考慮できるようになっている。各相の S-S 曲線が決定できると，次は HAZ 組織としての S-S 曲線を求める。HAZ 組織は混合組織なので，各相の S-S 曲線を求めて，その後 Secant 法を用いて HAZ の S-S 曲線を求める。

脆性破壊サブモジュールは，上記サブモジュールの結果を用いてシャルピー遷移曲線を予測するモデルである。材料の破壊抵抗である局所破壊応力 σ_f に対し，本モデルでは，転位堆積による応力集中を考慮して定式化を行った。MA 起点の脆性破壊の式を式(2, 3, 4)に示す[6]。

$$\sigma_f = \frac{4E\gamma_{eff}}{\left(1+1/\sqrt{2}\right)(1-\nu^2)(\sigma_Y-\sigma_0)a} \tag{2}$$

$$\sigma_f = \sqrt{\frac{4E\gamma_{eff}}{\pi(1-\nu^2)t} - \frac{a^2(\sigma_Y-\sigma_0)^2}{8\pi^2t^2}} - \frac{a(\sigma_Y-\sigma_0)}{2\sqrt{2}\pi t} \qquad \left(t \geq C_c\right) \tag{3}$$

$$C_c = \frac{\left(1+1/\sqrt{2}\right)(1-\nu^2)a^2(\sigma_Y-\sigma_0)^2}{8\pi E\gamma_{eff}} \tag{4}$$

ここに，E：ヤング率(Pa)，γ_{eff}：有効表面エネルギー(J/m^2)，v：ポアソン比，σ_Y：降伏応力(Pa)，σ_0：摩擦応力(Pa)，a：ベイナイトラス幅(m)，t：MA 厚み(m)である。この局所破壊応力は，a や t のサイズ分布(第二相サブモジュールで考慮)に応じたばらつきがあることに注意したい。MA 起点の脆性破壊に加えて，パーライト，粒界破壊，下部ベイナイト・マルテンサイトラス，粗大窒化物起点などの破壊条件も考慮した。脆性破壊は，シャルピー試験片の切り欠き底に生じている局所応力がミクロ組織で決定される局所破壊応力より大きければ，発生すると考える(脆性破壊条件)。前者の局所応力は，有限要素解析(FEM)で数値計算を利用して求めるが，FEM 計算そのものは時間がかかるため，事前に計算した FEM 計算結果を無次元化して利用する簡便な手法を検討した。脆性破壊に至るまでに試験片が蓄えたエネルギーを吸収エネルギーとして計算される。また，本モデルでは，ノッチ直下を 50 μm 立方の体積要素に分割しどれか 1 つの体積要素でも脆性破壊条件を満たせば，試験片全体が破壊するという最弱リンクモデルを採用している。ここで体積要素のうちの i 番目の要素に着目しよう。この要素の FEM 解析による局所応力を σ_i とすれば，この要素における脆性破壊条件は $\sigma_i > \sigma_f$ と表される。一方，a や t のサイズ分布が求まっているので，たとえば，t がある値以下になる確率，というように確率分布が計算でき，それらで計算される σ_f も確率分布で与えられる。これにより，i 番目の要素が脆性破壊条件を満たす確率，P_i が計算できる。本サブモジュールでは，最弱リンクモデルを採用しているので，試験片全体が破壊する確率 P は式(5)で表現できる。

$$P = 1 - \prod_{i=1}^{N}\left(1-P_i\right) \tag{5}$$

式(5)右辺の第 2 項は，試験片が脆性破壊を起こさない確率(N 個すべての要素で脆性破壊条件を満たさない確率)で，それを 1 から引いているので，P は試験片が脆性破壊を起こす確率となる。このような確率分布を用いるモデルにより，シャルピー吸収エネルギーのばらつきが考慮できるようになる。**図2**は，このようにして得られたシャルピー遷移曲線の計算値と実測値を比較したもので，複数の冷却速度の条件で脆性破壊が問題になる吸収エネルギーが低い下部棚付近の領域で良い一致を示している[4]。なお，このモデルでは，有効表面エネルギーγ_{eff}を用いているが，この値は，実験値と対応する様に決定し，鋼種に寄らず一定値とした。また計算するシャルピー試験温度が高くなるにつれて，計算上，脆性破壊が発生しなくなる場合には，その吸収エネルギーが200 Jとして遷移曲線を作成している。

また，**図3**は，シャルピー吸収エネルギーが50 Jとなる遷移温度の実験値と計算値の比較であり，計算は実験結果の概ね±20 ℃の範囲に収まり良い一致を示している[4]。データ点にある数字は，冷却速度(℃/s)を表している。溶接条件が異なると冷却速度も異なるが，本モデル

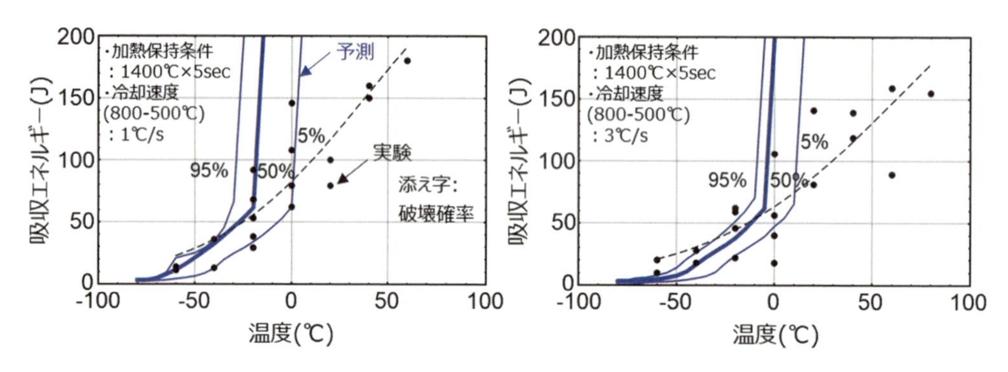

図2 計算結果と実測データの比較例[4]

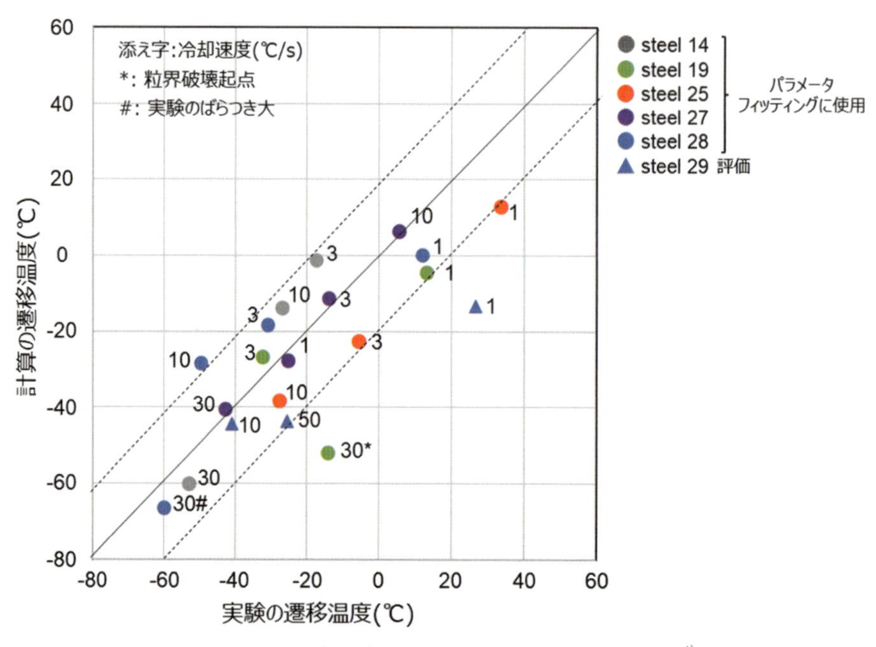

図3 50 J遷移温度の予測結果と実験結果の比較[4]

は広範囲な溶接条件に対処できる。MInt システムに搭載されている脆性破壊予測モジュールでは，鋼材成分と，溶接条件あるいは，溶接熱履歴を入力情報として与え，各サブモジュールの計算が自動で行われることで，HAZ のシャルピー吸収エネルギーまで一気通貫で出力される。

3. 逆問題解析モジュール

脆性破壊モジュールは，与えられた鋼材を溶接した時の HAZ 靱性を予測するものであるが，実用的には，所定の HAZ 靱性を確保するための鋼材を設計してくれるモデル，すなわち逆問題解析モデルも重要である。

逆問題解析モジュールを以下の手順で構築していった。まず，[**2.**]で説明した脆性破壊モジュールを用いて多くのケースに対して計算実施する。これら計算結果を用いて，機械学習を行い，シャルピー遷移曲線の近似関数を決定した。次に，焼き入れ焼き戻しプロセスで製造される鋼材(母材)に限定し，強度と靱性を予測するモジュールを構築し，これに対しても多くのケースに対して計算を行い，その結果を機械学習して母材強度と母材靱性の近似関数を決定した。鋼材設計においては，HAZ 靱性が所定の値を満足しても，母材強度や母材靱性が満足できないと適正鋼材ではなくなるため，両者の設計が必要になってくる。これら機械学習の後，鋼材設計，具体的には，最適鋼材成分を求める。**図 4** は，これらの流れを示した図である。図 4(a)には，[**2.**]で説明した脆性破壊モジュールの流れも示している。

逆問題解析モジュールでは，ユーザーが目標値を入力することになるが，本モジュールでは，HAZ 靱性，母材強度・靱性に加え，炭素当量(Ceq)や溶接割れ感受性指数(P_{CM})の上限，さらには合金元素の総コスト(たとえば，600 $/t など)の上限なども，制約条件として入力できる。

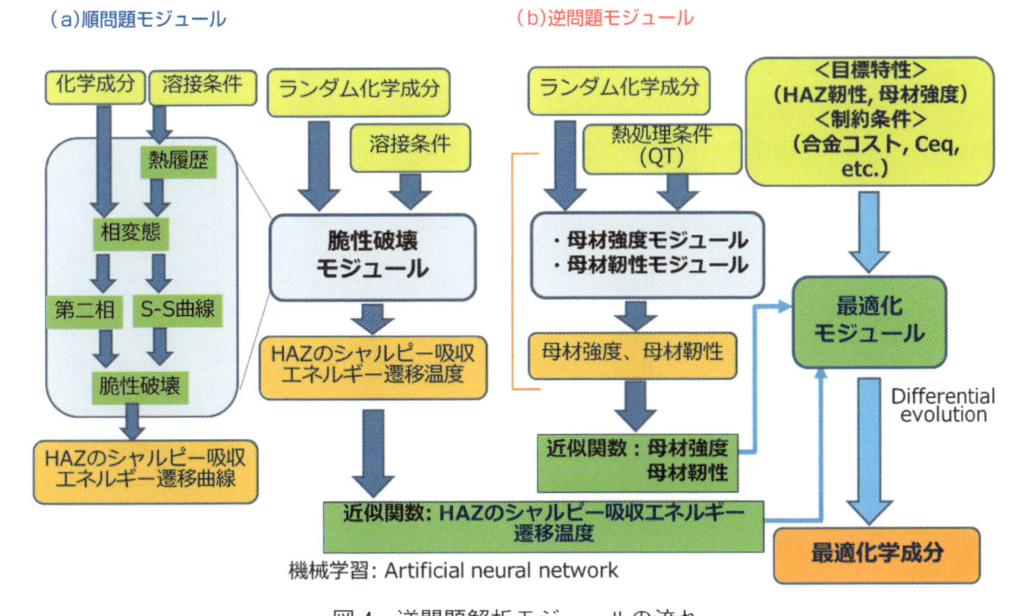

図 4　逆問題解析モジュールの流れ

合金元素のコストは，2018年度以前の市場価格を参考に計算している。*Ceq*やP_{CM}は，HAZに発生する水素割れを防ぐ目的で上限値が決められる場合があるため，この機能を追加した。

実際に，本モジュールで980 MPa級鋼材HAZの低温靱性(-50 ℃)を確保するための成分設計を行い，その成分を持つ鋼材を試作して母材特性，HAZ靱性を実験で検証した結果を示す[7]。逆問題解析時の制約条件は，母材強度が1,050 MPa以上，母材シャルピー遷移温度が-40 ℃以下，HAZのシャルピー遷移温度が-50 ℃以下，溶接入熱量が，4～8 kJ/mm，*Ceq*が0.85 %以下，合金コストが600 $/t以下，とした。なお，ここでの遷移温度はシャルピーの吸収エネルギーが50 Jとなる温度を指標とした。逆問題解析の結果，最適成分として，0.06C-0.4Si-1.6Mn-2.0Ni-1.0Cr-0.5Mo-others(Cu, Nb, V, Al)という予測結果を得た。最適母材焼き戻し温度は500 ℃の予測結果になった。**図5**は，この計算におけるC，Mn，Niの影響をグラフ化したものである。本モデルでは，変数は鋼材成分と熱処理温度と多くあるため，図5では，そのうちのC，Mn，Niの影響のみ示している。図5では，母材強度が1,050MPa，母材のシャルピー遷移温度が-40 ℃の境界面が描かれており，合金コストが597 $/tの面に，HAZのシャルピー遷移温度の等高線が描かれている。最適成分は，各制約条件を満足し，HAZのシャルピー遷移温度が最も低温になる条件が選ばれ，他元素の影響も反映されて，図5の赤印で示す0.06C-1.6Mn-2.0Niが出力された。実験での検証では，この成分を含有する鋼材を試作し，焼入れ後，500 ℃で焼き戻し熱処理することで強度を確保し，4～8 kJ/mm相当の溶接再現熱サイクル試験でHAZのシャルピー遷移温度を実験で求めた。それら結果を**表1**に示す[7]。HAZ靱性の計算と実測にやや乖離があったものの，計算結果を基にした鋼材設計で目標特性が得られたことを確認した。本モジュールを用いると，鋼材と溶接の基礎知識があれば鋼材の最適成分を設計できることになり，これは世界でも初めてのことである。

本モジュールを用いることで，対話型設計モジュールの構築も可能になる。これは，モジュールを利用することで仮想実験を体験し，材料設計の学習をユーザーができるようにするものである。そのために，脆性破壊発生要因とその改善に効果がある因子を表示する機能を追加した。**図6**は，対話型モジュールの流れを示している。利用者は，鋼材成分や溶接条件に対応る冷却速度などを入力する。この入力情報から，シャルピー遷移曲線を予測するが，それに加え，自己診断機能で靱性に影響を与えている因子を表示する。図6では，MAの割合が大きく表示されている。その後，このモジュールは，靱性改善策の提言を行う。

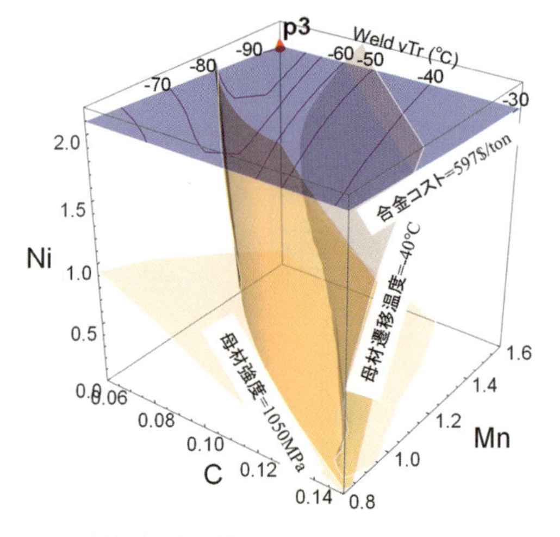

図5　制約条件に対するC，Mn，Niの影響

表1　逆問題解析検証結果[7]

	母材強度(MPa)	母材靱性(℃)	HAZ靱性(℃)
計算	1090	-44	-91
実測	1011	-45	-58～-70

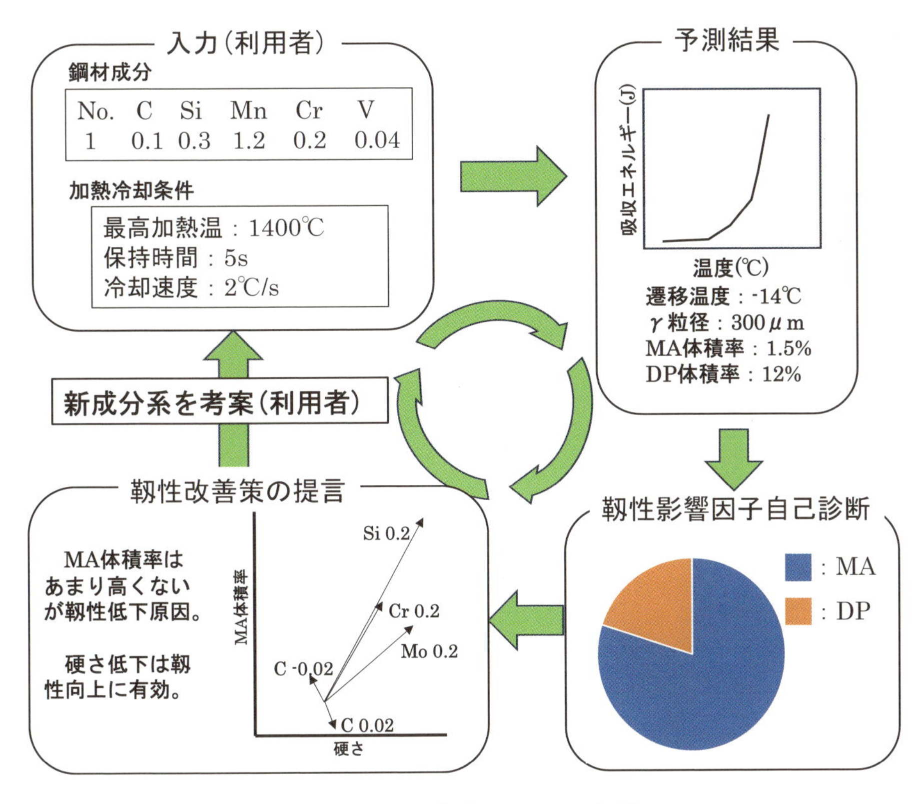

図6　対話型設計モジュール概要

MAの影響が大きいので，各成分がMA体積率に与える影響の大きさが出力されていて，利用者はこれらアドバイスを参照して新たな成分を入力してみる。このサイクルを繰り返すことで求める鋼材成分を決定していく。

4. おわりに

本稿では，高強度鋼のHAZを対象に開発した組織から靭性までを一貫予測するモジュールと各モデルについて解説した。HAZ靭性の試作評価には，鋼板の溶製や圧延，さらに溶接施工あるいは，溶接熱履歴模擬の熱処理が必要となり，試作コストを要するものであるが，本モジュールを材料設計指針の抽出に利用し，鋼板開発の効率化に寄与することが期待される。

本研究は，内閣府総合科学技術・イノベーション会議の戦略的イノベーション創造プログラム(SIP)「統合型材料開発システムによるマテリアル革命」(管理法人：JST)によって実施した成果である。

文　献

1) M. V. Li et al.: *Metallurgical and Materials Transactions B*. **29B**, 661 (1998).

2) K. W. Andrews：*J. Iron Steel Inst.*, **203**, 721 (1965).

3) R. A. Grange：*Metal Prog.*, **79**(04), 73 (1961).

4) 井元雅弘ほか：神戸製鋼技報, **71**, 31 (2021).

5) M. Umemoto et al.：*Mat. Sci. and Technology*, **17** (Issue5), 505 (2001).

6) M. Kunigita et al.：*Engineering Fracture Mechanics*, **230**, Article106965 (2020).

7) 戦略的イノベーション創造プログラム(SIP) 統合型材料開発システムによるマテリアル革命 最終成果報告書：
https://www.jst.go.jp/sip/dl/p05/p05_results-report2023_1.pdf, (閲覧 2024 年 3 月)

第5節　耐熱鋼の接合プロセス最適化

株式会社IHI　鳥形　啓輔　株式会社IHI　阿部　大輔
東京大学　南部　将一　国立研究開発法人物質・材料研究機構　出村　雅彦
国立研究開発法人物質・材料研究機構　伊津野　仁史
帝京大学　横堀　壽光　帝京大学　尾関　郷

1. はじめに　（担当：鳥形　啓輔）

1.1 技術背景

2016年のCO_2排出削減を目指す国際的な枠組み「パリ協定」の採択や，2020年の所信表明演説における「2050年カーボンニュートラル宣言」などの国内外の動向から，産業界を中心にCO_2排出削減の要求が高まっている。一次エネルギー供給に注目すると，長期的には水素やアンモニアなどを燃料として利用することによる火力電源の低炭素化・脱炭素化に期待が高まっているが，短中期的には既存ガス火力発電や石炭火力発電の効率的運用によるCO_2排出削減が強く求められている。さらに，このような火力電源に限らず，高温燃焼機器の効率的運用への要求が高まっており，構成材料の高温性能，特に構造体のウイークポイントとなる溶接継手のクリープ性能の向上が急務である。

溶接継手は，溶接による熱影響を受けて母材と異なる組織，性能を示す。特に，継手のクリープ性能は母材と比べて劣る可能性があり，さまざまな添加元素を加えることでクリープ性能を高めることが可能な溶接材料と異なり，母材の溶接熱影響部（HAZ：Heat Affected Zone）において性能の変化が顕著となる。たとえば，火力発電用ボイラで使用されるCr-Mo系耐熱鋼では，溶接継手のクリープ寿命は母材の半分～1/10程度まで低下する場合がある[1)2)]。そのため，クリープ性能が求められる円筒殻の設計では，許容引張応力に継手低減係数（<1.0）を掛けて設計を行うことを定めた規格もある[3)]。このように継手における強度低下を考慮した設計では，板厚が増大することで使用鋼材量が増加し，鋼材や溶接に関わるコストの増加を招く。また，プラントの熱効率の低下にも繋がる。したがって，溶接継手のクリープ性能を把握し，母材に対するクリープ性能の劣化を最小限に抑えることは工業的に極めて重要である。

溶接継手のクリープ性能を評価するために，HAZ形状やミクロ組織をモデル化した数値解析手法が提案されている[4)5)]。これらの報告はいずれも実際の溶接継手におけるHAZ形状やミクロ組織を単純化して計算モデルに反映し，クリープ寿命に及ぼす種々の「因子」の影響を求める試みといえる。しかしながら，溶接を模擬した数値解析により複雑なHAZ形状を予測し，これに対してクリープ解析を行う形で，溶接条件からクリープ寿命までを一貫予測する試みは，まだほとんど行われていない。このような一貫予測の枠組みを構築できれば，さまざまな溶接条件に対してクリープ寿命を評価することが可能となる。この枠組みを発展させることで，母材に対するクリープ寿命の低下を最小化する，すなわち，溶接継手のクリープ寿命を長期化するような溶接条件を見出すことも可能になる。さらに，さまざまな熱履歴により形成されるHAZ初期組織を予測し，それに基づいてクリープ構成式を高精度に予測できれば，クリープ損傷解析の予測精度の向上が可能となる。また，クリープ性能を評価する目的で実施するクリープ試験は時間と費用を要することから，合理的な定量評価技術の開発が望まれている。

1.2 研究開発項目

前述の背景から，本稿では2.25Cr-1Mo系耐熱鋼を対象に，溶接条件からクリープ寿命を一貫予測する一貫予測ワークフローおよびその関連技術について詳述する。ここでは，①溶接継手のクリープ寿命を長期化するような溶接条件を探索する逆解析手法，②クリープ前に受けるさまざまな熱履歴により形成されるHAZ初期組織を予測した後，そのクリープ構成式を高精度に予測する手法，③少ない実験回数と短時間試験から継手クリープ寿命予測が可能であり，溶接プロセスがクリープ強度に及ぼす影響の評価に適した，新たな定量評価技術について取り扱う。HAZの巨視的な形状に着目した研究開発およびHAZの微視組織に着目した研究開発について詳述する。**図1**に，本稿で解説する項目と溶接プロセス最適化における位置付けを示す。

2. 溶接熱影響部の巨視的な形状に着目した研究開発

2.1 一貫予測ワークフローの開発

2.1.1 一貫予測ワークフローの概要　　（担当：鳥形　啓輔，阿部　大輔）

HAZの巨視的な形状に着目した逆解析手法の開発にあたり，まず，溶接を模擬した熱伝導解析からクリープ寿命までを一貫予測するシステムを構築した。一貫予測システムは，内閣府SIPプロジェクト[6)7)]で開発されたマテリアルズインテグレーションシステム（MInt）[8)]上に構築し[9)]，**図2**に示すように，①熱伝導解析によるHAZ形状の予測，②予測されたHAZ形状を反映したモデルの再構築，③再構築したモデルを用いたクリープ損傷解析の3ステップで計算を行うシステムとした。熱伝導解析は構造解析ソルバであるCodeAster[10)]により実施される。この時の入力情報は，モデルの幾何形状，溶接パラメータ，材料特性である。ここでは，**図3**に示す，板厚8.0 mm，開先幅4.0 mm，開先角度0°のI開先を1層1パスで3層溶接を行うTIG溶接を模擬した2次元モデルとした。

溶接パラメータは，積層厚さ，溶接入熱，熱源幅であり，これらは実際の溶接では，ワイヤ送給速度，電流・電圧，トーチ振り幅によって制御されるパラメータである。その他の溶接パラメータはTIG溶接における標準的な値を固定値で与えた。初期温度は293Kとし，境界条件として空気との熱伝達とステファンボルツマン則に従った熱放射の影響を考慮した。材料特性については，一般的な鉄鋼材料のものを用い，密度，比熱，熱伝導率は温度依存性を考慮した。これらを入力情報として計算を行い各節点の温度履歴を計算し，そこから最高到達温度を

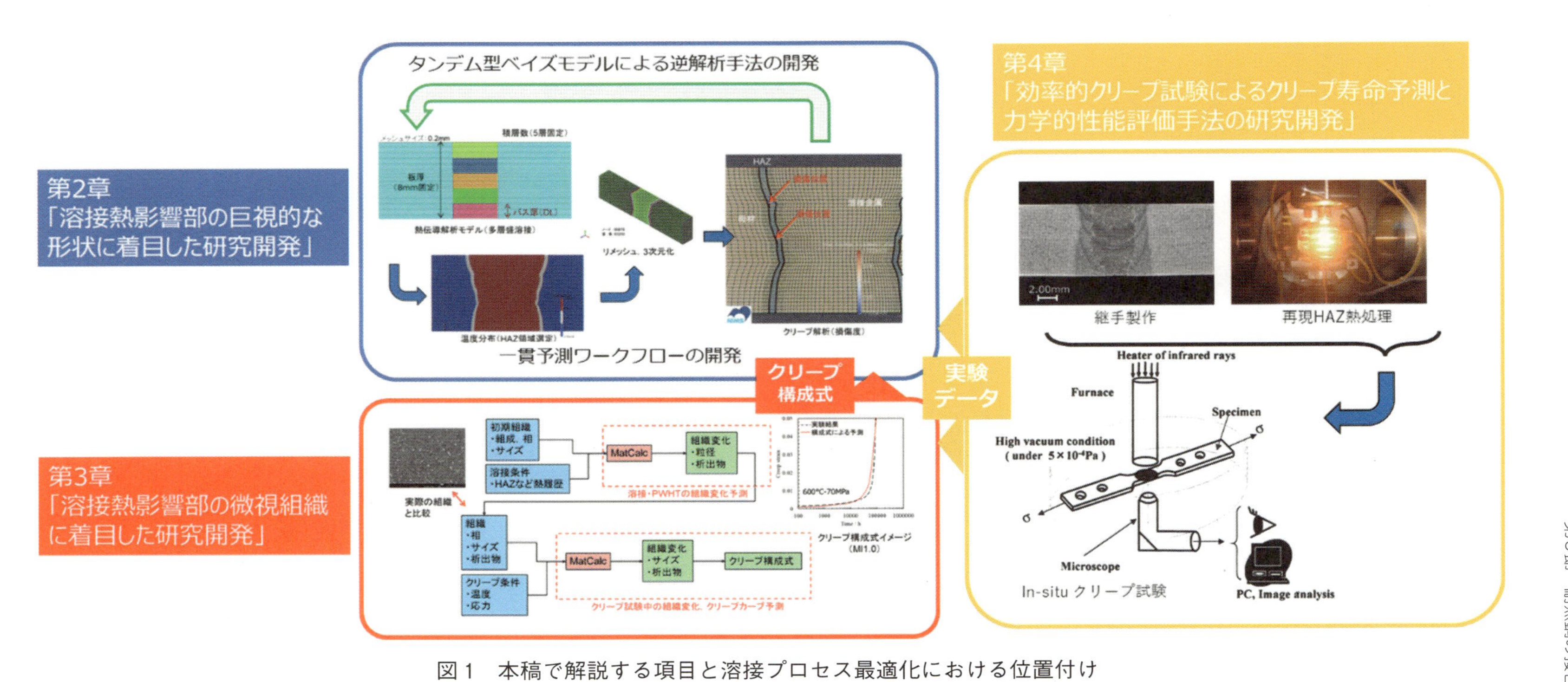

図1　本稿で解説する項目と溶接プロセス最適化における位置付け

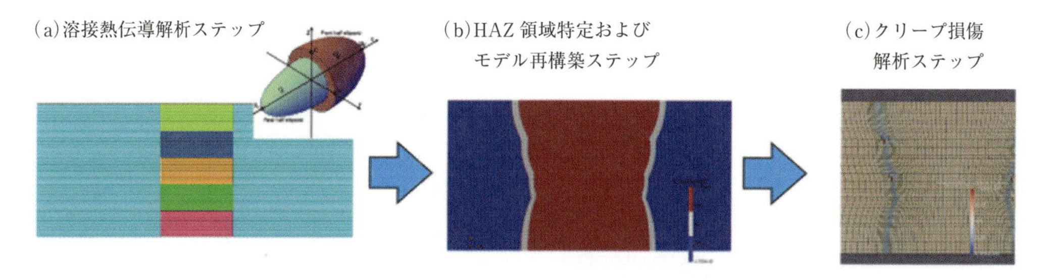

図2　一貫予測ワークフローの概要

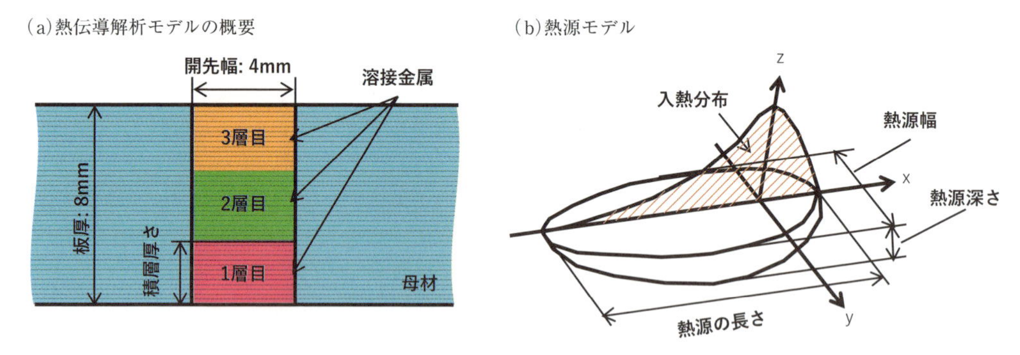

図3　熱伝導解析モデルおよび熱源形状モデル

求めた。そして，それに基づいてHAZ領域を特定し，クリープ損傷解析のためのモデル再構築を行った。なお，溶接継手のクリープ破断試験での破断位置がHAZ細粒域から二相域となるとの報告[11]を踏まえ，最高到達温度がA_1変態点とA_3変態点の間となる1,048～1,148Kとなる領域をHAZ領域とした。そして特定したHAZ領域の形状を維持するように二次元完全四辺形要素により分割した有限要素モデルを再構築した。続くクリープ損傷解析は，既報の方法に従ってFrontISTR[12]を用いた有限要素解析により実施した。母材と溶接金属，HAZの各領域にはクリープ損傷解析に必要な材料定数をそれぞれ付与し，クリープ損傷則には，以下に示す時間消費則(式(1))を用いた。

$$D_c(t_1) = \int_0^{t_1} \frac{\mathrm{d}t}{Tr(\sigma,T)} \tag{1}$$

ここで，$Dc(t_1)$は時間t_1におけるクリープ損傷度を表し，0～1の値を取る。各要素のクリープ損傷度Dcの時間発展を計算し，クリープ損傷度が1となる要素が現れた時間をクリープ寿命(式(2))とした。$Tr(\sigma, T)$は，クリープ寿命であり，スカラ応力σ，温度Tの関数として次式の形で与えられる。ここではスカラ応力として，応力多軸性をよく表現できるHuddleston応力[13](式(3))を用いた。

$$Tr(\sigma,T) = A_{\mathrm{TER}} \exp\left(\frac{Q_{\mathrm{TER}}}{RT}\right) \sigma^{n_{\mathrm{TER}}} \tag{2}$$

$$\sigma_{\mathrm{Hud}} = \sigma_{\mathrm{eq}} \exp\left[b\left(\frac{\sigma_1+\sigma_2+\sigma_3}{\sqrt{\sigma_1^2+\sigma_2^2+\sigma_3^2}} - 1\right)\right] \tag{3}$$

ここで，σ_1，σ_2，σ_3 は対角化した応力テンソル，σ_{eq} は相当応力である。また，Huddleston 応力の係数 b は 0.34 を用いた。クリープ構成式には，Norton-Arrhenius 型を用いた。なお，クリープ損傷解析に必要な材料定数の取得方法については，[**2.1.2**]で，クリープ損傷解析に用いる損傷則の決定方法については，[**2.1.3**]において詳説する。

構築した本一貫予測システムを用いることで，溶接条件に起因する複雑な HAZ 形状を考慮したクリープ寿命の一貫計算が可能となり，HAZ 形状の違いがクリープ寿命に及ぼす影響について詳しい解析が可能となった。

2.1.2 クリープ損傷解析に用いる材料定数の取得法　（担当：出村　雅彦，伊津野　仁史）

クリープ損傷解析に用いる材料定数を選定については，以下のように行なった[13]。クリープ損傷解析におけるクリープ変形則は Norton-Arrhenius 則（式(4)）とした。

$$\dot{\boldsymbol{\varepsilon}}_m(\boldsymbol{\sigma}_{\mathbf{eq}}, \boldsymbol{T}) = \boldsymbol{A}_{\boldsymbol{\varepsilon}} \exp\left(-\frac{\boldsymbol{Q}_{\boldsymbol{\varepsilon}}}{\boldsymbol{RT}}\right) \boldsymbol{\sigma}_{\mathbf{eq}}^{n_{\varepsilon}} \quad (4)$$

ここで Q_ε は最小クリープ速度に対する見かけの活性化エネルギー，n_ε は応力指数，パラメータ A_ε は材料定数，R は気体定数である。

クリープ損傷モデルについては，時間消費則（TER）[14]を採用した。時間消費則は，応力・温度が変化する場合の損傷について，その時々の応力・温度で決まる寿命の逆数を損傷として消費したと考えるモデルである。損傷が蓄積して 1 の時に破壊が生じることとすれば，応力・温度が一定の場合の寿命と一致することになる。ある温度における一定応力下での寿命を $Tr(\sigma, T)$，破断時に 1 となる損傷量 D_c の損傷増分考える。今回のクリープ損傷解析では，温度は一定で，有限要素ごとに応力が異なってくるので，どこかの有限要素において損傷量が $D_c = 1$ になった時点で試験片の破断と判定する。また，その要素を破断開始要素と呼ぶ。

ある要素においてある微小時間 $\mathrm{d}t$ において蓄積する損傷増分 $\mathrm{d}D_c$ は，上段で述べた通り，その要素にかかる応力 σ で決まる寿命 $Tr(\sigma, T)$ の逆数で与えられ，式(5)と書ける。

$$\mathbf{d}\boldsymbol{D}_{\boldsymbol{c}} = \frac{\mathbf{d}\boldsymbol{t}}{\boldsymbol{Tr}(\boldsymbol{\sigma}, \boldsymbol{T})} \quad (5)$$

当該要素のある試験時間 t_1 までの損傷量 $D_c(t_1)$ は，これを時間 t で積分した，式(6)となる。

$$D_c(t_1) = \int_0^{t_1} \frac{\mathrm{d}t}{Tr(\sigma, T)} \quad (6)$$

問題は，各要素における応力をどう取るかである。応力は応力テンソルで与えられが，式(5)，式(6)の応力 σ はスカラ値である必要がある。均質な材料での一軸引張試験では応力が一軸的であり，スカラ応力の取り方は一義的に決まる。今回の対象である溶接継手は，母材領域，溶融（溶接金属）領域，熱影響領域（HAZ）で構成され，各領域のクリープ変形能が異なることから，応力テンソルは一軸状態から逸脱することになり，3 次元性を有することとなる。ここでは，複数のスカラ応力の候補から，実験で得られている継手の寿命を再現するのに適したものを選ぶこととした。

スカラ応力の候補として，最大主応力 σ_{maxp}（式(7)），相当応力 σ_{eq}（式(8)）および Huddleston 応力[15] σ_{Hud}（式(9)）の三種類を取り上げて検討とした。これらは直交化した応力テンソルの三成分を大きさ順にσ_1, σ_2, σ_3としたとき，それぞれ，式(7)，式(8)と表される。

$$\sigma_{\mathrm{maxp}} = \sigma_1 \tag{7}$$

$$\sigma_{\mathrm{eq}} = \sqrt{\frac{(\sigma_1 - \sigma_2)^2 + (\sigma_2 - \sigma_3)^2 + (\sigma_3 - \sigma_1)^2}{2}} \tag{8}$$

$$\sigma_{\mathrm{Hud}} = \sigma_{\mathrm{eq}} \exp\left[b \left(\frac{\sigma_1 + \sigma_2 + \sigma_3}{\sqrt{\sigma_1^2 + \sigma_2^2 + \sigma_3^2}} - 1 \right) \right] \tag{9}$$

温度・応力が一定の場合の寿命$Tr(\sigma, T)$は，式(4)と同様の応力指数則-熱活性化型モデル式(10)を採用した。ここでQ_{TER}は破断の見かけの活性化エネルギー，n_{TER}は応力指数，A_{TER}は定数である。

$$\boldsymbol{Tr(\sigma, T) = A_{\mathrm{TER}} \exp\left(\frac{Q_{\mathrm{TER}}}{RT}\right) \sigma^{n_{TER}}} \tag{10}$$

まず，クリープ実験結果を有する溶接継手について，母材と溶金の材料定数については，両者のクリープ変形能・寿命は同じであると仮定し，母材のクリープ試験結果(こちらも取得済み)を用いて決定した。HAZについては，HAZの熱履歴を再現する熱処理を施した再現HAZ材のクリープ試験結果から材料定数を決定した。詳細な試験片作成条件については別報[13]に記載している。

図4に母材および，再現HAZに対するクリープ試験結果を示す。図4(a)，図4(c)が試験応力-最小クリープ速度の対数-対数プロットであり，図4(b)，図4(d)は，それぞれ母材および再現HAZに対する，破断寿命-試験応力の対数-対数プロットである。なお，最小クリープ速度は時間-クリープひずみ曲線において，二次クリープ領域内で直線と見做せる領域の傾きとして算出した。

図4(a)において，母材最小クリープ速度の応力依存性は100～120 MPaの間で変化し，破断寿命(図4(b))においても，100 MPa付近を境にして，傾きに変化が認められる。この応力条件を境に，温度によらず，上下の各応力領域では最小クリープ速度の傾きは共通しているため，領域分割[16]の考え方に基づいて試験領域を低応力側と高応力側に二分割し，それぞれの領域内に対してパラメータを決定した。

他方，再現HAZ試験結果(図4(c)，図4(d))については，試験水準がわずか5水準であり，領域の分割について議論することは難しい。ここでは，試験範囲を1領域として，母材と同様にパラメータを求めた。灰色の実線が回帰直線である。母材，再現HAZともに，それぞれの回帰直線の傾きが応力指数を表し，温度ごとの回帰直線の応力に対して垂直方向の間隔が温度依存性を示している。

この他，FEM計算に必要なYoung's moduleは母材，HAZそれぞれについて，クリープ試験準備時に，試験温度に達した試験片に定荷重試験のための段階負荷を与えたときの伸びデータを用いた。負荷-伸び関係を応力-ひずみ関係に変換し，温度ごとの全応力条件でのデータを1つのサンプルと見做し，Hooke's lawに基づいて線形回帰した値を用いた。また，Poisson

(a)母材の最小クリープ速度

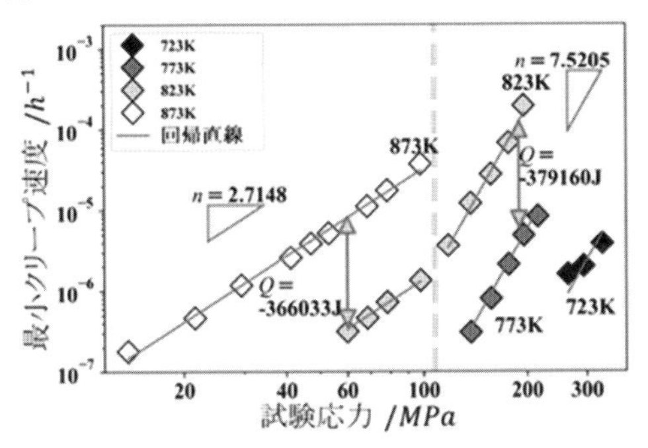

(b)母材の破断寿命

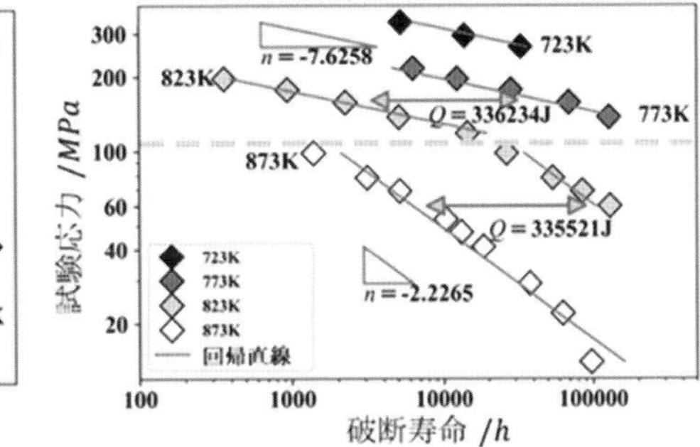

(c)再現 HAZ 材の最小クリープ速度

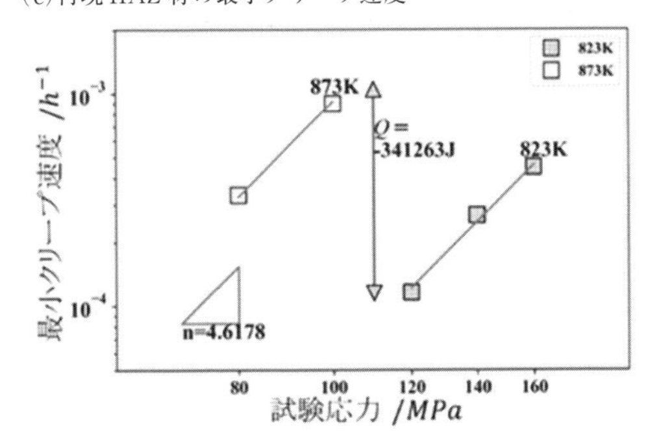

(d)再現 HAZ 材の破断寿命

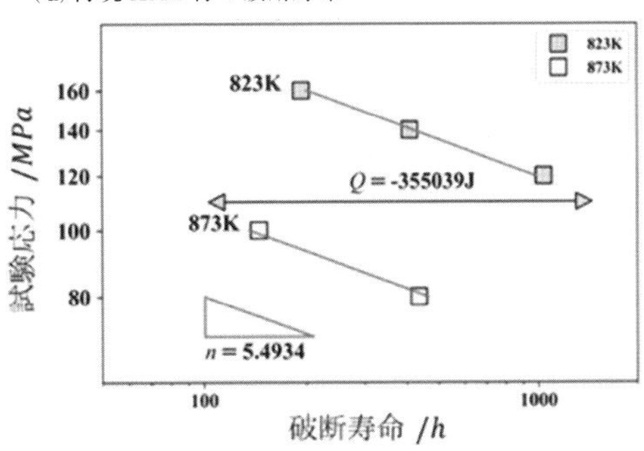

図４　母材及び再現 HAZ 材のクリープ試験結果[13)]

表１　クリープ解析に用いた材料定数[13)]

	クリープパラメタ						適用範囲
	母材，溶接金属			再現 HAZ			
高応力域	クリープ変形則			クリープ変形則			823 K 120 MPa, 140 MPa, 160 MPa
	A_ε	n_ε	Q_ε(J)	A_ε	n_ε	Q_ε(J)	
	153.4	7.521	366,033	1.39E+08	4.618	341,244	
		寿命			寿命		
	$\log(A_{TER})$	n_{TER}	Q_{TER}(J)	$\log(A_{TER})$	n_{TER}	Q_{TER}(J)	
	-2.885	-7.626	336,234	-18.7	-5.494	355,039	
低応力域	クリープ変形則			高応力域と同じ			873 K 80 MPa, 100 MPa
	A_ε	n_ε	Q_ε(J)				
	5.84E+12	2.715	379,148				
		寿命					
	$\log(A_{TER})$	n_{TER}	Q_{TER}(J)				
	-28.365	-2.226	335,521				

	弾性定数				全領域
	母材，溶接金属		再現 HAZ		
Young 率 (MPa)*)	823 K	873 K	823 K	873 K	
	156,695	157,846	151,703	106,890	
ポアソン比**)	0.274				

＊)823K，873K ともにクリープ試験準備時の段階負荷における伸びデータより算出
＊＊)PNC-TN9410[17)] (at 293 K)

ratioについては動力炉・核燃料事業センター報告書[17]より，2 1/4Cr-1Mo鋼SR材の293 K（20℃）における値を用いた。求めた材料定数を**表1**に示す。

2.1.3 損傷則の決定

（担当：出村　雅彦，伊津野　仁史）

図5(a)に，溶接継手試験条件周辺での母材，再現HAZ材および溶接継手試験片に対する破断寿命-試験応力の対数-対数プロットを示す。溶接継手の破断寿命（×印）は，再現HAZと母材の中間に位置し，また，どちらの温度条件に対しても，溶接継手破断寿命の応力に対する傾き（応力指数）は母材のものよりは再現HAZのものに近い。図5(b)に873K/100 MPa条件における破断試験片写真を示す。破断伸びおよび断面収縮が大きいため，破断の開始と経過の様相を細かく分析することは難しいが，破断はHAZ部の母材側から始まり，主に母材-HAZ部界面に沿って進行している。破断寿命の応力指数が，再現HAZのそれと近いこと，および破断試験片観察の結果から，いずれの試験条件においても本溶接継手はType IV破断していると判断できる。

クリープ解析は溶接継手クリープ試験と同じ水準の5試験条件に対して行った。823 Kでの試験応力は120～160 MPaと高応力領域側，また873 Kにおける試験応力は80～100 MPaと低応力領域側であり，表1に示したように，それぞれふさわしい領域のパラメータを用いた。

図6に823 Kおよび873 Kにおける(a)クリープ解析結果および(b)クリープ解析結果とクリープ試験結果の比較を示す。図6(a)中の太い点線は同じく全ての要素に母材の特性を与えた計算結果，細かい点線は全ての要素に再現HAZの特性を与えた計算結果を示している。これは図5(a)に示した母材および，再現HAZの試験結果をよく再現できている。×印がクリープ試験結果，ひし形，星形および円がそれぞれ最大主応力，相当応力およびHuddleston応力をスカラ応力とした時間消費則での破断寿命である。

継手破断寿命が母材と再現HAZの中間に位置するという傾向を再現できているのは相当応力およびHuddleston応力を用いた場合であり，特に，Hulddleston応力による寿命予測値はクリープ試験の結果に最も近い。図6(b)には計算結果と試験結果の比が1:1となる直線に加えて，それぞれ二倍および二分の一となる点線を示しているが，Huddleston応力による計算値はすべてこの2倍から2分の1の範囲内に収まっている。すなわち，実際の破断寿命を最もよく再現できるスカラ応力はHuddleston応力である。ただし，Huddleston応力の場合においても計算で求めた寿命は最大で1.6倍長く，危険側の予測となっている点には注意を要する。

この破断寿命の乖離を念頭に，Huddleston応力について分析を行い，係数に含まれるパラメータの詳細な検討を試みた。Huddleston応力は相当応力に対し，主応力三成分から導かれる係数Hを乗じたものとして定義されている（式(11)）。ここで，指数内部のパラメータbは静水圧（$=(\sigma_1+\sigma_2+\sigma_3)/3$）の寄与を調整するパラメータである。

$$H = \exp\left(b\left((\sigma_1+\sigma_2+\sigma_3)\Big/\sqrt{\sigma_1^2+\sigma_2^2+\sigma_3^2}-1\right)\right) \tag{11}$$

静水圧が引張（正の数）の場合には材料のcavity形成を促すと考えられ，bが大きければcavity形成による損傷蓄積をより強く評価することになる。実際にHAZ内では主応力三成分

(a)溶接継手のクリープ試験結果の母材および再現HAZ材との比較

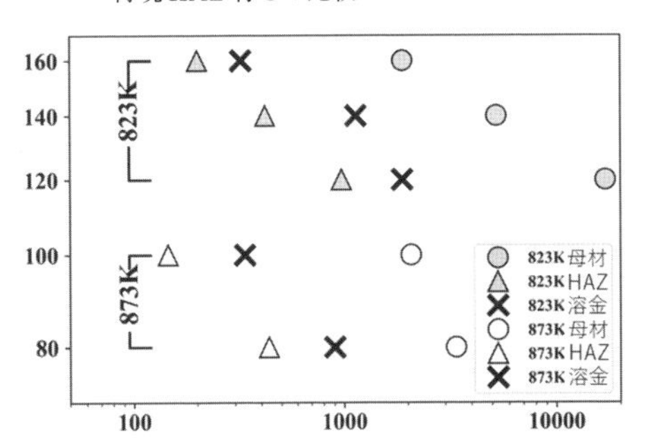

(b)873 K/100 MPa条件での破断試験片および破断部断面写真

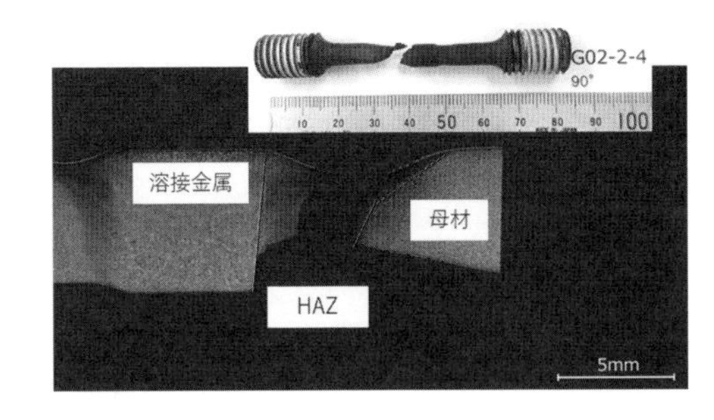

図5　溶接継手のクリープ破断寿命と破断部断面写真[13)]

(a)クリープ解析結果

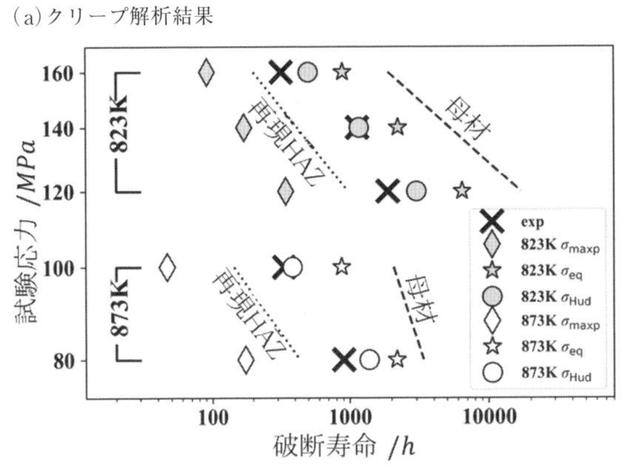

(b)クリープ試験結果との比較

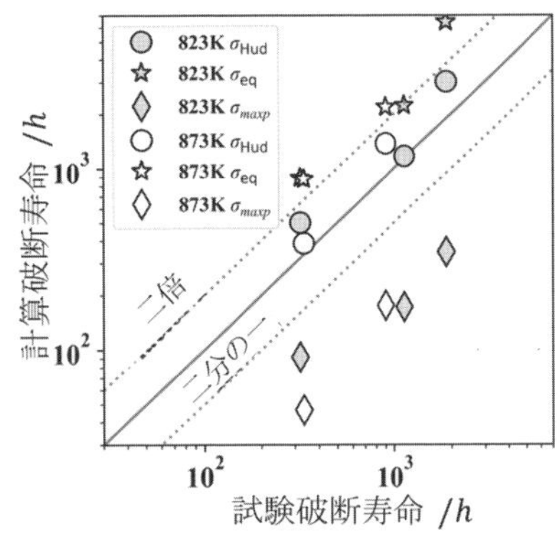

図6　クリープ解析結果[13)]

がすべて正(引張方向)となるため，式(11)の指数部は必ず1より大であり，Huddleston応力は相当応力より必ず大きくなる。相当応力がクリープ変形を支配するという本研究のクリープ変形モデル(式(4))の枠組みと合わせて考えると，Huddleston応力による損傷評価は，クリープ変形による損傷蓄積と静水圧によるcavity生成[18)19)]との両方が重畳するように設計されていると理解できる。

実際の寿命との比較においては，クリープ変形を規定する相当応力を用いて損傷評価を行うと，計算で求まる寿命はかなり長く，危険側の予測となった。相当応力にくわえて静水圧の寄与を考慮したHuddleston応力の実験再現性が高いことは，すなわち，破断寿命評価にはクリープ変形による損傷蓄積のみではなく，正の静水圧によるcavity生成で損傷蓄積が加速される効果も考慮に入れる必要があることがわかる。

上述の考えに基づいて，本研究で取り上げた2.25Cr-1Mo系耐熱鋼に対して，係数Hに含まれるパラメータbを詳細に検討する。ここでは，全ての試験条件において試験で求めた寿命をできるだけ再現できるような，パラメータbの最適な値を求める。まず，Huddleston応力で評価した破断寿命$Tr_{hud}(b)$の対数$\log(Tr_{hud}(b))$とクリープ試験による対数寿命$\log(Tr_{obs})$

との，全5条件の試験にわたる二乗誤差の和である平均二乗誤差（MSE：Mean Squared Error），すなわち，式(12)を誤差関数として，最小化の対象とした。

$$MSE(b) = \frac{\sum(\log(Tr_{obs}) - \log(Tr_{hud}(b)))^2}{5} \tag{12}$$

これを導出するためには再度FEMによるクリープ解析を行わず，FEM計算で得られた，破断開始要素における応力テンソルの時系列データを用いた。

図7(a)に，bの値を0.20から0.50まで変化させたときの$MSE(b)$（式(12)）をプロットした。$MSE(b)$はこの範囲内で単峰性をもつ下に凸の曲線となり，最小値を与えるbは小数点以下第2位までを有効数字と考えて$b=0.34$であった。この新しいbの値のもとでFEM解析をやり直し，Huddleston応力で評価した損傷について試験と比較した結果を図7(b)に示す。極めてよく試験結果を再現していることがわかる。試験結果と計算結果の一致度を示す決定係数については，$b=0.24$では$R^2=0.804$であるのに対し，$b=0.34$では$R^2=0.948$であり，bを改善することでより再現性を高めることが可能である。

このように，2.25Cr-1Mo系耐熱鋼に対しては，既報[15]よりも大きな$b=0.34$が適切であることがわかった。なお，本考察ではbは試験温度や応力に依存しない値として取り扱ったが，これはあくまでも近似的な取り扱いである点に留意する必要がある。静水圧によるcavity形成は拡散現象に支配されることから，試験温度や試験応力に依存することが考えられ，これらを考慮することで，さらに高精度な予測が可能になると期待される。

(a) bを変化させたときのMSE

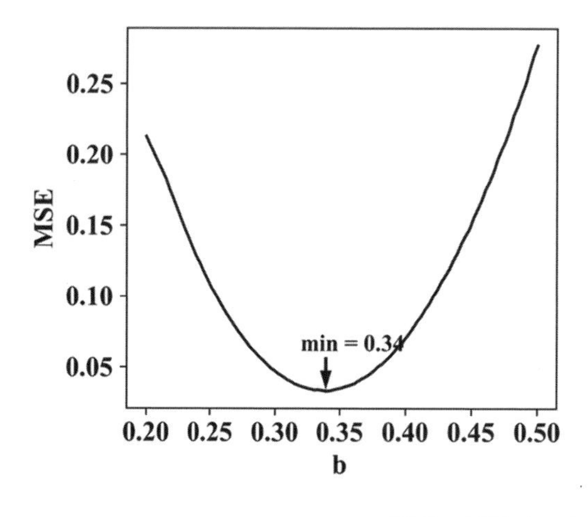

(b) $b=0.34$としたときのクリープ解析結果とクリープ試験結果との比較[13]

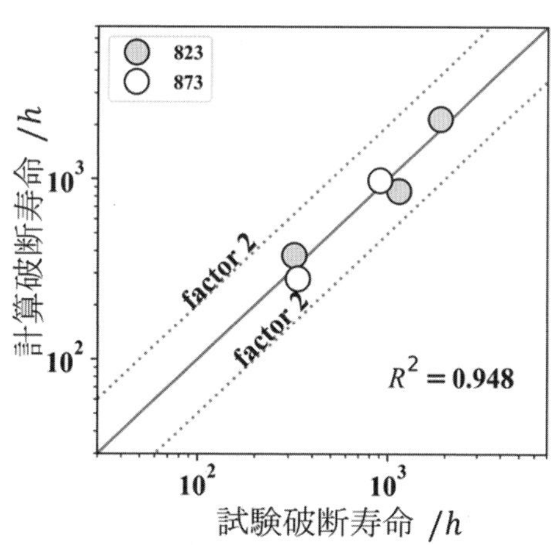

図7　パラメータbの最適化[13]

2.2 タンデム型ベイズモデルによる逆解析手法の開発

（担当：出村　雅彦，伊津野　仁史）

［**2.1**］で開発した一貫予測ワークフローを学習データソースとして用い，ベイズ推定の考え方に基づいた逆問題の枠組みを**図８**のように構築した[20)]。この枠組みを用いることで，多彩に変化する溶接条件を反映した高次元の溶接条件空間から，高クリープ寿命が期待される溶接条件の探索を行うことができる。

一貫予測ワークフローを用いた計算は，実際のクリープ試験に比べてはるかに短い時間でクリープ寿命を予測できるが，実際の溶接施工で調整可能な溶接パラメータは多岐にわたり，それら全てについてワークフローを駆動することは非現実的である。最適な溶接条件探索のために計算すべき膨大な条件すべてに適用することは数百万点に達する。このため，すでに得られた計算データから長クリープ寿命が期待される溶接条件を提案する代理モデルを別途構築してワークフローの計算結果を学習させるデータ科学的手法を用い，限られた計算量で高効率に探索を行う逐次最適化の枠組みを構築した。具体的には，まず，ワークフローにより初期学習データを取得し，これに基づいて任意の溶接条件に対してクリープ寿命を与える代理モデルを構築する。次に，この代理モデルに基づいて探索空間の全条件について高速にクリープ寿命を計算し候補を抽出する。最後に，当該候補についてワークフロー計算を実施し，学習データに追加し，代理モデルを更新する。この工程を繰り返しながら，クリープ寿命を長くする溶接条件を探していくものである。

特に，本研究ではタンデム型ベイズモデル[20)]の枠組みを提案する。タンデム型ベイズモデルは代理モデルを構築する際に，溶接条件から破断寿命を直接予測させるのではなく，間にHAZ形状の幾何学的な特徴量(HAZ形状因子)を経由し，溶接条件からHAZ形状因子を予測するモデルとHAZ形状因子から破断寿命を予測する２つの代理モデルを結合するタンデム型のモデル構築を行なったものである。２つの代理モデルに分解することで，説明性の高いモデル構築が可能であると考えられる。すなわち，後述のようにHAZ形状因子を適切に設計することで，後段のHAZ形状因子からクリープ寿命を予測する代理モデルを線形回帰という極めてわかりやすいモデルで回帰することに成功している。

大きな特徴として，代理モデルの構築にはベイズ推定の考え方を用い，寿命予測を確率分布として出力することが挙げられる。ベイズ推定の枠組みを用いたことにより，予測を確率分布

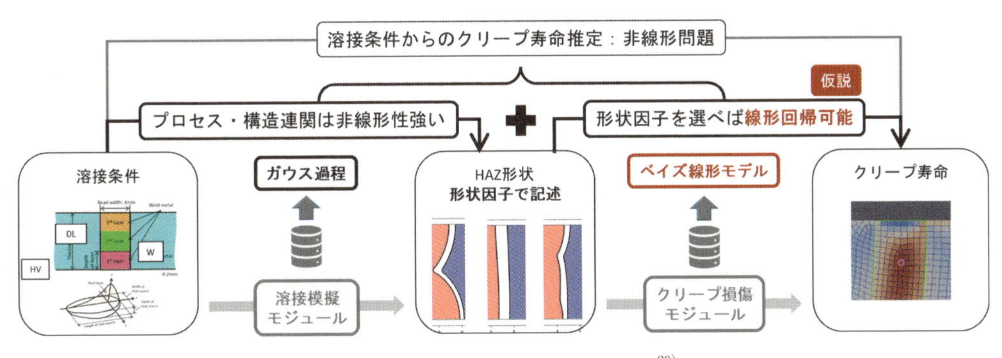

図８　タンデム型ベイズモデル[20)]

として表現することで，予測の不確実性を定量的に表現可能である。一般に予測モデルはデータが多い領域において過学習となる。探索空間が高次元である場合にはこの弊害はより顕著となり，モデルは学習データが存在しない範囲に隠れている候補を見逃すことになる。ベイズ推定の枠組みで確率的に代理モデルを構築すれば，データの少ない領域での予測がブロードとなることで，所望性能に達する可能性を担保できる。この仕組みにより，より効率的にモデルを更新してゆくことができる。本研究では，後で詳しく述べるように，それまでに得られている最長クリープ寿命を超える確率に基づいて学習データを追加する枠組みを構築している。

タンデム型ベイズモデルの構成について具体的に説明する。溶接条件からHAZ形状因子を予測する前半の代理モデルは，溶接プロセスのHAZ形状に対する非線形性が強いためガウス過程回帰(GP)とした。後半の，HAZ形状因子から破断寿命を予測する代理モデルは，両者の関係を解釈しやすいベイズ線形回帰モデル(BL)とし，ベイズ自由エネルギーに基づくモデル選択手法[21)22)]を用い，破断寿命に対する説明性が高いHAZ形状因子による線形回帰モデルを選択した。

タンデム型ベイズモデルの逐次最適化手法として，前半の代理モデルを最適化してから後半の代理モデルを更新するというアルゴリズムを考案した。本アルゴリズムの疑似コードを**図9**に示す。探索溶接条件の空間をx_{all}とする。GPの学習データは溶接条件x^{GP}とHAZ形状因子y^{GP}_{shape}の組$D^{GP}_{\mathrm{train}} = \{x^{GP}, y^{GP}_{\mathrm{shape}}\}$，$BL$の学習データはHAZ形状因子$y^{BL}_{\mathrm{shape}}$と破断寿命$y_{Tr}$の組$D^{BL}_{\mathrm{train}} = \{y^{BL}_{\mathrm{shape}}, y_{Tr}\}$からなる。$D^{BL}_{\mathrm{train}}$中の破断寿命最大値をしきい寿命$Tr_{\mathrm{target}}$とする。$D^{GP}_{\mathrm{train}}$へのデータ追加を繰り返して$GP$を更新するループをstep，$D^{BL}_{\mathrm{train}}$にデータを追加して$BL$を更新するループをroundと呼ぶ。

まず，実験計画法により初期学習データのための溶接条件をx_{all}から抽出し，一貫予測ワークフローを用いてHAZ形状因子および破断寿命から初期データとしてD^{GP}_{train}およびD^{BL}_{train}を構築し，GPとBLの学習を行う。最初のstepでは学習されたBLおよびGPによりx_{all}の破断寿命全探索を行い，Figure of Merit(FoM)として，破断寿命がTr_{target}を越える確率を計算する。

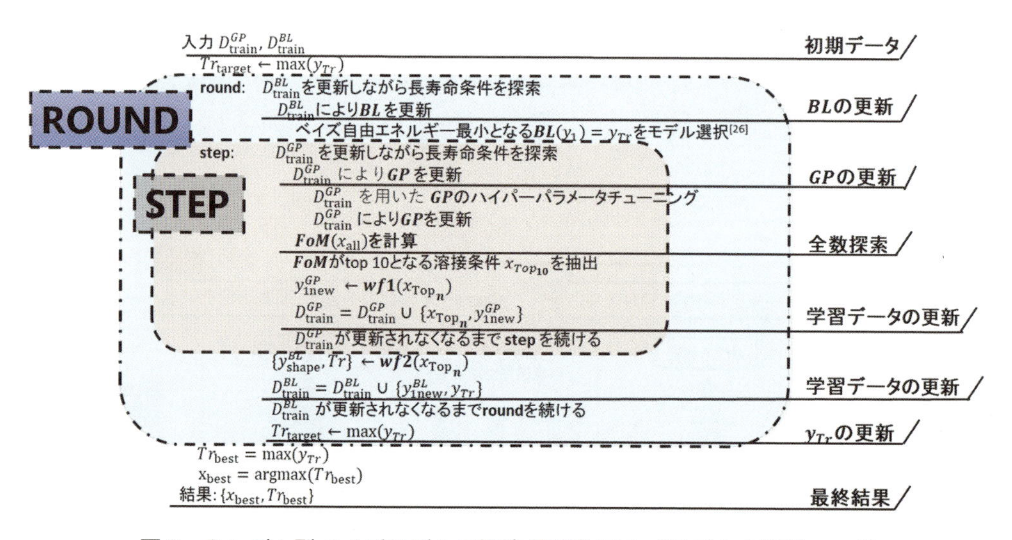

図9　タンデム型ベイズモデルの逐次最適化アルゴリズムの疑似コード

FoM の上位10位となる溶接条件 $x_{\mathrm{top}_{10}}$ を選び，まず $x_{\mathrm{top}_{10}}$ を用いて GP を更新する。$x_{\mathrm{top}_{10}}$ の条件で一貫予測ワークフローの前半の熱伝導解析までを行い，得られたHAZ形状因子を D^{GP}_{train} に追加し，次のstepとして，更新された GP を用いて再度 FoM を計算する。これを繰り返してゆくと現在の BL のもとで GP が最適化され，$x_{\mathrm{top}_{10}}$ が D^{GP}_{train} に全て含まれるようになる。このときの $x_{\mathrm{top}_{10}}$ を用いて今度は BL を更新する。$x_{\mathrm{top}_{10}}$ の条件で一貫予測ワークフローを駆動し破断寿命を求め，これを D^{BL}_{train} に追加して BL および Tr_{target} を更新する。ここまでを1つのroundとし，BL が更新されたタンデム型ベイズモデルに対して再び上記のようにstepとroundを繰り返す。D^{BL}_{train} に追加すべきデータが存在しなくなった時点で BL も最適化されたとし，計算終了とする。その時点の Tr_{target} が最長破断寿命 Tr_{best}，その溶接条件が最良溶接条件 x_{best} である。

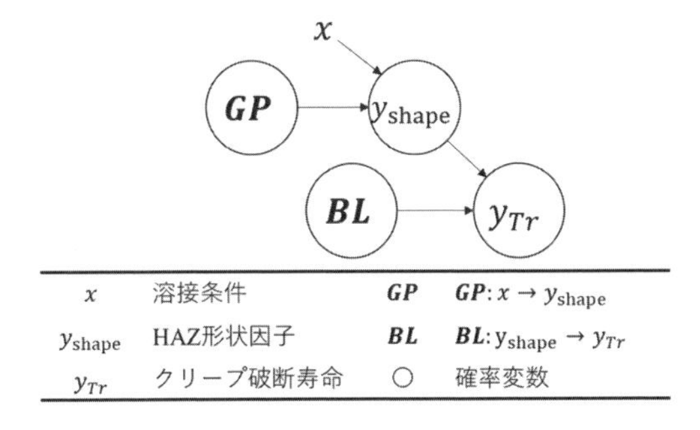

図10　タンデム型ベイズモデルのグラフィカルモデル[20]

FoM はその溶接条件が学習データの破断寿命最大値を超える確率であり，以下のように計算される[20]。タンデム型ベイズモデルのグラフィカルモデルを**図10**に示す。FoM の計算のためには，4つの確率変数の同時分布をこのグラフィカルモデルに従う因果律で整理し，ある溶接条件 x^{new} に対してタンデム型ベイズモデルで予測される y^{new}_{Tr} の予測分布を GP および BL の予測分布から求める必要がある。

学習データ y_{Tr}, y_{shape}, x のもとで溶接条件 x^{new} が与えられたときの y^{new}_{Tr} の予測分布 $p(y^{\mathrm{new}}_{Tr} \mid y_{Tr}, y_{\mathrm{shape}}; x, x^{\mathrm{new}})$ は，GP，BL および $y^{\mathrm{new}}_{\mathrm{shape}}$ の周辺化を行うことで，式(13)のように書ける。

$$
\begin{aligned}
p(y^{\mathrm{new}}_{Tr} | y_{Tr}, y_{\mathrm{shape}}; x, x^{\mathrm{new}}) &= \frac{p(y^{\mathrm{new}}_{Tr}, y_{Tr}, y_{\mathrm{shape}}; x, x^{\mathrm{new}})}{p(y_{Tr}, y_{\mathrm{shape}}; x, x^{\mathrm{new}})} \propto p(y^{\mathrm{new}}_{Tr}, y_{Tr}, y_{\mathrm{shape}}; x, x^{\mathrm{new}}) \\
&= \int \mathrm{d}y^{\mathrm{new}}_{\mathrm{shape}}\, \mathrm{d}\boldsymbol{BL}\, \mathrm{d}\boldsymbol{GP} \times p(y^{\mathrm{new}}_{Tr}, y^{\mathrm{new}}_{\mathrm{shape}}, y_{Tr}, y_{\mathrm{shape}}, \boldsymbol{GP}, \boldsymbol{BL}; x, x^{\mathrm{new}})
\end{aligned}
\tag{13}
$$

これは積分変数ごとに，式(14)と書き直せるから，GP と BL の予測分布を形状因子 $y^{\mathrm{new}}_{\mathrm{shape}}$ で周辺化することで求められる。

$$
\begin{aligned}
&p(y^{\mathrm{new}}_{Tr} | y_{\mathrm{shape}}, y_{Tr}; x, x_{\mathrm{new}}) \\
&\quad \propto \int \mathrm{d}y^{\mathrm{new}}_{\mathrm{shape}}\, \mathrm{d}\boldsymbol{GP}\, \mathrm{d}\boldsymbol{BL}\, p(y^{\mathrm{new}}_{Tr}, y^{\mathrm{new}}_{\mathrm{shape}}, y_{Tr}, y_{\mathrm{shape}}, \boldsymbol{BL}, \boldsymbol{GP}; x, x_{\mathrm{new}}) \\
&\quad = \int \mathrm{d}y^{\mathrm{new}}_{\mathrm{shape}} \left[\int \mathrm{d}\boldsymbol{GP}\, p(y^{\mathrm{new}}_{\mathrm{shape}} | \boldsymbol{GP}) p(y_{\mathrm{shape}} | \boldsymbol{GP}) p(\boldsymbol{GP}) \right. \\
&\quad \left. \times \int \mathrm{d}\boldsymbol{BL}\, p(y^{\mathrm{new}}_{Tr} | \boldsymbol{BL}, y^{\mathrm{new}}_{\mathrm{shape}}) p(y_{Tr} | \boldsymbol{BL}, y_{\mathrm{shape}}) p(\boldsymbol{BL}) \right]
\end{aligned}
\tag{14}
$$

具体的には，GP の予測分布にもとづいてHAZ形状因子をサンプリングし，各サンプルに対して BL の予測分布をサンプル平均することで求められる。FoM はこの予測分布の Tr_{target}

表2　探索溶接条件[20)]

	パス厚			入熱量			熱源幅		
	DL1	DL2	DL3＝(8.0－DL1－DL2)	HV1	HV2	HV3	W1	W2	W3
パラメタ範囲	2.0～3.2 mm			1000～2200 J/mm			2～5 mm		
水　準	7(合計 7^8＝5,764,801)								

から∞までの積分である。

x_{all} の探索範囲を**表2**に示す。積層数3それぞれに対しパス厚，入熱量，熱源幅の3条件を探索することとし，1，2層目パス厚と板厚で定まる3層目パス厚を除いた8変数に対し7水準を割り当てた。全探索点数は 7^8＝5,764,801点である。探索条件から全ての水準が均一に選ばれるよう，実験計画法のL49直交表を用い，初期学習データのための溶接条件49溶接条件を抽出した。この条件に対して一貫予測ワークフローにより，HAZ形状およびクリープ解析からの破断寿命を得た。なお，クリープ解析はクリープ解析の計算時間短縮の目的から873 K 100 MPaを模擬した。

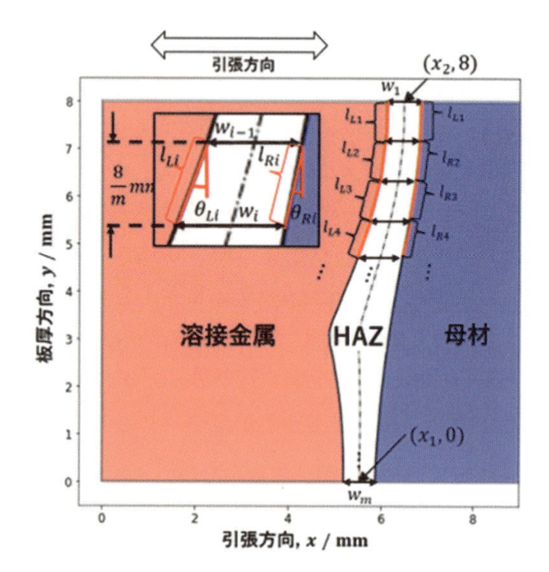

図11　HAZ形状とHAZ形状因子

HAZ形状因子については以下の7因子を提案した(記号の説明は**図11**を参照)。

① HAZ界面最大角：HAZ界面角度 θ_i が剪断方向と一致する場合に0，荷重軸に完全に垂直な場合(界面で剪断が起こらない場合)に1となる $|\sin(2(45°-\theta_i))|$ を考え，このHAZ界面に沿った最大値

② HAZ全体の傾き：上下自由端部でのHAZ界面の中心位置の，上下自由端部での差の絶対値 $|x_2-x_1|$

③ HAZ幅標準偏差：x 軸方向に沿って等間隔に求めたHAZ幅 $w=\{w_i\}$ の標準偏差

④ 自由端部HAZ幅最大値：HAZの上下自由端部での x 軸方向の長さ $\{w_1, w_m\}$ の，大きい方

⑤ HAZ長さ：溶接金属側と母材側両方の界面長 $\{l_R=\sum_i l_{Ri}, l_L=\sum_i l_{Li}\}$ の二乗平均平方根

⑥ HAZ最大幅：w の最大値

⑦ HAZ平均幅：w の平均値

HAZ長さの最小値は試験片高さとなる。また，自由端部HAZ最大幅とHAZ平均幅はHAZ最大幅と等しいか小さい。

表2の溶接条件に対しタンデム型ベイズモデルを駆動し，溶接条件探索を行った。**表3**に，各roundで得られた BL の，説明変数の平均を0，標準偏差を1として正規化したHAZ形状因子に対する係数(「—」はその形状因子が選択されなかったことを意味する)，各roundにお

表3　タンデム型ベイズモデル駆動結果[20)]

		初期条件	round				
			1	2	3	4	
ベイズ線形回帰における回帰係数	HAZ 界面最大角	–	–	–	–	–	
	HAZ 全体の傾き	–	–	–	–	–	
	HAZ 幅標準偏差	–	–	–	–	–	
	自由端部 HAZ 幅最大値	–	–	-0.213	-0.342	-0.345	
	HAZ 長さ	–	-0.949	-0.747	-0.622	-0.615	
	HAZ 平均幅	–	-0.554	-0.536	-0.514	-0.515	
	HAZ	–	-0.364	–	–	–	
	最大幅	–					
ベイズ線形回帰モデルの事後確率		–	18.5	13.7	21.7	21.6	合計
step の繰り返し数		–	7	9	4	1	21
D^{GP}_{train} に追加されたデータ数		49	19	63	6	–	137
D^{BL}_{train} に追加されたデータ数		22	10	10	1	–	43
うち，$\mathrm{Tr}_{\mathrm{FEM}} > Tr_{\mathrm{target}}$ となった数		–	2	10	0	0	–
$Tr_{\mathrm{target}}(h)$		580	600	650	650	650	–

ける step 数，D^{GP}_{train} と D^{BL}_{train} 双方の追加学習データ数，事後確率，その round までに得られた最長寿命である Tr_{target} を示す。最長寿命条件は，round 2 で見出され，それまでに追加された順方向計算は，溶接条件から HAZ 形状までが 82 条件，破断寿命までの計算が 20 条件である。計算が終了するまでに探索で追加されたデータ数は D^{GP}_{final} が計 137，D^{BL}_{final} が 43 であり，これは探索空間の大きさの 0.002 %である。このわずかな順方向計算を加えることにより Tr_{target} は 580 h から 650 h へと 70 h 増加しており，初期学習データ最高値より 12 %長寿命となる溶接条件を探索できている。

図 12 に，D^{BL}_{train} の破断寿命の round ごとの移り変わりを示す。その round での追加データを×で，最大値を大きな×で示す。各 round 最終 step における *FoM* をカラーバーで，各 round での Tr_{target} を黒矢印で示す。Tr_{target} の更新に伴って，追加データは長時間側に移動し，*FoM* の高い溶接条件が実際のクリープ解析で長寿命となる条件であることを言い当てている。このことから，タンデム型ベイズモデルが効率よく探索を行っていることがわかる。

図 13 に，最終 round での，線形モデル上位 20 位(ベイズ自由エネルギーが小さい順)の，前項と同様に正規化した探索空間での係数ヒートマップを示す。また，各モデルの事後確率(%)を下部に示す。タンデム型ベイズモデル駆動のために採用したモデルは左端の，ベイズ自由エネルギーが最も低いものである。このモデルの事後確率は 21.6 %であった。上位 20 位のモデルは全て，説明変数として HAZ 長さおよび自由端部 HAZ 幅最大値を採択している。HAZ 最大幅も，HAZ 平均厚さとの間で競合関係にあるものの，多くの上位モデルで採択されている。したがって，破断寿命への説明性が高い(事後確率の高い)HAZ 形状因子はこの 3 因子である。これら HAZ 形状因子の係数はいずれも負である。つまり，HAZ の幅が狭く，界面の屈曲が小さい形状が長クリープ寿命を与えることがわかる。この傾向は HAZ 形状のクリープ特性について定性的にいわれている観察とも一致する。

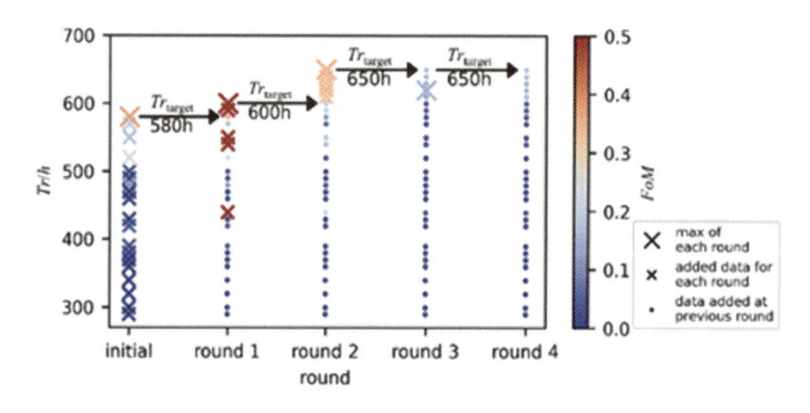

図 12　破断寿命探索結果[20]

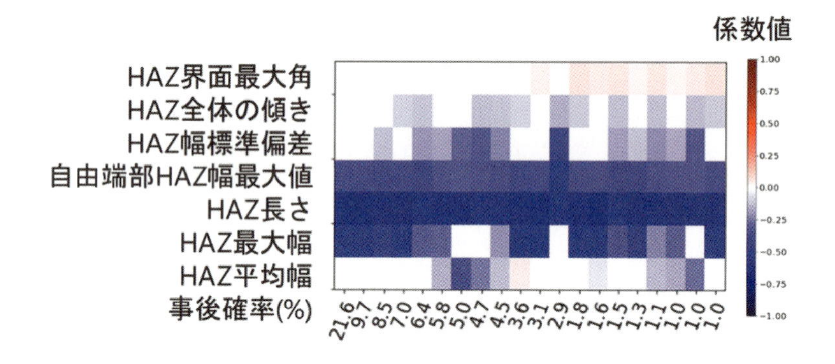

図 13　最終 round でのベイズ線形回帰のモデル選択結果[20]

破断寿命への説明性が高い HAZ 形状因子の分布を検討することで，タンデム型ベイズモデルの探索状況についての考察を試みる。ここでは破断寿命の説明性が高い HAZ 形状因子のうち，HAZ 長さと HAZ 最大幅を取り上げる。両者の散布図を**図 14** に示す。×で示したプロットがタンデム型ベイズモデルで提案された溶接条件のものである。提案条件の HAZ 最大幅は 0.4～0.8 mm，HAZ 長さは最小値(試験片高さ)に肉薄する 8.0～8.3 mm の範囲内に収まっている。また，内挿図に示すように，探索された学習データはパレートフロント(図中灰色破線で示す)に位置しており，検討した溶接条件範囲内では両者はトレードオフの関係にあるように見受けられる。しかし，探索最長寿命である 650 h となる HAZ 形状の HAZ 最大幅はその中では最も狭い 0.4 mm に肉薄している。タンデム型ベイズモデルはまずトレードオフの関係を見出し，そのうえでさらに HAZ 幅を狭くする方が破断寿命に対して有利と提案したことがわかる。

このように，タンデム型ベイズモデルは，与えられた溶接条件という制約下で，HAZ 形状に対する具体的な指標を与える。このような指標は現実の溶接施工におけるクリープ性能の制御において重要であると考えられる。さらに，このような指標は溶接条件からの直接破断寿命予測では得ることが難しい。タンデム型ベイズモデルは，予測の説明性や解釈性を担保することができる提案手法であることを強調しておきたい。

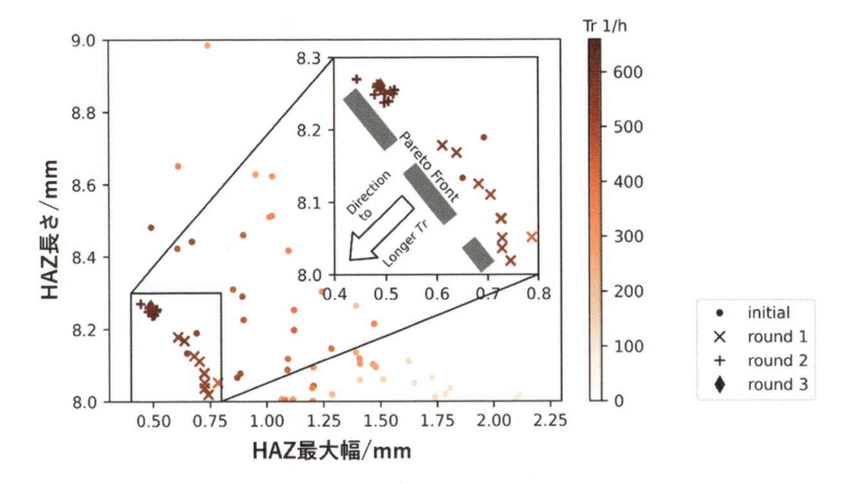

図14　長寿命モデルにおけるHAZ最大幅とHAZ長さの関係[20]

3. 溶接熱影響部の微視組織に着目した研究開発（担当：南部　将一）

2.25Cr-1Mo系耐熱鋼の溶接プロセス最適化に向けて，溶接部近傍，特に溶接熱影響部(HAZ)のクリープ寿命を向上させるため，HAZの溶接後熱処理(PWHT)やクリープ変形時の微視組織を考慮したクリープ構成式を構築することによるクリープ寿命予測モジュールの開発と，その結果に基づいた初期組織や溶接条件(PWHT)を最適化する必要がある。本取組では，まず2.25Cr-1Mo系耐熱鋼の細粒HAZ再現材を対象に，初期組織やクリープ変形中の組織変化を定量評価し，組織変化を考慮したクリープ構成式の構築を試みた。その後，細粒HAZ再現材に対して異なるPWHTを施すことで初期組織を変化させ，クリープ構成式から予想されるクリープ挙動を元に，PWHTの最適化によるクリープ寿命向上を試みた。

クリープ構成式については多くの式が提案されているが[23]，組織変化をダイレクトに考慮した式はあまり提案されていない。合金のクリープ曲線を見てみると，変形初期は硬化域となりクリープひずみ速度は減少し最小クリープひずみ速度に達する。その後，劣化域となりクリープひずみ速度は増加する。この挙動について組織を考慮した形で表現することを考えた[24]。ここでは，大きく硬化域と劣化域の2つに分け，硬化域は初期組織に依存したクリープひずみ速度(最終的に最小クリープひずみ速度とした)，劣化域は組織変化を組み込んだ粘塑性モデル[25]によるクリープひずみ速度として式(15)のように表現することとした。

$$\dot{\varepsilon} = f_1(t) + f_2(t)、\quad f_1(t) = \dot{\varepsilon}_m = C_1 \left| \frac{\sigma}{\sigma_{R_0}} \right|^n 、\quad f_2(t) = C_2 \left| \frac{\sigma}{\sigma_R(t)} \right|^n \tag{15}$$

ここで，$\dot{\varepsilon}$はひずみ速度，tは時間，$\dot{\varepsilon}_m$は最小クリープひずみ速度，σは負荷応力，σ_Rはクリープ抵抗力，nは応力指数，C_1, C_2は定数である。クリープ抵抗力について，硬化域では初期組織から推定される値を，劣化域ではクリープ変形中の組織変化(時間変化)から推定される値を組み込んでいる。このモデルにおいて鍵になるのが，組織の定量評価および予測から抵抗応力をいかに導出するかである。クリープ抵抗力と組織を結びつけるためには，強化因子を精度よく見積り，加算していくことが重要である。高温での硬さや降伏応力について各強化因子をどう見積り，どう加算するのかについては種々の報告があるが，本取り組みでは以下の式(16)で抵抗応力を推定した[26)]。

$$\sigma_R = \sqrt[\alpha]{(\sigma_{disl})^\alpha + (\sigma_{pre} + \sigma_{sol} + \sigma_{gb} + \sigma_i)^\alpha} \tag{16}$$

ここで，σ_{pre}は析出強化，σ_{disl}は転位強化，σ_{gb}は結晶粒微細化強化，σ_{sol}は固溶強化，σ_iはマトリックス強度であり，αは1.8とした。これら強化因子を精度よく推定するため，初期組織およびクリープ試験途中の組織を定量評価した。析出物についてはSEM/EDSおよびTEM/EDSによる同定と定量評価を実施し，転位密度についてはXRD，結晶粒界密度についてはSEM/EBSDによって定量評価した。細粒HAZ再現材に対して720℃で120 minのPWHTを施したサンプルに対して，最小クリープひずみ速度とクリープ曲線を取得し，さらに組織の定量評価から見積もられたクリープ抵抗力を含むクリープ構成式をフィッティングすることで式中の定数を求め，クリープ構成式を決定した。この式をベースにし，他の条件ではクリープ抵抗力を組織から推定することでクリープ曲線を予測可能となる。析出物と転位密度はPWHT条件によって大きく異なり，クリープ変形中も大きく変化する。そこで，これら組織を予測することが重要となる。析出物については，析出物の核生成サイトを考慮した析出および成長が計算可能な多元系析出モデリング計算ソフトウェアMatCalc[27)]を用いて推定し，転位密度については，焼き戻しパラメータやKocks-Meckingモデルから推定した。

提案したクリープ構成式から組織に起因するクリープ抵抗力が大きい場合，クリープ寿命向上が予想できる。そこで，PWHT条件を600～720℃(120 min保持)で変化させた場合の初期組織を調査し，そのクリープ抵抗力を推定した。各強化因子およびクリープ抵抗力とPWHT温度の関係を図15に示す。結晶粒微化細強化，固溶強化の変化は小さく，析出物強化および

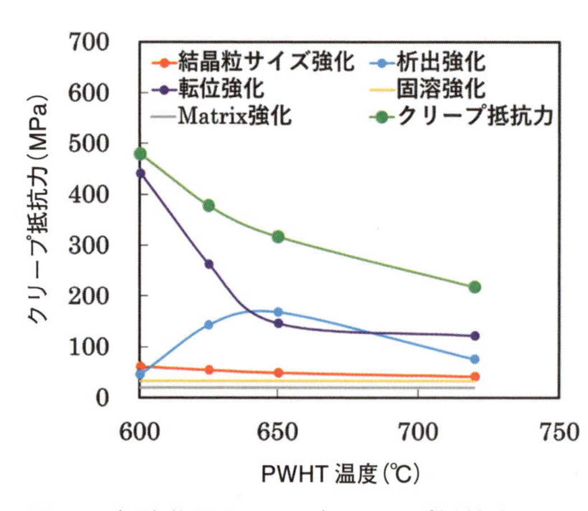

図15　各強化因子およびクリープ抵抗力とPWHT温度との関係

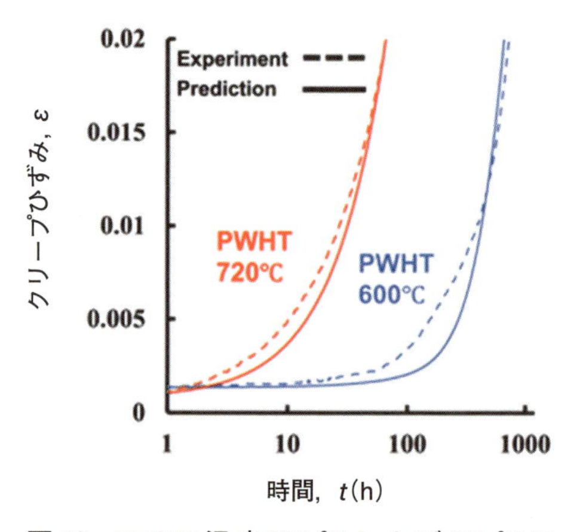

図16　PWHT温度720℃および600℃における実験で得られたクリープ曲線と本モデルで予測したクリープ曲線

転位強化の影響が大きいことがわかり，特に転位強化の寄与はPWHT温度上昇に伴い，大きく減少する。各強化因子から見積もったクリープ抵抗力については，PWHT温度が高くなるにつれて減少することが示された。また，PWHT条件を変えたサンプルに対しても同様にクリープ変形途中の組織評価を行い，析出物および転位密度の変化を含むクリープ抵抗力の時間変化を導出した。実験で得られたクリープ曲線と本研究で提案したクリープ構成式によって予測されたクリープ曲線を**図16**に示す。PWHT条件を変化させることで組織が変化するが，その組織変化を考慮できるクリープ構成式を用いることで，クリープ曲線を精度良く予測できることが示された。

4. 効率的クリープ試験によるクリープ寿命予測と力学的性能評価手法の研究開発

（担当：横掘　壽光，尾関　郷）

4.1 はじめに

高温耐熱鋼のクリープ試験は，平滑材では数万時間を要し，実機の余寿命予測を想定した切欠き材の場合でも同じ程度の寿命予測精度が要求される。そのため，材料開発および実機余寿命予測法を確立するためには，長期にわたるクリープ試験が必要であり，その実験遂行には，時間および経費の観点からも多くの負担がかかるのが現状である。

本研究では，このような現状に対応できるように，基準となる材料のある試験片形状を有する試験片（A材試験片）のクリープ寿命と初期クリープ域に発現する定常ひずみ速度の関係を数本の試験片の実験から求めることにより，評価対象材の試験片（B材試験片）の寿命予測とクリープの力学的性能定量評価をその定常ひずみ速度の測定だけで行える手法の構築を試みた。この方法を用いると，B材試験片の寿命予測とクリープの力学的性能定量評価を通常の約1/6以下の実験期間で行える。（試験片は，異なる条件で約3本必要であるが，本手法では，1本で済み，また，定常ひずみ速度は全寿命の1/2程度以下の領域発現することから実験遂行期間は約1/6に短縮される。）

本手法が適用される例としては，切り欠き試験片を基準材料（A材）として，クリープ試験時間がそれよりも長くなる平滑材試験片および溶接継ぎ手材（B材）のクリープ寿命予測とクリープ力学的性能定量評価が可能である。

本手法の工学的利点を以下に示す。

①少ない実験回数（切欠き母材の実験から平滑材や溶接部材の実験結果の予測）

②短時間試験（定常ひずみ速度の測定で，寿命予測と力学的性能定量評価が可能）

③評価の精度も維持されている

④上記の結果から実験に関する大きな経済効果をもたらす

［**4.**］では，上記の理論とその適用範囲を概説する。

4.2 QL^*ラインによる寿命予測法と力学的性能評価指標である換算応力の概念および導出方法

QL^*ライン[28)29)]による寿命予測法と力学的性能評価指標である換算応力の概念を**図 17** に示す。A 材を基準材料として，B 材を寿命予測や力学的性能評価の評価対象材料とする。本理論は，B材のクリープ試験を[**4.1**]の①〜④の工学的利点の下で行う手法である。

図 17 において，A 材の QL^*ラインに B 材の実験点(図中△印)が 1 点でも乗ることが確認できれば，温度も含めた他の試験条件の B 材の寿命は，定常ひずみ速度，$\dot{\varepsilon}_{sB}$ の計測だけで予測できる。また，B 材の実際の負荷応力を同じクリープ寿命の A 材の負荷応力に換算した図 17 で定義される換算応力，σ_{BCA} は，$\dot{\varepsilon}_{sB}$ を式(b)に代入することにより求められる。すなわち，式(c)を求める実験は不要であり，1 本の B 材の $\dot{\varepsilon}_{sB}$ を求める実験だけ行えばよいことになる。ここに，σ_A, σ_B は，A材，B材に実際に負荷される負荷応力である。

また，$\eta = \dfrac{\sigma_{BCA}}{\sigma_B}$ を換算応力比と定義すると，η により B 材と A 材の力学的性能を以下のように比較できる。

$\eta > 1.0$ の時 $\sigma_B < \sigma_{BCA}$　B材のクリープ強度はA材より $1/\eta$ だけ低い

$\eta < 1.0$ の時 $\sigma_B > \sigma_{BCA}$　B材のクリープ強度はA材より $1/\eta$ だけ高い

これにより，クリープにおける力学的性能定量評価が η によって可能となる。

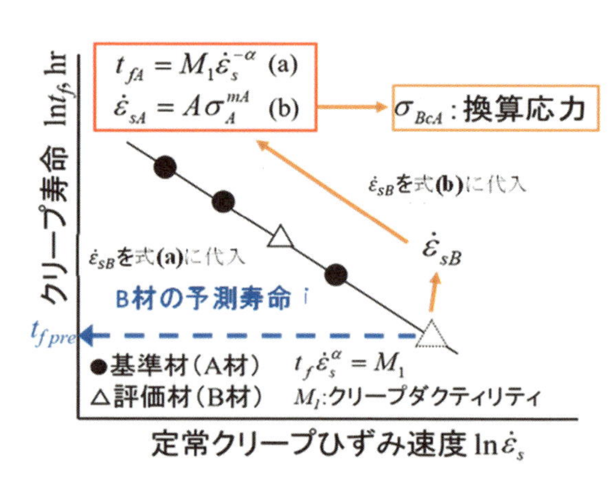

QL^* : Q^*パラメータ[31)32)]により導かれるき裂成長寿命式とひずみ速度式を組み合わせた式(a)で表される関係式[28)29)] (QL^*ライン)

クリープ延性材料では，M_1 は定数。

a 材を基準材料，B 材を評価対象材料とする。

換算応力，σ_{BCA} : B 材のある負荷応力でのクリープ寿命と同じ寿命になる A 材の負荷応力

$t_{fA} = M_1\dot{\varepsilon}_3^{-\alpha}$　　(a)

$\dot{\varepsilon}_{sA} = A\sigma_A^{m_A}$　　(b)　A材の定常クリープ速度

$\dot{\varepsilon}_{sB} = B\sigma_B^{m_B}$　　(c)　B材の定常クリープ速度

基準データ：比較の基準となるA材の少なくとも 3 つの応力条件から得られるクリープ寿命と定常ひずみ速度から式(a)，(b)を得る。

図 17　QL^*マップによる寿命予測法と力学的性能評価指標である換算応力の概念[30)]

4.3 実験的検証

4.3.1 P91 溶接継手材の評価

母材(A 材)を基準材とした QL^*ラインから，溶接継手材(B 材)の定常ひずみ速度を用いて予測したクリープ破壊寿命予測は，実測値の 71 %〜76 %の精度を維持していた[30)]。また，換算応力比 η は，負荷応力 135 MPa と 113 MPa でそれぞれ，1.39 および 1.41 となり，溶接継ぎ手のクリープ強度は，母材のクリープ強度よりも 40 %程度低く，$\Delta\eta/\eta_{mean} = \pm 0.7$ %以下の精度で評価できることが示された[30)]。以上のことから，換算応力比 η は，クリープの力学的性能評価を定量的に表す指標として有効といえる。

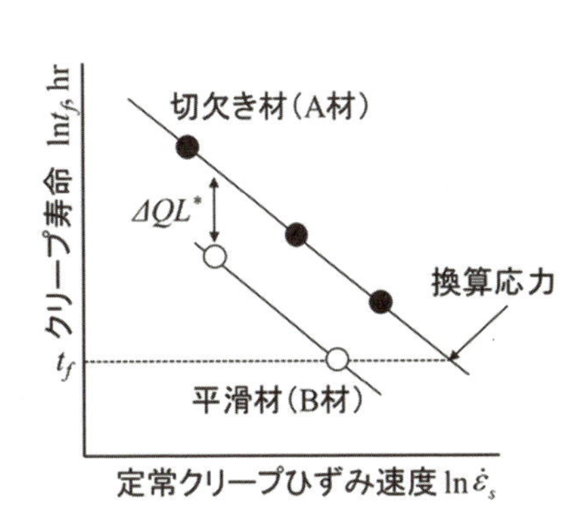

図18　QL^*ラインが平行になる場合の寿命予測と換算応力の求め方

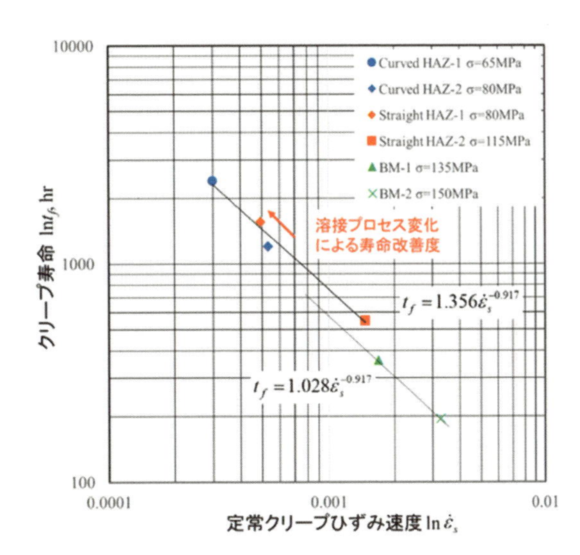

直線HAZは赤矢印で示す長寿命側に移動し，屈曲HAZへの換算応力は低くなり，寿命は約30%改善された

図19　2.25Cr-Mo鋼の母材，溶接継手についてのQL^*表示

また，切欠き材と平滑材のように同一のQL^*ラインに乗らなくても両者は平行になるので，**図18**のようにB材について，1本だけ短寿命のところで実験すれば，同じように定常ひずみ速度の測定だけで，寿命予測も換算応力も求められる[30)]。

4.3.2 クリープ強度に及ぼす2.25Cr-Mo溶接プロセスの効果についての検証

図19は，SIPプロジェクトで行った2.25Cr-1Mo系耐熱鋼において，クリープ寿命に及ぼす溶接線形状の効果を本理論に基づいて実験により示したもので，溶接線の屈曲を軽減化することによって(B材)，屈曲材(A材)への換算応力を低くなり，寿命も改善され(図19中，矢印で示される青と赤の◆実験点)，クリープに関わる力学的性能が向上することを定量的に示すことができた。

4.4 適用範囲

本理論は，評価対象材のQL^*ラインが基準材料と平行となる場合は，[**4.3**]で述べたように，適用可能である。したがって，耐熱鋼(Cr-Mo系，P91やP92などの高Cr鋼)では，適用可能である[30)]。また，Ni基超合金やセラミックス材料もQL^*ラインがほぼ平行となることから，本理論の適用可能性がある材料であり，今後の検証が期待される。

4.5 まとめ

QL^*ラインと換算応力の概念により効率的クリープ試験によるクリープ寿命予測と力学的性能評価手法を構築し，耐熱鋼については実験的検証も行った。また，溶接プロセスの改善で(溶接線形状効果)，クリープ寿命の改善が得られることも，本手法で定量的に表すことができた。

5. おわりに

（担当：鳥形　啓輔）

本稿では，2.25Cr-1Mo系耐熱鋼を対象に，溶接条件からクリープ寿命を予測する一貫予測ワークフローおよびその関連技術について解説した。溶接継手のクリープ寿命の長期化は，高温機器設計における使用温度の向上や使用材料のダウングレードといった合理化や，共用後の定期検査における部材交換頻度の低減による機器使用効率の向上が期待できることから，本技術に対する期待度は大きい。今後は，実験による検証や適用範囲の明確化，各計算モジュールの機能強化，対象材料および適用プロセス（たとえば，タンデム型ベイズモデルの枠組みは溶接プロセスに限定されない）の拡大が課題である。

謝　辞

本研究は，内閣府総合科学技術・イノベーション会議の戦略的イノベーション創造プログラム（SIP）「革新的構造材料」および「統合型材料開発システムによるマテリアル革命」（管理法人：JST），文部科学省データ創出・活用型マテリアル研究開発プロジェクト事業JPMXP1122684766の助成，ならびに，NIMS構造材料DX-MOPの枠組みのもと，NIMSの材料データプラットフォーム「DICE」が提供するMIntを利用して実施されました。

文　献

1）J. A. Francis, W. Mazur and H. K. D. H. Bhadeshia : Review Type IV Cracking in Ferritic Power Plant Steels. *Mater Sci. Technol.*, **22**, 1387 (2006).

2）Y. Li et al. : Evaluation of Creep Damage in Heat Affected Zone of Thick Welded Joint for Mod.9Cr-1Mo Steel. *Int. J. Pressure Vess. Pip.*, **86**, 585 (2009).

3）ASME : Boiler & Pressure Vessel Code Sec.I-2008A (2008).

4）M. Hashimoto et al. : Creep Damage Analysis of Welded Joints Including HAZ Softening Region. *J. Soc. Mat. Sci. Japan*, **44**, 11 (1995).

5）D. W. Tanner, W. Sun and T. H. Hyde : Proceedings of the International Conference on Creep and Fracture of Engineering Materials and Structures. The Japan Institute of Metals, Kyoto, Japan, Paper: B40 (2012).

6）M. Demura and T . Koseki : SIP-Materials Integration Projects. *Mater Trans*, **61**, 2041 (2020).

7）M. Demura : Challenges in Materials Integration. Tetsu-to-Hagané, 109, 490 (2023).

8）S. Minamoto et al. : Development of the Materials Integration System for Materials Design and Manufacturing. *Mater Trans*, **61**, 2067 (2020).

9）D. Abe et al. : Study of Analysis Method to Predict Creep Life of 2.25Cr-1Mo Steel from Welding Conditions. Welding in the World (accepted) (2024).

10）Electricitè de France, Finite element code_aster, Analysis of Structures and Thermomechanics for Studies and Research, Open source on www.code-aster.org, (1989～2017).

11）T. Watanabe et al. : Multi-Layer Welded 2.25Cr-1Mo Steel, Creep-Rupture Properties and HAZ Microstructure of Large Joints. *J. Soc. Mat. Sci. Japan*, **45**, 430 (1996).

12）FrontISTR Commons :
https://www.frontistr.com/（閲覧2024年10月）

13) H. Izuno et al. : *Mater. Trans.*, **62**, 1013 (2021).
https://doi:10.2320/matertrans.MT-MA2020004(閲覧 2024 年 10 月)
14) M. W. Spindler : *ater. Sci. Technol.*, **23**, 1461 (2007).
https://doi.org/10.1179/174328407X 243924(閲覧 2024 年 10 月)
15) R. L. Huddleston : An Improved Multiaxial Creep-Rupture Strength Criterion. *J. Press Vessel Technol.*, **107**, 421 (1985).
16) K. Maruyama et al. : *Mater. Sci. Eng. A*, **696**, 104 (2017).
17) H. Kimura et al. : PNC TN9410 90-094, (JNCDI Technical Cooperation Section) 65 (online) (1990).
18) A. J. Perry : *J. Mater. Sci.*, **9**, 1016 (1974).
19) W. D. Nix et al. : *Acta. Metall.*, **37**, 1067 (1989).
20) H. Izuno et al. : Welding in the World (2024).
https://doi.org/10.1007/s40194-024-01727-3(閲覧 2024 年 10 月)
21) H. Izuno et al. : Data-based selection of creep constitutive models for high-Cr heat-resistant steel. STAM, 21, 219 (2020).
22) Y. Mototake et al. : A universal Bayesian inference framework for complicated creep constitutive equations. Scientific Reports 10, 10437 (2020).
23) K. Kimura : *J. Jpn. Inst. Met. Mater.*, **73**, 323 (2009).
24) S. Nambu : Netsu Shori, *J. Jpn. Soc. Heat Treat.*, **60**, 55 (2020).
25) J. Pan and J. R. Rice : *Int. J. Solids. Struct.*, **19**, 973 (1983).
26) Q. Li : *Mater. Sci. Eng. A*, **361**, 385 (2003).
27) MatCalc：
https://www.matcalc.at/(閲覧 2024 年 10 月)
28) A. T. Yokobori Jr., T. Yokobori and K. Yamazaki : of Materials Science Letters, **15**, 2002, (1996).
29) A. T. Yokobori Jr. and M. Prager : Materials at High Temperatures, **16** (3), 137, (1999).
30) A. T. Yokobori Jr. and G. Ozeki：IntechOpen, Failure Analysis, DOI: 10.5772/intechopen.106419, (2022).
31) A. T. Yokobori Jr. and T. Yokobori : Advances in Fracture Research, Proc. of the ICF7, 2, 1723, Edited by K.Salama, et. al, Pergamon Press(1989).
32) A. T. Yokobori Jr. et al. : *Journal of Materials Science*, **33**, 1555 (1998).

第6節　逆解析を用いた中高炭素鋼における溶接条件最適化技術

日産自動車株式会社　近藤　隆明　　東京大学　井上　純哉

1. 研究開発の概要

1.1 背景・目的

地球温暖化の抑制のために，自動車から排出される二酸化炭素の削減が強く求められている。燃費向上が方策の１つとなるが，近年の衝突安全性能要求の高まりと共に電動化によって車両重量も大きくなる傾向にあり，燃費への跳ね返りが懸念される。

車両重量を現モデル同等以下としつつ，高い要求性能を満足する自動車の実現のために，超ハイテンの適用拡大による軽量化が積極的に進められている。日産自動車では2014年，2017年と相次いで世界初の高成形超ハイテンを採用している(**図1**)。従来の鋼板では高強度化によって成形性が悪化するため適用可能な部品が限られるが，本技術では成形性を確保しつつ強度を上げることにより，適用部品を拡大することで大幅な軽量化を達成した[1)]。

ただ，この高延性超ハイテンの強度・伸び性能を達成するためには，炭素量を増やさなければならず，それにより抵抗スポット溶接部の十字引張強度(CTS)の低下が懸念される(**図2**)。日産自動車は炭素量0.2%程度の鋼板に対しては，熱軟化部の拡大などの溶接性を改善する条件を開発することで従来鋼と同等の溶接性を確保している[2)]。

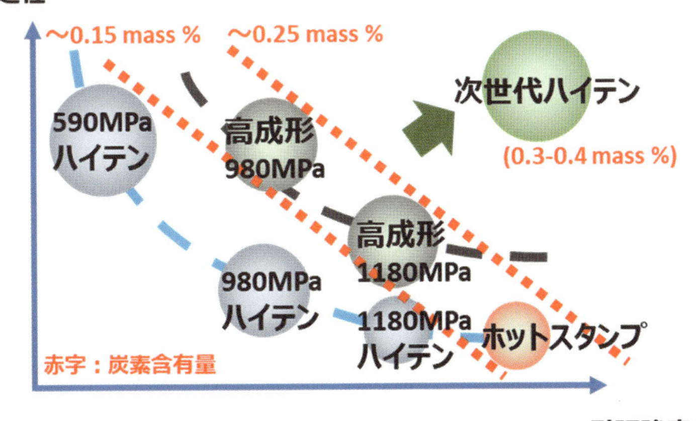

図1　各種ハイテンの強度伸びバランスと炭素量

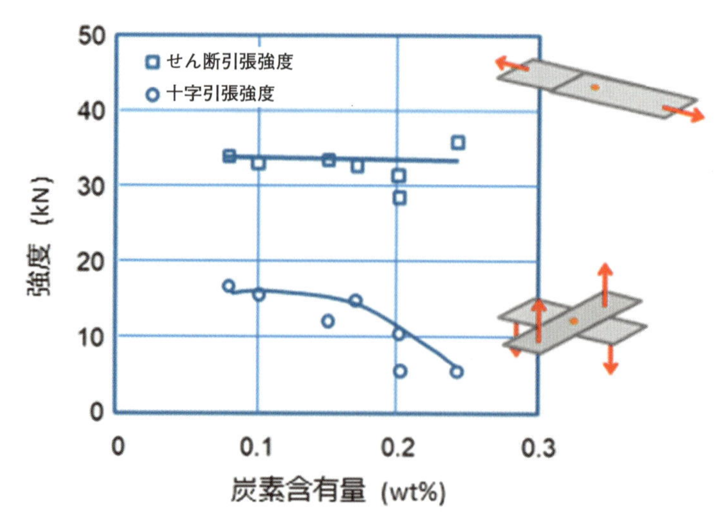

図2　炭素量と十字引張強度(CTS)，せん断引張強度(TSS)の関係

今後，さらなる軽量化を実現するために，ISMA などで 1.5 GPa 級の強度と伸び 20 % を持つ材料の開発が進められているが，このような次世代ハイテンでは炭素量がさらに多くなり，溶接性が大きな課題となることが想定される[3]。

溶接条件の最適化に関しては，鋼板の組み合わせ毎に，チップ形状，加圧力，電流値，電流サイクル，電流パターンに関して膨大な組み合わせからベストなものを選定する必要がある。従来は技術者の経験，知識をもとに，基本となる電流パターンを決め，溶接条件を振った試験片を取得，結果を踏まえて次の実験にフィードバックをして少しずつ改善していくというトライ＆エラー的アプローチで溶接条件最適化を実施してきた。ただ，このアプローチでは膨大な時間と手間がかかるため，折角開発した高性能ハイテンの実適用に時間がかかるが，今後想定される次世代ハイテンのような高炭素鋼板ではさらに溶接条件探索の難易度が高くなることが想定される。

そこで，本研究では，この高炭素量の次世代ハイテンを適用するにあたり，想定される溶接課題を解決するべく，MInt システムを活用して最適な溶接条件を短期間で探索し，次世代ハイテン適用を早期実現することを目的とした。

1.2 目　標

本研究では，以下 2 点を最終目標としている。

①次世代ハイテンで想定している 0.3〜0.4 mass% の炭素を含有するハイテンを対象に，テンパー通電やリン偏析緩和条件などを含めた溶接条件で作製した溶接試験片の強度予測ができるようになる順解析モジュール(**図 3**)の開発と MInt システムへの導入を行う。

②対象鋼種にたいして目標の溶接強度を達成するための逆解析(図 3)を実施し，現状の量産設備で実施可能な範囲で強度，破断モードを達成する溶接条件を見出す。MInt システムに提案された溶接条件において実証実験を行い必要な強度，破断モードを達成することを確認する。

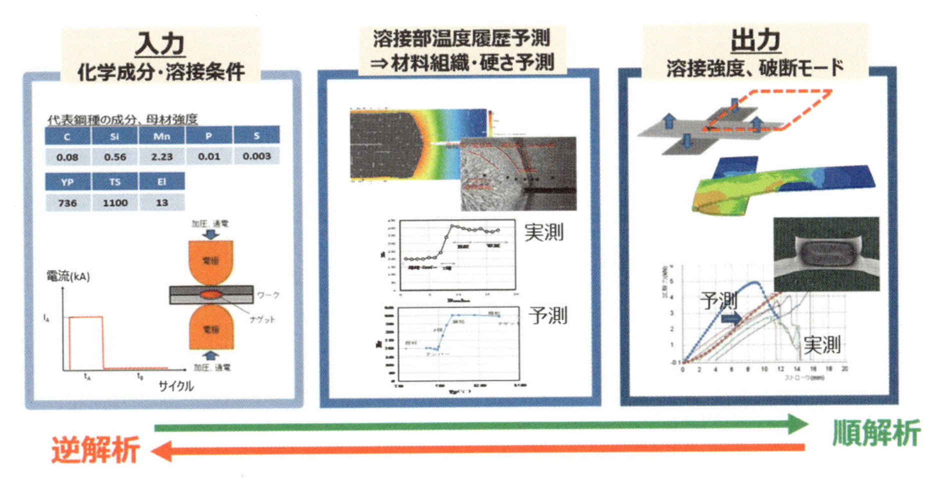

図３　溶接条件選定における順解析，逆解析の概念図

1.3 研究開発の実施項目

本研究では，東京大学と日産自動車共同で次世代ハイテンを溶接可能な最適条件の探索を短期間で行うための順解析手法の開発とその活用による溶接条件最適化手法を確立した。溶接部の強度，破断モードの予測については以下の①～④のモジュールをつなげた解析モデルを用いる。

①温度予測モジュール：材料成分と溶接条件から市販の溶接シミュレーションソフトであるSORPASもしくはSYSWELDを用いて溶接部の温度履歴解析を行う。

②硬さ分布予測モジュール：①で解析した温度履歴および材料成分から溶接部の硬さ予想を行う。

③S-S曲線予測モジュール：予測された溶接部の硬さよりSwiftの式により応力-ひずみ曲線に変換する。

④溶接強度予測モジュール：溶接部形状，各要素の応力-歪曲線よりAbaqusにて有限要素法解析(FEM)を行い，溶接部強度および破断モードを予測する。破断モードについては，CohesiveモデルおよびGursonモデルを導入し，溶接部の組織，硬さから適切な靭性値を設定し，破断判定を行う。

2. 研究開発の成果

図４に本研究課題で作成したワークフローの概略図を示す。以降，それぞれの予測モジュールにおいて，ベースとなるモジュールおよび超ハイテンのスポット溶接強度解析に対して改良した結果を示す。

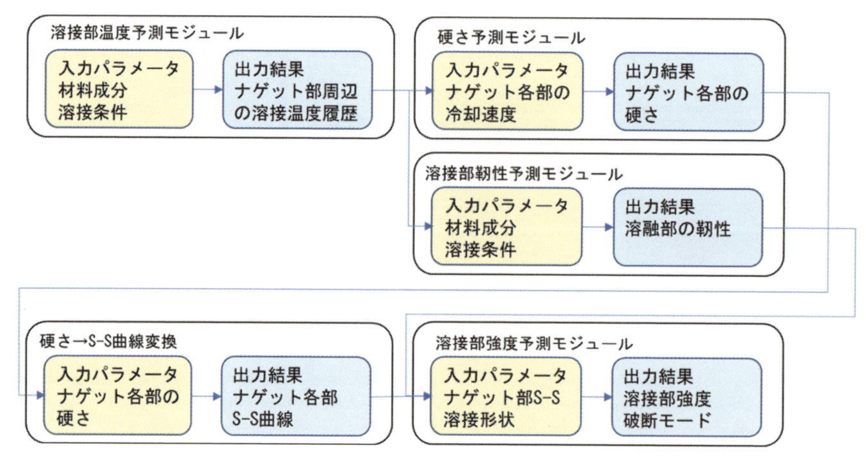

図4　モジュールの繋がり方，入力パラメータ，出力結果など

2.1 溶接部温度予測モジュール

最終的なアウトプットとなる溶接強度の解析を行うためには，スポット溶接後の溶接部組織および硬さ予測を行い，その結果をFEMモデルに入力，応力解析から破断予測を行う必要がある。スポット溶接部は約1秒という短時間で目まぐるしく温度が変化するため，各部の温度予測を行うことが最初のステップとなる。

今回，本研究では温度予測はSORPASを用いて検証を行っている。SORPASでは以下の情報(**表1**)を入力，界面間の抵抗発熱および伝熱を解析することで，溶融範囲，熱影響範囲それぞれの溶接中の温度履歴を出力することができる。溶接中の温度は直接測定できないものの，過去の実験で溶融部，熱影響部のジオメトリが解析と実験結果で高い相関があることを確認しており，ある程度の精度が見込めるものと判断している。

ただし，本解析は抵抗発熱と伝熱を想定したものであり，たとえば溶接後の再加熱(**図5**の破線で囲われた部位)のようなモードを想定していない。今回の検証の中でも，実際より低い温度が表示される傾向にあったため，再加熱を用いる溶接条件の検討の場合はその点を考慮した微調整が必要である。

表1　SORPASの入力情報

分　類	入力項目
材料情報	材料規格もしくは材料成分，板厚 (必要に応じて電気特性，熱特性，機械特性も入力可能)
溶接設備	チップ形状，チップ材質，冷却水量，加圧力
溶接条件	電流値，電流サイクル

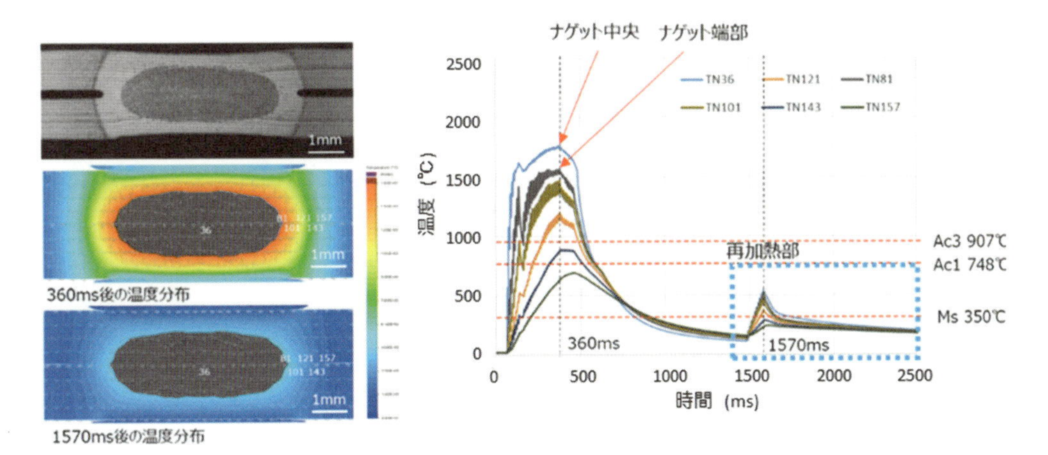

図5　溶接部温度履歴予測の例

2.2 硬さ予測モジュール[4)]

硬さ予測モジュールは，SIP 第一期の厚板向けアーク溶接部の硬さ予測モデルをベースとし，薄板のスポット溶接向けに改良を行った。**図6**に1180 MPa 級ハイテンのスポット溶接部の組織写真を示す。溶融部，熱影響部で複雑な組織分布を示していることがわかる。また，厚板向けとの異なり溶接後の冷却速度が極めて速い点も硬さに影響を与えるため，予測式の改良にはこれらの要因を考慮する必要がある。

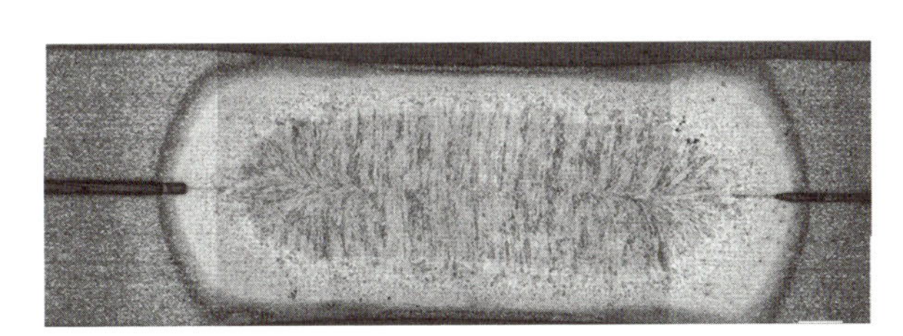

図6　1180 MPa 級デュアルフェーズ鋼におけるスポット溶接部組織写真

従来の HAZ 硬さ予測法によれば，硬さ値 HV は式(1)のように表される。

$$HV = V_M H_M + V_B H_B + V_{FP} H_{FP} \tag{1}$$

ここで，V_M，V_B および V_{FP} は，それぞれマルテンサイト，ベイナイト，およびフェライト－パーライトの体積分率，H_M，H_B および H_{FP} は，マルテンサイト 100 %，ベイナイト 100 %，フェライト・パーライト 100 %の場合の硬さである。

これに対し，スポット溶接部は Ac3 領域での変態，および結晶粒微細化の効果が付与されると考えられるため，以下のパラメーター補正を行った。

$$H_M = 884C(1 - 0.3C^2) + 294 + 34/\sqrt{d} \tag{2}$$

ここで，Cは炭素量(%)，dは結晶粒径(μm)に相当する仮想値で溶融部の位置を1，Ac3相当になる位置を100として，線形関係と仮定して導出された値を用いる。その他の補正としては，以下を考慮した。

・Ac1，Ac3点は，スポット溶接の急激な昇温条件のため，通常の値よりかなり高くなっているものと推察されるため[5]，対象の鋼板において，Ac1は+80～140℃，Ac3は+80～+200℃とする。

・テンパー効果を表すf(λ)も，修正Ac1，Ac3に対応して修正を行う。

・マルテンサイトの焼戻し効果には炭素量に依存する係数を用いる。

本補正を行った予測式を用いて硬さ予測を行った結果の例を**図7**に示す。複雑な組織を示すスポット溶接部でも硬さ予測が可能であることがわかる。

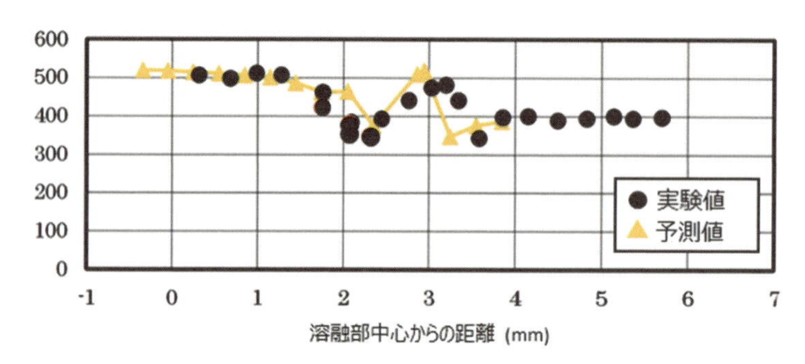

図7　溶接性改善条件での溶接部硬さ予測の例

2.3 強度予測モジュール[6)7)]

[**2.2**]で得られた硬さ予測結果から，SIP第一期で開発された硬さ→応力－歪曲線変換モジュールを用いて**図8**に規定される十字引張試験モデル各要素に対してSwift則を用いた機械

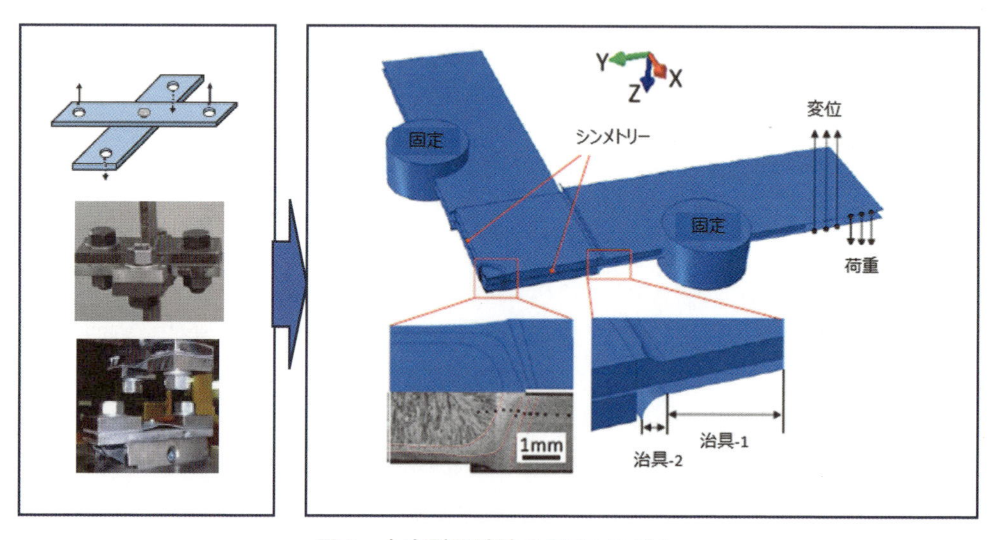

図8　十字引張試験のFEMモデル

的性質を記述した。今回は計算時間の削減のため，結晶塑性モデルではなく，Swift則を用いている。また，各拘束条件や境界条件を実試験条件とコリレーションを取ることで，精度の高い荷重－歪曲線の予測が可能となった(**図9**)。

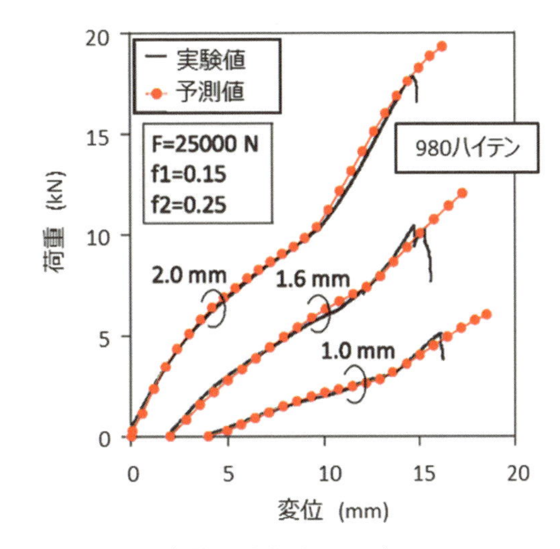

図9　境界条件最適化後のモデルにおける980 MPa級ハイテンの荷重変位予測

次に，破断予測についての検討を行った。今回，検討したモデルはGursonモデルと破壊靭性予測，Cohesiveモデル，ならびにこれらを組み込んだFEM解析モジュールである。Gursonモデルは，熱影響部での延性破壊により引き起こされるプラグ破断を予測することを目的に導入した。また，破壊靭性予測ならびにCohesiveモデルはプラグ破断を予測することを目的に導入した。なお，Gursonモデルのパラメータはデュアルフェーズ鋼のHAZを模擬した熱処理を施した試料で得られた文献値を用いている。また，破壊靭性予測では，さまざまな炭素量のマルテンサイト鋼の破壊靭性値に関する文献値を用いている。

図10に作成したワークフローを用いて予測された破断までの荷重変位曲線と実測データを比較した例を示す。作成したワークフローを用いて十分な精度で最高荷重が予測できていることが分かる。この例ではナゲット破断となることがワークフローから予測されたが，実際の試験においても界面破断ではなく，ナゲット破断となっており，荷重および破断モードが正しく解析できていることを確認している。

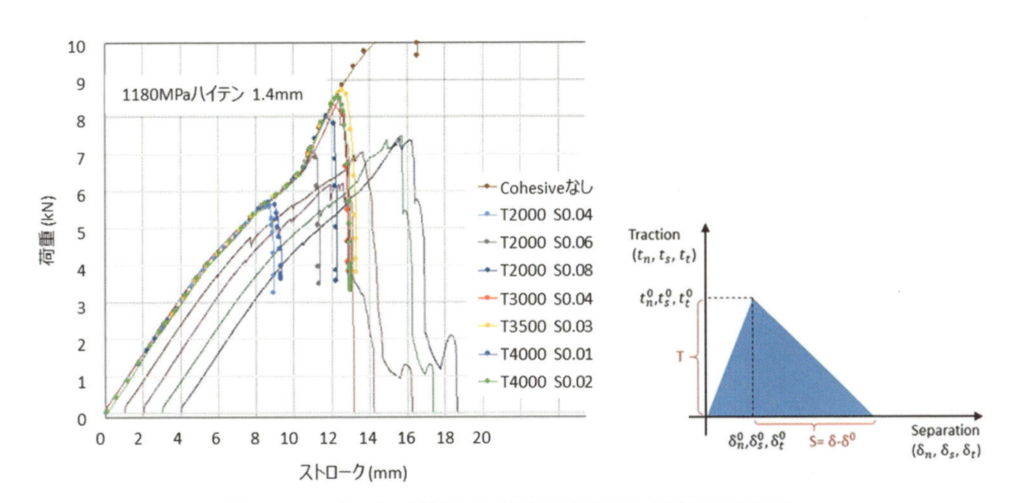

図10　スポット溶接部の破断予測結果と実測値の比較

3. 逆問題検証

まず，今回モデルとして用いたCohesiveモデルによりスポット溶接破断が適切に予測できているか確認するため，1180 MPa級ハイテンでプラグ破断をさせるためのナゲット径の検証を行った。**図11**に作成したワークフローを用いて行った逆解析の結果を示す。スポット溶接においては，電流・時間・荷重・チップ径など，さまざまなパラメータを調整することで最適な溶接条件の探索が行われる。一般にナゲット径が小さい場合はナゲット破断，ナゲット径がある寸法を超えるとプラグ破断になるといわれ，溶接条件の探索ではナゲット部の破壊靭性値とナゲット径の両者を調整することを意図した調整が行われる。ここでは簡単のため，破壊靭性値を一定とし，最適なナゲット径を見出すことを逆解析の目的とした。ワークフローを用いた解析においてもナゲット径が小さい場合はナゲット破断し，ナゲット径がある値を超えるとプラグ破断に移行する結果が得られた。この傾向は過去のフィジカル実験の結果とも合致しており，開発したモデルの有効性を示している。

次に**図12**にさまざまな材料および溶接条件で作製したサンプルでの強度評価結果を示す。炭素量が0.3 mass%を超える材料は溶融部硬さが600 Hv程度となるが，この領域で条件探索を行っても強度向上が見られない。必要強度を満足させるためには550 Hv以下の硬さを達成することが必要である。溶融部の硬さは溶接中のテンパー通電や後熱と呼ばれるステップでの総入熱量に比例する(**図13**)。本関係よりできるだけ短時間で550 Hv以下を達成する後熱条件を見出すことが高炭素鋼の溶接条件改善の第一ステップであることがわかる。目標強度を達成する溶接条件の例を**図14**に示す。

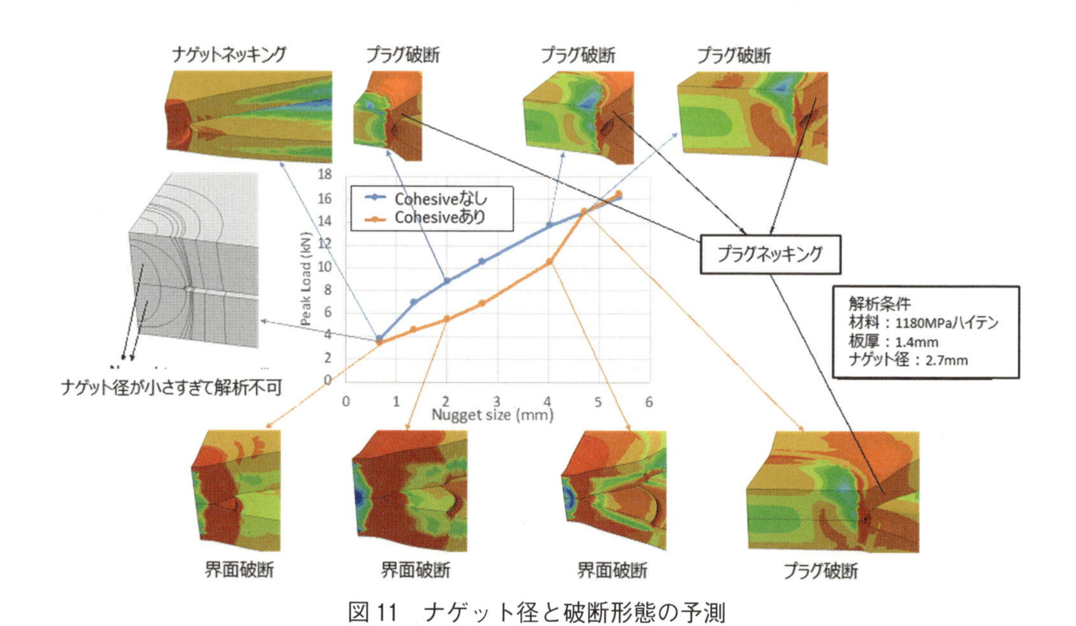

図11　ナゲット径と破断形態の予測

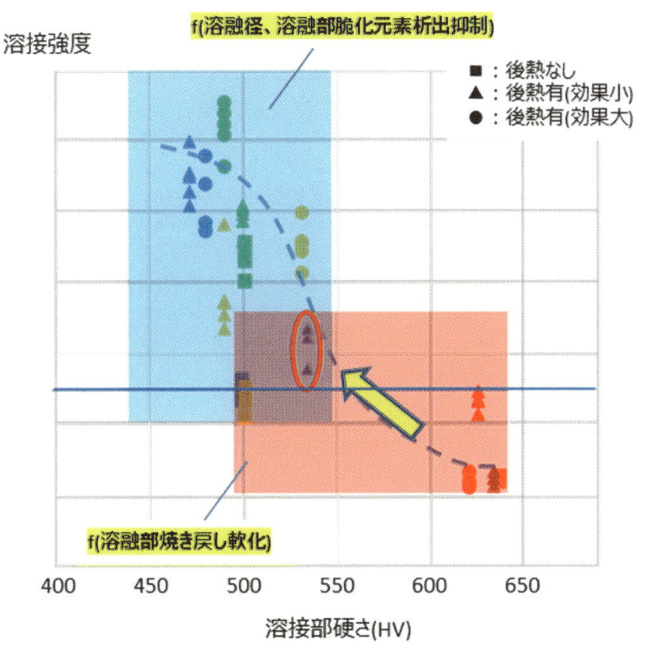

図 12　各種材料および溶接条件における溶融部硬さと強度の関係

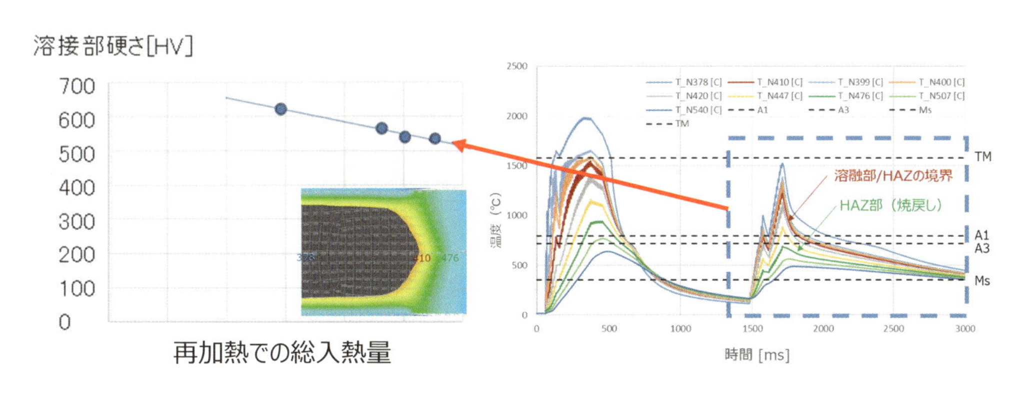

図 13　再加熱条件の総入熱量に対する溶融部硬さ

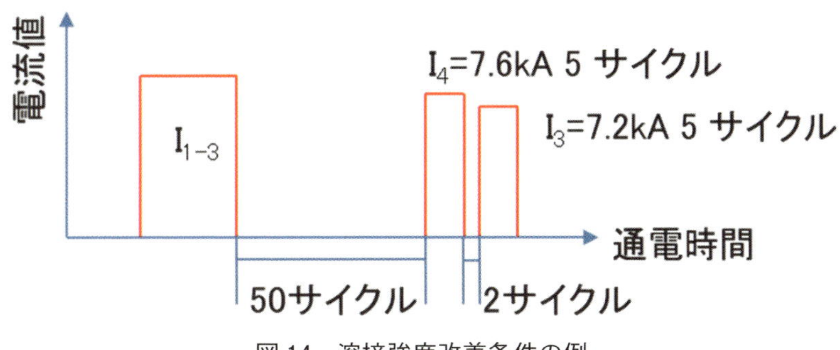

図 14　溶接強度改善条件の例

4. ワークフローの概要

本ワークフローはスポット溶接時における溶接部の荷重変位曲線の計算を行うものである。ワークフローには，母材を9つの領域に分け，各領域の硬さを直接入力する硬さ入力版ワークフローと，溶接シミュレーションを行い，温度履歴から硬さを予測する硬さ予測版ワークフローの2つが存在する。

硬さ入力版ワークフローは**図15**の通り母材を9つの領域に分け，各領域の硬さを直接入力し，硬さから荷重変位曲線を予測し，Cohesiveモデルと Gursonモデルの2つのモデルでAbaqus応力解析を行う。ワークフローを**図16**に示す。

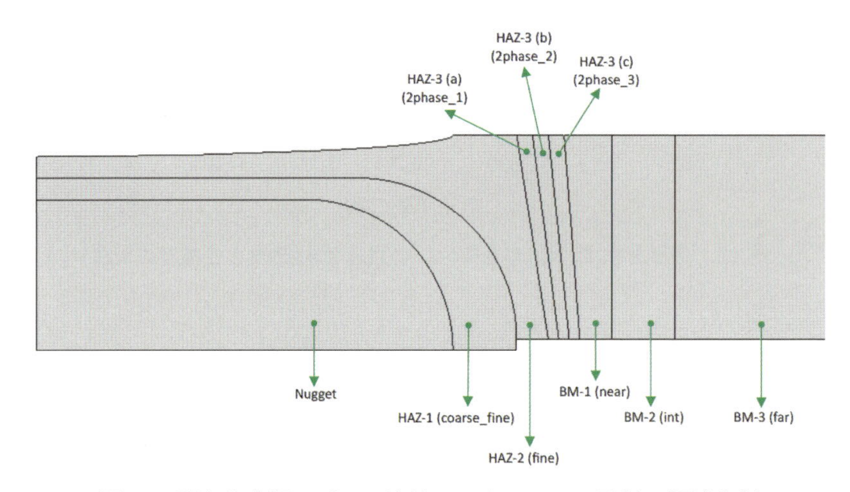

図15　硬さ入力版スポット溶接ワークフローの母材の領域分割

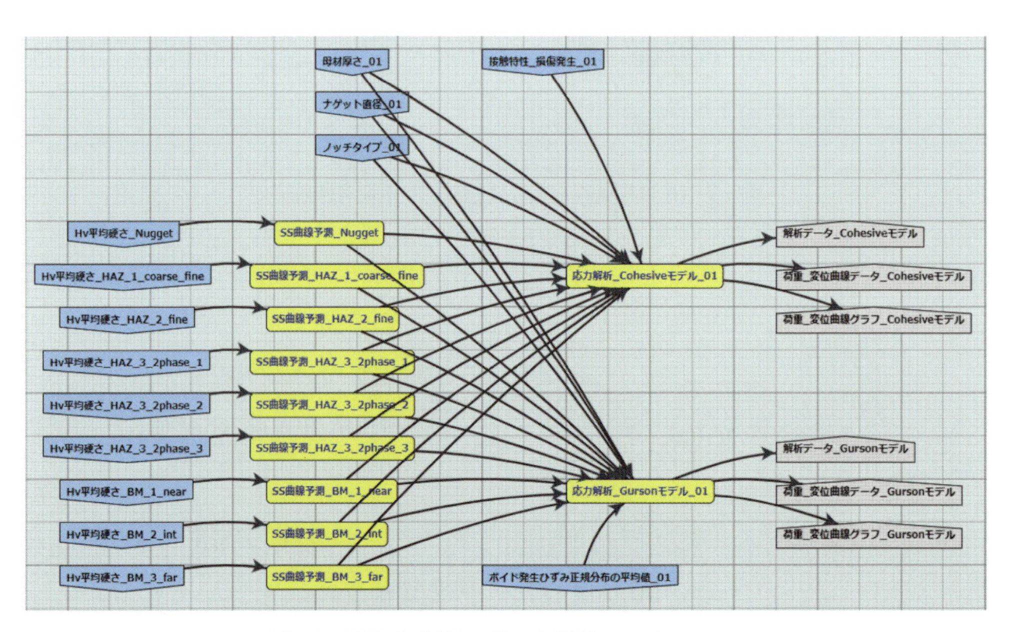

図16　硬さ入力版スポット溶接ワークフロー

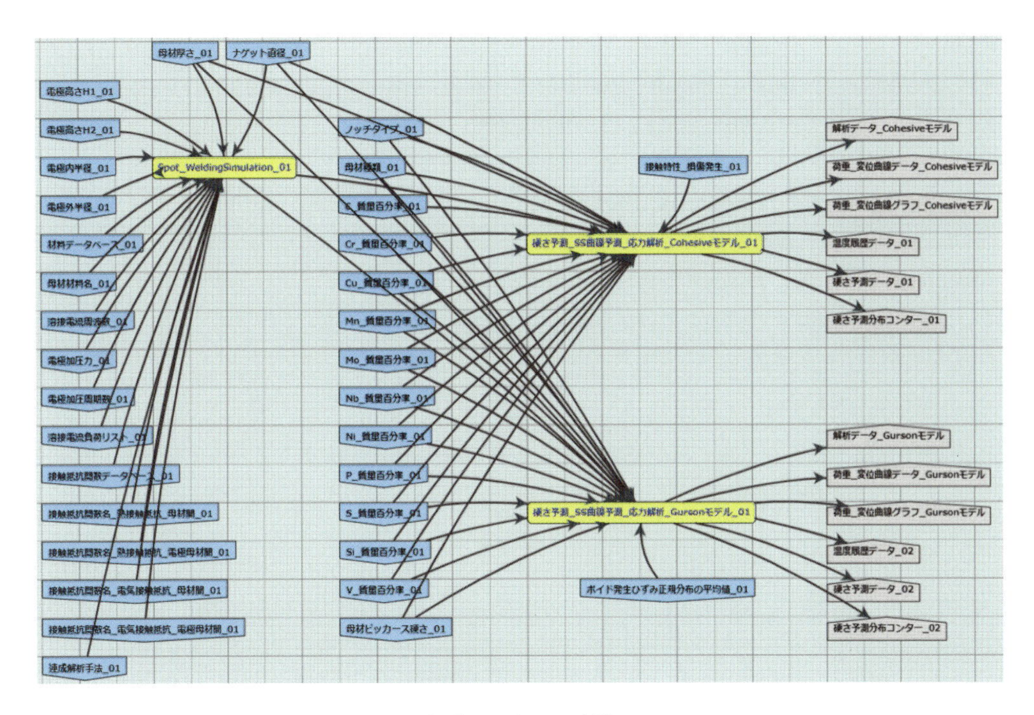

図 17　硬さ予測版スポット溶接ワークフロー

硬さ予測版ワークフローはSYSWELDによる溶接シミュレーションを行い，温度履歴から硬さを予測し，硬さから荷重変位曲線を予測し，Cohesive モデルと Gurson モデルの２つのモデルで Abaqus 応力解析を行う。溶接温度シミュレーションソフトは初期検討では前述の通りSORPAS を用いたが，MInt システムにはインストールされていないため，同様の解析が可能な SYSWELD を用いている。

ワークフローを**図 17** に示す。硬さ予測版ワークフローでは領域分けせずに解析モデルの節点，要素単位で硬さ予測，SS 曲線予測し，Abaqus 応力解析を行うため，「硬さ予測 _SS 曲線予測 _ 応力解析」として１つのモジュールにまとめている。

5. まとめ

本研究で材料組成情報および溶接条件から溶接強度を予測する順解析モジュールの開発と代表材料での逆解析による条件最適化検証を行い，次世代ハイテンで想定される高炭素鋼で目標となる溶接強度を達成する条件を見出すことができた。

ただ，現時点での強度予測モジュールにおける破断予測は，フルマルテンサイト鋼の破壊靭性値を用いているため高炭素鋼の溶接部破断の予測には有効であるが，たとえば 550 HV 以下の硬さを持つ溶接部の強度予測など，より汎用的な予測モジュールとするためには脆化元素析出や炭化物析出などの異なる因子の影響を考慮した破壊靭性値予測手法の確立が望まれる。

文　献

1) S. Hayashi et al. : SAE Technical Paper, 2018-01-0625 (2018).
2) T. Kondo et al. : SAE Technical Paper, 2014-01-0991 (2014).
3) T. Murakami : Proceedings JSAE Congress, 2021 No40-21 (2021).
4) T. Kasuya et al. : Proceedings of IIW, 2022 517-520 (2022).
5) 井口信洋ほか：日本金属学会誌, **39**, 255 (1975).
6) H. Wang et al. : *Sci. Technol. Weld. Join.*, 2022. **27**(4), 229 (2022).
7) H. Wang et al. : *Sci. Technol. Weld. Join.*, 2023. **28**(1), 44 (2023).

第７節　高温強度/延性を有する2000系アルミ合金の製造条件設計

株式会社レゾナック　奥野　好成　東京大学　井上　純哉

1. 研究開発の概要

1.1 背景・目的

2000系，7000系を中心とする高強度アルミ合金が急激に伸びると市場予測されている。2018年の市場規模は379億USD＝約3.8兆円（1 USD＝100 JPY想定）であり，2018～2023年の平均成長率（CAGR：Compound Annual Growth Rate）は7.8％で，2023年に552億USD＝約5.5兆円になると予想されている。また，航空機，自動車軽量化への展開が市場の成長ドライバであり，地域としてはアジアパシフィックが成長すると見込まれている[1]。実際，HV車・PHV車増加により自動車の内燃機関用軽量部品の需要が増えている（**図1**）。

アルミ合金部材の大きな課題としては，強度が挙げられる。特に，自動車関連部材においては，高温での強度に対する要求が増している。

しかしながら，その要求に答えられていない現状にある。たとえば，㈱レゾナック（旧昭和電工㈱）での実績でいえば，200℃で290 MPaの引張強度であるが，顧客から得られる情報を勘案すると，200℃で400 MPaが望まれる特性である。しかも，他の特性（軽量性，耐衝撃性，加工特性，耐傷性，リサイクル性，コスト）を維持して達成しなければならないので容易ではない。

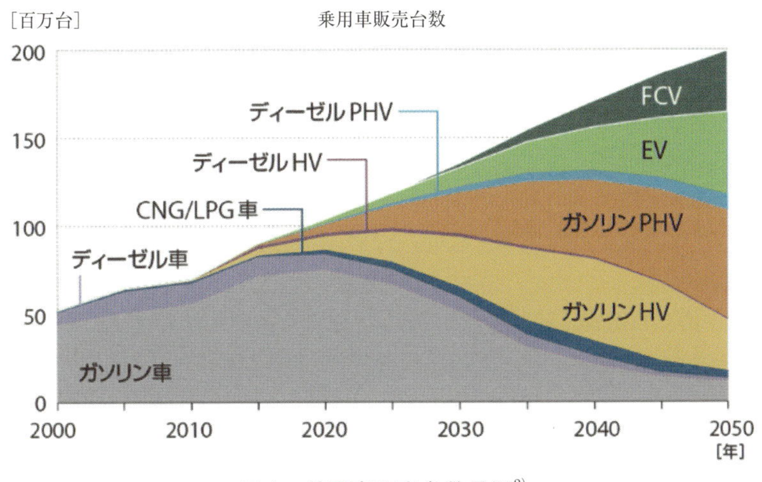

図１　乗用車販売台数予測[2]

したがって，高温強度を有するアルミ合金の開発が望まれている。㈱レゾナックの出口イメージは以下の特性を示す材料提案を，統計解析や機械学習などの情報科学的手法を用いるMI(Materials Informatics)と，理論計算やモデル計算などの計算科学的手法を用いるシミュレーションによって行うことである。

①軽量化とそれに伴う強度低下・コスト増加を回避できる材料

②多数の要求特性を維持しつつ高温強度を向上し得る材料

1.2 目　標

目標特性としては，200 ℃で400 MPaと設定したがこれは高い目標設定である。2000系アルミ合金部材は高強度であることが特徴である。しかしながら，それは，「室温において」という但し書きが付く。本研究課題で求められることは，室温だけでなく，高温領域においても高強度を示すことが必要である。高温になると強度が急激に減少してしまうからである。

1.3 研究開発の実施項目

1)自動車部品向けアルミ製品の製造プロセス最適化

・200 ℃で400 MPaの合金製造条件の提案

・提案の妥当性のシミュレーションでの検証

2)自動車部品向けアルミ製品の製造プロセス最適化

・逆問題解析ワークフローの構築

・ニューラルネットワークによるアルミ合金特性逆問題解析プログラムのMIntシステムへの実装

3)自動車部品向けアルミ製品の製造プロセス最適化

・順問題解析ワークフローの動作検証

・ニューラルネットワークによる2000系アルミ合金特性逆問題解析プログラムの高速化

2. 研究開発の成果

2.1 実施項目

1)2000系アルミ合金データベースの構築

・公開されているアルミ合金データの収集と収集したデータの構造化

2)ニューラルネットワークのベイズ学習による予測モデル構築

・ニューラルネットワークのベイズ学習による室温特性・高温特性の予測モデル構築

3)中間層の理論的説明

・CALPHAD法やLSKWN法に基づく，組成・プロセス条件と組織，組織と特性の紐づけ

4)組成・プロセス条件の提案

・逆問題解析ツールの開発と高温強度特性有するアルミ合金を作成する組成・プロセスの提案

2.2 主な成果

2.2.1 2000系アルミ合金データベースの構築

一般に公開されているデータを用いて，冗長性を担保したまま機械可読性の高いデータベースを作成した(**図2**)。MatWeb[3]と日本アルミニウム協会[4]のデータベースから，手作業により必要な情報を得，ミス記載などを削除し，空欄を文献情報などから埋めた。

	A	B	C	D	E	F	G	H	I	J
1	通し番号	引張強度[MPa]	0.2%耐力[MPa]	伸び[%]	シリコン、Si[wt%]	鉄、Fe	銅、Cu	マンガン、Mn	マグネシウム、Mg	クロム、Cr
2	1	220	140	9	0.7	0.25	4.45	0.8	0.5	0.05
3	2	185	95	18	0.85	0.35	4.45	0.8	0.5	0.05
4	3	225	145	13	0.5	0.35	4	0.7	0.7	0.05
5	4	180	70	22	0.5	0.35	4	0.7	0.6	0.05
6	5	185	75	20	0.25	0.25	4.35	0.6	1.5	0.05
7	6	215	195	11	0.05	0.06	2.7	0.025	0.125	0.025
8	7	170	75	18	0.1	0.15	6.3	0.3	0.01	0
9	8	186	96.5	18	0.85	0.35	4.45	0.8	0.5	0.05
10	9	205	125	12	0.85	0.35	4.45	0.8	0.5	0.05
11	10	220	110	10	0.85	0.35	4.45	0.8	0.5	0.05
12	11	179	68.9	22	0.5	0.35	4	0.7	0.6	0.05
13	12	186	75.8	20	0.25	0.25	4.35	0.6	1.5	0.05
14	13	240	130	12	0.25	0.25	4.35	0.6	1.5	0.05
15	14	220	95	12	0.25	0.25	4.35	0.6	1.5	0.05
16	15	172	75.8	18	0.2	0.3	6.8	0.4	0.02	0

図2　完成した冗長性を担保したまま，機械可読性の高いデータベース抜粋

2.2.2 ニューラルネットワークのベイズ学習による予測モデル構築

2.2.2.1 室温におけるアルミ合金強度予測

完成させたデータベースのうち室温の68データを用いて，室温で評価されたアルミ合金強度(引張強度，耐力)の予測を行った。予測モデルとしては線形ニューラルネットワーク(**図3**)を利用し，そのベイズ学習を，逆温度ステップ数128のレプリカ交換モンテカルロ法(**図4**)を用いて行った[5]。入力層は13ノードあり，添加元素組成(Si, Fe, Cu, Mn, Mg, Cr, Ni, Zn, Ti, Zrの質量%)および熱処理条件(アニーリング・溶体化・人工時効の有無)に対応し，中間層はノード数2の1層，出力層は室温における引張強度と耐力に対応する2ノードとした。レプリカ交換モンテカルロ法を用いたニューラルネットワークのベイズ学習では，ニューラルネットワークのパラメータであるネットワーク重みを最適化するとともに，ベイズ自由エネルギーを計算し，最適な中間層ノード数が2であることを特定した。

その結果，予測精度は引張強度で R2＝0.957，耐力で R2＝0.909 となった(**図5**)。

構築した線形ニューラルネットワークを用いて，順問題解析として，アルミ合金設計条件(添加元素組成と熱処理条件の値の組合せ)を入力して，アルミ合金強度(引張強度，耐力の値)をそれぞれ出力することができる。

一方，線形ニューラルネットワークにおいては，入力層の値から成るベクトル $\mathbf{g}$ と出力層の値から成るベクトル $\mathbf{f}$ は，ニューラルネットワークの重みの値から成る行列 $\mathbf{X}$ とバイアス項(C_1, C_2)を用いて線形の関係で表すことができる。そのため，ニューラルネットワークの重みをレプリカ交換モンテカルロ法によって大域的最適化をした後に，行列 $\mathbf{X}$ の逆行列を計算することで，解析的に逆問題解析を行うことが可能である。すなわち，所望のアルミ合金強度

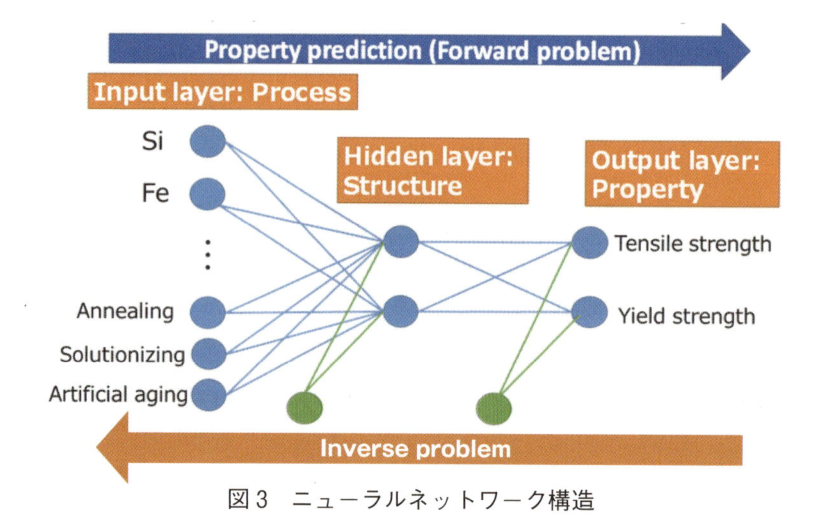

図3　ニューラルネットワーク構造

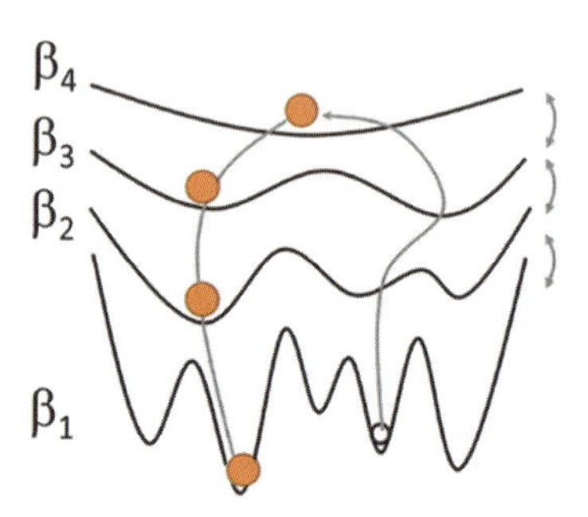

赤丸は大域的最適解であり，本手法により大域的最適解に早く収束する効果を表す

図4　レプリカ交換モンテカルロ法のイメージ

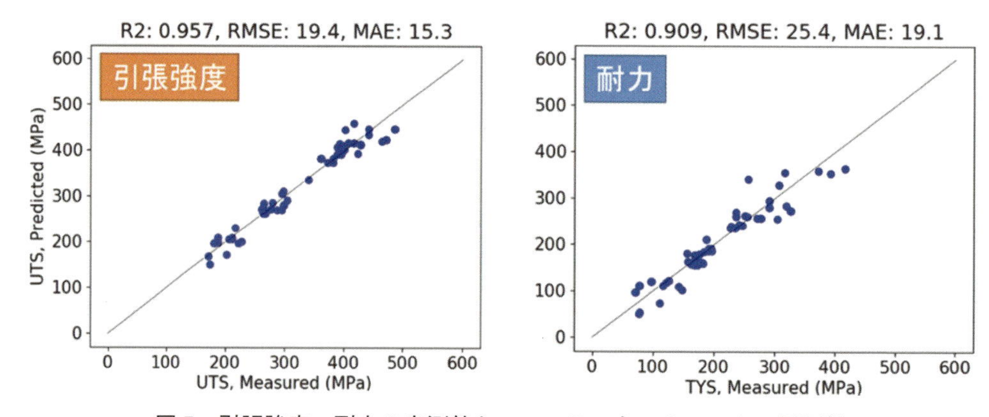

図5　引張強度・耐力の実測値とニューラルネットワークの予測値

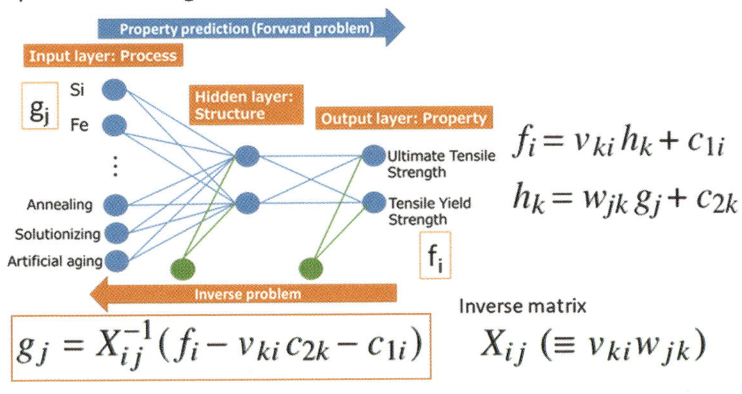

図6　ニューラルネットワークにおける逆問題解析

(引張強度，耐力の値の組合せ)を入力することで，それらを満足するアルミ合金設計条件(添加元素組成と熱処理条件の値の組合せ)を出力することができる(**図6**)。

2.2.2.2　低温～高温におけるアルミ合金強度予測

次に，保持温度が低温(-269 ℃)～高温(535 ℃)(室温を含む)でアルミ合金強度(引張強度，耐力)が評価された410データを用いてアルミ合金強度(引張強度，耐力)の予測を行った。このうち140データは，保持温度200 ℃以上の高温で評価されたものである(**図7**)。

ただし，このデータには様々な保持温度・保持時間で測定された強度の値が混在しているため，予測モデル構築に工夫が必要であった。種々のニューラルネットワークの構造を試行錯誤し，低温～高温のアルミ合金強度予測にどのモデルが良いか試行した。その結果，入力層に保持温度・保持時間の2ノードを追加し，中間層の活性化関数をtanh(双曲線正接)とした

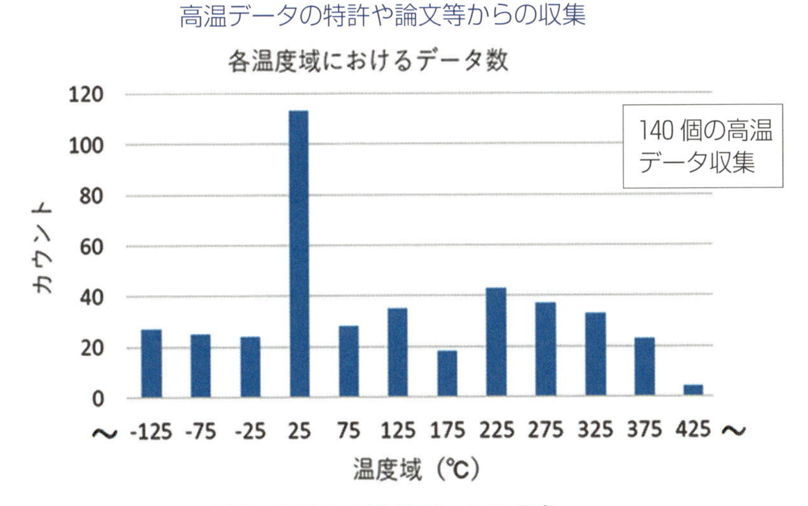

図7　収集した高温データの分布

ニューラルネットワーク構造を用いることが最良であることを確認した(**図8**)。

その結果，低温～高温のデータを学習用データセットと予測用データセットに分割して行った検証において，予測用データセットに対する予測精度はR2＝0.959，耐力でR2＝0.948となった(**図9**)。

一方，予測がより困難な高温強度の外挿予測(200℃以下を学習して，200℃超を予測)においては，予測精度は引張強度でR2=0.628，耐力でR2=0.445となった(**図10**)。

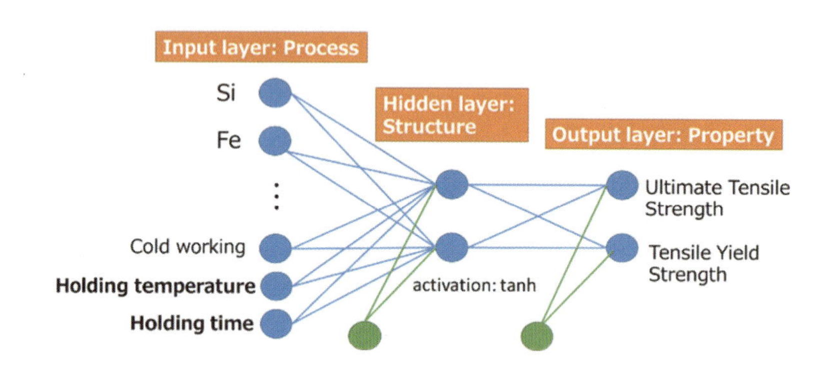

図8　低温～高温のアルミ合金強度を予測するニューラルネットワーク構造

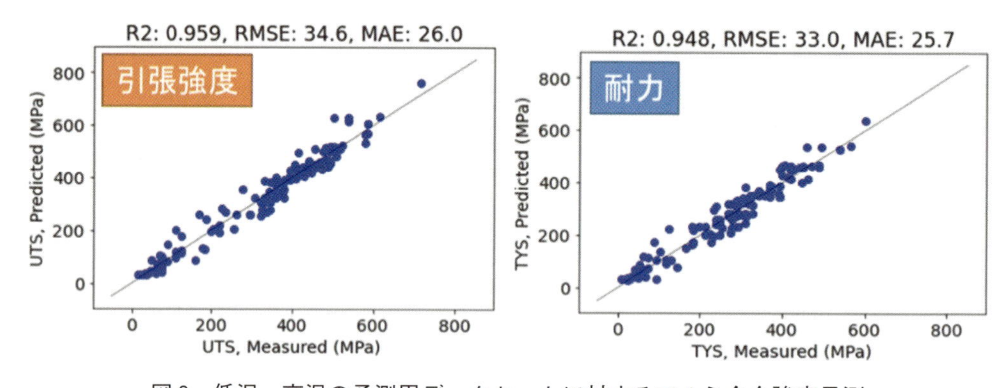

図9　低温～高温の予測用データセットに対するアルミ合金強度予測

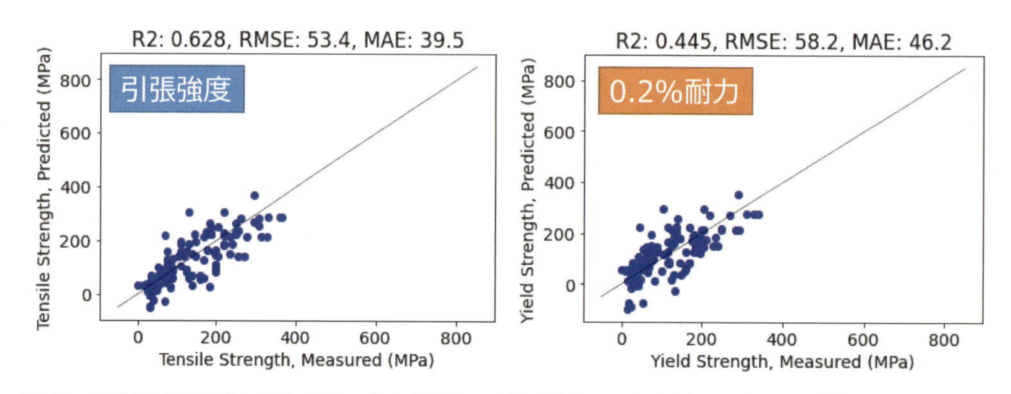

図10　評価温度200℃未満のデータを学習し，評価温度200℃以上のデータを外挿予測した結果

2.2.3 室温におけるニューラルネットワーク中間層の理論的説明

[2.2.2.1]で構築した室温の線形ニューラルネットワークを用いて，中間層の各ノードと入力層のノードとのニューラルネットワークの重み(**図11**)から，強化機構の解釈を試みた。この結果は，アルミ合金開発者の経験的知見と合致するものである。中間層ノードNo.1については，Si, Mg, Zr添加量を最大に，Cu, Cr添加量を最小にして相分率図を描いている。**図12**から，Al_3Zrはα-Alよりも高い温度で晶出し，微細な結晶粒構造を形成してアルミ合金を強化することを示唆している。また，典型的な人工時効温度である180 ℃ではGuinier-Preston (GP)ゾーン由来のβ-Mg_2Siとθ-Al_2Cuが析出し，時効硬化に寄与することが分かる。中間層ノードNo.2については，図11から，Mnが多く，Siが少ないと高強度合金になることが示唆されていたので，データセットに含まれる最大のMn添加量と最小のSi添加量(他の添加元素

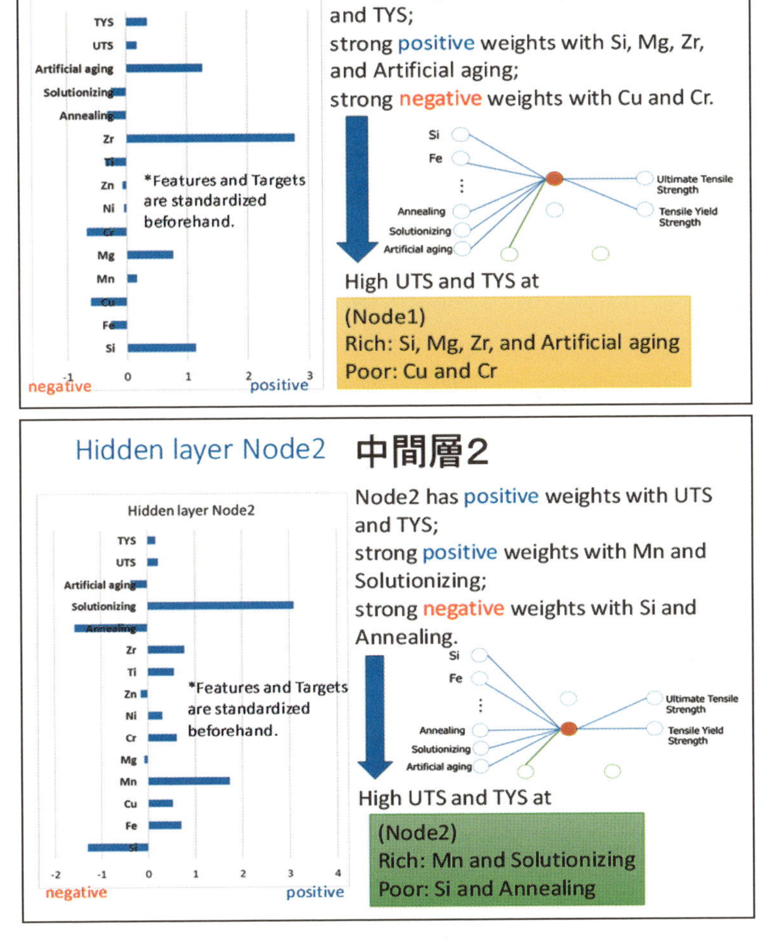

図11　中間層の重みづけ

の添加量は中央値)を含むアルミ合金に対する相分率図を描いた。典型的な溶体化温度である500℃では，$Al_{28}Cu_4Mn_7$が析出している。この結果は，$Al_{28}Cu_4Mn_7$の析出が微細な結晶粒構造を実現し，アルミ合金を強化することを示唆している。それに対し，Al_8Fe_2Siが形成されるとアルミ合金が弱くなり，中間層ノードNo.2では最小のSi添加量が好まれるという結果と一致する。

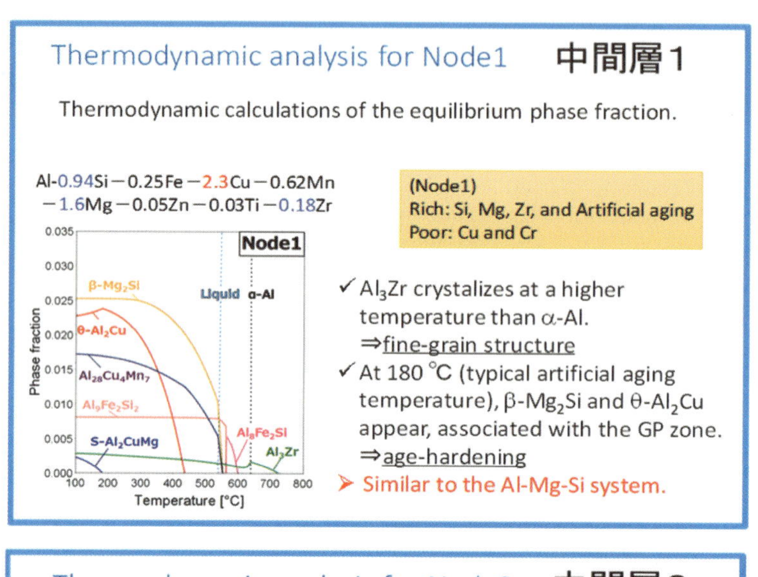

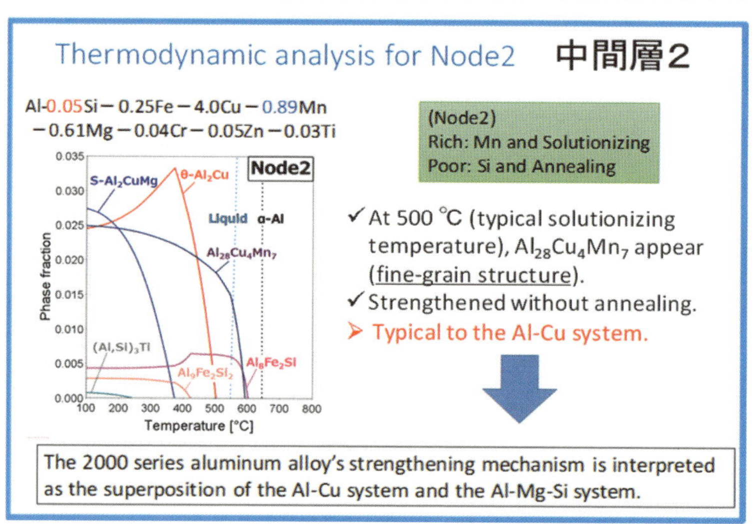

図12　中間層に対応する熱力学平衡結果

2.2.4 組成・プロセス条件の提案

[2.2.2.2]で構築した低温～高温のアルミ合金強度を予測するニューラルネットワークを用いて，保持温度200 ℃の高温で高強度のアルミ合金設計条件を探索した(**表1**)。

ニューラルネットワーク予測値の妥当性の確認のため，JMatProを用いたシミュレーション結果と比較した。また，ニューラルネットワークによる予測には最適ニューラルネットワークによる点推定値だけではなく，レプリカ交換モンテカルロ法の30,000モンテカルロサンプルによって生成される30,000個のニューラルネットワークが成す事後分布を用いた予測の信頼区間評価も参考にした[6] (**図13**)。

構築したニューラルネットワークおよび事後分布を用いた予測の信頼区間評価を搭載した，逆問題解析ツールを開発した(**図14**)。この解析ツールでは，順問題解析として，アルミ合金設計条件(添加元素組成と熱処理条件の値の組合せ)を入力すると，アルミ合金強度(引張強度，耐力)の予測値の分布をそれぞれ得ることができる。また，アルミ合金強度の目標値(引張強度，耐力の値の組合せ)を入力することとで，それらを満足する確率も出力することができる。

表1　構築したニューラルネットワークでの予測値：保持温度200 ℃で400 MPa程度を提案

No.	引張強度予測値 (MPa)	0.2 %耐力予測値 (MPa)	引張強度＞340 (Mpa) 確率%
1	332	289	3.9
2	339	284	53.5
3	343	299	70.6
4	341	298	58.3
5	396	347	98.5
6	399	351	99.1
7	414	363	100

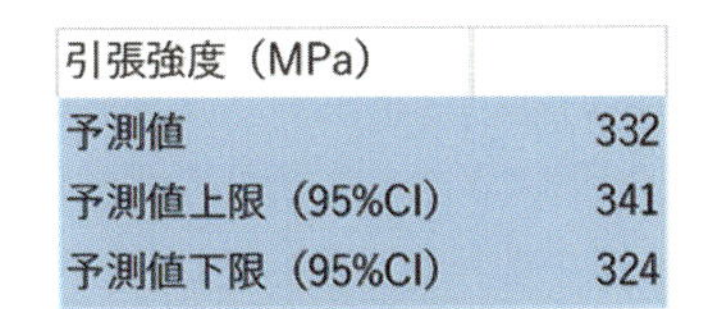

引張強度（MPa）	
予測値	332
予測値上限（95%CI）	341
予測値下限（95%CI）	324

0.2%耐力（MPa）	
予測値	289
予測値上限（95%CI）	296
予測値下限（95%CI）	281

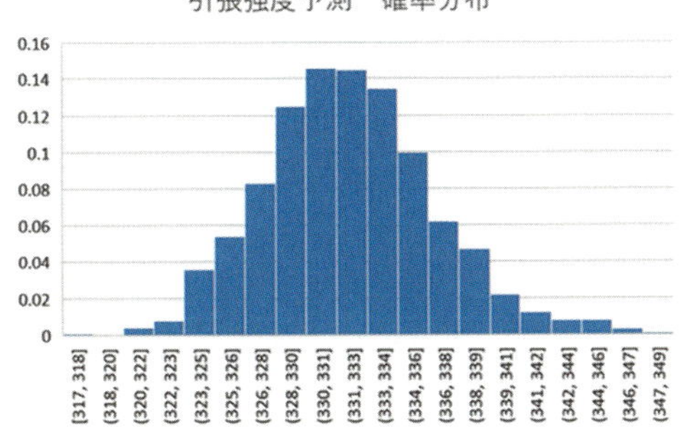

0.2%耐力予測　確率分布

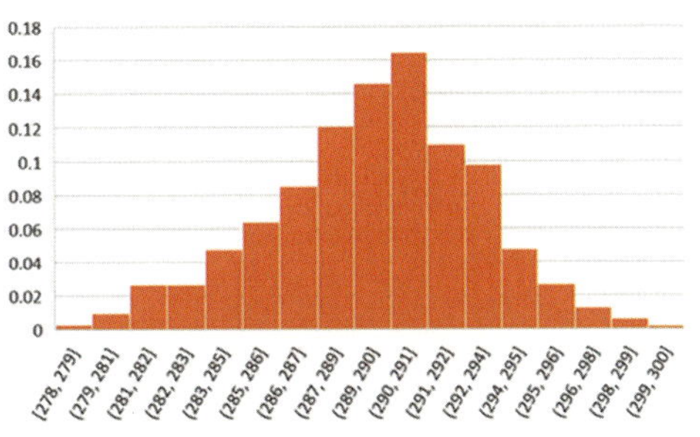

図13　特性予測のベイズ事後分布評価

一方，逆問題解析として，所望のアルミ合金強度(引張強度，耐力の値の組合せ)を入力することで，それらを満足する確率が最大となるアルミ合金設計条件(添加元素組成と熱処理条件の値の組合せ)と，所望のアルミ合金強度が得られる確率を出力することができる。

同様のニューラルネットワークおよび予測の信頼区間評価プログラムが，MInt システムに搭載されている。

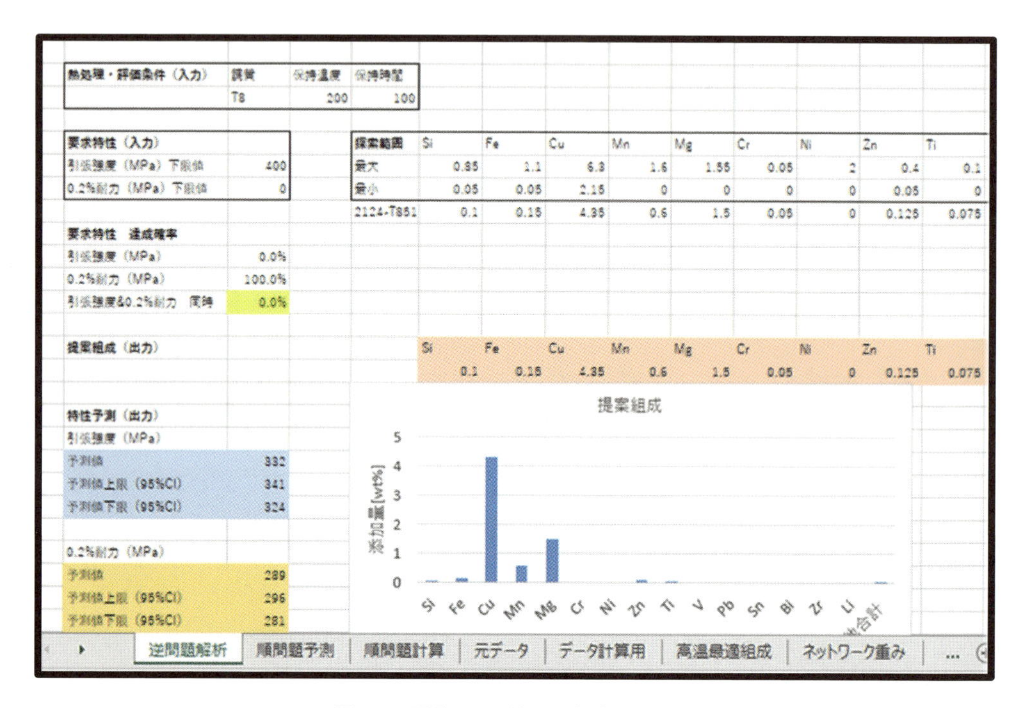

図14　開発した逆問題解析ツール

3. 総　括

本研究では，高温高強度を有する2000系アルミ合金の開発を目指し，ニューラルネットワークのベイズ学習を用いた予測モデルを構築した。MIの適用により，高速な特性予測が可能となり，アルミ合金設計条件の大域的探索を行うことで最適な設計条件の提案ができた。将来的には，この技術を活用して新たなアルミ合金の迅速な開発が期待され，自動車や航空機の軽量化に貢献することが見込まれる。MIのさらなる発展により，材料開発の効率化とイノベーションの加速が期待される。

文　献

1) 高強度アルミニウム合金の市場：
https://www.marketsandmarkets.com/PressReleases/high-strength-aluminum-alloy.asp（閲覧2024年10月）

2) 乗用車販売台数予測：
https://sgforum.impress.co.jp/article/1944?page=0%2C3（閲覧 2024 年 10 月）

3) MatWeb のデータベース：
http://www.matweb.com/（閲覧 2024 年 10 月）

4) 日本アルミニウム協会のデータベース：
https://www.aluminum.or.jp/（閲覧 2024 年 10 月）

5) S. Takemoto et al. : Prediction of the Mechanical Properties of Aluminum Alloy Using Bayesian Learning for Neural Networks. TMS 2021 150th Annual Meeting & Exhibition Supplemental Proceedings. Springer International Publishing, (2021).

6) S. Takemoto et al. : Bayesian inverse design of high-strength aluminum alloys at high temperatures. *MRS Advances*, **7**(10), 213 (2022).

第２章

順問題/逆問題解析による先進構造材料プロセスと力学特性の予測

第1節　レーザ三次元積層造形プロセスに関連した予測技術

国立研究開発法人物質・材料研究機構
渡邊　誠　北野　萌一　草野　正大　野本　祐春
片桐　淳　伊藤　海太　北嶋　具教
大阪大学　小泉　雄一郎　兵庫県立大学　鳥塚　史郎
東北大学　青柳　健大　川崎重工業株式会社　岩崎　勇人

1. はじめに

三次元積層造形(AM：Additive Manufacturing)は，コンピュータ上の三次元(3D)モデルに基づいて，レーザや電子ビームなどの熱源を移動させ，原料を溶融凝固し積層していくプロセスである。鋳造や鍛造などの従来プロセスでは困難な複雑形状を実現でき，熱源の条件やそのスキャンストラテジーにより多様な微視組織の制御が可能である。これにより，1つの部材の中で部位毎に特性を変化させることや異方性を意図的に制御することも可能である。全ての工程をコンピュータ制御で実施するため，デジタル技術との親和性が高く，モノづくりのDX化という大きな潮流の中で，革新的な製造技術と位置づけられている。金属やプラスチック，炭素繊維強化複合材料，セラミックスなどさまざまな材料で技術開発が進められている。一方で，AMプロセスにおいても，非常に多くのプロセスパラメータが存在し，さらには部材形状そのものに高い設計自由度があることから，実験だけで最適なプロセス条件や最適形状を決定していくことは非常に効率が悪い。そこでデータ科学や数値計算を活用した予測技術の開発が重要となっている。本稿では，代表的なAMプロセスであるレーザ粉末床溶融結合(PBF-LB)法を対象として開発された，いくつかの予測技術フローについて紹介する。具体的には，レーザ照射時の温度場予測，温度場予測に基づいた凝固割れ予測，フェーズフィールド法を用いた凝固組織・偏析予測，温度場予測に基づいたプロセスウインドウ予測について，説明する。

2. レーザ照射時の温度場予測

PBF-LB法は，ステージ上に原料粉末を敷き，それをレーザ照射で部分的に溶融・凝固させるプロセスの繰り返しにより，任意の三次元形状の部材を造形する。レーザ照射条件に応じて，プロセス中の熱履歴が変化するため，凝固やその後の冷却過程における組織形成，気孔やき裂の発生などが影響を受ける。このため，レーザ照射による温度場や溶融プールの予測は，プロセス制御や組織・特性の最適化において重要となる。本稿では，レーザのシングルスキャンを対象として，異なるレーザ照射条件での温度場を予測するワークフローについて紹介する。有限要素法(FEM)を用いた二次元熱伝導解析を適用し，熱源モデルとして溶接分野で一般的に利用されているGoldakモデルを用いている[1]。こういった数値解析手法などの知見や経験がないユーザであっても，MInt上で入力パラメータを設定することで，溶融プールサイズや温度勾配，冷却速度を推定するための温度場変化を計算できる点で有用である。

図1にMIntシステム上に実装されている予測ワークフローを示す。有限要素法ソルバーであるレーザ照射熱伝導解析モジュール(図中央)に対し，左側に並ぶ23のパラメータを入力することで，場所(x, y)，時間tに対する温度tempを出力するワークフローとなっている。このワークフローでは，商用有限要素ソフトABAQUS(ダッソー・システムズ社)をソルバーとして用いているため，本ソフトのポストプロセッサソフトで利用できるodb形式のファイルも出力可能となっている。注意点として，利用においてはABAQUSのライセンス規約に沿った制約がある。シングルスキャンの計算ではあるが，多くの物性値が入力として必要であり，一から準備することは容易ではない。本ワークフローでは，Ni基合金であるHastelloy Xについて文献などから収集したデータが，デフォルト値として設定されている。

計算モデルは粉末層30 µmが基材の上に形成された構造となっており，紙面に垂直にレーザが奥から手前へ1回移動する過程を計算している。移動熱源および相変態に伴う物性変化を取り扱うために独自サブルーチンが追加されている。基材部には対象とするNi基合金の物性が，粉末層にはその合金粉末の物性がそれぞれ温度依存の関数として与えられる。粉末層では，レーザ照射により温度が融点を超えると，その物性を粉末から基材のものへと切り替え，溶融現象をモデル化している。レーザ熱源qには，式(1)で示す二重楕円モデルを用いている。

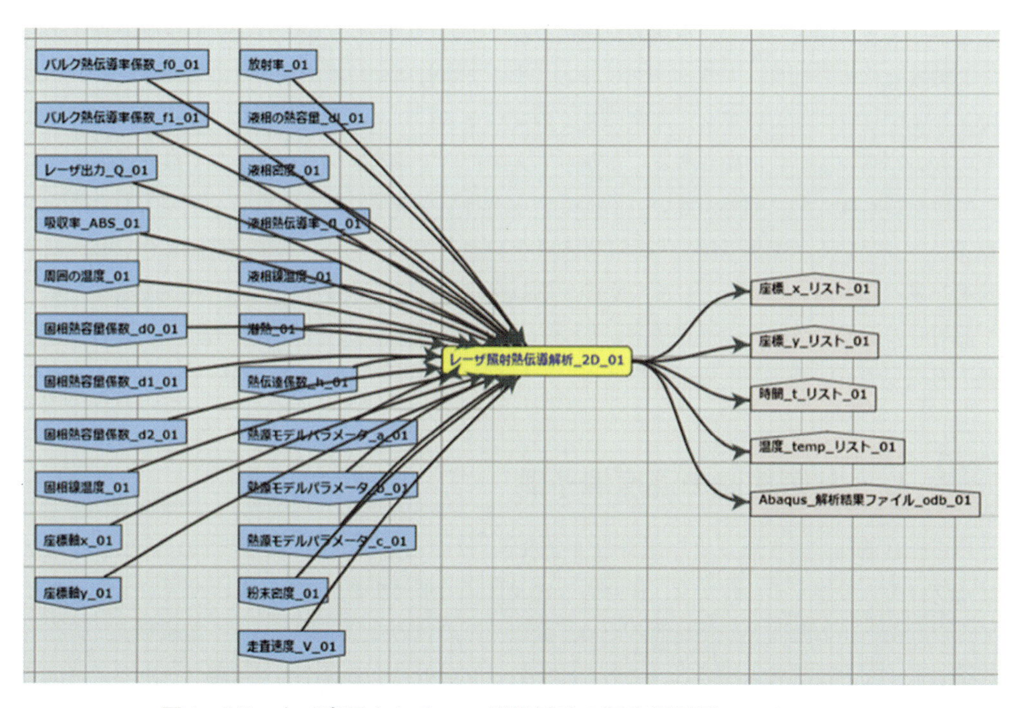

図1　MInt上で表示されるレーザ照射時の温度場予測ワークフロー

$$q(x,y,z,t) = \begin{cases} \frac{6\sqrt{3}AP}{abc_1\pi\sqrt{\pi}} exp\left\{-3\left[\left(\frac{x}{a}\right)^2+\left(\frac{y}{b}\right)^2+\left(\frac{z-vt}{c_1}\right)^2\right]\right\} & (z \geq vt) \\ \frac{6\sqrt{3}AP}{abc_2\pi\sqrt{\pi}} exp\left\{-3\left[\left(\frac{x}{a}\right)^2+\left(\frac{y}{b}\right)^2+\left(\frac{z-vt}{c_2}\right)^2\right]\right\} & (z < vt) \end{cases} \tag{1}$$

2つの半楕円体を組み合わせた形となっており，Aが吸収率，Pがレーザ出力，a, b, c_1, c_2が形状を表すパラメータとなる(**図2**)[1)]。レーザが金属表面上に照射されると，溶融と共に蒸発が生じ，この蒸発反力により液面が押されることと，レーザ多重反射によりレーザが深くまで入り込むことで，より深く溶融部が形成される。このような複雑な現象を計算するためには流体解析を適用する必要があるが，流体解析は計算コストが大きいという課題がある。そのため，相対的に計算コストの小さい有限要素法などの手法が温度場の計算では良く用いられる。この場合，実際の温度場に近しい状態を再現することのできる仮想的な熱源モデルが適用される。代表的な熱源モデルとして，溶接分野で良く利用されてきたものが，式(1)のGoldakらによって提案された二重楕円体モデルである。SIPプロジェクトでは，対象材料について実験での溶融プール断面形状データを測定し，数値解析による予測結果が合うように熱源モデルのパラメータ最適化を行った。この溶融プール形状は，レーザの出力やスキャン速度によって変化するため，さまざまな条件で得られた実験データに対してフィッティングを行うことで，より精度の高い予測が可能となった。本ワークフローでは，Hastelloy Xでの実験結果に基づいて得られた値がデフォルト値となっている。**図3**に，MIntシステム上でのワークフロー実行によ

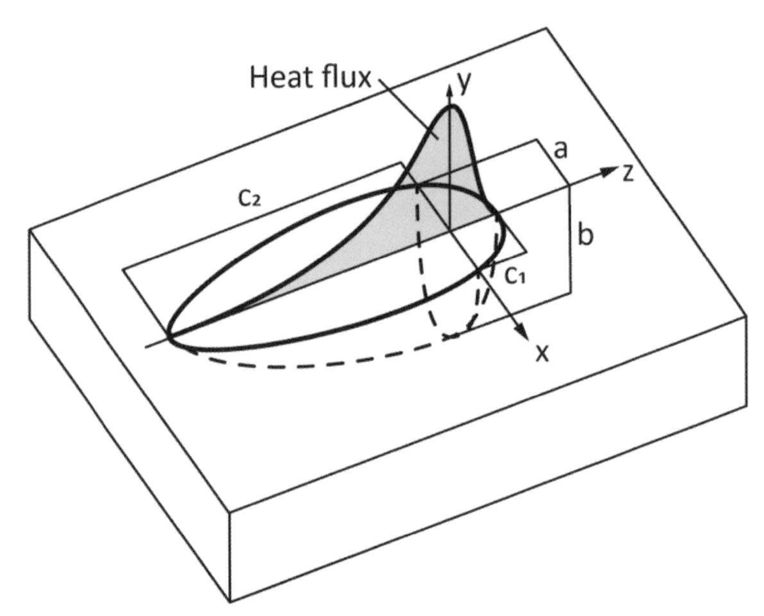

※文献1)を参考に作成

図2　二重楕円体モデル

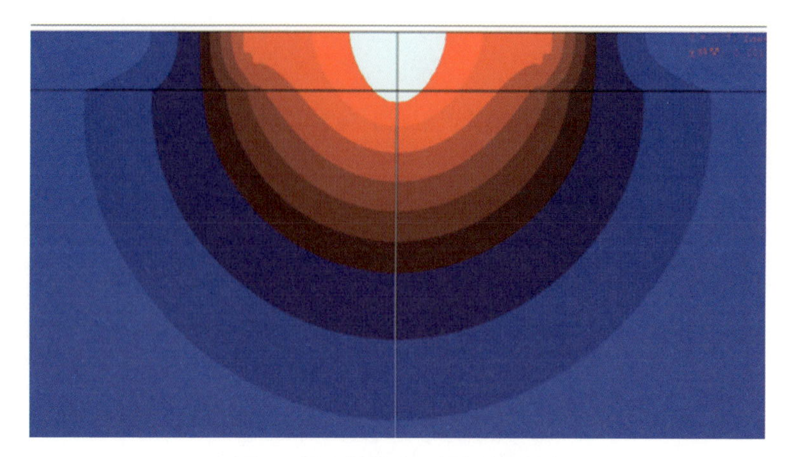

図3　温度場分布の予測結果例

り得られた計算結果例を示す。レーザスキャンに伴う温度場の変化が示されており，中央部のグレーで示す領域が溶融領域となっている。このような計算結果から，各箇所での冷却速度や温度勾配を見積もることが可能である。前述した通り仮想的な熱源モデルを用いた計算であるため，溶融プール内の温度場は実際の状態とまったく異なるが，熱源モデルパラメータを適切に設定することで，固相部の温度場はある程度再現可能である。

さらに，このワークフローを開発した草野らは，二重楕円体モデル以外の熱源モデルの方が，レーザ照射により深く潜り込む，アスペクト比の大きな溶融池形状を再現できる可能性があることに着目し，詳細な検討を行った。その詳細は文献2)に報告されている。4つの熱源モデル形状(台形回転体，Linearly decaying，Exponentially decaying，二重楕円体)について，ベイズ最適化を適用し，モデル毎に実験と合う最適な形状パラメータを算出し，さらに異なるレーザ出力Pおよびスキャン速度vのデータに対して行うことで，その形状パラメータをP, vの関数として近似した。この精緻な取り組みの結果，台形回転体モデルの場合に幅広い(p, v)の範囲に渡って，最も誤差の小さい予測結果を得ることが可能となった。MInt上には，この台形回転体の熱源モデルを適用した温度場予測ワーフクローも実装されている。実際の造形中には，造形体の形状による抜熱の変化により，造形面の基材温度が大きく変化し，レーザ条件が同じであっても溶融プール形状が大きく変化する場合がある。マクロな基材温度を計算あるいは温度モニタリングにより取得することができれば，本ワークフローでの基材初期温度として与えることで，造形中の溶融プール形状の変化を予測することも可能となる。溶融プール形状は，ガス欠陥やき裂の生成，凝固組織形成に大きく影響を与えるため，その制御のために有用なツールとなる。

3. 凝固割れ予測

優れた高温強度を有するNi基合金の造形においては，プロセス中に割れが発生することが課題となっている。L. N. Carterら[3]はその要因として，凝固割れ(Solidification Cracking)，液化割れ(Liquation Cracking)，ひずみ時効割れ(SAC：Strain-age Cracking)，延性低下割れ(DDC：Ductility-dip Cracking)を挙げている。溶接分野では従来より，これらの割れ発生メカニズムについて，多くの研究が進められてきた。以降は，この溶接分野での知見に基づき，PBF-LBプロセスにおける凝固割れの予測技術を構築したものであり，詳細は北野らの論文[4]に記載されている。

凝固割れは，凝固の最終過程において，柱状晶境界面に残留する液膜が収縮ひずみに抵抗しきれず発生する割れの形態である。溶接に関する研究によって，Ni基合金は，構造材料の中でも凝固割れ感受性が高い材料であることが明らかとなっている[5]。これは，Ni基合金の凝固過程がγ単相凝固であり，凝固中の残留液膜へ不純物元素が偏析しやすく，さらに生成される金属間化合物の融点が低いことに起因する。PBF-LBプロセスにおいても，D. Tomusらは，固溶強化型Ni基合金であるHastelloy Xについて，偏析元素であるMn，Siなどの量を変えた造形材を作成し，偏析元素が多いと割れが増加することを明らかにしている[6]。柴原ら[7]は，溶接における凝固割れについて，塑性ひずみ増分を指標として予測する新たな手法を提案している。塑性ひずみ増分は，冷却過程時において液相線温度から固相線温度に至るまでの固液共存温度域における，塑性ひずみの変化量として定義される。柴原らは熱弾塑性解析を適用し，塑性ひずみ分布の温度変化を算出することで，塑性ひずみ増分を求めている。PBF-LBプロセスにおける凝固割れ発生予測手法の開発では，異なるレーザ出力や走査速度に対して，多数のシングルトラック試験を実施し，その断面観察から凝固割れ発生の有無や位置などの情報を取得した。この実験データと，熱弾塑性解析から求められた塑性ひずみ増分との相関を比較することで，凝固割れ発生予測を行う[4]。ここでは，Hastelloy Xを対象として開発を行った。解析には有限要素法(ABAQUS，ダッソー・システムズ社)による熱伝導解析と弾塑性解析の片方向連成解析を適用した。熱伝導解析は前節で説明した手法と同様であり，粉末層と基材部からなる二次元モデルを用いた。弾塑性解析では平面ひずみ状態を仮定した。得られた温度場の時間変化に基づいて，弾塑性解析により塑性ひずみ分布の時間変化が計算される。この解析データから，各節点毎に塑性ひずみ増分を算出した。ある節点における温度変化と塑性ひずみ変化の例，および塑性ひずみ増分の定義について，**図4**に示す[4]。溶融状態から温度が低下していき，温度が液相線T_Lより低くなると凝固が開始し，固相線T_Sにて凝固が完了する。このT_LとT_Sの間の固液共存域における，塑性ひずみの変化量を塑性ひずみ増分$\Delta\varepsilon^P$として，節点毎に算出する。**図5**に，4つの異なるレーザ条件(レーザ出力100, 180, 300, 500 W，スキャン速度250 mm/s一定)に対し，求められた塑性ひずみ増分(x方向およびy方向)の分布を示す[4]。塑性ひずみ増分は，いずれの方向についても，溶融プール先端側よりも中央付近で大きな値を示す傾向が認められた。これは中央部の冷却完了までの時間が長く，凝固完了までにより多くのひずみが蓄積されたことに対応している。また，図5には，各レーザ条件で実際にシングルトラック試験を行い，得られた断面組織写真を並べて示している。レーザ出力が増加し，

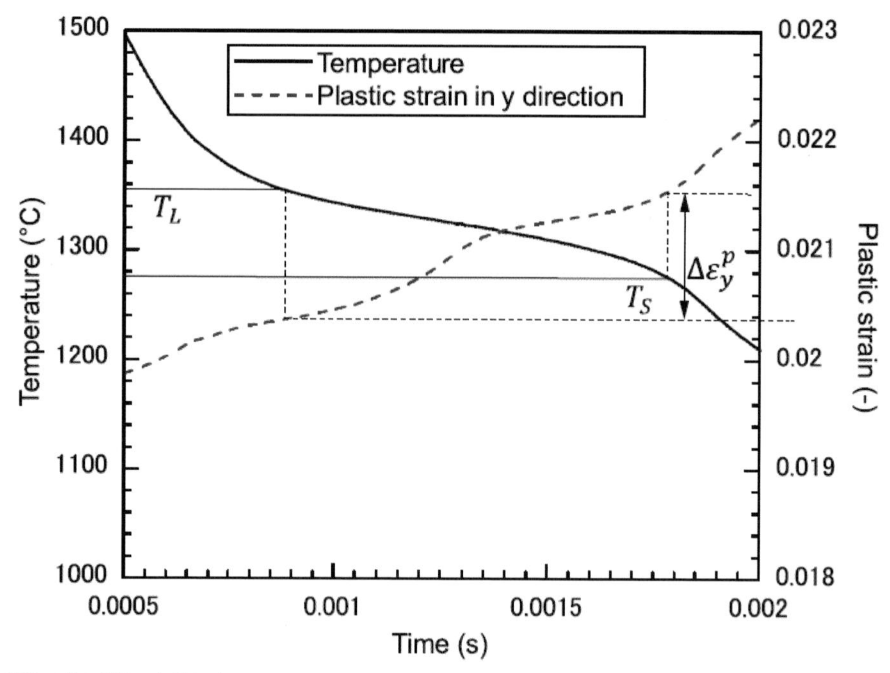

塑性ひずみ増分の定義が示されている

図4　ある節点での温度変化と塑性ひずみ変化の例[3)]

溶融プールが深くなるにつれ，き裂が多く発生している傾向が認められた。さらに各条件での塑性ひずみ増分最大値($\Delta\varepsilon_{max}^{p}$)を求め，シングルトラック試験でのき裂発生の有無と対応させることで，き裂発生のクライテリオンを導出した(**図6**)[4)]。塑性ひずみ増分最大値は，エネルギー密度が増加するにつれて大きくなる傾向があり凝固割れ発生のクライテリオンとして，塑性ひずみ増分最大値が$\Delta\varepsilon_{max}^{p,crit} \geqq 0.0041$であることが推定された。**図7**には，シングルトラック試験での，レーザ条件とき裂発生有無の相関についてまとめている。白丸および黒丸は，シングルトラック試験における断面でのき裂の有無を示している。白丸は断面観察においてき裂が認められなかった場合であり，一方，黒丸はき裂が観察された場合を表している。実験においてもエネルギー密度が増加していく(スキャン速度が低下しレーザ出力が増加する)と，凝固割れが発生しやすくなる傾向が明瞭に認められた。

固液共存域での弾塑性解析による塑性ひずみ分布，そしてその増分値は，溶融部の温度履歴，および固相と液相の混合状態での物性に依存する。ここでの解析では溶融部の流動を考慮せず，また二次元での解析となっており，さらに，このような固液共存状態での力学物性は一般的には不明である。したがって，ここで議論している塑性ひずみ増分最大値については，その正確さを議論することは重要ではなく，実験結果との比較のうえで，現象を説明するためのパラメータとして位置づけられる。導出したクライテリオンを用いることで，ハステロイXについて，凝固割れ発生の有無を推定することができる。

上記の原理に基づき，MIntシステム上に実装された予測ワークフローを**図8**に示す。熱伝導解析に必要となるパラメータ以外に，弾塑性解析用の物性を入力パラメータとして与える必

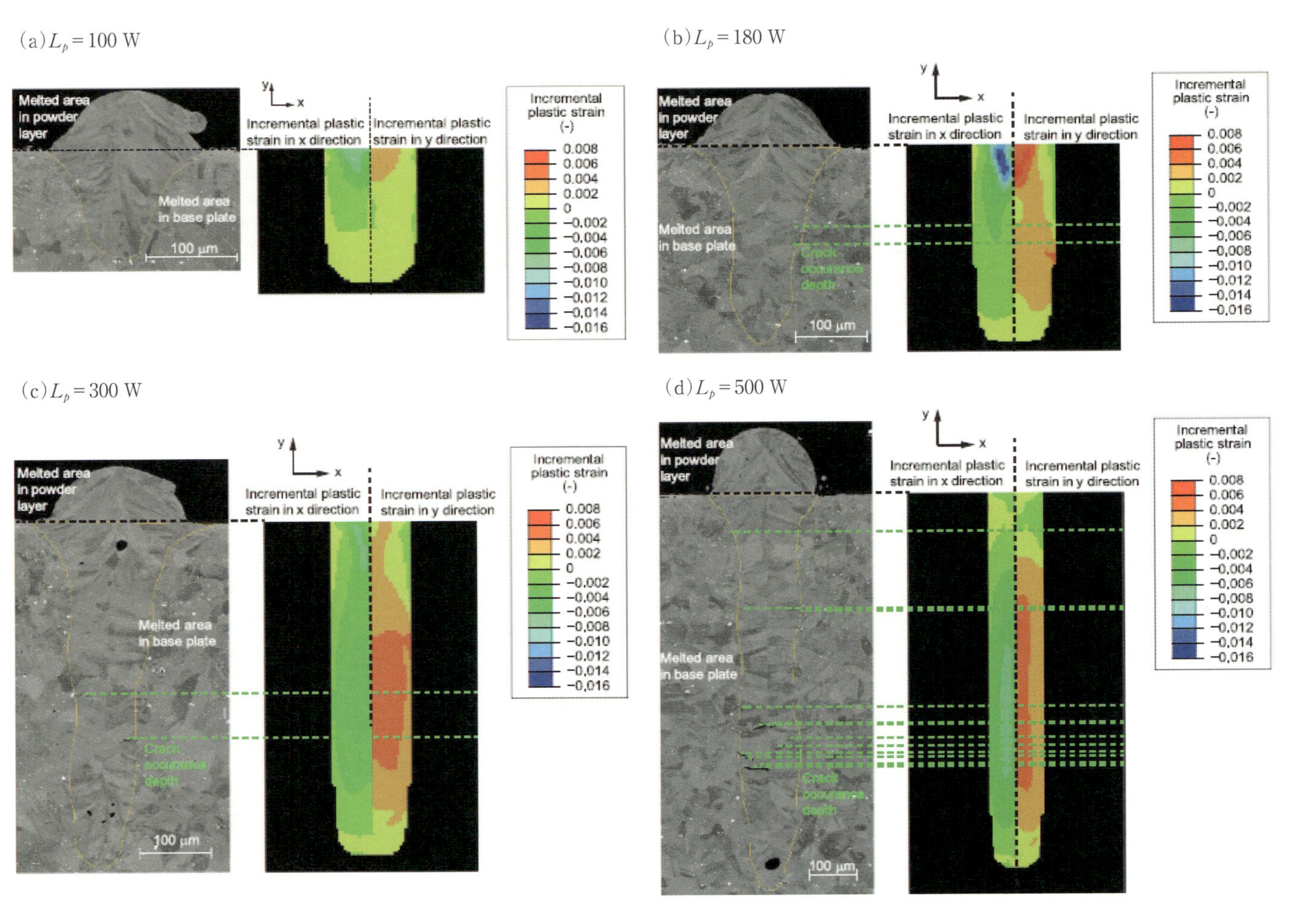

図5　凝固中に蓄積されたxおよびy方向塑性ひずみ増分の分布とシングルトラック試験での断面組織との対応[3]

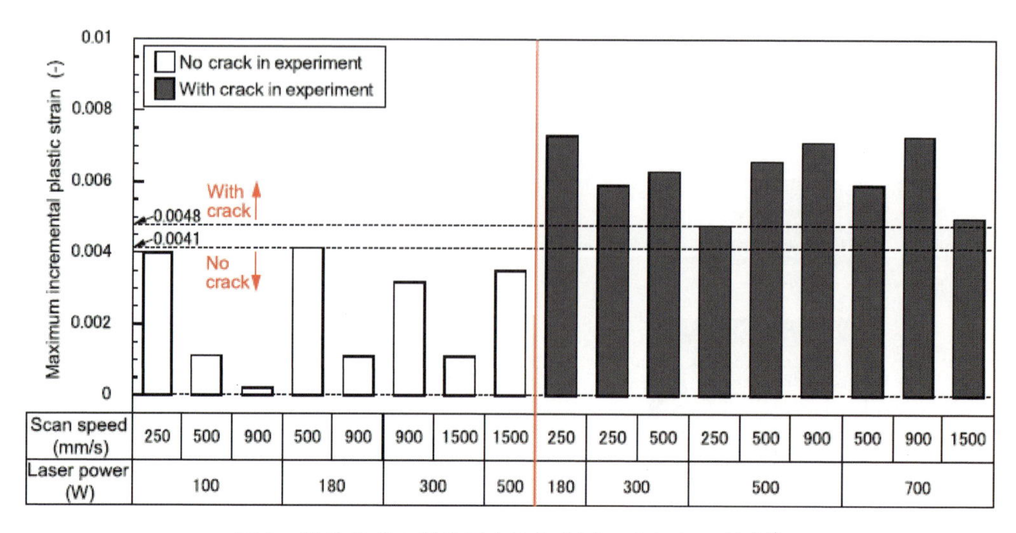

図6　塑性ひずみ増分最大値とき裂の有無との対応[3)]

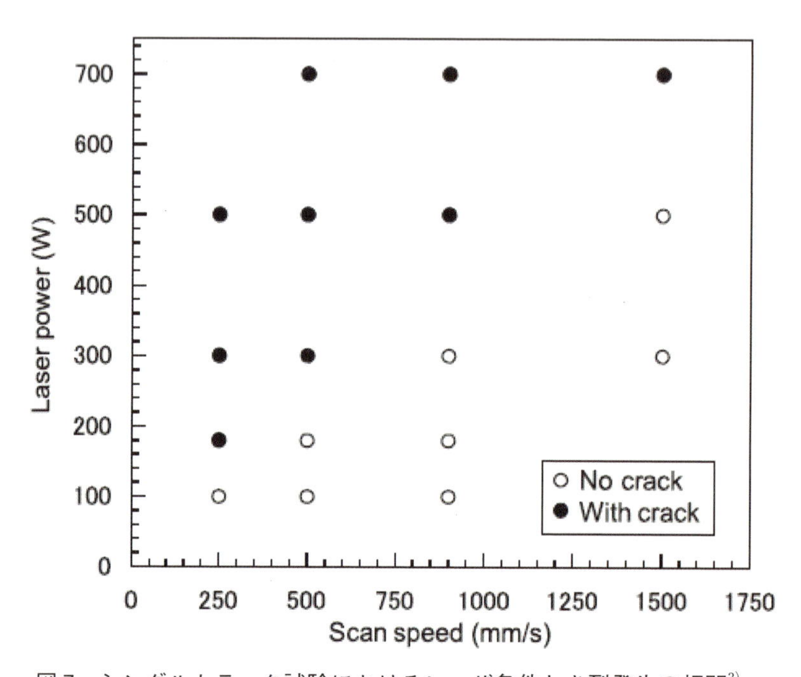

図7　シングルトラック試験におけるレーザ条件とき裂発生の相関[3)]

要がある。また，凝固割れ発生を判定するための塑性ひずみ増分最大値の臨界値$\Delta\varepsilon_{max}^{p,crit}$が必要となるが，本研究で対象としたHastelloy XのPBF-LB材について得られた値がデフォルトとなっている。出力結果は，最大塑性ひずみ増分の分布データと，xおよびy方向それぞれについて割れ発生の有無の予測結果が得られる。さらに他のNi基合金について同様のデータを蓄積することで，より汎用性の高い予測技術としての発展が今後，期待できる。

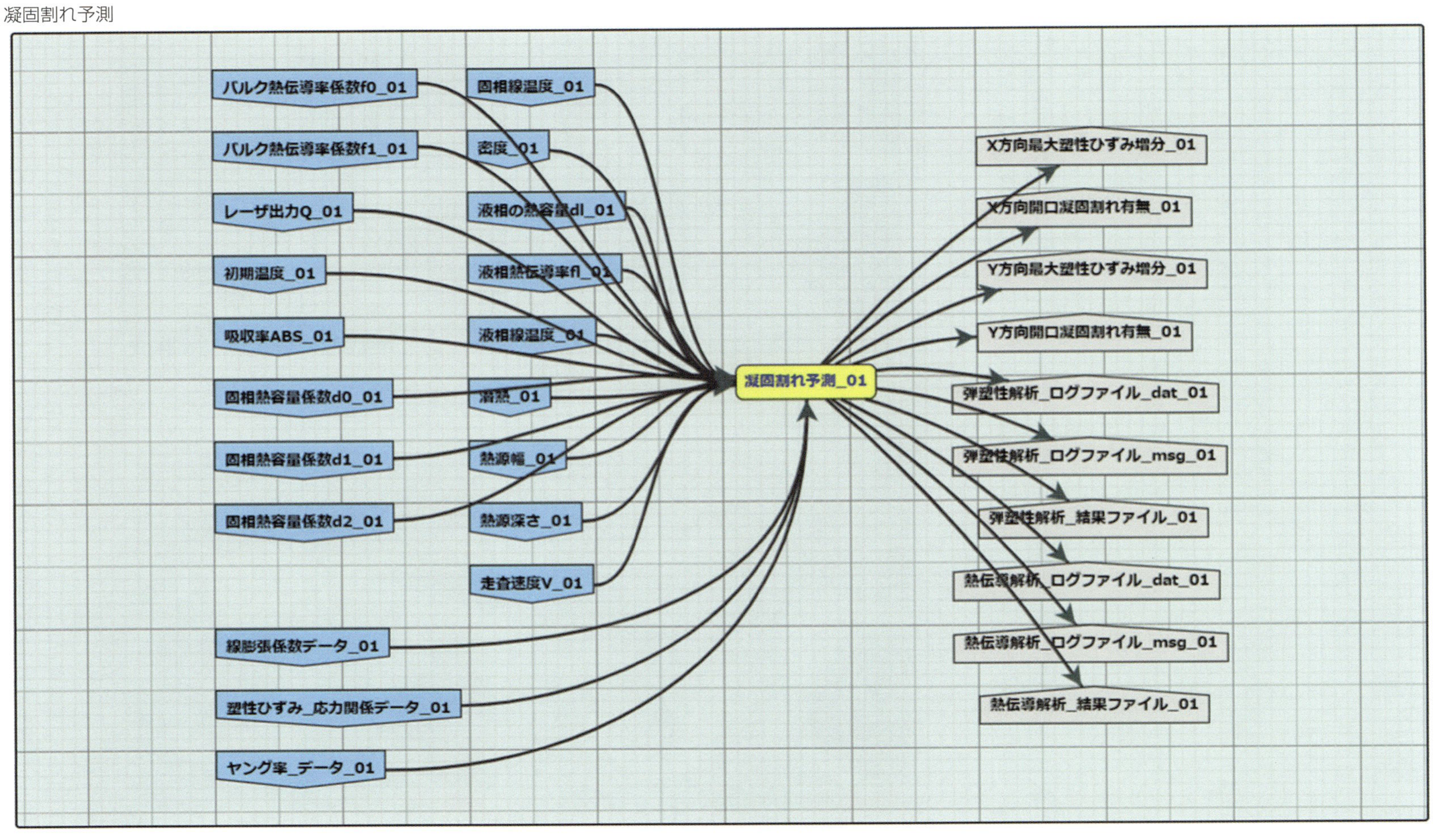

図８　実装されている凝固割れ予測ワークフロー

4. 凝固組織・偏析予測

PBF-LB プロセスの特徴である高温度勾配および高冷却速度による凝固組織の形成は，き裂発生や造形体の力学特性に大きな影響を与える。そこで数値シミュレーションを用いたマクロ－ミクロスケールの連成による，凝固組織形成予測技術の開発が近年進められている[8)-10)]。冷却速度が 10^5 K/s オーダー以下では，凝固界面での擬平衡仮定が成立するが，冷却速度 10^6 K/s 以上かつ温度勾配 10^7 K/m 以上では非平衡溶質分配になるという報告がなされている[11)]。本プロジェクトでは，Steinbach らにより提案された非平衡マルチフェーズフィールド法（NEMPFM：Non-Equilibrium Multi-Phase Field Method）[12)13)]の実用開発を進めてきた[14)]。多元系である実際の Ni 基超合金の組織予測へ適用するために，世界的に広く用いられている計算状態図ソフトウエア Thermo-Calc[15)]の熱力学データベースと連携し，合金組織を形成するすべての相に柔軟に対応できるプログラムを開発した[14)]。このプログラムは，熱力学連携計

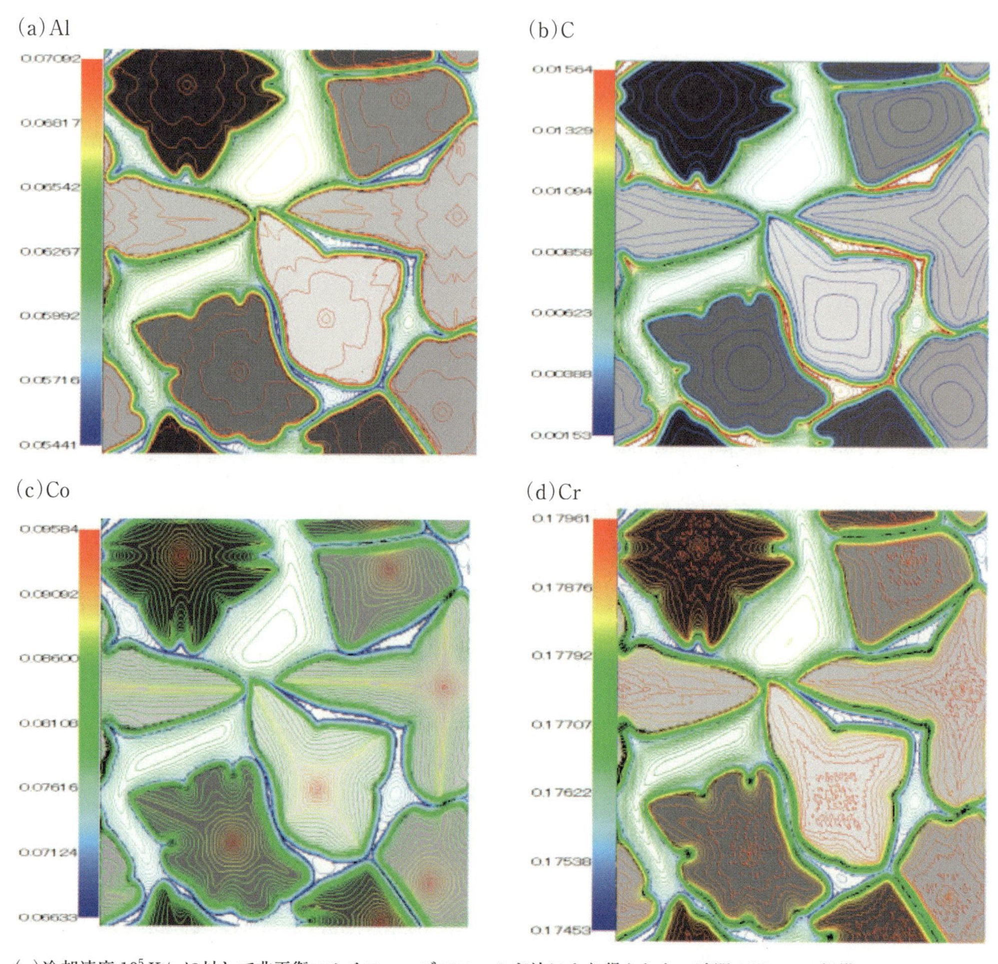

（a）冷却速度 10^5 K/s に対して非平衡マルチフェーズフィールド法により得られた，時間 0.06 ms の組織

図９　溶質濃度（Al，C，Co，Cr，Mo，Ta，Ti，W）とγ粒の分布を示している等軸組織形成過程の予測結果[11)]（1/2）

算のさらなる安定性向上が図られている[14]。**図9**に非平衡仮定のもと，冷却速度 10^5 K/s で，9元系 Ni 基超合金(Ni-Al-Co-Cr-Mo-Ta-Ti-W-C(Inconel 738LC))に対し，等軸晶凝固組織形成を計算した結果を示す[14]。それぞれ，Al，C，Co，Cr，Mo，Ta，Ti，W の濃度分布を表しており，白色領域は液相である。凝固界面での溶質元素の拡散と偏析が，すべての元素について適切に計算されている。さらに大きな冷却速度の擬平衡仮定と非平衡仮定の解析結果と比較すると，擬平衡仮定の方が凝固界面の移動が速く進む傾向が認められた[14]。**図10**は，異なる冷却速度 10^4，10^5，10^6，10^7 K/s に対して，γ 相面積率(凝固率)と温度の関係を，非平衡と擬平衡，および Sheil 凝固計算の場合で比較したものである[14]。冷却速度が 10^5 K/s よりも小さい場合には，非平衡と擬平衡条件での計算結果はほぼ一致している。一方で，冷却速度が 10^6 K/s になると，両者の差が大きくなり，擬平衡条件の場合，凝固速度がより大きくなる。さらに，冷却速度が大きくなると，両者の差はより大きくなることが分かる。**図11**は柱状組織の凝固過程について，一定の界面速度(0.1 m /s)の下で，さまざまな温度勾配値および冷却

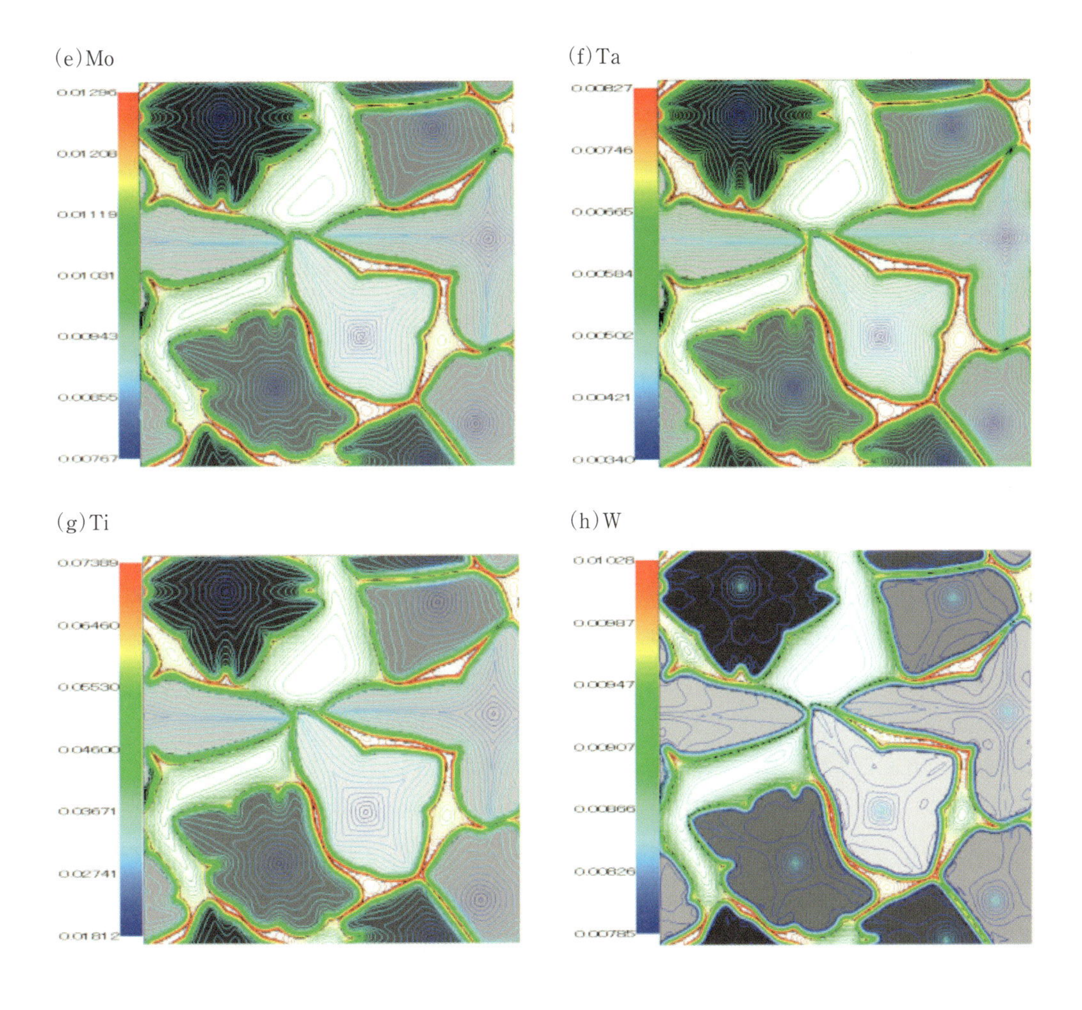

図9　溶質濃度(Al，C，Co，Cr，Mo，Ta，Ti，W)と γ 粒の分布を示している等軸組織形成過程の予測結果[11](2/2)

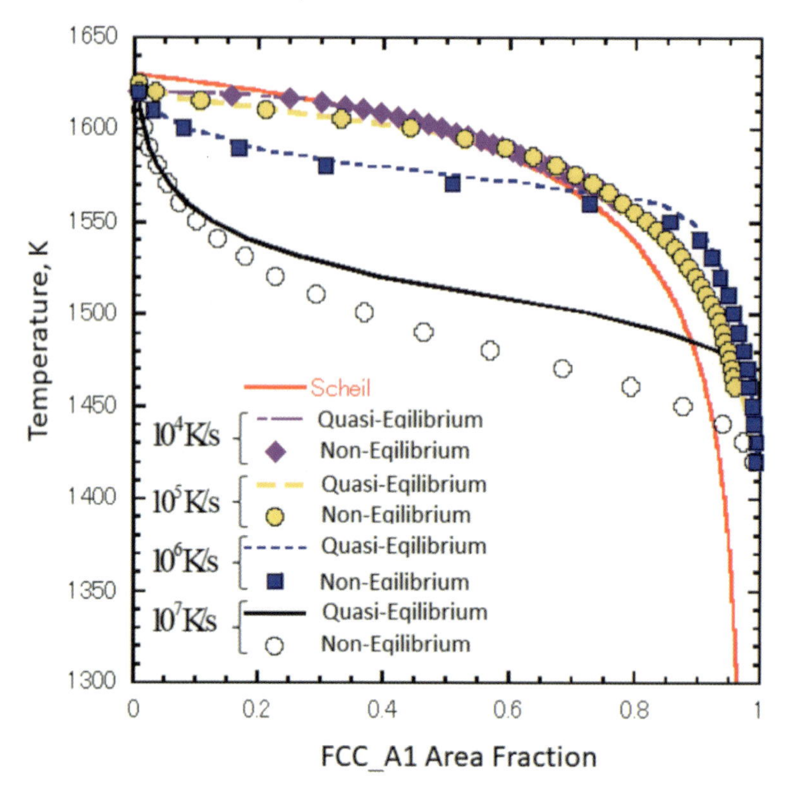

図10　非平衡および擬平衡MPFMとScheilモデルでのさまざまな冷却速度(10^4, 10^5, 10^6, 10^7 K/s)でのγ相面積率(凝固率)と温度の相関[11)]

速度に対し解析した結果である[14)]。冷却速度が増加するにつれて，セル幅は(a)1.43 μmから(d)0.31 μmへと減少した。また，**図12**には定常凝固速度の場合での，(a)拡散過冷度と(b)熱過冷度の計算結果を示している。過冷度が大きくなるにつれ拡散過冷度が低下し，一方で，熱過冷度が増加するという一般的に良く知られた傾向が確認できる。しかし，これらの過冷度範囲では拡散過冷度に比べて熱過冷度が大幅に大きくなっており，高冷却速度の凝固組織形成に対して熱過冷度が支配的であることが示唆されている。非平衡モデルと擬平衡モデルでは熱過冷度が大きく異なっており，この違いは凝固セル間隔の差として表れている。実際にInconel 738LCのPBF-LB造形材において観察されたセル幅は約1 μm程度であり，非平衡MPFMによる予測結果と良く一致していた[14)]。非平衡MPFMは，PBF-LB造形材の凝固組織推定において，より正確なツールであるといえる。これらの計算手法や結果の詳細については文献14)を参照されたい。また，MIntシステム上に実装された予測ワークフローの例(Inconel 738LC用)を**図13**に示す。温度勾配と冷却速度，初期底面温度を入力として与えるものとなっている。商用ソフトであるThermo-Calcとの連携ワークフローとなっているため，規約に基づいた利用制限がある。

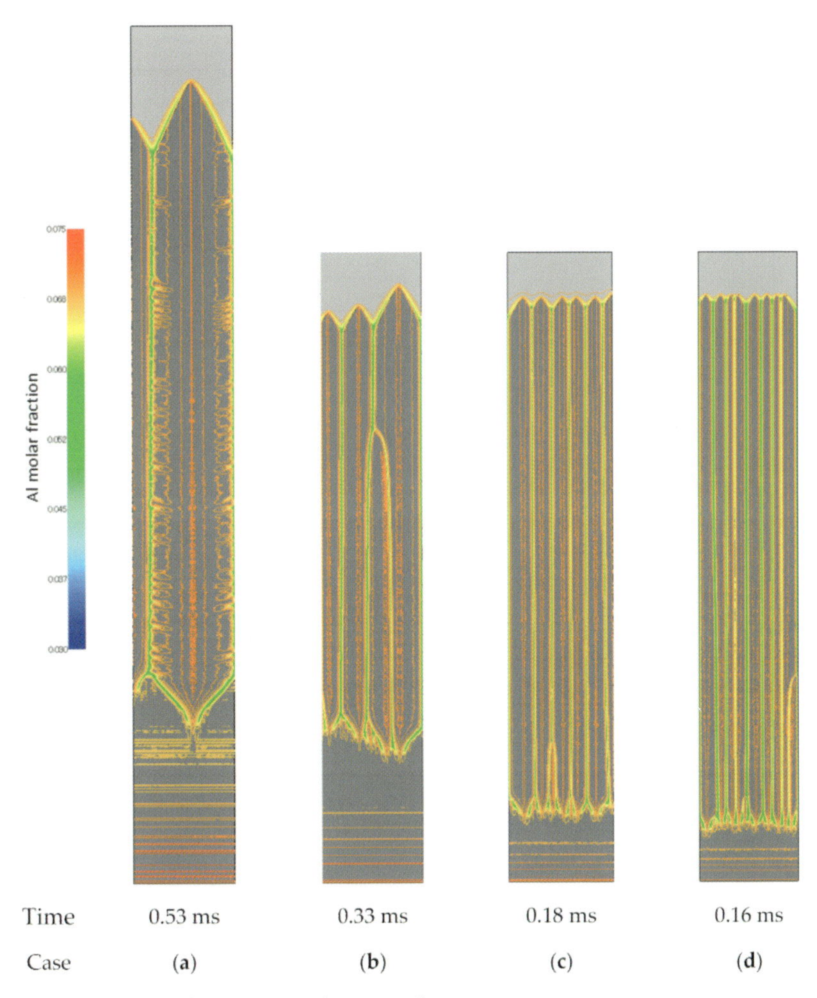

(a) 5×10^5 K/s, 5×10^6 K/m, (b) 1×10^6 K/s, 1×10^7 K/m
(c) 5×10^6 K/s, 5×10^7 K/m, (d) 1×10^7 K/s and 1×10^8 K/m

図 11　異なる冷却速度，温度勾配に対して非平衡 MPFM で得られた凝固組織（Al 濃度分布）のスナップショット[11)]

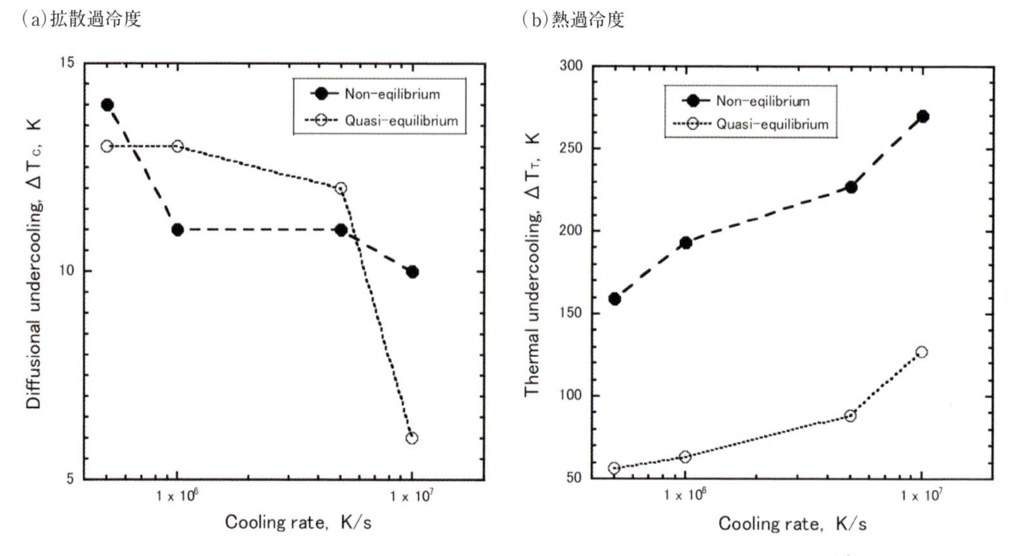

図12　非平衡および擬平衡 MPFM での冷却速度と過冷度の相関[11)]

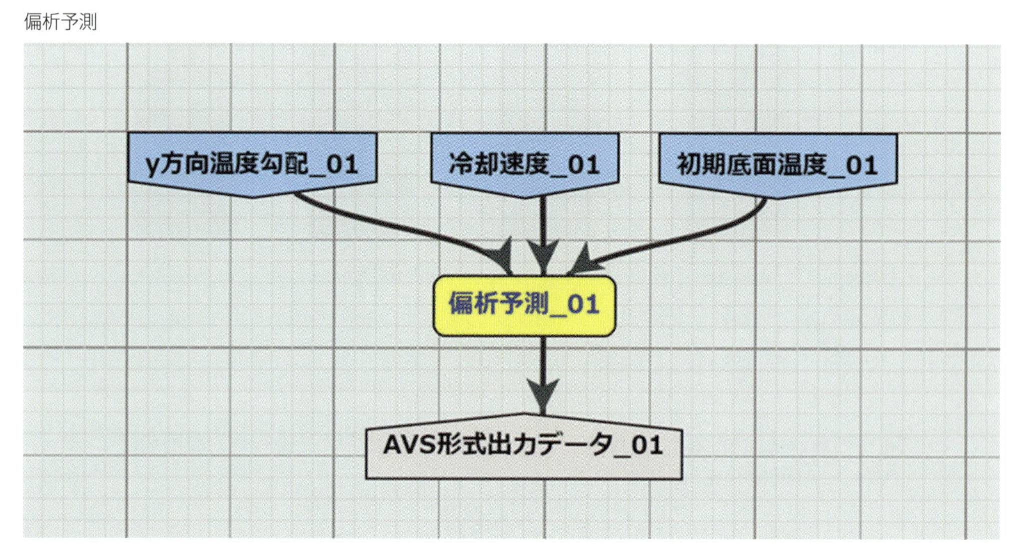

図13　実装されている凝固組織・偏析予測ワークフロー

5. プロセスウインドウ予測

PBF-LB 法を新しい材料に適用する場合に，実験による試行を実施する前に，適切なレーザ条件範囲を推定できることは効率的な部材開発において有用である。本ワークフローは，この「当たり」をつけるためのものである。前述したレーザのシングルスキャンに対する熱伝導解析結果から，溶融プールの形状パラメータを取得し，この形状パラメータから，ボーリング，溶融不足，キーホールモードのいずれも生じない条件範囲を，適切なプロセスウインドウとして推定するものである。**図 14**(a)に出力事例を示す。図中の good scan で示される領域が推定

(a)予測されたプロセスウインドウ

(b)キーホールモードでのガス欠陥，(c)ボーリング，(d)溶融不足[17]

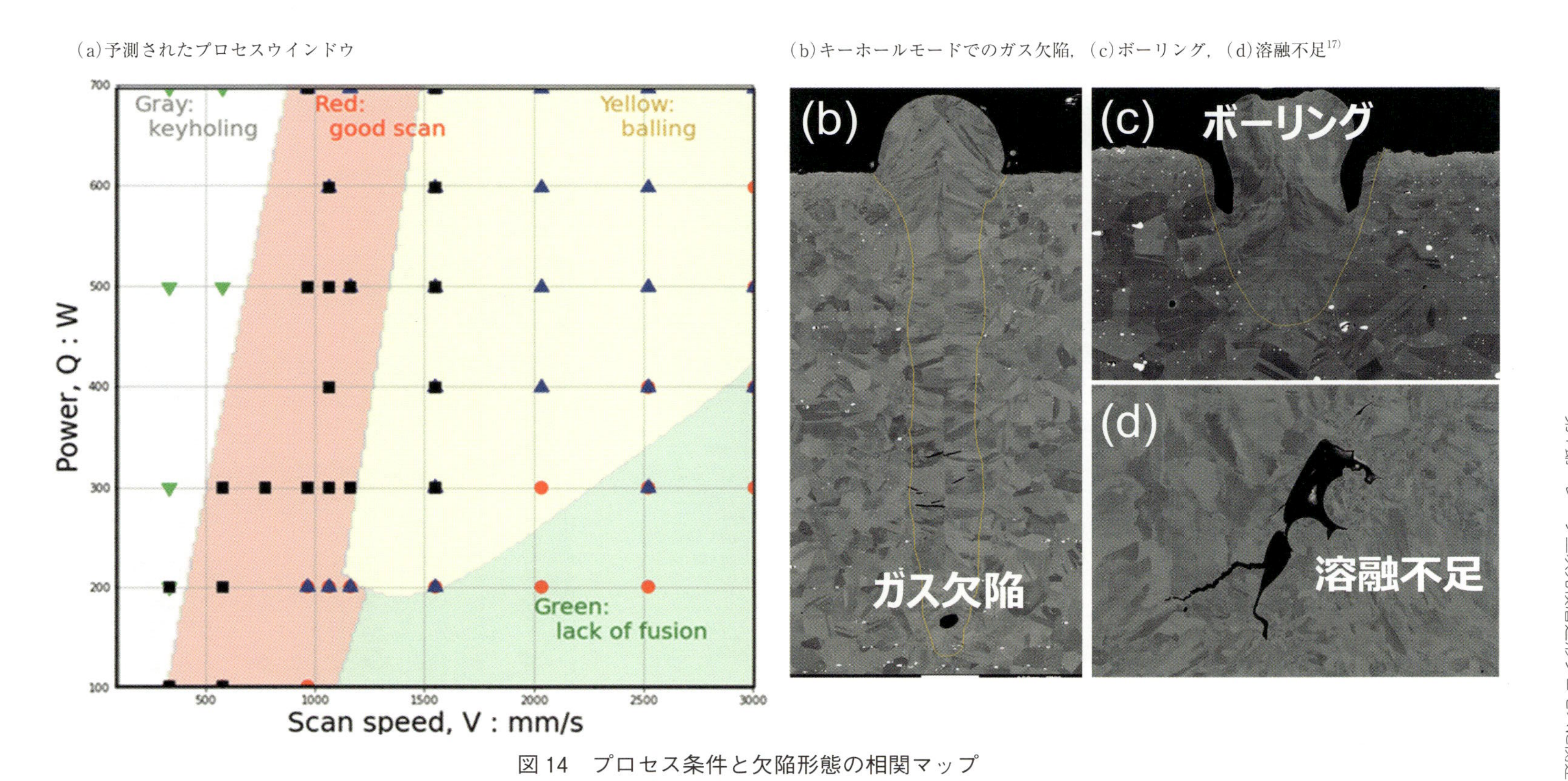

図14　プロセス条件と欠陥形態の相関マップ

された適切なレーザ条件範囲となる。それぞれの欠陥タイプについては図14(b～d)に示されている。

ここで判定に用いている形状パラメータと，判定の閾値について簡単に説明する。詳細については，文献16),17)を参照されたい。**図15**に溶融プール断面での形状パラメータ模式図を示す[17)]。溶融池深さ(D)，幅(W)，粉末層厚さ(t)，ハッチング距離(h)，隣り合う溶融プールと重なった部分の長さ(D_{ov})となっている。また，紙面垂直方向の溶融プール長さをLとしている。このLについて，FEM解析は二次元モデルであるが熱源移動速度と溶融領域の存在時間から，導出することができる。Inconel 738LCを対象として，ハッチング距離hを100 µmとした場合について，さまざまなレーザ条件でのシングルトラック試験データから，各欠陥状態に対するクライテリオンは次のように決定された。図14はこの判定基準に基づいて推定されたものである。

・キーホールモード発生の判定：　$D/W > 2.0$

・ボーリング発生の判定：　$L/D > 7.69$

・溶融不足の判定：　$D_{ov}/t < 0.1$

このクライテリオンについてはさまざまな提案がなされており，当然ながら材料が変われば変化することになる。上記の閾値はInconel 738LCに対して，本研究において導出されたものであり，熱物性の類似した合金についてはある程度，有用であると考えられるが，その妥当性の範囲については，今後調査していく必要がある。異なる材料についてシングルビード試験データを蓄積していくことで，さまざまな材料へと適用範囲が広がっていくことが期待される。また，このような最適条件範囲の推定は，複雑形状部材の造形のようにプロセス中に造形体そのものの温度が変化していく場合にも有用である。複雑な形状では，部材形状により熱の

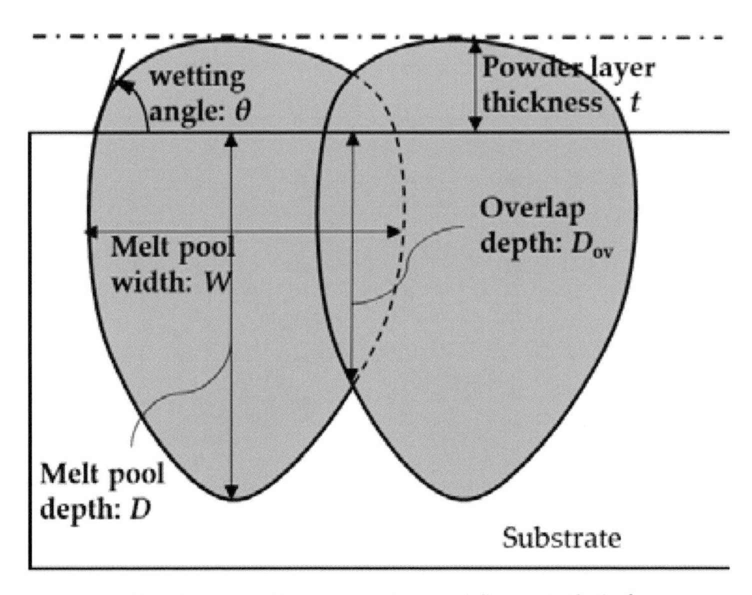

図15　隣り合うレーザスキャンにより形成される溶融プールの断面模式図[17)]

逃げ方が変化し，温度が場所毎に変化する。このため，同じレーザ条件でも部位により溶融プール形状が変化し，温度勾配や冷却速度が変わる。この結果，微視組織や欠陥分布の変化が生じる。本ワークフローでは，熱伝導解析での基材温度を任意に与えることで，このような造形中のマクロな温度変化を反映させることができる。基材の温度変化に応じた適切なレーザ条件範囲を推定するといった利用が期待できる。

6. おわりに

ここでは，Ni基超合金のレーザ粉末床溶融結合（PBF-LB）プロセスを対象として，そのプロセス最適化や組織制御に資するいくつかの予測技術について紹介した。3D積層造形プロセスは高い設計自由度を有しつつ，部位毎の組織制御により従来プロセスでは不可能な新しい高性能部材を実現することが期待できる。多様な部材かつ材料に対して，使いこなすためには，計算技術やAI技術を取り入れた取り組みが必要不可欠である。MIntに実装した解析プログラムは，プロジェクトで対象とした合金について得られたデータに基づき最適化したものであり，異なる材料では十分な精度が得られない可能性がある。しかし，解析の基盤や手法は構築されているため，材料毎の最適化を進め，その成果を蓄積していくことで，世界に類を見ない非常に汎用性の高い予測システムとなっていくことが期待できる。今後の発展に期待したい。

謝　辞

本研究はで紹介した研究は，内閣府の戦略的イノベーション創造プログラム（SIP）「統合型材料開発システムによるマテリアル革命」（管理法人：JST）によって実施された。

文　献

1) J. Goldak, A. Chakravarti and M. Bibby : *Metallurgical Transactions B*, **15**, 299 (1984).
2) M. Kusano and M. Watanabe : Integrating Materials and Manufacturing Innovation, **13**, 288 (2024).
3) L. N. Carter, M. M. Attallah and R. C. Reed : Superallosy 2012, 12th International Symposium on Superalloys, (2012).
4) H. Kitano et al. : *Additive Manufacturing*, **37**, (2021).
5) J. C. Lippold et al. : Weld Solidification Cracking in Solid-Solution Strengthened Ni-Base Filler Metals, in, Hot Cracking Phenomena in Welds II, Springer Berlin Heidelberg, 147 (2008).
6) D. Tomus et al. : *Additive Manufacturing*, **16**, 65 (2017).
7) T. Harada et al. : 溶接学会論文集，33, 190s (2015).
8) Y. Yang et al. : npj Computational Materials, **5** (2019).
9) P. Jiang et al. : *International Journal of Heat and Mass Transfer*, **161** (2020).
10) L. -X. Lu, N. Sridhar and Y.-W. Zhang : *Acta Materialia*, **144**, 801 (2018).
11) K. Karayagiz et al. : *Acta Materialia*, **185**, 320 (2020).
12) I. Steinbach, L. Zhang and M. Plapp : *Acta Materialia*, **60**, 2689 (2012).

13) L. Zhang et al. : *Acta Materialia*, **88**, 156 (2015).

14) S. Nomoto, M. Segawa and M. Watanabe : *Metals*, **11** (2021).

15) Thermo-Calc Software :
https://thermocalc.com/ (閲覧 2024 年 10 月)

16) H. Kitano et al. : *Crystals*, **11** (2021).

17) J. Katagiri et al. : *Materials (Basel)*, **16** (2023).

第2節　三次元積層造形プロセスに適した新規合金組成探索

国立研究開発法人物質・材料研究機構　戸田　佳明
国立研究開発法人物質・材料研究機構　ディープ　冴

1. 目　的

三次元積層造型法は新しい造形プロセスであるため，従来の鍛造や鋳造に適さなかった新しい組成の合金系で造形でき，既存材料よりも優れた特性を示す可能性がある。しかし，新しい合金系の探索を実験的な手法のみで行うのは，時間や経費のコストが膨大にかかり，大変非効率的である。そこで本稿では，高温特性に大きく影響する析出現象を容易に迅速に予測するモデルと，情報工学に基づく最適解探索法を組み合わせることにより，多元系の広い組成空間の中から，積層造形法に適した今までに実用されていない新規の組成を有するニッケル合金の探索を試みた研究[1)]を紹介する。

2. 探索条件と方法

下記の条件を満たすニッケル基合金を，積層造形に適した新しい合金として探索した。

条件1　既存の実用耐熱ニッケル合金に主に使用されている添加元素を組み合わせ，ニッケル元素を必ず50 at％以上にしたNi-Al-Co-Cr-Mo-Nb-Ti七元系ニッケル基合金である(合金組成が1 at％刻みで，1.5625×10^{10} 通りの候補が存在する)。

条件2　γ 相(FCC不規則相)過飽和固溶体から γ' 相($L1_2$ 規則相)のみが析出して強化される。第三相は析出しない。

条件3　γ' 相の析出に伴う材料の割れを防ぐために，積層造形中や熱処理初期に γ' 相が析出しない。つまり，γ 相過飽和固溶体から γ' 相析出までの潜伏期間が長く，等温析出曲線図における γ' 相の析出開始線が長時間側に存在する。

条件4　高温で時効熱処理することにより多くの γ' 相が析出して強化され，より高い強度が期待される。つまり，高温での γ' 相の平衡モル分率が大きい。ただし，効果的に析出強化するために，γ' 相の最大平衡モル分率は60％とする。

これらの条件を満たすニッケル基合金の組成を探索するために，下記の方法を組み合わせた。

方法1　ある候補の合金組成について，状態図計算ソフトウェアを用いて平衡計算を行い，γ 相と γ' 相以外の第三相が平衡相でないことを調べ，γ' 相の平衡モル分率を評価する。その合金組成におけるγ相過飽和固溶体からγ'相の析出開始線を，簡易なモデルで迅速な予測が可能な組織自由エネルギー法[2)3)]を用いて，γ'相が最も早く析出する条件(析出のノーズ)での析出開始時間(析出の潜伏期間)を算出した。

方法2　広大な合金組成空間の中を効率的に探索するために，方法1でγ'相のモル分率と析出開始時間を調べる合金組成の優先順位は，モンテカルロ木探索法[4)-6)]により決定した。この方法は機械学習の1つだが，学習データを用いることなく，探索の過程で得られているデータを活用して，よりγ'相のモル分率が大きく析出開始時間が遅い合金組成を，大規模な未知の空間から探索できる。本研究ではさらに，候補の合金組成をランダムに選択するのではなく，ニューラルネットワークを介在させて選択することで，探索の効率を上げげた。

3. 組織自由エネルギー法による析出予測

3.1 組織自由エネルギー法の概要

従来の多元系実用金属材料における析出過程の理論的な解析は，複数種類で多数の析出物の核形成・成長・競合現象を1つひとつ個別に扱っており，析出過程を詳細に再現できるが，多相多元系合金の計算には多くの時間がかかった。また，実験での測定が困難なパラメータや物理量として数値を明確に確定しにくいフィッティングパラメータが必要で，新規材料や実験データの少ない材料の解析には不向きであった。

それに対し，組織自由エネルギー法は，過飽和固容体から平衡状態に至る過程で現れ得るさまざまな組織形態の自由エネルギーを評価し，エネルギー最急降下パスの仮定より金属材料の析出過程を予測する方法である[2)3)]。計算に必要な入力パラメータの種類が少なく，エネルギーの加減のみの比較的簡易な計算で予測できることから，多相多元系の実用構造材料だけでなく，物性値が不明の新しい材料における析出過程の組成・温度・時間依存性が，パーソナルコンピュータでも短時間で計算できる。

3.2 組織自由エネルギー法の計算方法

この予測法では，計算に必要な入力パラメータを少なくし計算を容易にするため，金属組織の平均場近似を仮定する。つまり，金属組織はどの場所も一様に同じエネルギー状態であり，同じ状態・形態のγ'相がどの場所にも均一に同時に形成され成長する。また，γ'相だけでなく，それらが析出する前のエンブリオ(析出核)も，時効時間の経過に伴いある速度論に従って一様に成長すると仮定する。そして，γ相過飽和固溶体のエネルギーG_γと，平衡状態に至るまでに現れうるγ相とγ'相(あるいは析出前のエンブリオ)が共存状態にある系全体のエネルギー(組織自由エネルギー$G_{\gamma+\gamma'}$)を，時間を変化させて比較し，後者が低くなった条件でγ'相が析出したと予測した。G_γは合金組成c_0におけるγ相の化学的自由エネルギー値のみで求められ，式(1)で表される。$G_{\gamma+\gamma'}$は，各相の組成$c_p(p=\gamma,\ \gamma')$における化学的自由エネルギー$G_p(c_p)$と各相のモル分率f_pを用いて求めた二相共存の化学的自由エネルギーと，γ相とγ'相の界面の存在に起因する界面エネルギー$E_{intf}^{\gamma'}$，およびγ相と格子定数の異なるγ'相が整合に析出することで生じる弾性ひずみエネルギー$E_{str}^{\gamma'}$の和として式(2)で表した。本研究では，γ'相が析出したばかりで析出粒子間距離が広い段階に注目しているため，γ'相間の弾性相互作用エネルギーは無視した。

$$G_{\gamma} = G_{\gamma}\left(c_0\right) \tag{1}$$

$$G_{\gamma+\gamma'} = f_{\gamma}G_{\gamma}\left(c_{\gamma}\right) + f_{\gamma'}G_{\gamma'}\left(c_{\gamma'}\right) + E_{intf}^{\gamma'} + E_{str}^{\gamma'} \tag{2}$$

p相の化学的自由エネルギーG_pは，原子間相互作用パラメータに温度と組成依存性を考慮した広義の正則溶体近似で評価され，式(3)で表される[7)]。

$$G_p = \sum_i c_{p,i}\,{}^{\circ}G_{p,i} + RT\sum_i c_{p,i}\ln c_{p,i} + \sum_{i>j}\sum_j\left\{c_{p,i}c_{p,j}\sum_n L_{i,j}^{p,n}\left(c_{p,i}-c_{p,j}\right)^n\right\} \tag{3}$$

$c_{p,i}$と${}^{\circ}G_{p,i}$はp相におけるi元素の濃度とi元素から成る純物質のギブスエネルギー，RとTはガス定数と絶対温度，$L_{i,j}^{p,n}$はp相におけるi原子とj原子の原子間相互作用パラメータのn次項の係数である。そして，式(3)の第１項が純金属の生成エンタルピーの組成平均，第２項が原子の配置のエントロピーに起因するエネルギー，第３項が原子間の相互作用に起因する過剰エネルギーを表す。式(3)はγ相のような不規則相の化学的自由エネルギーを示したが，γ'相のような規則相や化合物の場合は副格子モデル[7)]を用いて化学的自由エネルギーを表すことができる。共存するγ相とγ'相の組成$c_{p,i}$の求め方は後述する。

$E_{intf}^{\gamma'}$は，式(4)で表される[2)3)]。

$$E_{intf}^{\gamma'} = A\gamma_s V_m = \frac{f_{\gamma'}}{V}S\gamma_s V_m \tag{4}$$

A, γ_sとV_mはそれぞれ，単位体積の材料に存在するγ相とγ'相の全界面積，γ'相の界面エネルギー密度とモル体積である。V_mは組成依存性を考慮して式(5)を用いて表される。

$$V_m = \sum_i c_{\gamma,i}V_{m,i} + \sum_{i>j}\left\{c_{\gamma,i}c_{\gamma,j}\sum_n {}^{n}V_{m,i,j}\left(c_{\gamma,i}-c_{\gamma,j}\right)^n\right\} \tag{5}$$

ここで，$V_{m,i}$は純金属iのモル体積，${}^{n}V_{m,i,j}$はi元素とj元素のn次の相互作用パラメータの係数である。Aは単位体積の材料に存在するγ相とγ'相の全界面積で，モル分率$f_{\gamma'}$，析出物１個あたりの体積Vと界面積Sを用いて表される。本研究では，γ'相が析出したばかりの段階に注目しているため，１個のγ'相の析出物の形状を球と仮定した。その半径をrとすれば，析出物１個の体積Vは$V=4/3\pi r^3$，界面積Sは$S=4\pi r^2$で表される。rは析出前のエンブリオも析出後も，時間tの(1/3)乗に比例して粗大化すると仮定し，式(6)で表した[8)9)]。この式が，エネルギー論で時間依存の等温析出曲線図を予測するために導入する簡易な速度論に対応する。

$$r^3 = \frac{8\gamma_s c_e V_m D}{9RT}t \tag{6}$$

ここでc_eは母相中の平衡溶質濃度である。また，Dは析出物粒子の成長を律速する拡散係数で，本研究では，γ'相の生成・成長がγ母相中のニッケル元素の拡散で律速すると仮定し，多元系の拡散を取り扱ったモデル[10]を用いて，式(7)で拡散係数 D およびその組成依存性を表した。

$$D = \exp\left[\frac{1}{RT}\left\{\sum_i c_{\gamma,i}\Phi_i^{\gamma,\mathrm{Ni}} + \sum_i\sum_{j>i} c_{\gamma,i}c_{\gamma,j}\sum_n {}^n\Phi_{i,j}^{\gamma,\mathrm{Ni}}\left(c_i - c_j\right)^n\right\}\right] \tag{7}$$

$E_{str}^{\gamma'}$ は次式で評価した[11)12)]。

$$E_{str}^{\gamma'} = \frac{E}{1-\nu}\eta^2 f_{\gamma'}\left(1-f_{\gamma'}\right)V_m \tag{8}$$

E, ν , η はそれぞれ γ' 相のヤング率，ポアソン比，母相との格子ミスマッチである。

$G_{\gamma+\gamma'}$ を計算するのに，式(3)，(4)，(8)の G_p や $E_{intf}^{\gamma'}$，$E_{str}^{\gamma'}$ の各エネルギーを個別に評価するのではなく，これらのエネルギーの共通の変数である共存相の組成 c_p やモル分率 f_p を変化させて，$G_{\gamma+\gamma'}$ が最小になるように最適化することで求めた。まず，平均組成 c_0，時効温度 T と時効時間 t を設定すれば，式(3)，(4)，(8)より，$G_{\gamma+\gamma'}$ は c_p や f_p の関数となる。$G_{\gamma+\gamma'}$ の独立変数として選んだ x 個の未知の c_p や f_p の組合せをベクトル $\mathbf{C} = (c_1, c_2, \cdots c_x)$ とすると，$G_{\gamma+\gamma'}(\mathbf{C})$ の最小値は $\partial G_{\gamma+\gamma'}(\mathbf{C})/\partial\mathbf{C} = 0$ を解いて得られる。これを満足する解 $\mathbf{C}$ を求めるためのある反復計算において，第 m 回目の $\mathbf{C}$ の値を $\mathbf{C}^{(m)}$ とすれば，Newton-Raphson 法[13]より，$\mathbf{C}^{(m+1)}$ は式(9)で表される。

$$\mathbf{C}^{(m+1)} = \mathbf{C}^{(m)} - \left[\frac{\partial^2 G_{\gamma+\gamma'}}{\partial\mathbf{C}^2}\right]_{\mathbf{C}=\mathbf{C}^{(m)}}^{-1}\left[\frac{\partial G_{\gamma+\gamma'}}{\partial\mathbf{C}}\right]_{\mathbf{C}=\mathbf{C}^{(m)}} \tag{9}$$

ここで，式(9)の第2項は式(10)の逆行列を用いる。

$$\left[\frac{\partial^2 G_{\gamma+\gamma'}}{\partial\mathbf{C}^2}\right]_{\mathbf{C}=\mathbf{C}^{(m)}} = \begin{bmatrix} \dfrac{\partial^2 G_{\gamma+\gamma'}}{\partial c_1{}^2} & \cdots & \dfrac{\partial^2 G_{\gamma+\gamma'}}{\partial c_x \partial c_1} \\ \vdots & \ddots & \vdots \\ \dfrac{\partial^2 G_{\gamma+\gamma'}}{\partial c_1 \partial c_x} & \cdots & \dfrac{\partial^2 G_{\gamma+\gamma'}}{\partial c_x{}^2} \end{bmatrix} \tag{10}$$

本研究では，設定した合金組成 c_0 と時効温度 T における平衡組成や平衡モル分率を，ベクトル $\mathbf{C}$ の初期値 $\mathbf{C}^{(1)}$ として，式(10)の右辺に代入して反復計算を行い，$\mathbf{C}^{(m)}$ と $\mathbf{C}^{(m+1)}$ の各独立変数の差が充分に小さくなった時の $\mathbf{C}^{(m+1)}$ を，$G_{\gamma+\gamma'}(\mathbf{C})$ を極小とする $\mathbf{C}$，つまり母相から析出相が形成された場合の各相の組成(またはモル分率)と決定した。

3.3 エネルギーの時間変化と析出開始時間の予測

G_γ と $G_{\gamma+\gamma'}$ を計算するために，式(3)～(8)へ以下のパラメータを入力した。γ 相と γ' 相の ${}^\circ G_{p,i}$ と $L_{i,j}^{p,n}$ は状態図計算ソフトウェア「Thermo-Calc」と熱力学データベース「TCNI11」から取得し，その組成依存性は Redlich-Kister 多項式[14]で表されている。式(5)の $V_{m,i}$ と ${}^nV_{m,i,j}$ は文献15)を，式(7)の $\Phi_i^{\gamma,Ni}$ と $\Phi_{i,j}^{\gamma,Ni}$ は文献16)～20)を参照した。その他，式(4)と(8)の E, ν, γ_s は文献21)，η は文献22)を参照した。

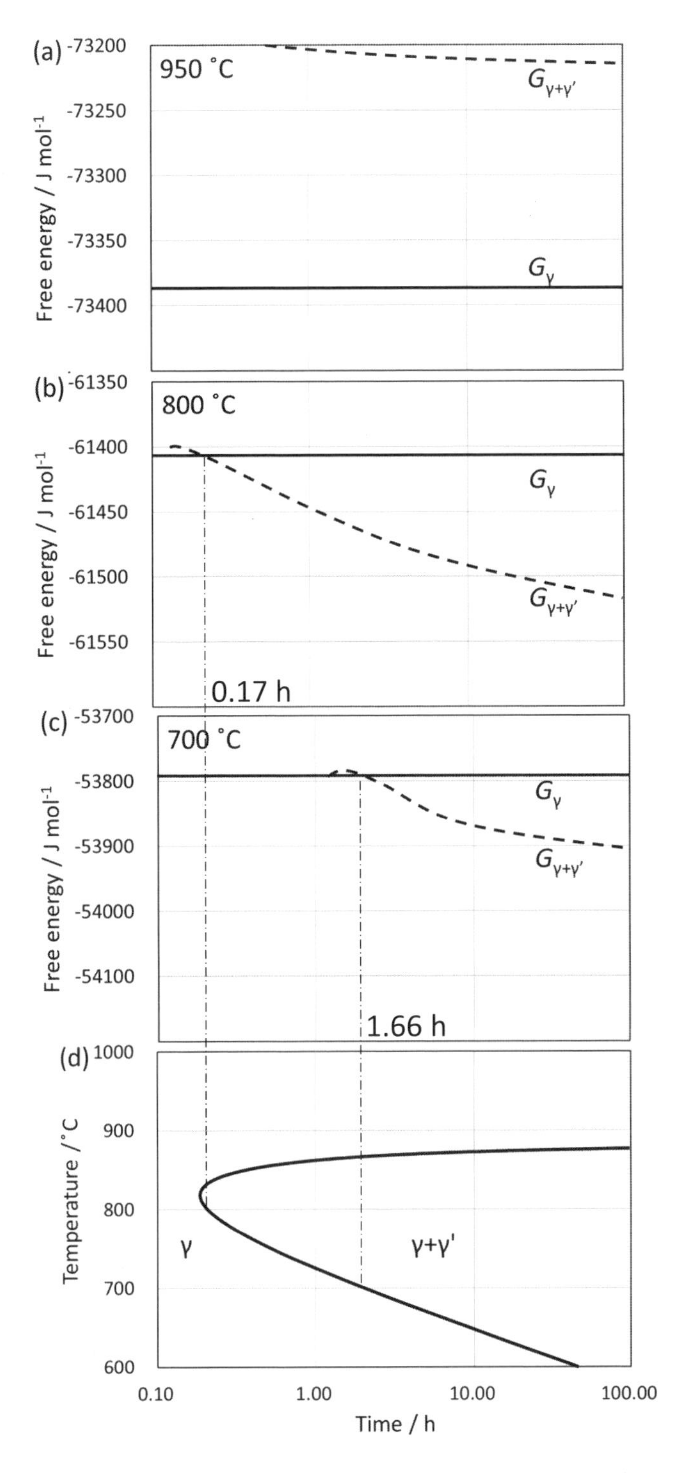

ある7元系ニッケル合金の(a)900℃，(b)800℃，(c)700℃における組織自由エネルギー$G_{\gamma+\gamma'}$の時間変化を点線で示す。水平線はG_{γ}のエネルギーレベルを示す。(d)はエネルギー曲線の交点の軌跡から予測したγ相過飽和固溶体からのγ'相の等温析出曲線図

図1　組織自由エネルギー法による等温析出曲線図の予測[1]

図1に，ある7元系ニッケル合金の(a)900℃，(b)800℃，(c)700℃における組織自由エネルギー$G_{\gamma+\gamma'}$の時間変化を点線で示す。G_{γ}はγ相過飽和固溶体のエネルギーで，式(1)に示すように時間依存性がないため，図1中には水平線で示される。エネルギー最急降下パスを経て析出が生じると仮定すれば，計算した時効時間の範囲ではいずれの時間も，$G_{\gamma+\gamma'}$がG_{γ}よりも高いので，(a)900℃ではγ'相が析出しない。(b)800℃では，0.17 hで$G_{\gamma+\gamma'}$がG_{γ}よりも低くなるので，この時間でγ'相が析出すると予測できる。0.17 hよりも短時間では，γ'相エンブリオが小さいため，単位体積当たりのγ/γ'相間の界面積が大きく，二相分離に伴う界面エネルギーの発生量がγ'相析出の駆動力よりも大きくなるために，$G_{\gamma+\gamma'}$がG_{γ}よりも大きくなってγ'相は析出しない。時効時間の経過に伴い，式(6)に従ってγ'相エンブリオが大きくなって界面積および界面エネルギーが小さくなることにより$G_{\gamma+\gamma'}$が低下し，時効時間0.17 hでG_{γ}よりも低くなってγ'相が析出すると解釈できる。同様に，(c)700℃では1.66 hでγ'相が析出すると予測できる。

これらの組織自由エネルギー計算を，温度を変えて行い，G_{γ}と$G_{\gamma+\gamma'}$の曲線の交点を温度に対する軌跡として描けば，図1(d)のように，計算対象の合金のγ相過飽和固溶体からのγ'相の等温析出曲線図が計算で予測でき，γ'相が最も早く析出する条件(析出のノーズ)での析出開始時間が取得できる。

4. モンテカルロ木探索法による合金組成探索

4.1 モンテカルロ木探索法の概要

以前は，人間の経験や勘に基づく試行錯誤の実験的手法で行われてきた材料開発・設計が，機械学習を用いたコンピュータ支援で，人間が行うよりもはるかに短時間，低コストで効率的に行われようとしている。ベイズ最適化や遺伝的アルゴリズムを用いて，材料特性を最大にする化学組成を自動的に探索する試みはその一部である。しかし，材料の構成元素が多くなると，探索すべき組成空間のサイズは指数関数的に増加する。機械学習ツールの中には，探索空間の増大に効率的に対応できないものもある。また，材料開発の分野では，機械学習モデルの構築に必要な充分な学習用データを確保することが困難である場合が多い。その中でモンテカルロ木探索法[4)-6)]は，組成条件を少しずつ変えた組成探索の無数の選択肢に，それぞれの合金組成における目標値(γ'相のモル分率と析出開始時間の積)の大きさに応じた採点をして優先順位をつけ，目標値の最大化が高い確率で期待できる探索経路に沿って次の組成探索を繰り返す。そのため，事前に用意された学習用データを用いることなく組成探索を始めることが可能である。しかも，この方法は囲碁・チェス・将棋などのゲームに応用され，10^{100}を超える局面の中から次の着手の決定に使用できることが実証されている[6)]。

4.2 モンテカルロ木探索法のアルゴリズム

モンテカルロ木探索法では，6種類の決められた元素の順に組成を選択し，以下の4つのステップを繰り返すことで選択肢を増やしながら，組成空間内の最適解に近づこうとする[5)]。その概念を**図2**に示す。

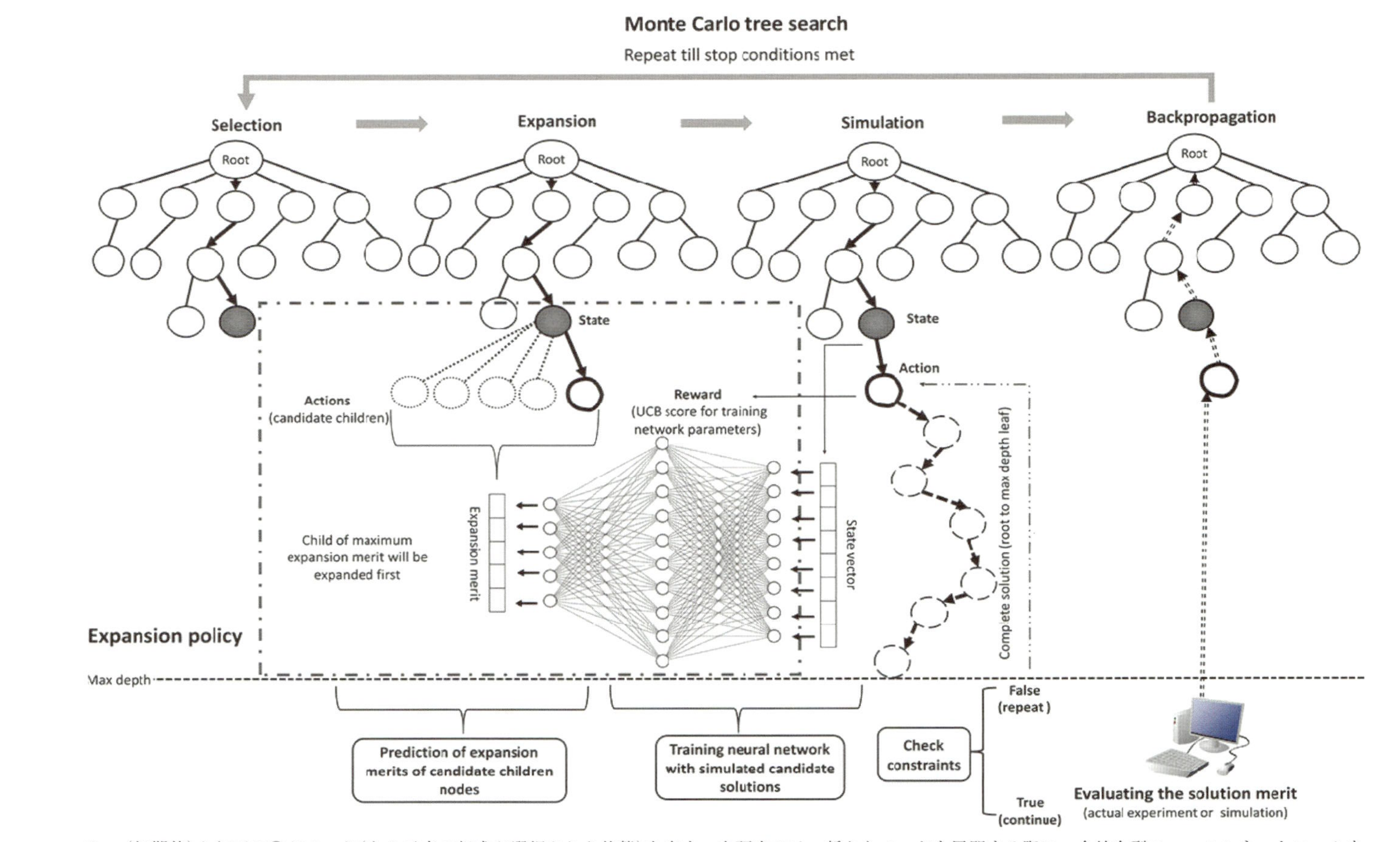

Root(初期値)より下の○がノード(ある元素で組成が選択された状態)を表す。本研究では，新たなノードを展開する際に，全結合型ニューラルネットワークを用いて，組成候補の中から目標値が高くなると最も期待されるノードを最初に拡張した

図２　モンテカルロ木探索法の４つのステップを用いて，組成空間の最適解に向かって反復的に探索する様子を示す概念図[1)]

① Selection ステップ：

各元素において，前回までの繰り返し作業で最も高い UCB(Uupper Confidence Bound)スコア[23]を採点されたノード(ある元素で組成が選択された状態，図2の Root(初期値)の下の○の部分)を選択する。UCB スコアは④で詳述する。

② Expansion ステップ：

あるノードを選択された回数がしきい値を超えた場合に，次に調べる元素において新たな組成値(ノード)を設定して選択肢を拡張する。ただし本研究では，新たな組成値の候補数が非常に多いので，ランダムにノードを拡張すると探索の効率が悪化する。そこで，1つの中間層を有する全結合型ニューラルネットワークにより新たに拡張するノードの価値を予測し，それが最大となるノードを拡張に選択することで，組成候補の中から目標値が高くなると最も期待されるノードを最初に拡張するアルゴリズムを追加した。このニューラルネットワークは事前に学習されることなく，モンテカルロ木探索法が前の反復で得た組成選択肢の候補を用いて，方策勾配法[24]に基づきその場で学習される。組成探索が進んでより多くの選択肢の候補が評価されるにつれて，ニューラルネットワークの学習データが増えると，中間層のパラメータを最適化でき，目標値の最大化に向けて，より多くの情報に基づいた拡張ができるようになる。

③ Simulation ステップ：

全ての元素の組成値が選択され，その合金組成における目標値(γ'相のモル分率と析出開始時間の積)を[**3.**]の組織自由エネルギー法[2)3)]を用いて評価する。

④ Backpropagation ステップ：

選択された全てのノードに対し，式(11)で定義される UCB スコア[23]を更新する。

$$ucb_i = \frac{\sum tp_i}{v_i} + C\sqrt{\frac{2\ln v_{iparent}}{v_i}} \tag{11}$$

ここで，ucb_i はあるノード i の UCB スコア，$\sum tp_i$ はノード i で選択した元素よりも前に決めた元素の組成が同一の全てのノードで評価された目標値の合計，v_i と $v_{iparent}$ は，ノード i とノード i よりも前の元素で組成を選択した時のノードを，③ Simulation ステップで対象にした回数である。式(11)の第1項はこれまでの組成探索で目標値の高かった選択肢をより重視する(知識利用)スコア，第2項はこれまで探索しなかった選択肢を新たに設定しようとする(拡張)スコアである。C は知識利用と拡張のバランスをとるための定数で，本研究では探索の効率が最適になるように，各ノードの C を動的に調整した[25]。

4.3 モンテカルロ木探索法による探索結果

図3に組織自由エネルギー法とモンテカルロ木探索法を組み合わせて探索した11,407種類のニッケル合金の，γ'相の平衡モル分率と析出開始時間の関係を示す。図中の曲線は，γ'相の平衡モル分率が高く，析出開始時間が遅くなるように，冶金研究者が経験と勘に基づいて，既存の実用ニッケル基合金の組成を修正した合金のデータ点を回帰して示した。一般に，析出相の平衡モル分率が高く安定性が高い合金は，析出の駆動力が高く析出開始時間が短くなり，平

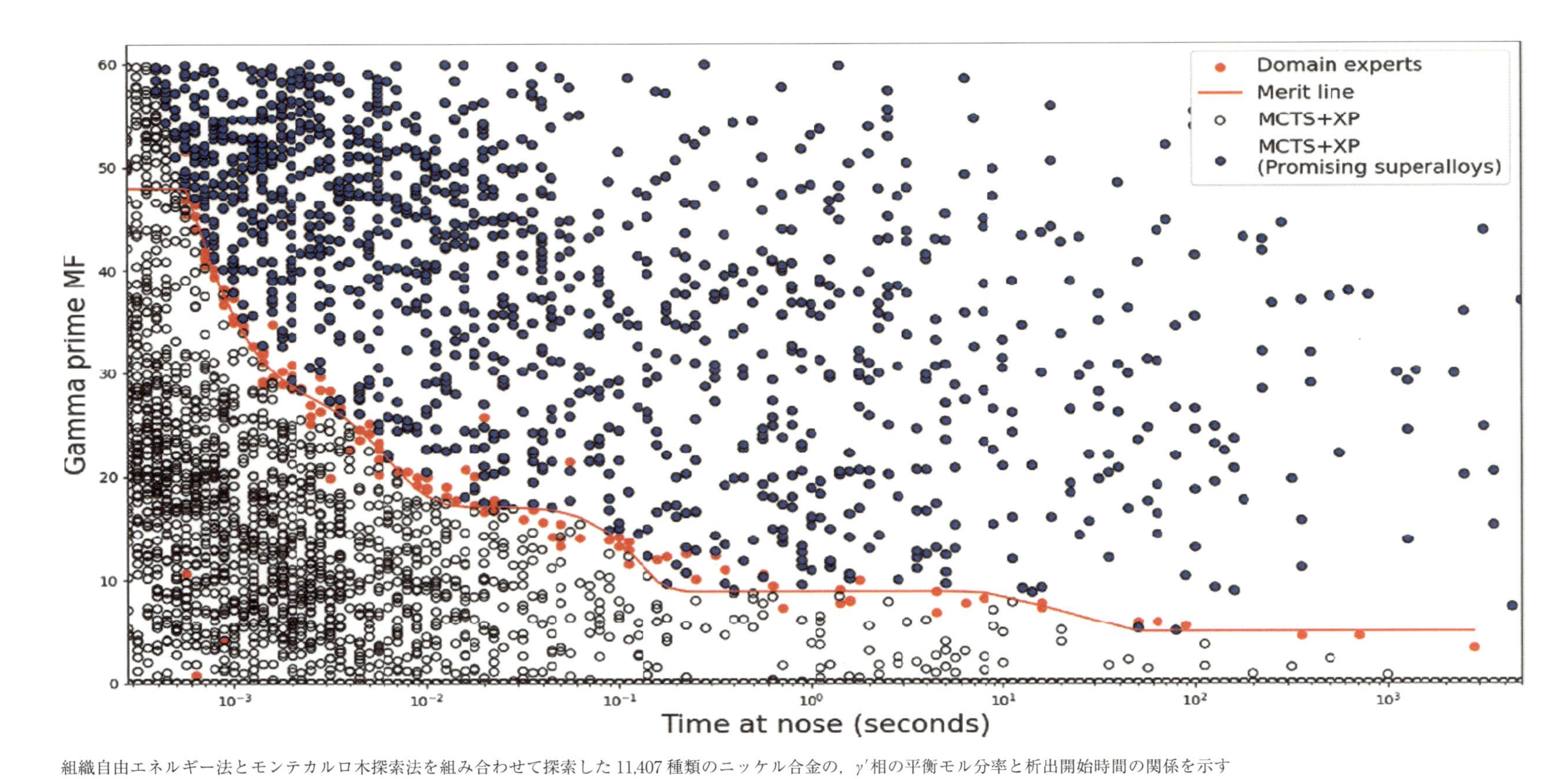

組織自由エネルギー法とモンテカルロ木探索法を組み合わせて探索した11,407種類のニッケル合金の，γ'相の平衡モル分率と析出開始時間の関係を示す
図中の曲線は，冶金研究者が既存の実用ニッケル基合金の組成を修正した合金のデータ点を回帰して示した

図3　モンテカルロ木探索法により探索した合金のγ'相平衡モル分率と析出開始時間の関係[1]

衡モル分率が高いことと析出開始時間が遅いことはトレードオフの関係にある。人間の経験と勘に基づく改良合金の回帰曲線も，モル分率-析出開始時間のグラフで反比例曲線を描き，両者がトレードオフの関係であることが明瞭である。そのトレードオフの関係にかかわらず，本研究で提案した計算による組成探索では，人間の経験と勘に基づく回帰曲線よりも，γ'相の平衡モル分率と析出開始時間の長いニッケル合金を多数見つけることができた。人間の能力で見つけられなかった新しいニッケル合金組成を，エネルギー論による材料組織の形成予測モデルと情報工学に基づく最適解探索法を組み合わせることにより，低コストで短時間の内に効率よく，しかも事前の学習用データを準備する必要もなく見つけられることを実証できた。

5. おわりに

積層造形用ニッケル基耐熱合金に限らず，世の中に存在する物質・材料は，元素や化学組成の潜在的な組み合わせの数が極めて多く，専門家の知識と従来の実験的な手法だけでは，このような広い空間を系統的かつ効率的に調査することはほとんど不可能である。本研究では，材料組成とプロセス条件から構造や特性を予測する順方向計算の手法と，最適解探索の情報工学を上手く連携させることで，人間の能力とこれまでの手法をはるかに凌駕する広範囲の組成空間を極めて効率よく探索し，所望の性能から最適な材料を見つける逆問題を解決する方法の1つを提案できた。

NIMSでは，材料のプロセス・構造・特性・性能に関する評価・予測モデルやデータをネットワーク上で結びつけ，材料開発を加速するMaterials Integrationの概念を提案し[26]，材料設計のための汎用システム「MInt：Materials Integration with Network Technology」[27)-29)]を構築し運営している。MIntには，さまざまな種類の予測モデルが実装され，それらを結びつけたワークフローを形成するために接続され順方向計算のプラットフォームとして機能する。本研究で使用した組織自由エネルギー法による析出予測モデルも，MIntのワークフローの1つとして実装されており，このワークフローを呼び出すことで，本研究で実施したのと同様の最適化探索を，MIntのアプリケーション・プログラミング・インターフェースを介して実施することができる。

文　献

1) S. Dieb et al. : *Sci. Technol. Adv. Mater., Methods,* **3**(1), 2278321 (2023).
2) 小山敏幸，宮崎亨：日本金属学会誌，**53**(7), 643 (1989).
3) 小山敏幸，宮崎亨，土井稔：日本金属学会誌，**53**(7), 651 (1989).
4) R. Coulom, H. J. v. d. Herik (Eds.) : Computers and Games, Springer Nature, 72 (2007).
5) G. M. J. B. Chaslot et al. : *New Math. Nat. Comput.,* **4**(3), 343 (2008).
6) D. Silver et al. : *Nature,* **529**(7587), 484 (2016).
7) M. Hillert and L. I. Staffansson : *Acta Chem. Scand.,* **24**(10), 3618 (1970).
8) I. M. Lifshitz and V. V. Slyozov : *J. Phys. Chem. Solids.,* **19**(1), 35 (1961).

9) C. Wagner : *Z Elektrochem*, **65**(7-8), 581 (1961).
10) J. O. Andersson and J. Ågren : *J. Appl. Phys.*, **72**(4), 1350 (1992).
11) J. W. Cahn : *Acta Metall*, **9**(9), 795 (1961).
12) 村外志夫，森勉：マイクロメカニックス 転位と介在物，培風館，(1976).
13) 杉江日出澄ほか：FORTRAN77 による数値計算法，培風館，(1990).
14) O. Redlich and A. T. Kister : *Ind. Eng. Chem.*, **40**(2), 345 (1948).
15) W. H. Xiong et al. : *Calphad*, **66**, 101629 (2019).
16) J. Chen et al. : *J. Alloys. Compd.*, **621**, 428 (2015).
17) Y. Wang et al. : *Metall. Mater. Trans. A*, **48**(3), 943 (2017).
18) G. Xu, Y. Liu and Z. Kang : *J. Alloys. Compd.*, **709**, 272 (2017).
19) Y. Liu et al. : *Calphad*, **70**, 101780 (2020).
20) Y. Zeng et al. : *Calphad*, **71**, 102209 (2020).
21) A. Devaux et al. : *Mater. Sci. Eng. A*, **486**(1-2), 117 (2008).
22) R. Cozar and A. Pineau : *Metall. Trans.*, **4**(1), 47 (1973).
23) P. Auer, N. Cesa-Bianchi and P. Fischer : *Mach. Learn.*, **47**(2/3), 235 (2002).
24) R. J. Williams : *Mach. Learn.*, **8**, 229 (1992).
25) T. M. Dieb et al. : *Sci. Technol. Adv. Mater.*, **18**(1), 498 (2017).
26) M. Demura and T. Koseki : *Mater. Trans.*, **61**(11), 2041 (2020).
27) S. Minamoto et al. : *Mater. Trans.*, **61**(11), 2067 (2020).
28) M. Demura : *Mater. Trans.*, **62**(11), 1669 (2021).
29) T. Osada et al. : *Mater. Design*, **226**, 111631 (2023).

第3節　MInt を活用した析出強化型 Ni 基合金の仮想熱処理実験

国立研究開発法人物質・材料研究機構　長田　俊郎　　名古屋大学　小山　敏幸
国立研究開発法人物質・材料研究機構
ブルガリビッチ　ドミトリー　源　聡　大澤　真人
渡邊　誠　川岸　京子　出村　雅彦

1. はじめに

Ni 基超合金は，耐熱性，機械的特性，耐環境性能などに優れるため，航空機エンジンや発電用ガスタービンにおいて幅広く活用される高温構造用部材である。特に，γ'析出強化型 Ni 基超合金は，ガスタービンの主要部である高温高圧部タービン翼やディスクに使用される重要部材であり，その設計技術確立は，エンジンの燃費や発電効率向上に直結する重要技術である。これら Ni 基超合金は，10 以上の強化元素および階層的な組織構造による複数の強化機構が働くことでその要求性能を満たしている[1)2)]。また，それら階層的組織構造は，鋳造，均質化熱処理，ビレッティング，高温鍛造，溶体化熱処理により適切に調整され，最終時効熱処理を経て適切な組織に固定化される。特に，多量の析出物を含むγ'析出強化型 Ni 基超合金においては，時効時における析出組織構造の最適化が極めて重要となる。しかしながら，これら一連のプロセス条件の最適化は素材・エンジンメーカにおけるノウハウおよび実験的試行錯誤により成り立っており，膨大な予算，年月および人的コストを要する。

マテリアルズインテグレーション（MI：Materials Integration）システムは，プロセス・構造・特性・性能（PSPP：Process-Structure-Property-Performance）の関連を正確かつ系統的に計算機上に再現し，プロセス最適化における試行錯誤を計算機上で実施することで，社会実装までの期間の大幅な短縮を目指した統合型材料開発支援システムである。これらシステムの開発は，近年世界各国においてその重要性がますます高まっている状況下にあり，物質・材料研究機構（NIMS）においても PSPP を予測可能な MI システムとして，MInt（Materials Integration by Network Technology）システムの開発を長年にわたり進めてきた[3)]。詳細は第 0 章に譲るが，本システムの各モジュールが進化し，適切な実験データベースと連携しながら PSPP の関連を高度に予測可能であれば，Ni 基超合金のような先端材料の実用化促進に大きく貢献すると期待される。本稿では，MInt システムの事例の 1 つとして，γ-γ'二相組織を有する Ni 基合金（Ni-Al 二元系合金）を対象とした最終時効熱処理プロセス（以後，時効熱処理 MI）を例題に（**図 1**），機械的特性である高温 0.2 ％耐力を最大化可能な予測システムの開発事例について紹介する[4)]。

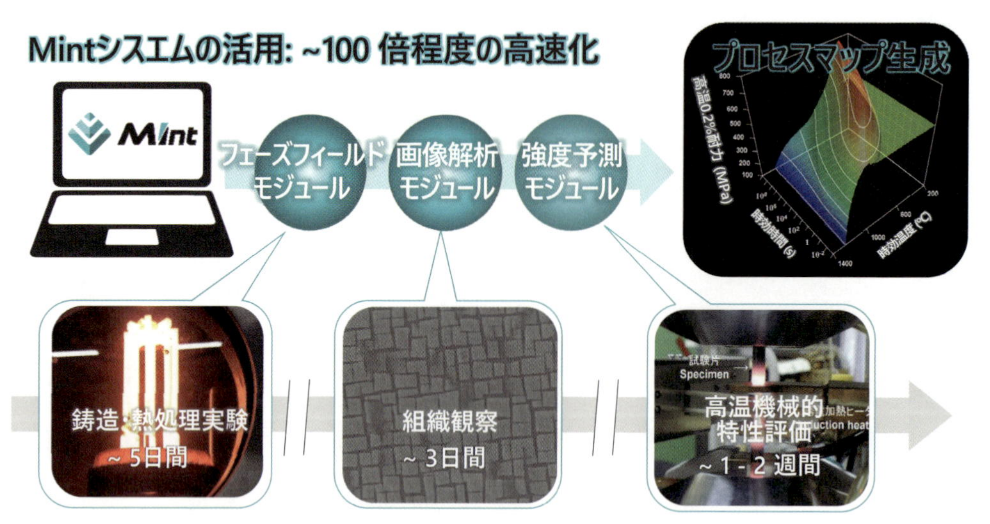

実験：最適化には実験的試行錯誤を要し，膨大な人的コスト，予算，工数，時間が必要となる

図1　MInt システムの概略とシステム活用による効果[4)]

2. 時効熱処理 MI の計算ワークフロー

時効熱処理 MI 中の PSPP ワークフロー構造を**図2**に示す。図2は MInt システム内に構築した時効熱処理 MI の Graphical User Interface(GUI)のスクリーンショットであり，本システムがフェーズフィールド(PF)モジュール，画像解析モジュール，および特性予測モジュール[2)]の主に3つのモジュールと，サブモジュールである初期場設定モジュールにより構成されていることを示している。青字が入力項目，黄色はモジュール(サブモジュール)，グレーが出力項目であり，個々のモジュールが必要な情報を入力ポートにて受け取り，出力ポートを介して，次のモジュールに情報を受け渡していることが分かる。時効熱処理 MI においては，初期場形成サブモジュールで構築した初期場に対して，合金組成，時効温度・時間を PF モジュールに入力し，画像解析モジュールを介して，特性予測に必要な析出物の組織情報および母相/析出相の組成を出力，これらを特性予測モジュールが受け取り任意の試験温度における 0.2 % 耐力を出力する構造となっている。ここでは例題として，Ni-Al 二元系合金を対象とした物性値を入力値として設定しているが，組織形成予測に必要な状態図や拡散係数などの物性値，さらには特性予測に必要な物性値等はユーザが任意に選択可能であり，使用目的に合わせた運用が可能であることも，本 MInt システムの特徴である。

各モジュールで使用した入力物性値や，理論式・経験式などの記述モデルの詳細は先行文献4)に譲るが，たとえば強度予測モジュールにおいては，強度計算用物性値として，ポアソン比，バーガースベクトル，テーラー因子，逆位相境界(APB：Anti-phase boundary)エネルギーなどをユーザが任意に選択可能である。これら物性値は組成および温度依存性が極めて小さい値として，一定値として入力できるように設計されている。一方，合金組成，γ 組成，γ' 析出相のサイズ・体積率などの情報は FP モジュールおよび画像解析モジュールの出力値として，強度予測モジュールに供給され，ヤング率(剛性率)，固溶強化，析出強化などの組成および温度

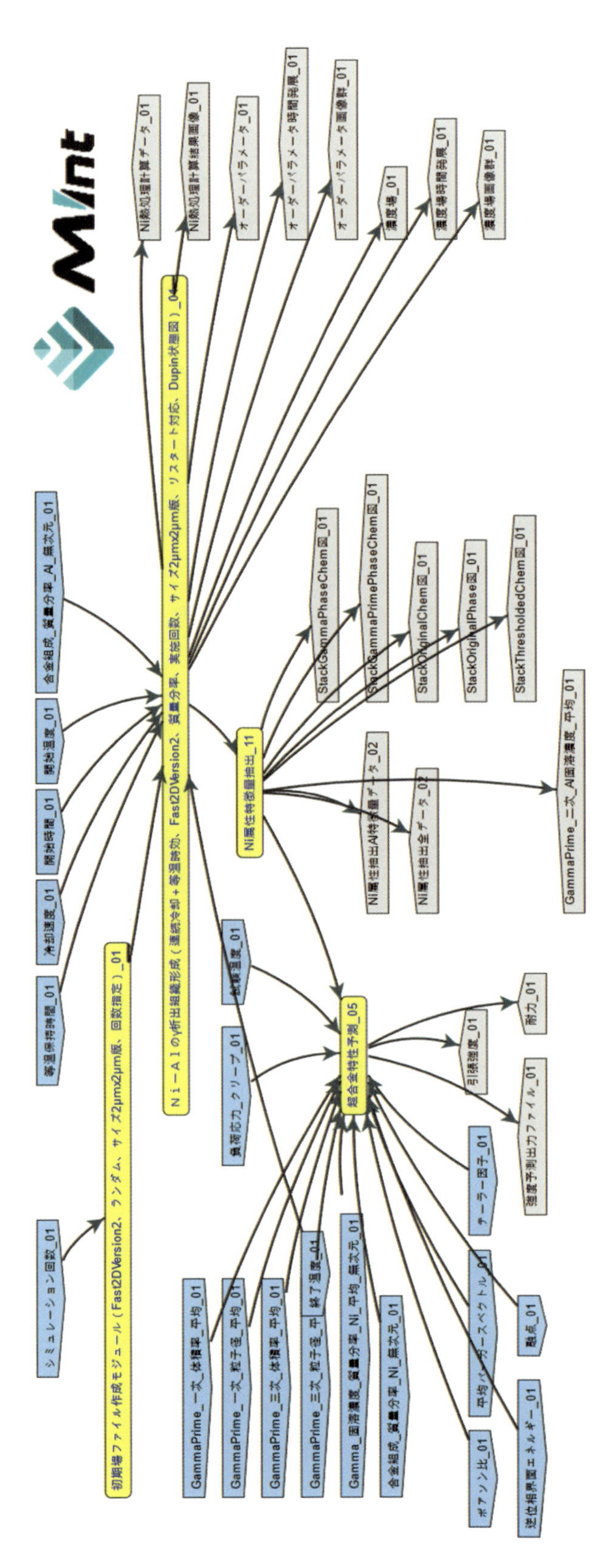

図2　MIntシステムのGUIに実際に表示されるNi基合金用時効熱処理MIのワークフロー図[4]

依存性をモジュール内部で計算したうえで，最終的にユーザが指定した試験温度における高温0.2 %耐力を出力する仕組みになっている。

3. 時効熱処理 MI による仮想熱処理・組織解析実験

例として，Ni-19.11at.% Al 合金を対象とした仮想熱処理実験の結果を示す。**図 3**(a)は実際にPFモジュール内に格納したNi-Al二元系合金状態図を示している。状態図は文献値より得られたγ固溶濃度 c_m^0(T)およびγ'固溶濃度 c_p^0(T)により表現されている。ここでは，初期状態に対し，PFモジュールを用い，時効温度：600～1000 ℃，時効時間：$3.98107\times10^{-3}-3.98107\times10^{5}$ s の範囲にて210点の等温時効熱処理条件(図3(b)で仮想熱処理実験を実施した。PFモジュールの出力画像は，画像解析モジュールにて解析し，必要な組織統計量として出力している。図3(c)に実試験結果の一例として，Ni-19.11at.% Al合金単結晶モデル材における870 ℃-20時間時効後のミクロ組織写真を示す。実試験では，体積率56%およびサイズ875 nm程度の立方体状のγ'相が母相であるγ相内に整合析出することが確認された。このような析出組織は，タービン翼として使用される多元系Ni基超合金と類似したミクロ組織である。

(a)PFモジュールに用いたNi-Al二元系状態図

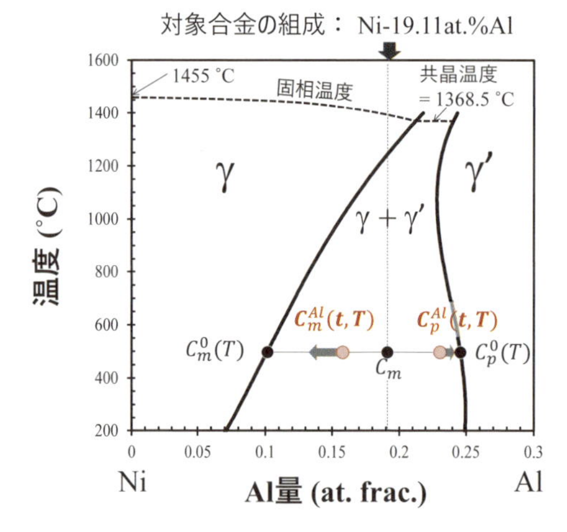

(b)仮想熱処理実験条件

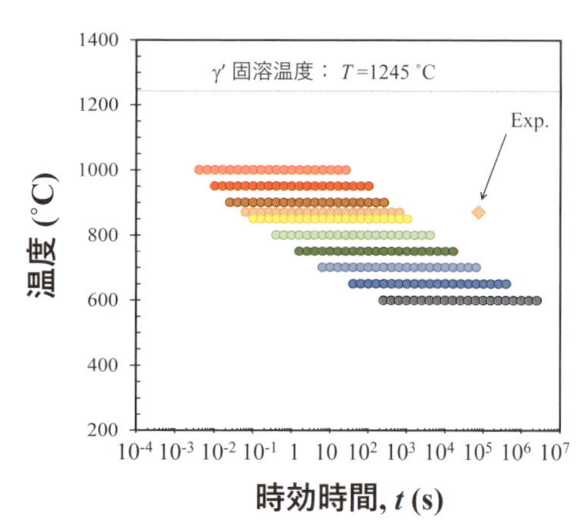

(c)870℃-20時間の条件で時効熱処理した
Ni-19.11at.%Al 合金の実際の組織

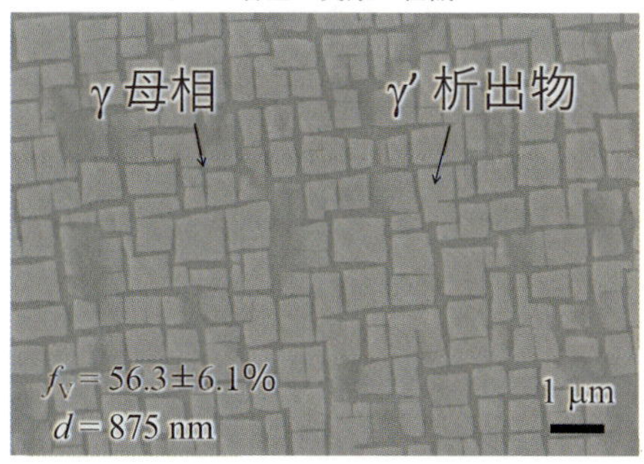

図3　時効熱処理MIで用いた状態図，仮想熱処理実験条件，および対象合金の実際の組織

図4にPFモジュールからの出力結果の一例として，1,000℃，870℃，600℃で時効した場合のγ'相の析出成長挙動を示す。各温度ともに，時間の経過に伴い析出物サイズが増大する様子が確認された。さらに，界面ミスフィット等の影響を受け，図3(c)に示した実試験と同様に，立方体状のγ'相が整合析出する様子を再現できていることが分かる。また，析出物の体積率は温度の低下に伴い増大するとともに，Al濃度はγ相に比べγ'相のほうが高い傾向を示しており，図3(a)における状態図の情報と整合性が有ることが分かる。

PFモジュールの出力ファイルはVTKファイル形式であることから，画像解析モジュールを介した組織統計量の解析が必要となる。**図5**に，出力ファイル(VTKファイル形式)から画像解析モジュールを介して得られた，析出物サイズd(図5(a))，体積率f_V(図5(b))，γ相中のAl濃度c_m^{Al}(図5(c))，およびγ'相中のアルミ濃度c_p^{Al}(図5(d))の時効温度および時間依存性を示す。図5(a)に示すように，析出物サイズdは，時効温度の上昇および時効時間の増大に伴い増加した。すべての条件において，Log-Logプロット上の長時間側のデータが直線的であることから，典型的な第二相析出成長モデルである「オストワルド成長」がPFモジュールにおいて適切に表現できていることが確認できる。さらに，870℃における直線関係の延長線上に図3(c)で示した実試験で得られたサイズがあることから，今回入力値として使用したNi中のAlの拡散係数が妥当であることが確認できた。他方，図5(b)に示すように，析出物の体積率は時効時間の増加に伴い急激に増大し，その後各温度の平衡体積率に近い値に達した。これら，析出物サイズdおよび体積率の変化は，超合金の変形を担う転位と析出物との

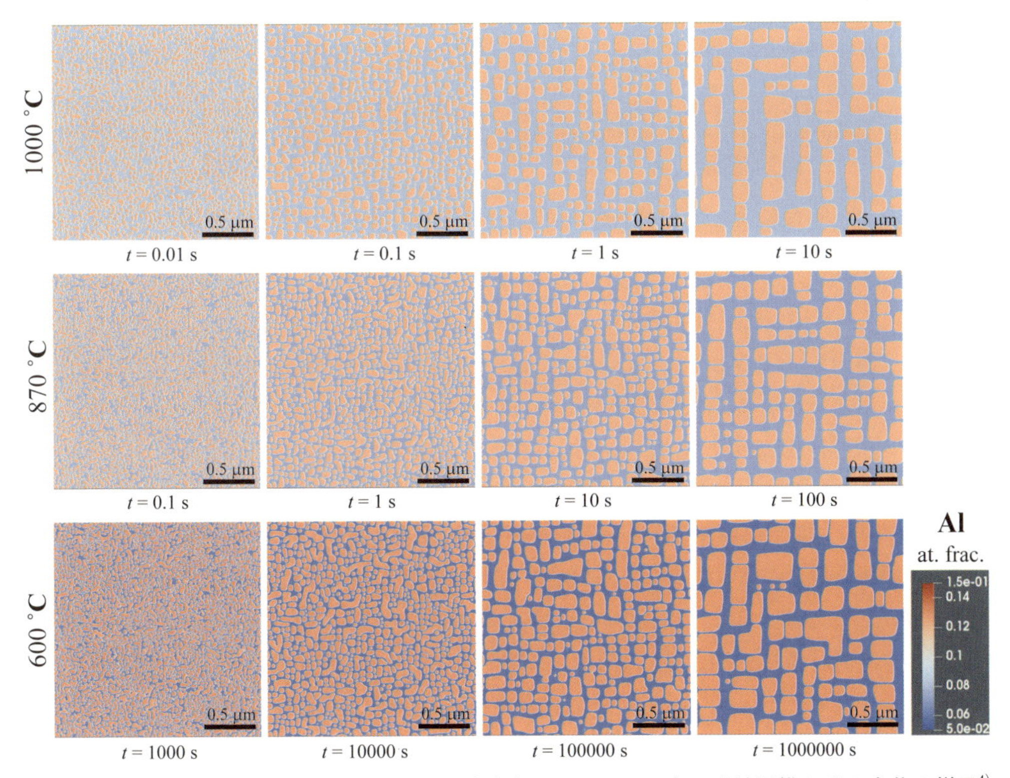

図4　PFモジュールから出力されたNi-Al合金(Ni-19.11at.%Al)の時効組織とその変化の様子[4)]

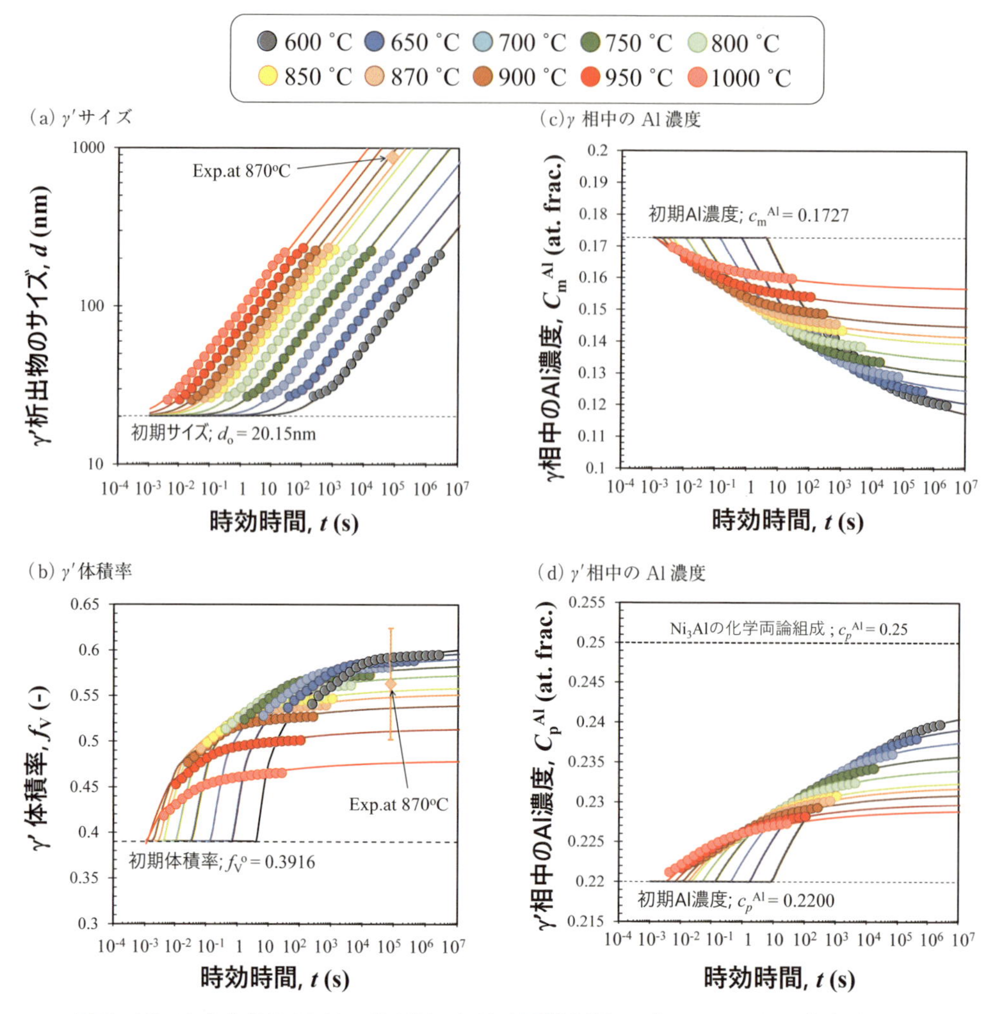

図 5　Ni-Al 合金(Ni-19.11at.%Al)における画像解析モジュールにより出力された時効組織変化例[4)]

相互作用による析出強化量を計算するうえで重要なデータセットとなる。

さらに，図 5(b)および図 5(c)に示すように，γ および γ′相中の Al 濃度(c_m^{Al} および c_p^{Al})の経時変化を出力できることは，PF 法を用いた計算機実験の特徴として重要な点である。これらプロセス-各相の組成データセットは固溶強化量の計算に重要なデータとなる。特に，図 4 に示した数十から数百 nm オーダーの組織においては，各相の Al 濃度を実試験により得るにはアトムプローブなどを用いた高度な実験が必要となるため，データセットを得ること自体，実験的に困難な場合が多い。このような領域では，PF 法を用いた計算機実験は，特に有用となる。図 5(c)に示すように，母相中の Al 濃度は初期濃度である c_m^{Al} = 0.1712 に対し，時効初期において時間経過とともに大きく低下し，時効後期では各温度における平衡 Al 濃度に向かい，緩やかに低下した。さらに，図 5(d)に示す様に，γ′相の Al 濃度は初期濃度である c_p^{Al} = 0.22 に対し，時効初期において時間経過とともに急激に増加し，時効後期では各温度における平衡 Al 濃度に向かい，緩やかに増加した。これら出力されたプロセス-組成データセットは，特性予測モジュールが受け取り任意の試験温度における固溶強化量の計算に活用される。

4. 時効熱処理MIによる仮想強度試験

時効温度および時間依存性を有する，析出物サイズd，体積率f_V，およびγ中のAl濃度c_m^{Al}の値を，特性予測モジュールに引き渡すことで，任意の試験温度における合金の0.2%耐力を予測可能となる。一例として，**図6**(a)に，870℃で時効した際の，Ni-19.11at.% Al合金の試験温度650℃における0.2%耐力の時効時間依存性を示す。予測0.2%耐力は，時効時間とともに上昇しピーク値を示すことから，特性予測モジュール中の予測モデルが，析出強化型合金の典型的な挙動である「過時効現象」を適切に表現できていることが確認できる。また，参考のため，モジュール内部で計算される，固溶強化の寄与，複合強化の寄与，析出強化による寄与に関しても図中に示した。図中の予測0.2％耐力は，Al濃度から予測される固溶強化，f_Vなどから予測される複合強化，および析出物サイズおよびf_Vより予測される析出強化の寄与が反映されていることが分かる。また，図6(b)に各種時効温度における予測0.2％耐力

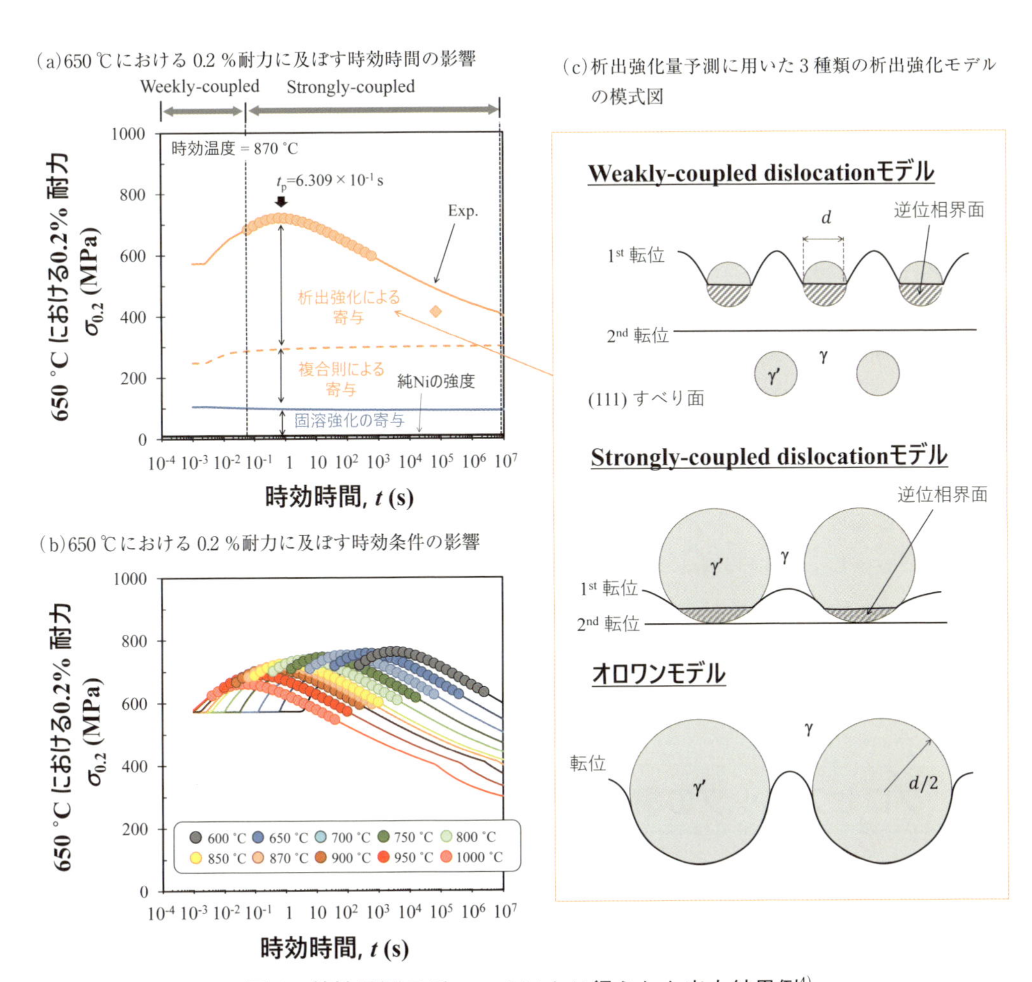

図6　特性予測モジュールにより得られた出力結果例[4)]

(650 ℃)の経時変化を示す。予測0.2 %耐力のピーク値は時効温度の低下に伴い増大した。これは，時効温度の低下に伴い析出物の平衡体積率が増大することが要因である。また，ピーク値を示す時間は，時効温度の低下に伴い長時間化した。これは時効温度の低下に伴い，Alの拡散速度およびγ'の成長速度が低下するためである。

本特性予測モジュールには固溶強化モデル，複合強化モデル，さらには析出強化モデルが格納され，プロセス-相組成-組織のデータセットを活用し，それらによる強化の度合いを個別に計算している。特に，γ'相強析出型Ni基合金における過時効挙動の表現には，耐力に対する寄与率の高い析出強化モデルの設定が重要となる。図6(c)に本モジュール内に実装されている，3種類の析出強化モデルである，Weakly-coupled dislocationモデル，Strongly-coupled dislocation modelモデル，およびオロワンモデルの模式図を示す。詳細なモデル説明は先行論文[2)]に譲るが，前者2つは2本の完全転位が母相と結晶学的に整合した析出物を切断しながら移動する現象，後者のオロワンモデルは，1本の転位が析出物を切断できず迂回しながら移動する現象を表現した析出強化モデルである。本モジュール内では，析出物のサイズ・体積率に応じて，適切なモデルが選択されるようになっている。

この結果，図6(a)に示したように，析出物サイズが小さい時効初期にはWeakly-coupled dislocationモデルが選択され析出物は完全転位により容易に切断される。また，サイズ・体積率の増大とともに転位との相互作用が増大し耐力が上昇し，ある程度サイズが大きくなった時点で，Strongly-coupled dislocation modelモデルにシームレスに切り替わる。Strongly-coupled dislocation modelモデルでは，析出強化量がピーク値に達した後，析出物の粗大化に伴い緩やかに低下する。さらに，転位が析出物を切断できなくなるほど析出物サイズが増大した際に，析出強化モデルがオロワンモデルに切り替わるようプログラムされている。ここで，図6(c)に示すように，Weakly-coupled dislocationモデル，およびStrongly-coupled dislocation modelモデルは共通して，転位が析出物を切断する際切断面にAPBが生成するモデルとなっている。APBエネルギーは耐力値に大きく影響するため，APBエネルギーを適切に設定する必要がある。APBエネルギーにおよぼす温度や組成の影響は現在幅広く議論されているが，多元系合金においてAPBエネルギーを高速で予測可能なモデルは存在しない。したがって，本モジュールでは温度や組成の影響は小さいと仮定し，APBエネルギーをユーザが任意に入力可能なように設定し，図6の計算においてはAPBエネルギー$=0.1\ \mathrm{J/m^2}$を使用している。

以上のように，強度予測モジュールをMIntシステム上に導入し，PFモジュールおよび画像解析モジュールと連動させることで，プロセス・組織・特性・性能(PSPP)の関連を正確かつ系統的に計算機上に再現することが可能となった。

5. プロセスマップの構築

前述のように，γ'相のサイズ，体積率，γおよびγ'相中のAl濃度(c_m^{Al}およびc_p^{Al})の経時変化を出力できることは，PF法を用いた計算機実験の大きな利点である。したがって，PFモジュールによる計算結果を実験値と捉え，典型的な「オストワルド成長」モデルを用いて再解析することにより，仮想実験条件範囲を超えた広範囲での時効温度・時間におけるd，f_v，c_m^{Al}

および c_p^{Al} を容易に推定可能となる。手法の詳細説明は先行文献に譲るが[4)]，限定された範囲・条件数で実施したPFシミュレーション結果を数値解析することで，広範囲で高解像度なコンター図作製が可能となり，時効条件の最適化を「より直感的」に議論可能となる。

図7(a)～(f)に，(a)γ 相中の Al 濃度，(b)体積率，(c)析出物サイズ，(d)固溶強化量，(e)析出強化量，および(f)650 ℃における 0.2% 耐力 $s_{0.2}$ の，時効温度：200～1,400 ℃，時効時間：10^{-3}s～10^{10}s(3.17 年)の範囲における推定コンター図をそれぞれ示す。本コンター図作成には計15,851 プロセス条件での推定を実施している。また，推定結果を図 5(a)～(d)に実線として示しているが，PF モジュールによる計算結果を高精度に再現できていることを確認できる。図 7(a)に示す様に，c_m^{Al} は，温度低下に伴い緩やかに低下するとともに，平衡量に達するまでの時間が指数関数的に増大する。一方，図 7(b)に示す f_V は c_m^{Al} とは逆に，温度低下に伴い緩やかに増加する傾向を示した。また，図 7(c)に示すように，析出相サイズは時効温度・時間の向上に伴い増大する。ここで，たとえば 600 ℃において f_V が平衡体積率である $f_V^{eq}=0.609$ に到達するためには，$t=10^{10}$ s(3.17 年)以上熱処理を実施する必要があることが分かる。一方，析出相サイズは，400 ℃においては，$t=10^{10}$ s(3.17 年)の熱処理を実施しても，$d=126.1$ nm までしか成長しない。このように，等温時効中の組成・組織変化を「より直感的」に確認することが可能となる。

γ 相中の Al 濃度より推定される固溶強化量を図 7(d)に示す。そのコンター図は当然ながら図 7(a)と同様な形状を有するマップとなった。今回の計算では，Al のみの固溶をモデル化しているため，固溶強化量は，析出強化量に比べ非常に小さい結果となった。一方，析出強化量(図 7(e))は，図 6(a)で示したように，過時効現象を示す明瞭なピーク値を示すコンター図となった。また，ピーク値を示す時間は，温度低下による Ni 中の Al 拡散速度の低下に伴い，長時間側にシフトすることが分かる。各温度におけるピーク値の中でも，その最大値は486.9 MPa であり，$T=340$ ℃，$t=10^{10}$ s(3.17 年)の条件において出現した。これは，時効温度の低下に伴い，平衡体積率が増大するためである。最後に，これら強化量の重ね合わせにより推定される 0.2 %耐力のコンターマップを図 7(f)に示す。0.2% 耐力のコンターマップは γ-γ' 二相合金の耐力は，固溶強化に比べ析出強化の寄与がきわめて大きいため，析出強化量のマップに近い形状となった。さらに，0.2% 耐力の最大値は 764.7 MPa であり，析出強化量と同様に $T=340$ ℃，$t=10^{10}$ s(3.17 年)の条件においてピーク値を示した。

一般的な Ni 基超合金の時効時間は，生産現場の労働状況やプロセスコストを考慮し，通常4～30 時間程度の長さに設定される場合が多い。したがって，図 7(f)で最大値を示した 3 年以上の時効プロセス条件は，非現実的な条件であることは明らかである。たとえば，10^5 s(27.77 h)を産業現場で採用可能な現実的な時効時間とした場合，$T=520$ ℃において最適組織構造($f_V=58.42$ %，$d=41.69$ nm，$c_m^{Al}=12.70$at.%)が形成され，650 ℃における 0.2% 耐力を最大化することが可能であると予測できる。ただし，これらピーク値の出現の時間は，当然ながら合金の拡散係数に大きく依存する。今回は Ni-Al 合金をモデルとして議論を進めたが，実際の Ni 基超合金は，拡散の遅い Ta/W/Mo などの重元素により固溶強化される場合が一般的である。本システムを実用合金に適用する際は，FP モジュールの入力値として適切な拡散係数を設定する必要がある。

(a)γ 相中の Al 濃度　　(d)固溶強化の寄与

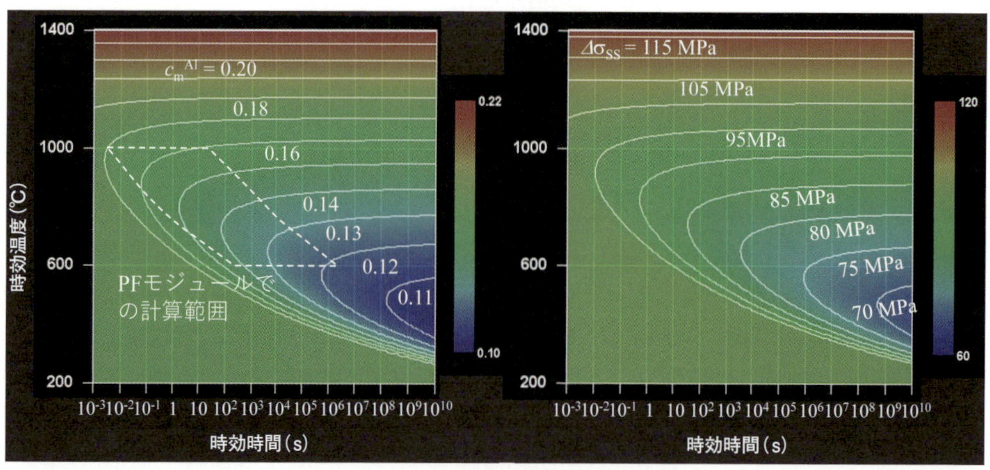

(b)γ′ 体積率　　(e)析出強化の寄与

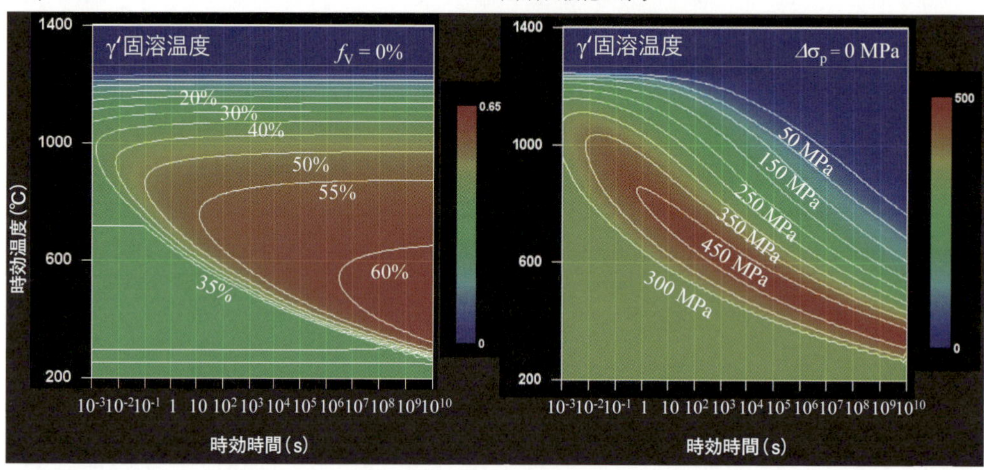

(c)γ′ サイズ　　(f)650 ℃における 0.2 %耐力に及ぼす時効温度・時間の影響

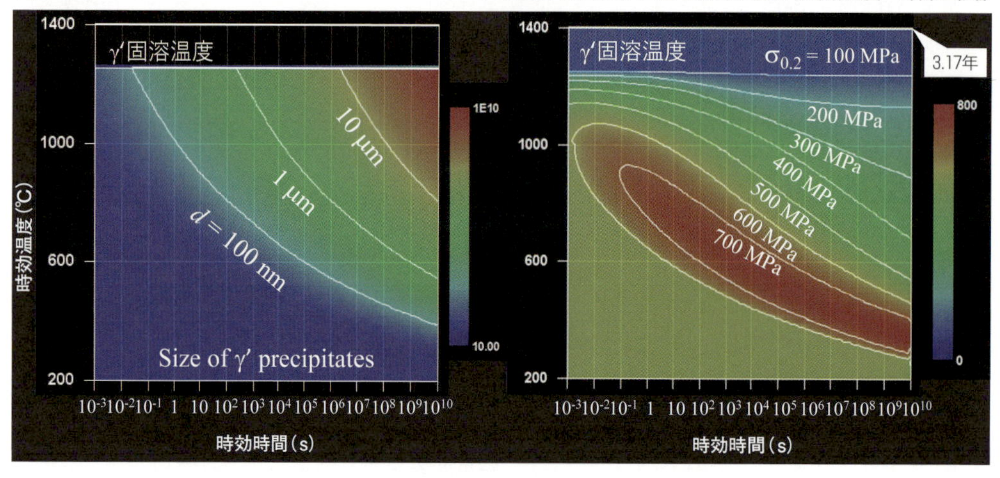

図7　組織変化および各種強化機構の寄与に及ぼす時効温度・時間の影響[4)]

6. おわりに

本研究では，γ-γ'二相組織を有するγ'析出強化型Ni基超合金の性能を最終的に決定する重要なプロセスである「時効熱処理」に着目し，仮想熱処理・強度試験が可能な時効熱処理MIシステムの開発を実施した。プロセス・組織・特性・性能(PSPP)のつながりを正確かつ系統的に理解し，システム内で試行錯誤を実施可能な環境を整備することは，実用部材のプロセス最適化に大きく寄与すると考えている。さらに，このようなMIntシステム活用の最大の利点は，人工知能(AI：Artificial Intelligence)と連動させた高速仮想実験が可能な点にあると考えている。詳細は他の文献に譲るが[3)5)]，すでにAIが数十億を超える探索スペース上で1,620条件の非等温時効スケジュールの計算を実施することで，一般的な等温時効熱処理よりも短時間で高い特性を得ることができる非等温時効スケジュールを提案することが可能になっている。膨大な予算，年月および人的コストを要するプロセス最適化を，仮想空間でAIが休むことなく実施できるようになれば，産業現場での人材不足解消，コスト削減，開発期間の短縮等，諸問題解決の突破口となり得ると期待している。当然ながら，産業現場で起こっている実現象を適切・的確に表現し，より実用化に適したMIntシステムを構築していくためには，実験，数値計算およびシステム設計の専門研究者・エンジニアが有機的に連携・協働してシステムを継続的に発展させていくことが重要であると認識している。本稿が，今後MIntシステム開発やこれを用いた材料設計を進めようとしている方々の取り組みの一助となれば，幸甚である。

謝　辞

本研究はで紹介した研究は，内閣府総合科学技術・イノベーション会議の戦略的イノベーション創造プログラム(SIP)「革新的構造材料」および「統合型材料開発システムによるマテリアル革命」(管理法人：JST)によって実施された。関係各位に心から感謝を申し上げたい。

文　献

1) H. Harada and H. Murakami : Design of Ni-base superalloys, in : T. Saito (Ed.), Computational Materials Design, Springer-Verlag, Berlin, 39 (1999).

2) L. Wu et al. : The temperature dependence of strengthening mechanisms in Ni-based superalloys : A newly re-defined cuboidal model and its implications for strength design. *Journal of Alloys and Compounds*, **931**, 167508 (2023).

3) 出村雅彦：マテリアルズインテグレーションの挑戦，鉄と鋼，**109**(6), 90 (2023).

4) T. Osada et al. : Virtual heat treatment for γ-γ' two-phase Ni-Al alloy on the materials Integration system, *MInt. Materials & Design*, **226**, 111631 (2023).

5) V. Nandal et al. : Artificial intelligence inspired design of non-isothermal aging for γ-γ' two-phase, Ni-Al alloys, *Scientific Reports*, **13**, 12660 (2023).

第4節　チタン合金鍛造材の疲労き裂進展予測

東京大学　白岩　隆行

1. はじめに

チタン合金，特にα/β型Ti-6Al-4Vは，その優れた比強度，耐食性，疲労特性から航空宇宙産業で広く利用されている。製造プロセスや熱処理条件を変えることで，微視組織(粒径，集合組織，相分布)を制御し，特定の特性を持つ材料を得ることが可能である。しかしながら，鍛造などの製造プロセスでは，材料全体で均一な微細構造が得られないことがある。たとえば，鍛造ディスクでは，変形が少ない領域(デッドゾーン)から圧縮変形領域にかけて，顕著な集合組織変化が観察される。結晶方位が類似のマクロゾーンは，鍛造中に局所的なひずみが増加するにつれて徐々に消失する。その結果，同一の鍛造材であっても，塑性変形挙動には大きなばらつきが生じうるので，詳細な調査が必要となる。特にα相チタンは弾性異方性が強く，またすべり系の強度差も大きいため，さまざまなスケールにおいて顕著な弾塑性異方性をもたらす。そのような弾塑性異方性の影響は，一般に，マクロな降伏点と比べて与応力が低く，塑性変形挙動が局所的に限定されて起こる場合，つまり高サイクル疲労条件下で顕著に現れやすい。

疲労き裂発生のメカニズムは一般に平均応力感受性を持ち，応力比(R)に影響される。引張圧縮条件(R＝－1)では，等軸α粒またはα/βラメラコロニー内での底面および柱面でのき裂生成が観察される。応力比Rが増加すると，疲労き裂面においてへき開破壊が多く観察されるようになり，き裂開閉口挙動にも影響を及ぼす。これらのへき開破面は，荷重方向にほぼ平行なc軸を持つすべり面での破壊と関連している。鍛造材のようにマクロゾーンが存在する場合には，これら複数の破面が混在することもあり，短いき裂進展の挙動はより複雑となる。短い疲労き裂進展は，粒界でのき裂偏向やき裂進展遅延の影響を受けるため，結晶粒間の方位差などの微視組織因子に敏感である。したがって，疲労き裂発生やき裂進展の駆動力を実験的に定量化するためには，局所的な結晶方位を考慮し，Schmid因子や弾性特性を調べる必要がある。特に粒界三重点や粒界，マクロゾーン界面付近では多軸の応力状態となるため，α相チタンにおける弾塑性異方性や応力状態を考慮した解析が必要である。

これらに対応するための強力な研究ツールが結晶塑性有限要素法(CPFEM)である。CPFEMでは，実験的に観察された微視組織を入力として，外力を境界条件として与えることで，微視組織スケールの弾塑性変形挙動を計算することができる。そこで本研究では，チタン合金鍛造材の疲労き裂進展予測に向けて，Ti-6Al-4V合金鍛造材の高サイクル疲労挙動に対するマクロゾーンの影響をCPFEMを用いて評価することを目的とした。実験においては，疲労き裂の発生および進展をその場観察した。また疲労試験をした試験片について，低倍率および高倍率の電子線後方散乱回折（EBSD）解析を行い，鍛造プロセスによって生じるマクロゾーンおよび局所結晶方位と疲労き裂の生成・進展との関係を解析した。

2. 実験・解析方法

材料は，鍛造チタン合金 Ti-6Al-4V を用いた。直径 120 mm，高さ 196 mm の初期インゴット（**図 1**(a)）を予熱し，800 ℃で 5×10^{-4}/s のひずみ速度で一軸圧縮鍛造した。鍛造後のビレットは 850 ℃で 2 時間の溶体化処理を行い，空冷後，704 ℃で 2 時間の時効処理を経て再び空冷した。図 1(b)に示すように，鍛造された材料の中間厚み位置から，断面が 2 mm×4 mm，ゲージ長さが 5 mm のドッグボーン形試験片を切り出した。試験片側面を慎重に研磨し，さらに前面および背面は 4000 番のサンドペーパーで研磨した。前面はさらに 0.05 μm のコロイドシリカ溶液で研磨した。さらに Kroll 液でエッチングし，微視組織を観察した。

一軸引張試験と，ひずみ制御による完全反転低サイクル疲労（LCF）試験を，ひずみ速度 $10^{-3}s^{-1}$ および LCF 試験の場合はひずみ振幅 1 %で行った。次に，完全反転（R＝－1）の一軸負荷制御疲労試験を，室温で 20 Hz の周波数，および 480 MPa の応力振幅で実施した。デジタルマイクロスコープ（VHX6000，Keyence）を三軸モーター駆動の自動ステージに設置し，自動フォーカスとシーケンサ（PLC）に接続することで，自動撮影を可能にした。疲労試験は 500 サイクルごとに自動的に中断され，図 1(c)に示すように試験片全体の表面が記録された。各中断時に 1600×1200 ピクセルの解像度で計 84 枚の写真が撮影した。各画像は 693 μm×520 μm の領域に対応する。クロスヘッド変位が設定したしきい値を超えた時点で試験を自動停止することで，最終破断前に試験片を取り出した。試験前と試験後の同じ位置で撮影された写真を比較することで，試験片表面の微視き裂を観察することができた（図 1(d)）。

(a)鍛造前後のビレット寸法　(b)引張試験および疲労試験に使用した試験片の形状および寸法　(c)高サイクル疲労試験中に撮影された試験片表面の例　(d)試験前後の光学顕微鏡写真の比較

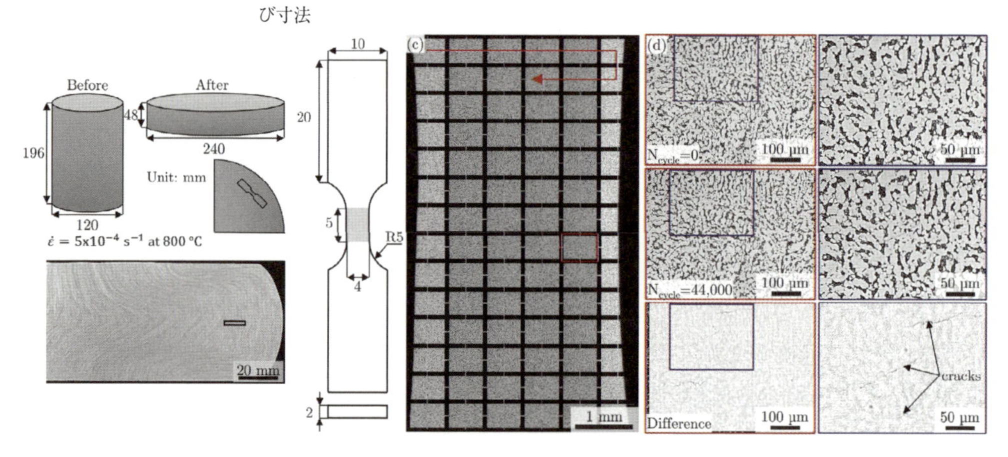

図 1　材料と疲労試験

試験後の試験片は，EBSD 解析のために，コロイドシリカ溶液で軽く研磨した。2種類のEBSD 解析を実施した。低倍率・低解像度の測定（ステップサイズ約 2.5 μm，観察領域 約 3.8 mm ×5 mm）と，き裂を中心にした高倍率・高解像度の EBSD（ステップサイズ 0.3 μm）である。各き裂に対してすべり線のトレース解析を行い，き裂近傍の結晶学的な性質を評価した。すべり線解析では {0001} {11$\bar{2}$0} 底面すべり系および {1$\bar{1}$00} {11$\bar{2}$0} 柱面すべり系を考慮した。き裂がどのすべり線にも一致しない場合，錐面のすべりトレースも調べた。今回の解析では，ひとつのき裂のみが底面すべりおよび柱面すべりに一致せず，それ以外はすべていずれかのすべり系に一致した。したがって，本研究では，これら2つのすべり系に焦点を当てて考察する。

数値解析の概要を**図2**に示す。図に示すように，マクロな試験片形状からメソスケールの多結晶体モデル，き裂周囲のマイクロスケールのモデルにかけて，3つのスケールにわたるマルチスケールシミュレーションを行った。最初に，図2(a)に示すように，試験片平行部の三次元マクロスケールシミュレーションを行った。最大応力が降伏応力を大きく下回るため，このスケールでは材料は弾性的に振る舞うと仮定し，ヤング率 E＝110 GPa およびポアソン比 ν＝0.3 を使用した。実験と同じ条件で 10 回の繰返し負荷を与えて，節点変位の計算結果を保存した。これらの変位データを，次のメソスケールシミュレーションの境界条件として用いた。メソスケールシミュレーションでは，図2(b)に示すように，4 μm のサイズの線形8節点六面体要素（C3D8）で離散化し，厚み方向に1要素で約 75 万要素からなるモデルを作成した。マクロなシミュレーションから得られた変位場を境界条件として与えた。結晶塑性（CP）モデルでは，Hall-Petch 則を用いて初期 CRSS を結晶粒寸法の関数として要素ごとに設定した。結晶塑性

(a)三次元マクロスケールモデルと境界条件　(b)広範囲 EBSD 測定から生成された試験片表面のメソスケールモデル　(c)高解像度 EBSD 測定から得られたミクロスケールモデルの例

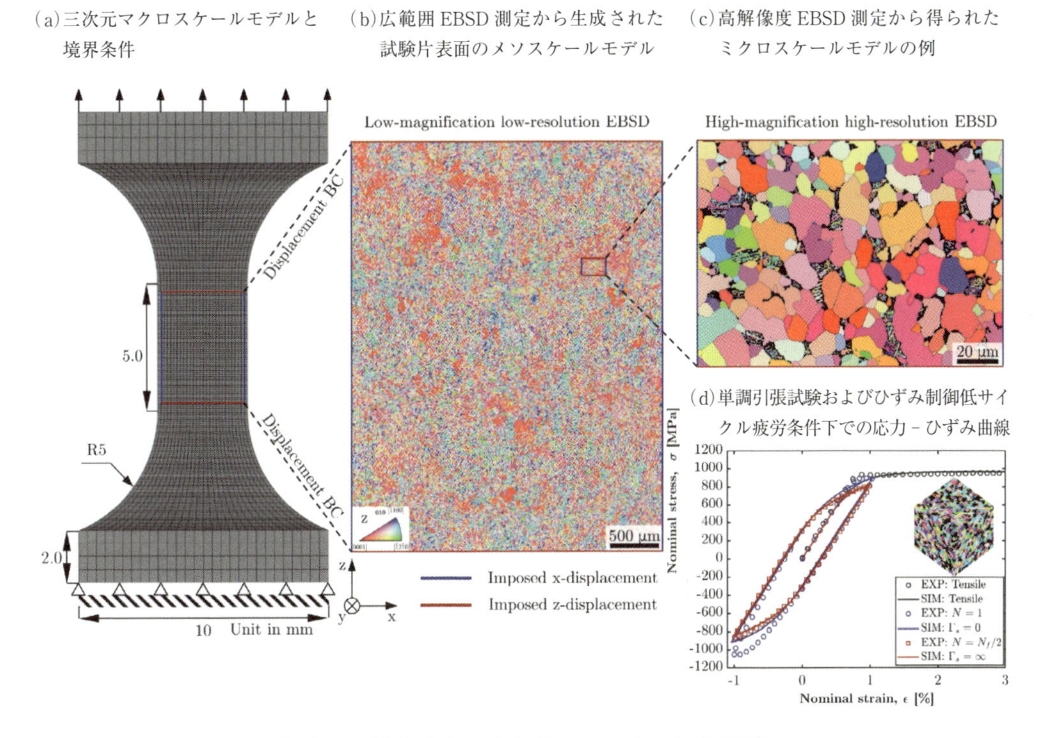

(d)単調引張試験およびひずみ制御低サイクル疲労条件下での応力－ひずみ曲線

図2　マルチスケールシミュレーションの概略

構成則については，基本的に第1章第2節で説明したものと同じものを用いた。このモデルはβ相が非常に小さくEBSDで正確に測定できないため，α相のみで構成されるモデルとした。このメソスケールシミュレーションで計算された変位場を，さらに，き裂周囲のマイクロスケールシミュレーションの境界条件として利用した。マイクロスケールシミュレーションでは，図2(c)のように，0.3 μmサイズのC3D8要素で有限要素モデルを離散化した。観察されたすべての微視き裂について，同様に，マイクロスケールシミュレーションを行った。各要素には，それが属する結晶粒の結晶方位の平均値が割り当てられた。き裂周辺でEBSDパターンが不明瞭な要素には，最も近い粒の平均結晶方位を割り当てた。このマイクロスケールモデルでは，α相とβ相の両方を考慮した。

結晶塑性パラメータを較正するために，図2(d)に示すように，$200 \times 200 \times 200\ \mu m^3$のサイズで$50^3$の要素で構成された三次元代表体積要素(RVE)を生成し，材料の粒径分布，相の体積分率，マクロな集合組織を再現した。このモデルは，等軸α粒とα/βラメラコロニーで構成されている。しかし，β相のサイズと体積分率が小さいため，較正においてはβ相を含めなかった。代わりに，Mayeurらが提案しているラメラコロニーの均質化モデルを採用した。α相とβ相の間のBurgers方位関係(BOR)を考慮すると，底面すべり系と柱面すべり系の一部は，β相のいくつかのすべり系と平行になる。したがって，これらのすべり系に対しては，転位が界面で妨げられないと仮定した。つまり，Hall-Petch則の有効長さスケールをラメラコロニーの粒径に設定した。他のすべり系では，有効長さスケールをラメラ幅として，EBSD測定に基づき1 μmを割り当てた。RVEには，実験と同じ引張およびLCF条件において周期境界条件(PBC)を適用した。α相の弾性定数はSimmonらのデータを使用し，多くの塑性パラメータは過去の数値研究から引用した。最も重要なパラメータは，底面および柱面の初期CRSSであり，これが初期の塑性変形挙動を決定する。多くの報告では，底面すべりのCRSSが柱面すべりよりも高いと仮定されている。しかし，最近の研究では，初期の底面すべり強度は柱面すべり強度よりもやや低いか，少なくとも同程度であることが示唆されている。そのため，簡便のために，底面と柱面の強度が同じと仮定した。この仮説の影響については，あとで議論する。図2(d)には較正の結果が示されている。CPパラメータは**表1**にまとめられている。実験においては，LCF試験中にわずかな軟化が観察され，ピーク引張応力と圧縮応力の両方が低下した。初めのサイクルでは，材料が引張応力よりも高い圧縮ピーク応力を示した。この差異はサイクル数の増加とともに徐々に減少した。これらは残留応力に関連した現象であると考えられる。しかしながら，現在のCPモデルではこの挙動を再現できない。β相の弾塑性パラメータは文献から引用し，簡便のためにこの相には硬化/軟化やサイズ効果を考慮しなかった。

表1　結晶塑性パラメータ

	$\mathbb{C}_{11}$ [GPa]	$\mathbb{C}_{12}$ [GPa]	$\mathbb{C}_{13}$ [GPa]	$\mathbb{C}_{33}$ [GPa]	$\mathbb{C}_{44}$ [GPa]
α phase	162.4	92.0	69.0	180.7	46.7
β phase	135.0	113.0	-	-	54.9
$\dot{\gamma}_0$ [s^{-1}]	n [-]	A [MPa]	B [-]	k [MPa$\sqrt{mm}$]	b_1^{α} [MPa]
0.001	50	80,000	2500	17.3	100
τ_0^{bas} [MPa]	τ_1^{bas} [MPa]	τ_0^{prism} [MPa]	τ_1^{prism} [MPa]	τ_0^{pyr} [MPa]	τ_1^{pyr} [MPa]
125	-40	125	-40	320	0

3. 試験片全体の微視組織とき裂発生挙動

図3(a)は，荷重方向に沿ったIPFマップである。試験片全面のEBSDデータから計算された方位分布関数(ODF)では，ランダムな方位分布に対して1.5倍程度のピーク強度であった。このスケールでは特に強い集合組織は見られなかったが，均一な結晶方位を持つ領域があることが観察された。EBSDマップから計算されたc軸と荷重方向との角度を表す偏向角マップを図3(b)に示す。角度を表すカラーバーのスケールは0～180°であり，角度がθまたは$\pi-\theta$の場合，異なるc軸方向を示す。材料は数百μmにわたって広がる類似した偏向角を持つ領域(マクロゾーン)を有することがわかった。これらの領域に限定すると，集合組織強度がランダムなものに対して10倍を超えるものもあった。ヤング率マップもα相の弾性定数を用いて計算した(図3(c))。c軸が負荷方向に近い領域は最も高いヤング率を示し，偏向角の増加に伴って低下する。また図中の白枠は観察された微視き裂位置を示す。試験片の側面を注意深く研磨したにもかかわらず，主き裂は試験片の側面から発生した。これは試験片形状に関連するわずかに高い応力のためと考えられる。一方で，表面に主き裂が現れるタイミングは，他の多くの微視き裂よりもかなり遅かった。試験片表面には合計18個の微視き裂が観察された。微視き裂は試験片の表面全体に散在しており，必ずしもマクロゾーン内に存在していなかった。しかし，偏向角が150°のマクロゾーン周辺には微視割れのクラスターが観察された。さらに，多くのき裂は中間的なヤング率の領域に見られた。

図4は，メソスケールシミュレーションの結果である。図4(a)は，最後の荷重サイクルで累積した塑性ひずみ振幅を表している。塑性ひずみは非常に不均一であり，これは与応力が低いことと図3で特定されたマクロゾーンの存在によるものであると考えられる。特に，非常に低い偏向角の領域では，底面および柱面すべり系がかなり限定されるため，ほとんど塑性変形が見られなかった。これらの領域では，塑性変形は錐面すべりにより担われるが，このすべり系の強度は底面および柱面すべり系よりもはるかに高いため，低応力振幅では活性化しない。図4(b)および図4(c)は，最終荷重サイクルにおける引張ピーク負荷時の底面に作用する最大垂直応力と，3つの柱面の最大垂直応力の分布をそれぞれ示している。ヤング率マップと底面垂直応力マップの間には直接的な相関が見られた。巨視的な与応力は480 Mpaであるにもかかわらず，底面に作用する垂直応力は，c軸が負荷方向と平行である場合，600 MPaを超える箇所もあった。これらの領域では塑性変形量が小さく(図4(a))とヤング率が高い(図3(c))。またき裂生成部位周辺では，ほとんどの場合に，大きな塑性変形と比較的高い引張応力が，底面または柱面において観察された。

微視き裂は合計で18個観察された。そのき裂発生メカニズムを観察した結果を**図5**に示す。図5(a)は，各き裂が観察されたサイクル数であり，き裂生成寿命は1,000～25,000サイクルの間でばらついた。主き裂は32,000サイクルで試験片前面に現れた。すべてのき裂は等軸α粒内で発生し，粒界近傍および粒内で生成した(図5(c))。粒内き裂生成の場合，EBSD測定を用いたすべり線解析(図5(d))により，底面，柱面および錐面でのき裂生成が確認された。それぞれの数は図5(a)に示すとおりであり，ほとんどのき裂は底面または柱面のすべり系から発生していた。最初に発生したき裂は粒界近傍のものであり，その後，各すべり系に対応する

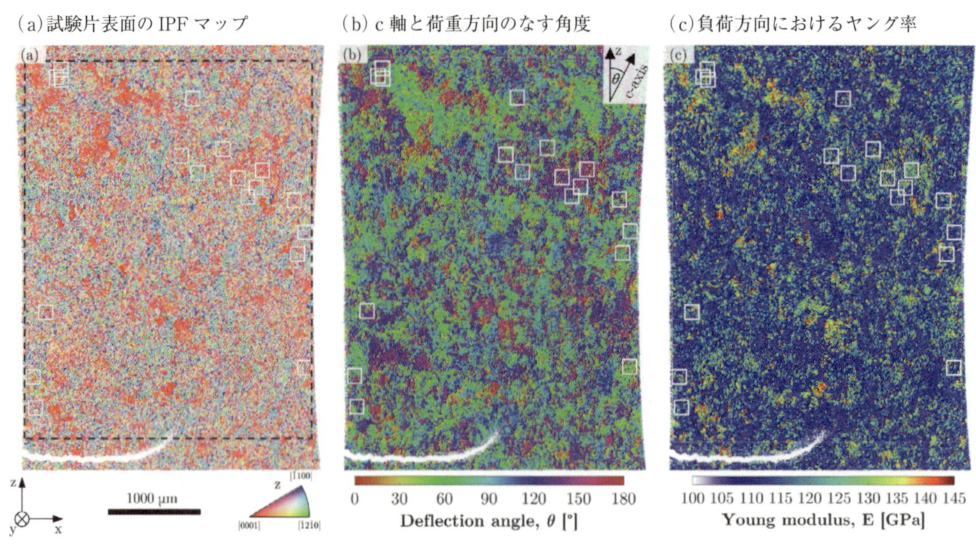

各マップの白枠は観察された微視き裂位置を示す

図3　EBSD 解析の結果

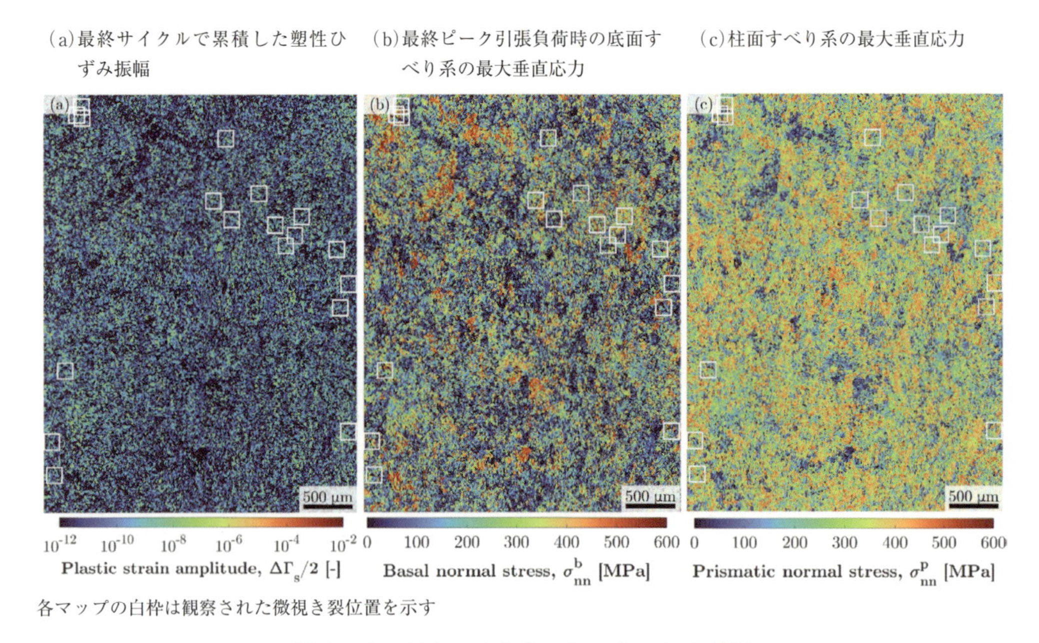

各マップの白枠は観察された微視き裂位置を示す

図4　メソスケールシミュレーションの結果

き裂がランダムに現れた。き裂が発生した結晶粒の粒径を図5(b)に示す。材料全体の粒径分布も同じ図中にプロットした。ほとんどのき裂は材料の平均粒径よりも大きな粒径を示した。生成された粒の結晶方位は図5(e)の逆極点図に荷重方向に沿って示した。底面，柱面および錐面の Schmid 因子もカラーマップで示した。明らかに，特定のすべり系に対して高い Schmid 因子を示す粒でき裂が発生したことが分かる。粒界でのき裂発生の場合，各き裂の周囲の粒の結晶方位を逆極点図に折れ線でプロットした。ここでのカラーマップは底面の Schmid 因子を表

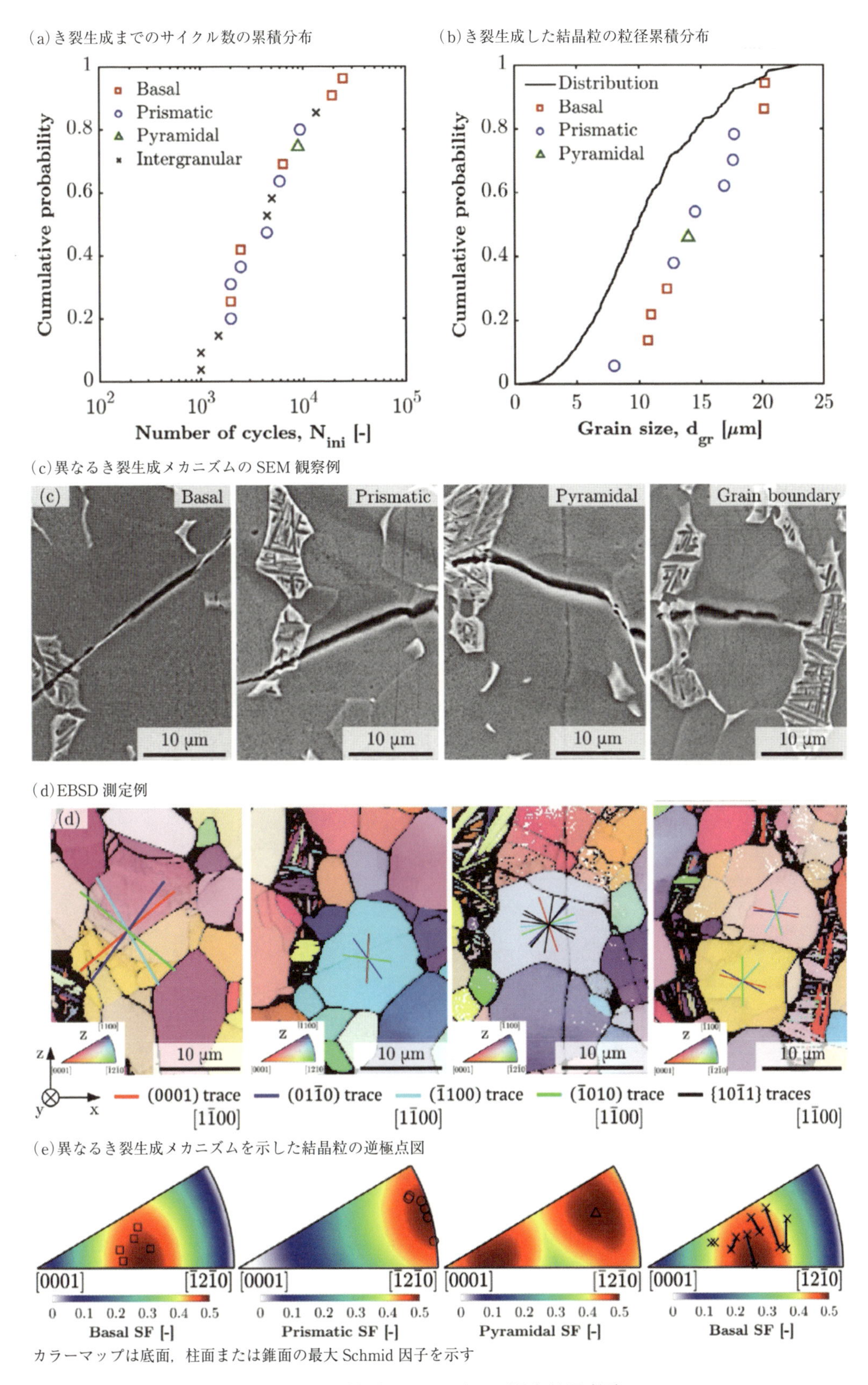

図5　き裂発生メカニズムの観察結果(仮)

す。粒界き裂は主に荷重方向にほぼ垂直な粒界で見られた。2つの粒の底面は互いに平行で，粒界にも平行であり，結晶方位は底面 Schmid 因子が高い領域に対応していた。またこれらの結晶粒の方位差は常に 15° 以上であった。

図6 は，図5で説明したき裂の周辺におけるマイクロスケールシミュレーション結果である。図6(a)～(d)は，各結晶粒での最も活性化したすべり系での最終サイクルの塑性ひずみ振幅を示している。低応力振幅条件のため，ほとんどの結晶粒は底面または柱面のすべり系の単一すべりメカニズムによって変形していた。そこで，底面または柱面すべり系で変形する結晶粒を区別するために異なるカラーマップを使用した。塑性ひずみ振幅が 10^{-10} 未満の粒は白で表示した。図6(e)～(h)は，最終負荷時に各結晶粒内で活動したすべり系に作用する垂直応力を示しており，ここでも底面と柱面を区別するために異なるカラーマップを使用した。底面または柱面でき裂が発生した結晶粒では，それぞれ底面すべりまたは柱面すべりによって著しく変形することが予測された。底面すべりに沿ったき裂発生は，柱面すべりに沿ったき裂発生よりも引張応力が高くなる傾向が見られた。錐面すべりの CRSS が高いため，錐面でのき裂生成が観察された粒は柱面すべりで変形していた。粒界でき裂発生した場合を見ると，き裂両側の結晶粒において底面すべりが活動しており，さらに底面垂直方向の引張応力が高かった。これは2つの結晶粒の底面がほぼ平行であることが原因である。

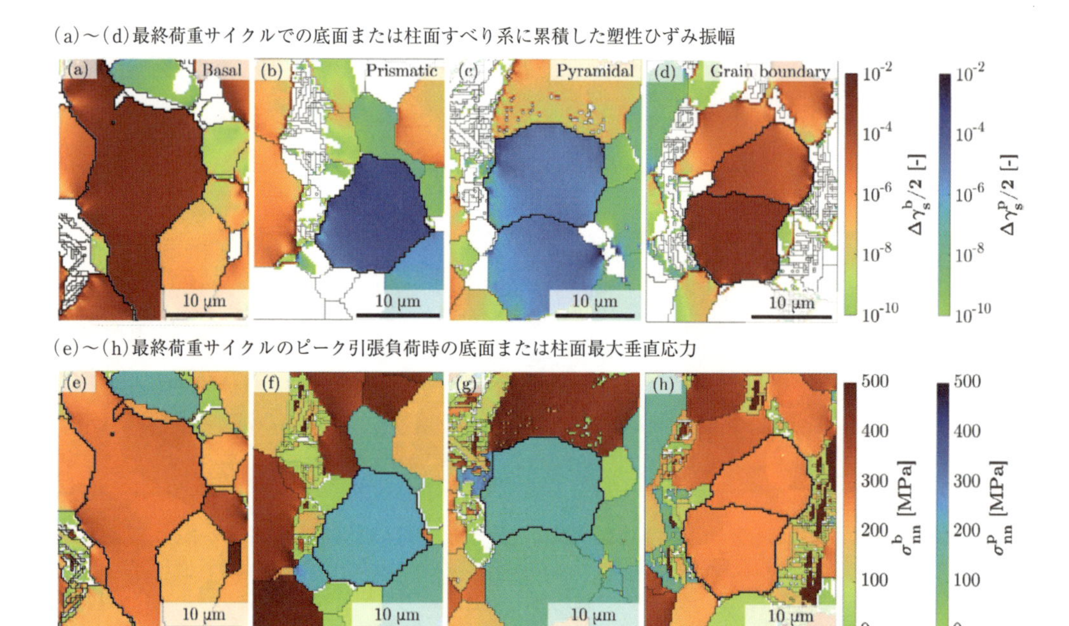

図6　図5に対応する領域のマイクロスケールシミュレーション結果

4. 微小き裂の進展挙動

18個の微小き裂のうち，6つはそのき裂長さが100 μmを超えていた。これらのき裂をマクロゾーンの集合組織に応じて，底面集合組織，柱面集合組織，および混合集合組織の3つのグループに分けた。**図7**は，それぞれのグループからの微小き裂のSEM像およびEBSD測定の例を示している。底面集合組織のき裂(図7(a))は非常に直線的で，大部分が粒内き裂であり，荷重方向から約60°の角度で進んでいた。対応するEBSDマップ(図7(d))および極点図(図7(g))は，ほとんどの粒が負荷方向から約30°の角度でc軸を持つ強い底面集合組織を示した。このき裂は図3(b)の紫のマクロゾーンに位置していた。き裂経路に沿ったすべりトレース解析では，ほぼすべてが高い底面Schmid因子を示す粒の底面に沿って進んでいた。

柱面集合組織のき裂(図7(b))では，き裂偏向およびき裂分岐を伴っており，ギザギザ状であった。この領域は強い集合組織を示し(図7(e)および(h))，ほとんどの粒が荷重方向に対してほぼ垂直にc軸を持っていた。き裂の進行は主に粒内および結晶学的に底面に沿っていた。混合集合組織のき裂(図7(c))は，先の2つのき裂の中間の形態を示し，限られた偏向を持つ直線的なき裂とギザギザ状のほぼ水平なき裂が混ざり合っていた。EBSDマップ(図7(f))から，これらのき裂が底面または柱面のマクロゾーンに属し，き裂の進行が底面と柱面の間で揺れ動いていたことがわかった。

主き裂および最長の二次き裂のき裂進展速度を，それぞれのき裂長に対して**図8**(a)にプロットした。二次き裂のき裂長さαは，半円形き裂形状を仮定すると，き裂全体の長さの半分に対応する。図8(b)は，サイクル数に対するき裂長さを示している。二次き裂のき裂進展速度は，加速と減速を繰返しながら変動していることが観察された。全体として，3つの集合組織におけるき裂進展速度は比較的類似していたが，柱面集合組織のき裂はややばらつきが小さかった。さらに，き裂進展機構を解析するために，図8(c)～(e)では，通過した各結晶粒内のき裂に対応するすべり系のSchmid因子をプロットした。底面集合組織のき裂(図8(c))では，ほとんどのき裂が最大Schmid因子を持つすべり系で発生・進展した。一方で他の2つの集合組織では，最大Schmid因子を持つすべり面と平行ではないき裂が多く見られた。以前の研究では，LusterとMorrisが提案した幾何学的適合性因子m'を使用して，き裂偏向に対する粒界の影響を解析することが提案されていた。これは以下の式(1)のように定義される。

$$m' = \left| (\mathbf{n}_1 \cdot \mathbf{n}_2) \cdot (\mathbf{b}_1 \cdot \mathbf{b}_2) \right| \tag{1}$$

ここで，$\mathbf{n}_1 \cdot \mathbf{n}_2$はすべり面法線ベクトル，$\mathbf{b}_1 \cdot \mathbf{b}_2$はそれぞれ粒1と粒2のすべり方向ベクトルである。2つのすべり系が平行である場合，このパラメータは1に等しくなり，これらのすべり系の転位は粒界によって妨げられず，容易に通過できることを意味する。逆に，このパラメータが0の場合，2つのすべり系は垂直であり，粒界は障壁として機能する。図8(f)～(h)に，各集合組織領域に対するSchmid因子と幾何学的適合性因子を示す。両方に対して最大値を持つすべり系でのき裂進展，いずれか一方または両方を持たない場合のき裂進展について凡例を分けてプロットしている。底面集合組織のき裂では，ほとんどの場合，2つのパラメータが最大のすべり系，またはSchmid因子が最大のすべり系にき裂進展していた。他の領域では，一

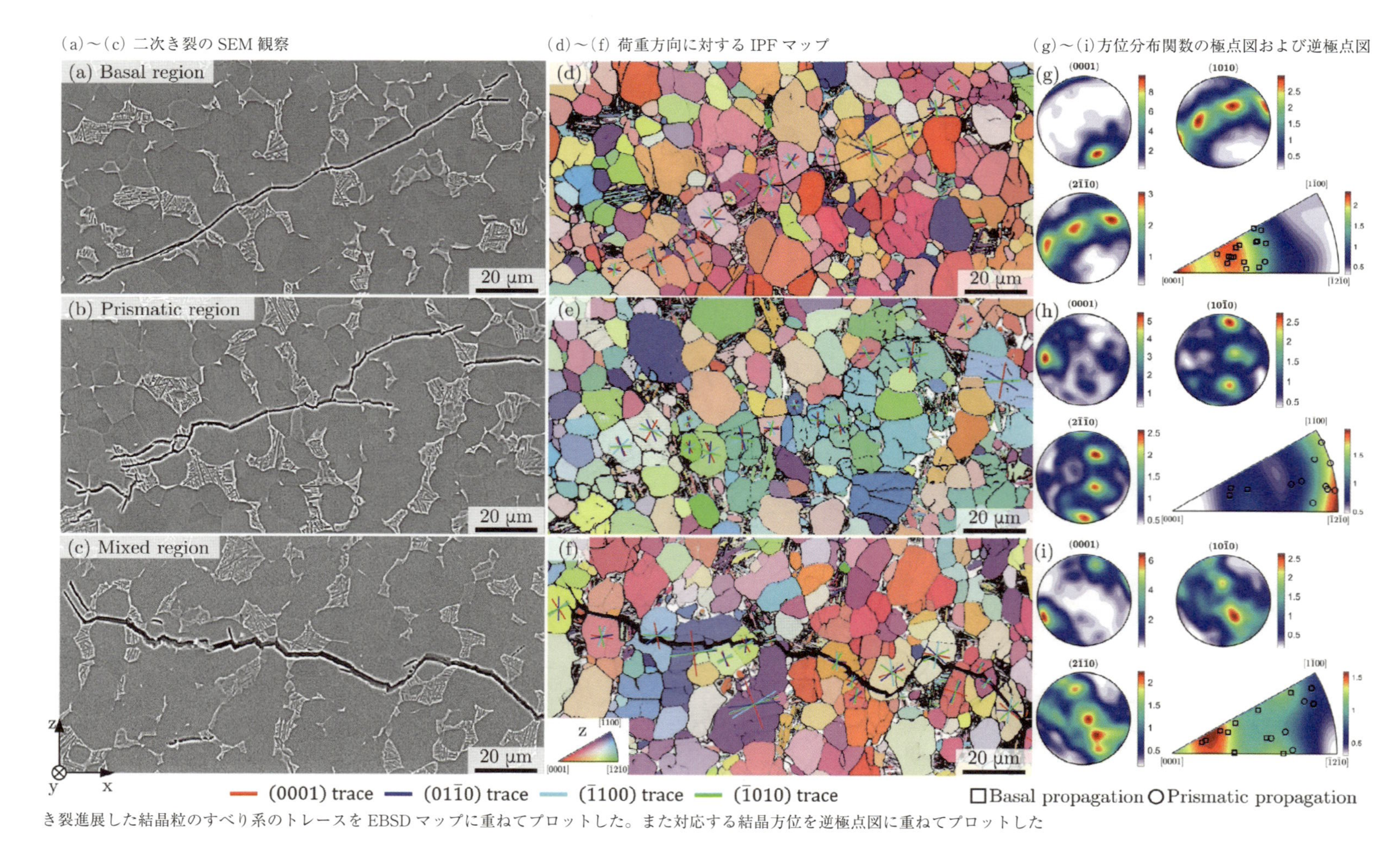

き裂進展した結晶粒のすべり系のトレースをEBSDマップに重ねてプロットした。また対応する結晶方位を逆極点図に重ねてプロットした

図7　3グループからの微小き裂のSEM像およびEBSD測定の例

部のき裂が，最大の幾何学的適合性因子を持つすべり系に進展していた。このような違いにより，柱面集合組織においては，き裂経路がギザギザ状になったと考えられる。

図9は，図7で示した3つのEBSD測定に対するマイクロスケールシミュレーションの結果である。図9(a)～(c)は，最後の荷重サイクルで累積した塑性せん断ひずみ振幅を示している。同様に，図9(d)～(f)は各結晶粒内で最も活性化されたすべり系の最終引張負荷時の垂直応力を示しており，ここでも底面すべりが優勢の粒と柱面すべりが優勢の粒を2つの異なるカラーマップで区別している。各領域内および各領域間で顕著な粒内および粒界間のひずみ不均一性が観察された。ひずみ振幅は数桁にわたって変動している。底面すべり優勢の領域(図9(a))は主に底面すべりで変形し，柱面すべり優勢の領域(図9(b))は柱面すべりで変形していることが明らかである。混合領域(図9(c))では，両方の集合組織が共存することにより，両方の変形メカニズムが観察された。各粒内で最も活性化されたすべり系に作用する垂直応力場を分析すると(図9(d)～(f))，空間的に強い不均一性があることが観察された。特に，塑性変

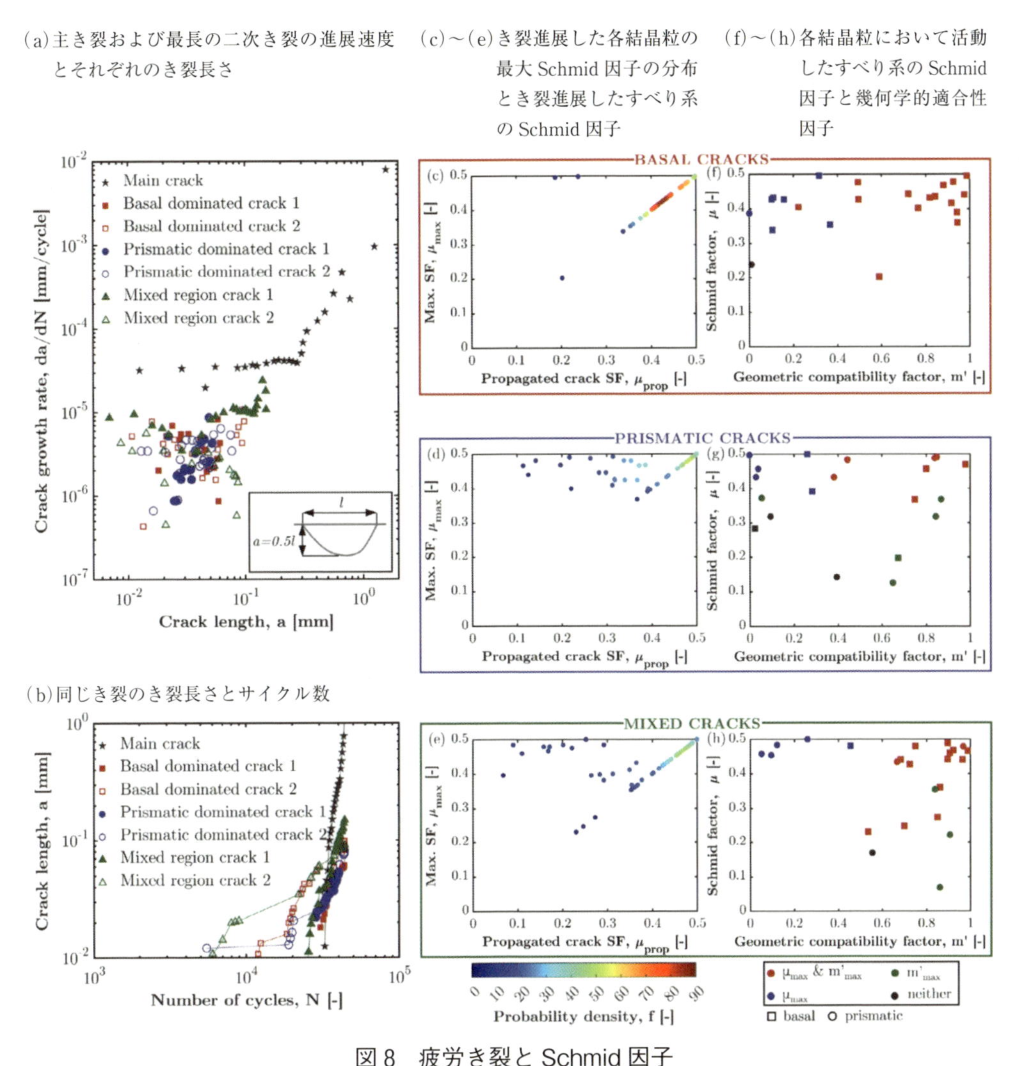

図8　疲労き裂とSchmid因子

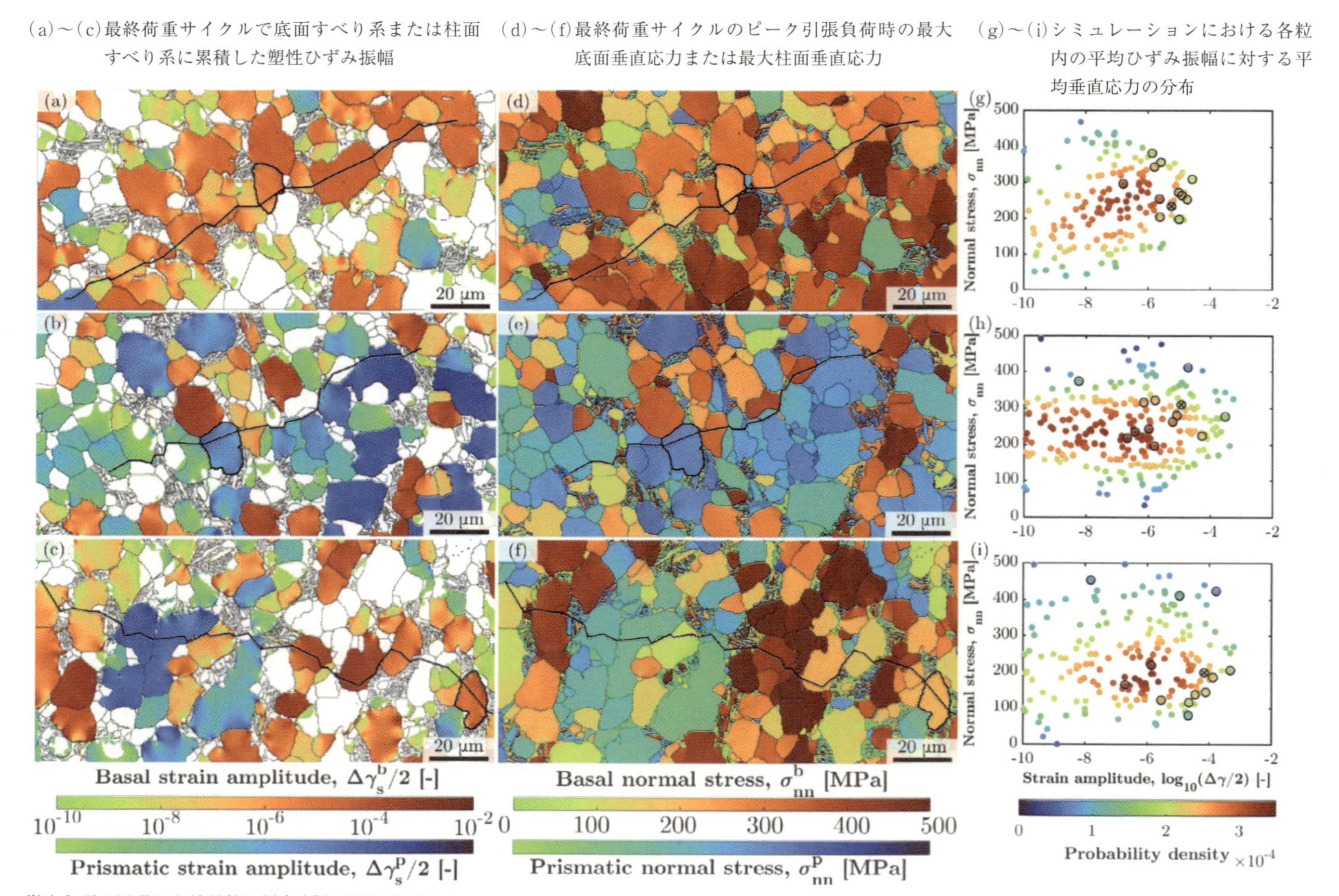

図9　マイクロスケールシミュレーションの結果

形量が小さい結晶粒の場合，底面での垂直応力が高いことが顕著であった。図9(g)～(i)は，3つのシミュレーションされた領域の各粒内での平均せん断ひずみ振幅に対する平均ピーク垂直応力を示している。全体として，底面集合組織では柱面集合組織よりも高い応力が発生している。これは，底面集合組織のヤング率が柱面集合組織よりも高いためである。疲労き裂が進展した結晶粒は図9(g)～(i)において黒い円で強調表示した。これらのき裂を有する結晶粒は，2種類に分けられる。すなわち，平均以上の塑性ひずみを持ち垂直応力は平均的な結晶粒と，高い垂直応力を持つが塑性ひずみが比較的小さな結晶粒である。今回の結晶塑性シミュレーションでは，き裂を明示的に考慮しなかったため，き裂先端での局所的な応力-ひずみ再分配の影響は評価できなかった。これまでの研究から，き裂先端付近では局所的な塑性変形と垂直応力が増加する可能性が高いと考えられる。

5. 疲労き裂発生機構の考察

上記の結果をもとに，結晶粒内での疲労き裂発生機構を考察する。微視き裂近傍のEBSD解析により，約70％のき裂が平均粒径よりも大きい粒内の底面または柱面で生成し，Schmid因子が高い底面すべり系または柱面すべり系に沿っていることが明らかになった(図5)。き裂発生機構は負荷条件，特に応力比と材料の集合組織に大きく依存することが報告されている。完全反転条件(R＝－1)では，柱面すべりが優勢となる集合組織を持つマクロゾーンでは，柱面に沿ったき裂生成が報告されている。一方で，正の応力比では，集合組織を持つチタン合金であっても，底面に沿ったき裂が主に発生することが報告されている。本研究では，R＝－1の試験を行った。また鍛造材であるため，試験片内に複数の集合組織が共存していた。このような場合には，両方のき裂発生機構が同様の割合で観察されることが示された。

力学的な異方性を持つ材料のき裂発生機構については，Strohモデルを用いて説明されることが多い。チタン合金においては，滞留疲労(引張荷重の保持時間を含む疲労試験)や正の応力比(平均応力が高い疲労試験)において，大きな底面垂直応力を受ける結晶粒と低偏向角を持つ結晶粒の組み合わせと，隣接粒での転位蓄積により，底面でき裂発生する現象を説明するためによく用いられる。今回のシミュレーション結果を見てみると，確かにこれらの結晶粒では，塑性変形量が平均よりも高くなるが，底面垂直応力は200～300 MPaであり，底面は荷重方向から30～45°の範囲に配向している(図9(a)および(d))。このような状況では，Strohモデルは適用できない。この場合，Strohモデルの代わりに，転位論に基づくTanaka-Muraモデルが，粒内き裂発生のクライテリアとして使用できる。このモデルは，すべり帯の長さdにおける単一すべり系を考慮したものであり，転位が周期的かつ不可逆的に動くことにより，すべり帯にひずみが蓄積することを仮定している。そして転位蓄積による弾性ひずみエネルギーが一定の破壊エネルギーW_Sを超えたときに疲労き裂が生成すると考える。したがって，き裂発生までのサイクル数N_{nucl}は次の式(2)で表される。

$$N_{nucl}\left(\frac{\Delta\gamma_{pl}}{2}\right)^2=\frac{\pi(1-\nu)W_S}{8G\lambda^2 d}=\frac{A_{nucl}}{d} \tag{2}$$

ここで，$\Delta\gamma_{pl}$ は塑性せん断ひずみ範囲，v はポアソン比，G は剛性率，λ はすべり帯幅に関する係数である。これらのパラメータは単一の材料定数 A_{nucl} としてまとめることができる。なお，き裂発生寿命の定義は研究者や観察方法によって異なるため注意が必要である。光学顕微鏡によるその場観察では，実験的にき裂が観察されたときにはすでに数 μm の長さがあるため，式(2)から導出される N_{nucl} は，実際にはき裂発生寿命 N_{ini} の一部を表す可能性がある。また垂直応力の影響を考慮するために，Tanaka-Mura モデルと Fatemi-Socie 基準を組み合わせた疲労指標パラメータ(FIP)が以下の式(3)のように提案されている。

$$\mathrm{FIP}^{\kappa} = d\left[\frac{\Delta\gamma^{\kappa}}{2}\left(1 + k\frac{\sigma_{nn}^{\kappa}}{\sigma_y}\right)\right]^2 \tag{3}$$

ここで，k は0.5とされることが多く，σy は材料の巨視的な降伏応力である。**図10**は，18個のマイクロスケールシミュレーション結果をまとめてプロットしたものである。それぞれ，底面と柱面について，せん断ひずみ振幅と垂直応力の関係を示したものである。それぞれの図において，底面または柱面に沿ってき裂発生した結晶粒は黒色の丸で強調表示している。各点の色は式(3)の FIP の値を表している。き裂発生した結晶粒のほとんどは，高いひずみを持っており，FIP 値も高い。したがって，式(3)で定義した FIP を用いることで，き裂発生を予測できる可能性を示唆している。底面と柱面の結果を比較すると，FIP の最大値は同程度の値である。今回の結晶塑性解析では，2つのすべり系に対して初期 CRSS を同じ値に仮定したため，塑性変形量が同程度になり，FIP の値も近いものになったと考えられる。この仮説が正しいとすると，き裂生成寿命が2つのすべり系間で同等に分布しているため(図4(a))，Tanaka-Mura モデルにより導出される材料定数 A_{nucl} は2つの生成メカニズムに対して等しいことを意味する。これは，物理的には，底面での破壊エネルギー W_S が柱面での破壊エネルギーと同程度であることを示唆している。これは，疲労き裂発生予測のために重要な知見である。さら

(a)マイクロスケールシミュレーションにおける各結晶粒内の平均底面垂直応力と平均底面ひずみ振幅の分布

(b)各結晶粒内の平均柱面垂直応力と平均柱面ひずみ振幅の分布

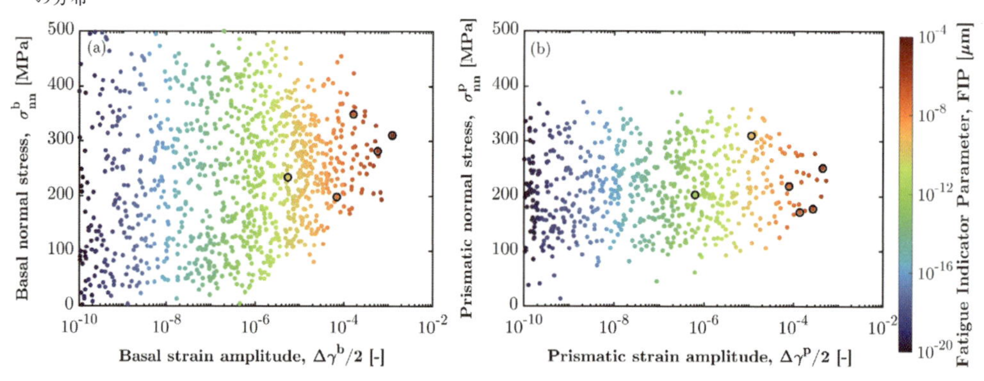

カラーマップは疲労指標パラメータ(FIP)を示す。底面または柱面に沿ってき裂発生した結晶粒は黒丸(○)で強調表示している

図10　マイクロスケールシミュレーション結果

に定量的な予測を行うためには，いくつかのEBSD結果(図5)で見られるような粒内の方位差を考慮する必要があると考えられる。

次に粒界近傍でき裂発生について考える。図5に示されているように，複数のき裂が粒界で発生しているように見られた。このような粒界での疲労き裂発生は，特に低応力振幅の完全反転負荷高サイクル疲労条件下では，Ti-6Al-4V合金ではあまり報告されていない。そこで，この特異なき裂発生機構について考察する。**図11**は粒界き裂の3つの例を示している。各き裂の両側にある結晶粒について，底面および底面すべり方向のステレオ投影図(図11(e))から，これらの粒は同じ底面を共有していることが分かる。したがって，2つの結晶粒間の方位差は，共通のc軸周りの結晶回転角度に等しい。2番目の例では，き裂の両側に全く同じ結晶方位を持つ2つの粒が存在することが分かる。このため，これらの粒界は鍛造前から存在していたものではなく，鍛造プロセス中の著しい塑性変形によって生じたサブグレイン境界であると推測される。サブグレイン境界のトレースとc軸との間の角度(図11(d))の解析結果から，それらが垂直であることが示された。これは，最近の研究で正の応力比下で同様のき裂生成部位が報告されていることと一致している。その研究では，境界が[0001]方向の回転を含むねじれ境界であると結論づけた。しかし，サブグレイン境界のトレースだけでは，[0001]方向の回転を含む$N[c]$型ねじれ粒界か$P[c]$型ねじれ粒界のどちらであるかを区別することはできない。そこで試験後に試験片をコロイドシリカ懸濁液で軽く研磨し，研磨前後のき裂形状を比較した(図11(a))。最初の2つの場合には，き裂が材料の深さ方向に「移動」しているように見え，3番目のケースでは逆方向に「移動」していた。結晶形状は両方の場合で報告されており，c軸がサブグレイン境界面に対して垂直ではなく，おそらくその面に属していることが明らかである。したがって，これらの境界はねじれ粒界ではなく，$N[c]$型傾角粒界であると結論づけられる。これらの粒界は，{10－10}柱面すべり面上でb＝⟨a⟩の刃状転位がすべることによって生成される可能性がある。

Geyらは，鍛造前のビレットに存在するマクロゾーンが，デッドゾーン(鍛造中にほとんど塑性変形しない領域)から著しく変形・圧縮される領域へ移行する際に徐々に減少することを示した。本研究で見つかったサブグレイン境界のき裂は，必ずしも強い集合組織領域に位置していたわけではないが，KAM(Kernel Average Misorientation)マップ(図11(c))に示されるように，これらの領域は顕著な結晶回転を示した。したがって，試験前にこれらの境界には高密度の刃状転位が存在し，図5(a)で観察されたき裂発生の原因となる初期欠陥として機能していた可能性がある。これらの境界は底面に対して垂直であり，2つの粒が底面すべりに対して高いSchmid因子を持っていることから，き裂発生機構は底面すべりによるものであり，両側からサブグレイン境界に転位が蓄積したと考えられる(図6(d))。最近の研究では，Héméryらが低サイクル疲労条件(応力比0.1)で複数のチタン合金における(0001)ねじれ粒界からのき裂が発生しやすい傾向にあることを報告した。彼らは，傾角粒界を構成する共通の(0001)面に沿ったせん断がき裂発生の前提条件であると結論づけた。本研究では，粒界内および粒内の両方のき裂発生が観察された。また結晶塑性シミュレーションによって，塑性変形とき裂発生機構が関連していることを明らかにした。複数種類のき裂発生機構が観察されたが，これらのき裂発生機構は競合関係にあり，どのメカニズムが優勢となるかは荷重条件(応力比や応力振幅)

(a)コロイドシリカ懸濁液で軽く研磨する前後の粒界き裂生成部位のSEM写真　(b)(a)に対応するEBSDマップ　(c)KAMマップ　(d)サブグレイン境界のトレースとc軸の間の角度　(e)き裂の両側の粒の結晶方位の底面と底面すべり方向のステレオ投影図

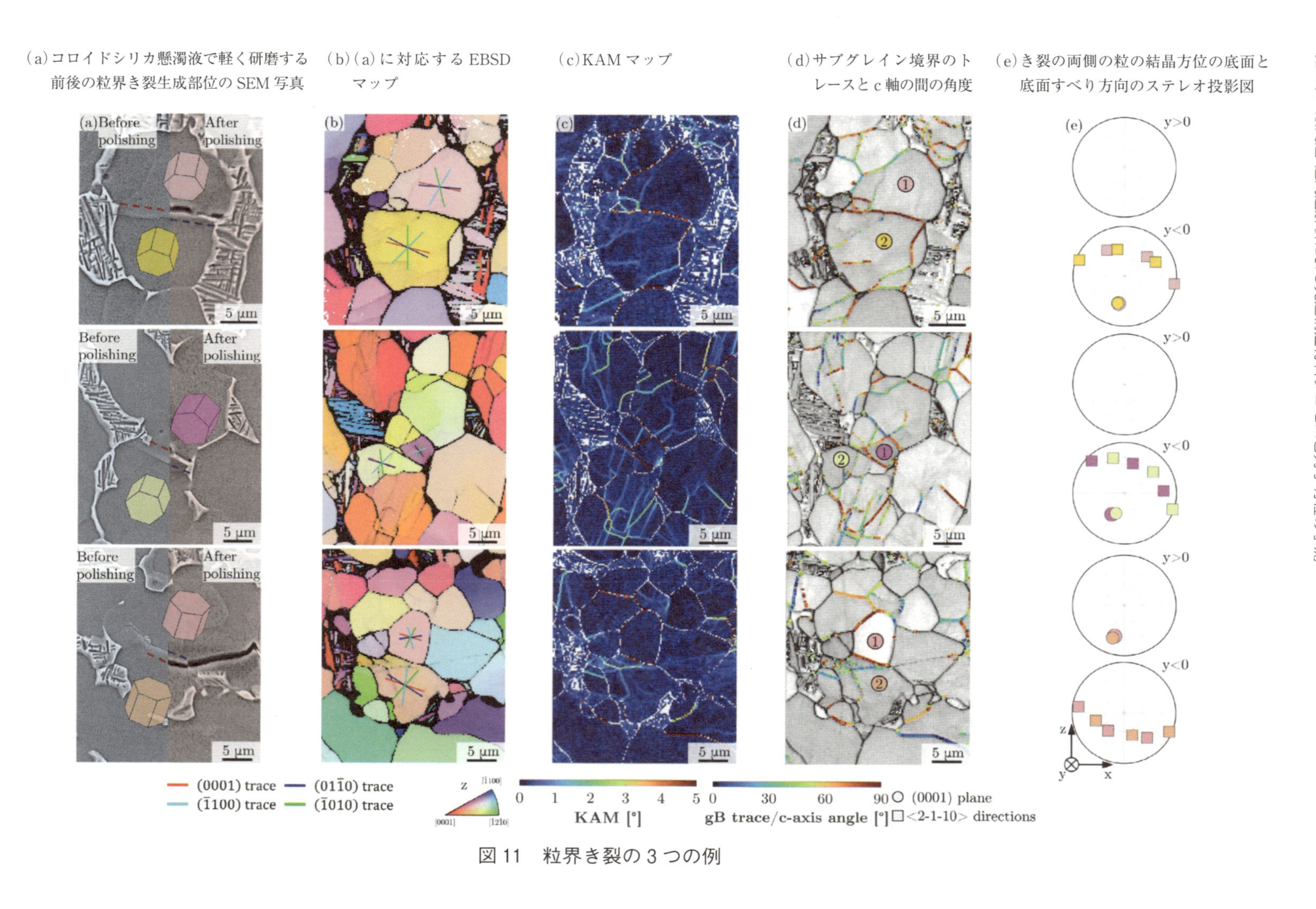

図11　粒界き裂の3つの例

に依存するはずである。したがって，定量的な予測につなげるためには，荷重条件を系統的に変更しながら，さらに調査をする必要がある。

6. 疲労き裂進展機構の考察

実験および計算結果をもとに，疲労き裂進展機構について考察する。前述の通り，マクロゾーンに位置する微視き裂について，集合組織がそのき裂経路に影響を与えることを明らかにした。底面集合組織のき裂はほぼ完全に底面に沿って進展し，粒界での偏向は非常に限られていたが，柱面集合組織のき裂経路の大きな揺れや分岐を示した(図7)。これは，幾何学的適合性因子を使用して，すべり変形が粒界を越える際の容易さを評価することで説明できる(図8(f)～(h))。しかし，き裂進展速度については，集合組織ごとに顕著な差は見られなかった(図8(a))。ここで，き裂進展速度の測定では，微視き裂を荷重方向に垂直な方向に投影した長さを用いたことに注意したい。底面集合組織のき裂は柱面集合組織よりも傾斜が大きいため，経路に沿ったき裂進展速度は，投影したき裂長さから測定したき裂進展速度よりも大きい。底面集合組織では塑性変形量が小さく，柱面集合組織よりもわずかに高い垂直応力が観察され(図9)，微小き裂進展の駆動力がせん断モードによると仮定すると，底面での進展が同等の塑性ひずみ振幅で柱面よりもわずかに速いことを示唆している。このような違いは，粒界がこのモードのき裂進展に対して障壁として機能するためであると考えられる。

本研究で解析した18個の微小き裂のうち，6個は長さが100 μmを超えていた。前述の議論では，6個の微小き裂について，き裂進展機構の違いが集合組織に依存することを示してきた。そこで，ここでは，残り12個のき裂があまり進展しない理由について議論する。マクロゾーンが疲労き裂発生および微小き裂進展に及ぼす影響を定量的に評価するために，J指数(集合組織指数)を使用する。J指数は次の式(4)のように定義される。

$$J=\int f_{\mathrm{ODF}}(g)^2 dg\,,\quad f_{\mathrm{ODF}}(g)=\frac{1}{V}\frac{dV(g)}{dg} \tag{4}$$

ここでf_{ODF}は方位分布関数，gは方位，dVは方位gから$g+dg$の間の微小体積である。このパラメータは，推定されたODFの解像度に依存しないため，ピーク値Pよりも客観的な指標であるといえる。しかし，球面調和展開の項数や使用するデータ点の数，平滑化の程度に強く依存するため，J指数は一意に決定されるわけではない。そこで代わりに，M指数が提案されている。これは，一様ランダムな組織の方位差分布$f^{\mathrm{U}}_{\mathrm{MDF}}$と，EBSD測定から得られた方位差分布$f_{\mathrm{MDF}}$の差として定義される(式(5))。

$$M=\frac{1}{2}\int\left|f^{\mathrm{U}}_{\mathrm{MDF}}(\theta)-f_{\mathrm{MDF}}(\theta)\right|d\theta \tag{5}$$

このパラメータは，一様ランダムな組織の場合は0，単結晶材料の場合は1の値を持つ。M指数を図3の広範囲EBSDマップに基づいて計算した結果を**図12**(a)に示す。この計算では，150×150 μm^{2}サイズの領域を窓関数として用いて，各領域のODFについて，Matlabの

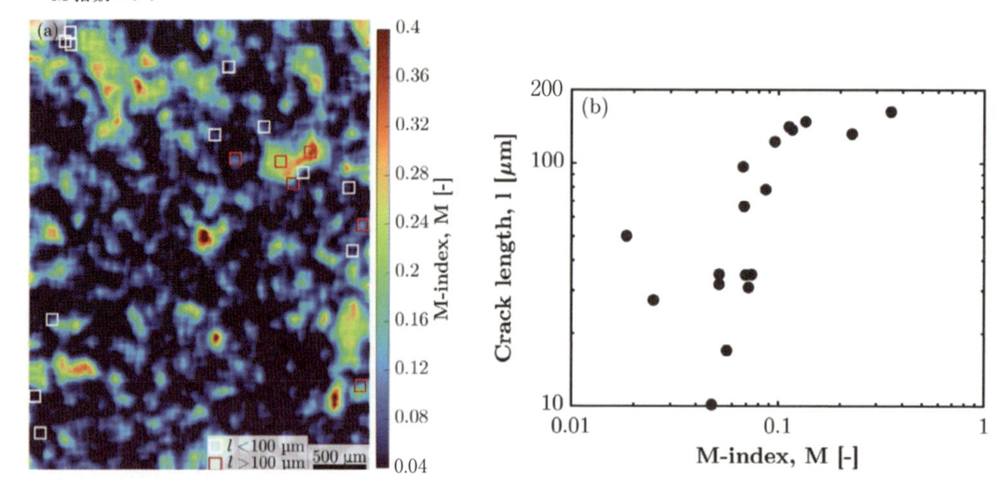

図12　M 指数を図3の広範囲 EBSD マップに基づいて計算した結果

MTEX ツールボックスを使用して M 指数を推定した。微小き裂の位置は四角で示されており，赤い四角は長さが 100 μm を超える微小き裂を表している。各微小き裂領域の局所的な M 指数をき裂長さに対してプロットした(図12(b))。長いき裂は高い M 指数を示す傾向にあることがわかった。特に，100 μm を超えるすべての微小き裂は，M 指数が 0.1 を超えていた。一方で荷重方向に c 軸がそろっている領域など，高い M 指数を持つ領域は，き裂発生に対しては特段の影響が観察されなかった。したがって，マクロゾーンのような局所集合組織の存在は，き裂発生の必要条件ではないが，初期のき裂進展の必要条件であることが示唆された。

7. まとめ

Ti-6Al-4V 合金鍛造材の高サイクル疲労挙動を予測するためには，そのメカニズムを理解することが重要である。そこで本研究では，実験と結晶塑性シミュレーションの組み合わせにより，鍛造材の微視組織と疲労き裂発生・進展の関係を詳細に調査した。

まず，疲労き裂発生について，疲労き裂のその場観察と EBSD 解析により，統計データを取得した。粒内き裂は主に Schmid 因子が高い底面すべり系または柱面すべり系で生成することが分かった。したがって，これらのすべり系の活動を結晶塑性有限要素法により計算し，破壊のクライテリアを適用することで，疲労き裂発生寿命を予測できると考えられる。クライテリアとしては，Tanaka-Mura モデルと Fatemi-Socie 基準に基づく疲労指標パラメータ(FIP)について検討した。これらの FIP は粒内き裂発生を予測するために適していることが分かった。粒界で発生するき裂については，鍛造プロセス中に導入されたと考えられる傾角粒界によるものであることが分かった。

次に微視組織的微小き裂進展について，EBSD 解析と結晶塑性シミュレーションを行った。微小き裂は主に粒内で結晶学的なすべり面に沿って進展した。底面すべりまたは柱面すべりのどちらの場合でも，マクロゾーンの集合組織に依存したき裂進展挙動を示した。底面すべりが優勢なマクロゾーンでは，粒界でのき裂偏向は限定的で，直線的なき裂進展が観察された。一方で，柱面すべりが優勢なマクロゾーンでは，複数のき裂分岐とき裂偏向が観察された。幾何学的適合性因子(m′)を用いることで，これらのき裂進展挙動の違いを説明できた。

以上の解析をまとめると，鍛造材におけるマクロゾーンの存在は，疲労き裂の発生には強く影響しないが，発生したき裂が最初の数個の結晶粒を超えて進展する際には，大きな影響を与えるものと考えられる。これらの結果は，Ti-6Al-4V 合金鍛造材の疲労挙動に関する理解を深め，特にき裂発生および進展の予測を行うために重要な知見である。

第5節　チタン合金の固溶強化量予測

大阪大学　近藤　勝義　　一般財団法人ファインセラミックスセンター　設樂　一希

1. チタンにおける固溶強化量予測と課題

軽金属に分類されるチタン(Ti)は，高比強度に加えて高耐腐食性能や優れた生体適合性(たとえば，骨との結合性に関わるオッセオインテグレーション)といった特徴を有しており[1)2)]，アルミニウムやマグネシウムなどの軽量効果を有するものの，耐腐食性に劣る軽金属との差別化が可能である。なかでも航空機分野では，機体の軽量化に資する炭素繊維強化プラスチック(CFRP)との使用組合せにおける接触界面での電位差腐食現象に対して，チタン合金の高耐腐食性によって問題が解決され，世界生産量の約半分が航空機産業分野[3)]において利用されている。また，上記の高い生体適合性・親和性に加えて，添加元素種の選択により高強度を維持しつつ，弾性率を広い範囲で調整できることで人工骨や歯科用インプラント，手術用鉗子器具など生体・医療デバイス分野[4)-7)]での実用化が進んでいる。しかしながら，現行のチタン合金において，最も多く使用されている汎用 Ti-6Al-4V(Ti64)合金(JIS60 種，ASTM B348 Gr5)におけるバナジウム(V)に代表されるように，毒性を有する希少金属の添加による高強度化が合金設計の主流である[8)]。また，中国とロシアの2ヵ国がバナジウム鉱石の世界生産量の8割以上を占めることからバナジウムは地政学リスクを伴う元素といえる。このように合金元素の種類やその添加量によっては，純チタン材に対して延性や生体親和性の低下，また素材価格の上昇や供給不安などの課題を伴う。

これらの理由から，近年，新たなチタン合金の材料設計指針として，希少金属に依存せず，資源的に普遍に存在して安定供給が見込まれる安価なユビキタス元素の活用が注目されている。その例として，炭素とチタンの反応による炭化チタン(TiC)のチタン素地中への分散強化[9)10)]，シリコン添加による結晶粒微細化強化(粒界強化)[11)12)]，チタン母相への酸素や窒素の侵入型原子による固溶強化[13)-18)]などが挙げられる。既往研究における粒子分散強化や粒界強化に関する定量的な強化量予測に関して，オロワン機構や Hall-Petch 経験式などの適用により実験結果と解析値の間で定量的な一致が報告されている[19)-21)]。一方，金属の固溶強化については，数多くの理論が提案されている。たとえば，Cottrell[22)]に代表される固着力理論や Fleischer[23)]や Friedel[24)]による点障害理論に始まり，これらの問題点を解決した Mott や Nabarro ら[25)]が提唱した統計的点障害理論など，多くの固溶現象に基づく強化モデルが生み出され，さまざまな金属における固溶強化機構に係る考察に際して適用されている。なかでも，統計的点障害理論の1つである Labusch による理論[26)]では，結晶内に固溶する溶質原子が等方的なひずみ場を与えることを前提に強化作用を導出している。

Tiは六方最密充填構造を有するα-Tiと体心立方格子を有するβ-Tiが存在する。前者のα-Ti結晶内において，固溶原子は強い異方性を持つひずみ場を形成するため，上記のLabusch理論を単純に適用することは難しい。ゆえに，α-Ti材への各元素の固溶現象に伴う強化量予測に関して，Labusch理論やFriedel-Fleischer理論を用いてチタン材の力学特性を定量的に算出した結果と実験値との対比および考察を通じて，高い精度での両者の一致を示した研究例は見られない。

そこで本稿では，このLabusch理論をTi材に適用した際の固溶強化量を高精度に予測する手法について事例を紹介する。具体的には，ユビキタス元素である酸素や窒素に代表される侵入型固溶原子と，チタンと同等以上の生体親和性を有するジルコニウム(置換型全率固溶原子)を含むチタン焼結材を対象に，各溶質原子による固溶強化作用の定量的解析においてLabusch理論を適用する際に必要となる材料定数(固溶原子と転位間の相互作用力の最大値F_m)を実験データベースから導出し，それを用いたα-Ti材における固溶強化量の新たな予測手法を確立した。

一方で，上述した手法を用いて予測精度を高めるには，多くの精緻な実験データが必要であり，この点を考慮した効率的な予測手法の開発が望まれる。そこで，計算科学を活用することで，実験データベースを直接生成することを必要としない予測手法を構築した。計算科学の活用にあたり，量子力学に基づき電子状態を算出する非経験的な手法である第一原理計算を採用した。第一原理計算は，元素種とその原子配置から量子力学に基づいて電子状態を計算するため，他の計算手法と比較して元素種や構造に対する外挿性が高いというメリットがある。本手法を活用して，実験データベースに存在しない添加元素についても，α-Ti材の固溶強化量の予測を行った。またβ-Tiについては，体心立方格子を有しており前述の通り，溶質原子が形成するひずみ場は等方的となる。そのため，ひずみ場や弾性率の第一原理計算のみから，Labuschモデルに基づいて非経験的に固溶強化量を予測することが可能である。そこで，生体・医療デバイス分野で求められる高強度・低弾性率を有するβ-Ti合金を開発するため，両特性を第一原理計算結果から予測し，精緻な実験データと組み合わせてその予測精度を検証した。このようにして第一原理計算を基調したα-Tiおよびβ-Ti合金における固溶強化予測手法の有用性を明らかにした。

2. Labusch理論を用いたα-Ti材における固溶強化量の予測と精度検証

2.1 実験データベースに基づく固溶強化量予測

各添加元素の固溶量と引張耐力値の相関データベースを作成すべく，固相焼結法を用いて酸素，窒素およびジルコニウム(Zr)が固溶するチタン焼結材を準備した。各元素の添加に際して，所定量のTiO_2，TiN，ZrH_2の各粒子を純Ti粉末に混合した後，放電プラズマ焼結(SPS)法により固化し，熱間押出加工を付与することで完全緻密化を図った(詳細は文献16)27)28)に記載)。各素材から引張試験片を採取し，常温にてひずみ速度5×10^{-4}/sの条件で引張試験を行い，0.2 %耐力値を測定してデータベースに用いた。一方，添加元素の固溶量が異なると，Solute drag効果[29)30)]によってTi結晶粒径が変化し，粒界強化量も影響を受ける。たとえば，

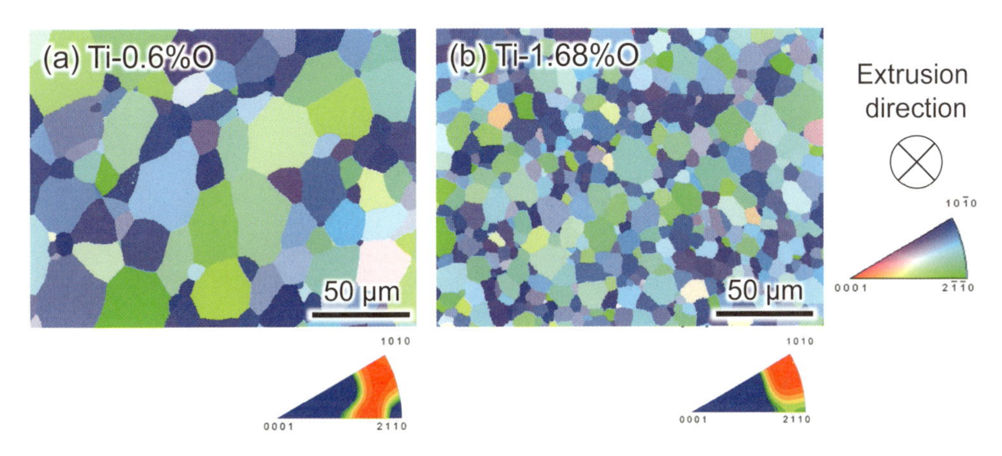

図1　SEM-EBSD 解析による酸素固溶チタン焼結押出材の結晶組織観察結果例

図1に見るように酸素量が異なる Ti-O 系焼結押出材において，いずれも動的再結晶による等軸 α-Ti 粒から構成されているが，平均結晶粒径を比較すると，(a)0.6 at.% O 材では 26.1 μm に対して(b)1.68 at.%O 材は 11.3 μm と半分以下に減少しており，著しい微細粒化が進行することがわかる。そこで，各試料の結晶組織に関して SEM-EBSD 解析を通じて平均結晶粒径と Schmid 因子を算出し，実験データベースに用いた。本研究で作製したチタン焼結材において，添加元素はいずれも溶質原子として固溶し，化合物粒子として存在しないことから，主たる強化因子として固溶強化と粒界強化の2つを取り挙げた。そこで，上記の解析で得られた平均結晶粒径から Hall-Petch の経験則を用いて各試料の固溶強化量を導出した。その際，ホールペッチ係数は純チタンと同じ 15.7 MPa/mm^2 を採用した[20]。また，添加元素を含まない純 Ti 焼結押出材を基準材とし，その 0.2 %耐力値と各試料の特性の差を強化総量とした。

そこで，Labusch モデルを適用すると，侵入固溶原子の刃状転位の間に働く相互作用力 F の最大値 F_m を用いて，0.2 %耐力の強化量 $\varDelta\sigma_{YS}$ は以下の式(1)で表記できる。

$$\varDelta\sigma_{\mathrm{YS}} = \frac{\tau}{S_F} = \frac{c^{2/3}}{S_F}\left(\frac{F_m{}^4 w}{4\mathrm{G}b^9}\right)^{1/3} \tag{1}$$

ここでは，侵入固溶原子の原子比率を c，Schmid factor を S_F，刃状転位と侵入固溶原子の相互作用を及ぼす範囲を示すパラメータを $w(=5b)$ とする。既往研究[27]によれば，酸素原子や窒素原子などの侵入固溶により hcp-Ti の結晶格子は c 軸方向には拡張するが，底面に平行な a 軸方向にはほとんど変化がない。そのため，侵入固溶原子が等方的なひずみを与えるという仮定は成り立たず，強化量の理論的導出は困難となる。しかしながら，式(1)に着目すると，変数部は固溶原子量に係る c を含む $c^{2/3}/S_F$ であり，定数部は $(F_m{}^4 w/4Gb^9)^{1/3}$ である。つまり，F_m 値を設定できれば，式(1)を用いて溶質原子による固溶強化量の導出が可能となる。

そこで，F_m 値を実験的に導出することを考える。まず，0.2 %耐力増加量 $\varDelta\sigma_{YS}$ と変数部 $c^{2/3}/S_F$ の相関を**図2**(a)に示す。なお，各試料について，酸素量 0 at.% において増加量 $\varDelta\sigma_{YS}$ が 0 となるように y 切片を決定した。その結果，0.2 %耐力値の増加量は変数部 $c^{2/3}/S_F$ に比例し

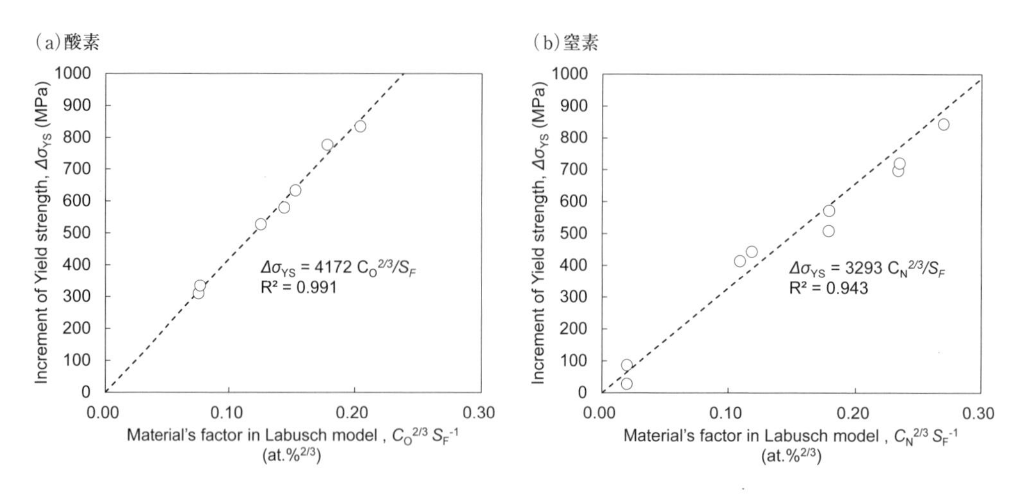

図2　酸素および窒素が固溶するチタン焼結材における耐力増加量とLabuschモデルの材料定数の関係

て増大し，その際の相関係数の2乗(R^2値)は0.991となり，統計学的にも両者は強い相関を有しており，上記の理論式(1)の傾向と一致することがわかった。そこで，定数部$(F_m{}^4 w/4Gb^9)^{1/3}$を算出した結果，4.17×10^3となり，この値に基づいてF_m値を算出したところ，6.22×10^{-10} Nが得られた。

同様に，α-Ti結晶内に窒素原子が固溶した場合も酸素原子と同じく，格子定数はa軸方向には変化せず，c軸方向に増大することが報告されている[31]。そこで，本研究で作製したTi-N焼結押出材[16]を対象に行った引張試験データに基づいて，0.2 %耐力増加量$\Delta\sigma_{YS}$と変数部$c^{2/3}/S_F$の相関を整理した結果を図2(b)に示す。酸素固溶チタン材と同様，増加量$\Delta\sigma_{YS}$は変数部$c^{2/3}/S_F$に対してほぼ直線的に増加しており，窒素含有量が大きく異なる場合であっても両者の間で強い相関($R^2=0.943$)を確認した。その際の定数部に相当する値(3.29×10^3)から算出したF_mとして5.21×10^{-10} Nが得られた。

さらにTi-Zr焼結押出合金を対象に，同様に行った解析結果を**表1**および**図3**に示す[28]。

表1　Ti-Zr系焼結合金の結晶組織データと耐力値および各強化量の解析結果

Ti-Zr alloys	Oxygen (at.%)	Nitrogen (at.%)	Zirconium (at.%)	Mean grain size (μm)	Schmid factor, Sf	YS, σ_y (MPa)
Pure Ti	1.09	0.07	0.00	13.51	0.433	471.4
3% ZrH_2	0.98	0.06	1.56	8.45	0.422	619.9
5% ZrH_2	1.00	0.07	2.63	4.62	0.423	696.3
10% ZrH_2	0.98	0.08	5.40	2.71	0.398	852.7

Ti-Zr alloys	Increase in $\sigma_{y[E]}$ (MPa)	Increase in calculated YS, $\sigma_{y[C]}$ (MPa)			
		$\Delta\sigma_{y[GR]}$	$\Delta\sigma_{y[O\text{-}SS]}$	$\Delta\sigma_{y[N\text{-}SS]}$	$\Delta\sigma_{y[Zr\text{-}SS]}$
Pure Ti	–	–	–	–	–
3% ZrH_2	148.5	40.9	0.32	0.00	107.2
5% ZrH_2	224.9	109.9	0.33	0.00	114.7
10% ZrH_2	381.3	190.7	0.34	0.00	190.3

本試料では，Zrに加えて原料粉末由来の不純物として酸素と窒素が微量に含まれており，これらによる固溶強化量も考慮する必要がある。そこで，上記で算出したそれぞれのF_m値を用いてOおよびN固溶強化量を求めた上で，平均結晶粒径から算出した粒界強化量と併せて実験結果から差分することでZr固溶強化量を導出した。その結果，図3に示すようにTi-Zr合金においても0.2 %耐力増加量$\Delta\sigma_{YS}$は変数部$c^{2/3}/S_F$に対して強い相関($R^2=0.961$)のもとで直線関係にあることがわかる。

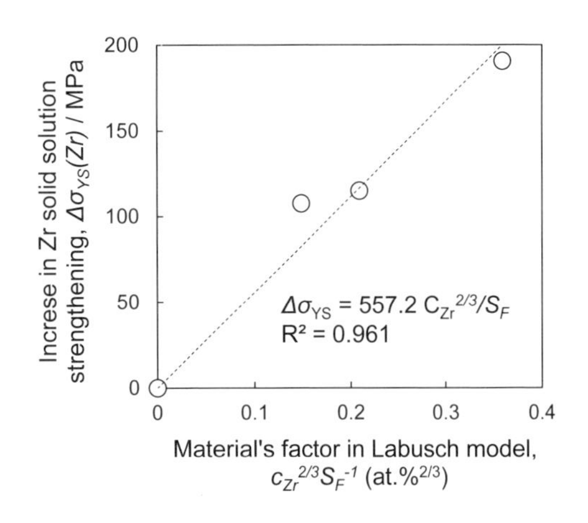

図3　ジルコニウムが固溶するチタン焼結材における耐力増加量とLabuschモデルの材料定数の関係

これらの解析例は，固相焼結法を用いて作製した固溶強化Ti焼結材であるが，同種の固溶原子を含むTi合金をレーザ粉末床溶融結合法(LPBF)で作製した場合においても0.2 %耐力増加量$\Delta\sigma_{YS}$は変数部$c^{2/3}/S_F$の間に強い相関関係が存在することが報告されており[32)-34)]，同様のアプローチによって各元素の固溶強化量を算出できる。

以上のように，複数種の元素が固溶するチタン材を対象に，組織解析結果と引張試験結果から作成する実験データベースを用いて導出したF_m値を使用し，Labusch理論に基づいて固溶強化量を高い精度で予測できる。

2.2 第一原理計算の活用による予測モデルの拡張

[**2.1**]で紹介した固溶強化量予測手法を幅広い組成範囲に適用するためには，候補とする添加元素種・組成範囲に対して高精度な実験解析を行い，実験データベースを準備する必要がある。しかしながら，上記のような実験解析を広範な組成に対して網羅的に実施することは現実的ではない。そこで，第一原理計算を活用したF_m値の推定・導出法を考案し，より効率的な固溶強化量の予測モデルを構築した。

まず，Ti系の実験状態図を基に予測モデルへの適用が可能と考えられる添加元素(B, C, N, O, Al, Si, V, Cr, Mn, Ni, Zr, Moなど)を選択し，第一原理計算を実施し，第一原理データベースを作成した。α-Tiの3×3×2ユニットセルを作成し，置換固溶元素の場合はTiサイト1つを置換，格子間固溶元素の場合はTiの八面体孔に1つ導入した。各構造の構造最適化を行い，固溶エネルギー，格子歪み，弾性定数を算出して計算データベースを構築した。その後，上記の実験データベースと第一原理計算データベースを統合し，各パラメータとF_m値の相関を調べた。その結果，体積変化率の絶対値$\Delta V/V_0$がOとN，およびSiとZrの元素群と高い線形の相関を持つことがわかった(**図4**)。体心立方格子などの他の結晶系では，等方的なひずみを仮定してF_m値を理論的に算出すると固溶原子による体積変化量と比例する。したがって，異方的なひずみを有するα相でも各軸方向を平均化した体積変化率が強い相関を持つことは妥当であると考える。また，この相関が他の添加元素でも適用可能かを検証するためC, Al, Sn

について検証実験を行った。その結果を図4に白抜きで示す。C, Al, Snいずれの添加元素も，SiおよびZrと同様の相関を有していることがわかった。

また，固溶強化量予測モデル中のF_m値推定のためのパラメータとして，体積変化率が最も強い相関を有していることを見出したが，OやNおよびそれ以外の元素と2つの線形相関が見られた。後者については置換型元素の他に，格子間元素であるCも含まれており，同じ格子間元素であるOやNとは異なる傾向を示した。一般に置換型元素はTi中でTiと金属結合を形成するのに対して，OやNはイオン結合的，Cは比較的共有結合的な状態を示すことが知られている[35]。このような結合状態の差により，転位との相互作用においても溶質原子による局所歪み以外の影響が与えている可能性が考えられる。

上記のようにして得られた相関を活用し，Labuschモデルに基づくTi合金の固溶強化量予測モデルを構築した。第一原理計算から得られた体積変化率の絶対値から添加元素毎のF_m値を推定し，その値を用いて各組成の固溶強化量を予測値し，実測値と比較した結果を**図5**に示す。縦軸が実験による実測値，横軸が計算に基づく予測値であり，対角線に近いほど良い予測であることを示す。プロット点は対角線付近に集中しており，予測値がよく実測値を再現していることがわかる。平均予測誤差として，添加元素ごとの交差検証値(LOGO-CV, Leave-One-Group-Out Cross-Validation)を算出すると60 MPaとなり，高い精度で固溶強化量を予測することに成功した。

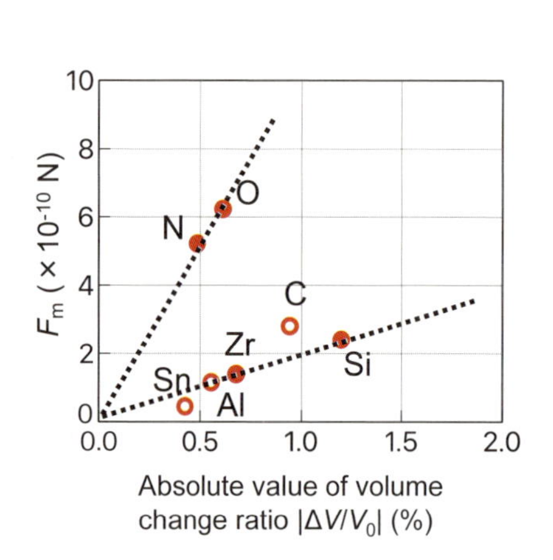

図4　実験データベースから求めたF_mと体積変化率の関係

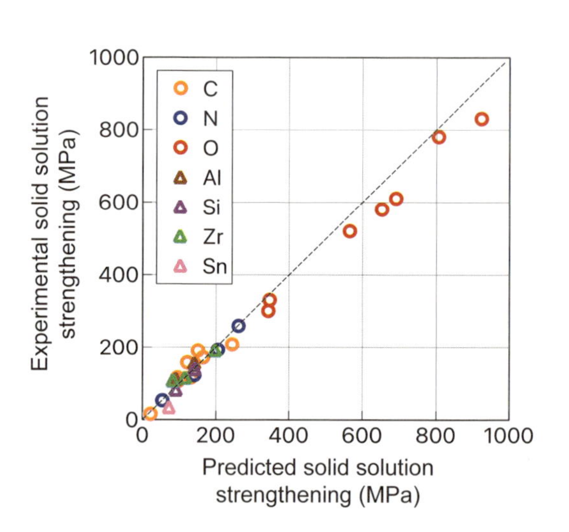

図5　固溶強化量の予測値と実験値の比較

3. β-Ti 合金の高強度・低弾性率化のための予測モデル構築と添加元素選択

β-Ti 合金は，比強度や生体適合性が高く，ヤング率を広い範囲で調整可能であるという利点から，生体・医療デバイス分野に広く使用されている。しかしながら，β-Ti 基合金のヤング率は 50～80 GPa であり，生体骨の約 10～30 GPa よりも高く，応力遮蔽による骨の脆化を引き起こす可能性がある。従来の生体材料ではマクロな形状を変えることで引張強度やヤング率を変化させることが可能であるが，ヤング率と強度の間にはほぼ直線的な関係が存在する。そのため，引張強度とヤング率の比がより高い合金の開発が望まれている。

ここでは，溶質元素を活用して，代表的な β-Ti 合金である 35 %Ta 添加 Ti の固溶強化量や弾性などの機械的特性を選択的に制御することにより，第一原理計算に基づいて材料設計を効率的に行なった研究[36]について紹介する。強度と弾性率の間には強い線形関係があり，形状によって変化する可能性があるため，引張強度とヤング率の比に焦点を当てる。

3.1 第一原理計算に基づく固溶強化量とヤング率

状態図報告に基づき，固溶可能性のある元素として，格子間サイトの C, N, O および，置換サイトの Mg, Al, Si, Cr, Mn, Fe, Cu, Zr, Nb, Mo, W を計算対象とした。これらの元素が純 Ti および純 Ta に希薄濃度で固溶したモデルを作成し第一原理計算を行い，その結果に基づいて固溶強化量およびヤング率を算出した。Ti-35 %Ta を直接モデル化して計算することは，原子配置数の組合せ数が爆発的に増加してしまい，計算コストが非常に高くなり現実的ではないため，純 Ti および純 Ta に各添加元素が固溶したモデルを対象とした。計算モデルとして，Ti および Ta の体心立方格子ユニットセルの 3×3×3 スーパーセルを作成した。各スーパーセルで，置換元素は Ti もしくは Ta 原子 1 つを置換し，格子間元素については八面体孔に配置した。その後，第一原理計算による構造最適化を行った。

ヤング率は結晶格子に微小な歪みを与えた構造を計算してその弾性テンソルから求めた。具体的にはまず，構造最適化した結晶構造に，－1～＋1 %の範囲の垂直ひずみ(0.5 %刻み)，－6～＋6 %の範囲のせん断ひずみ(3 %刻み)を組み合わせて与えた構造を合計 30 構造作成し，電子状態計算を実施した。その後，計算により得られた応力と与えたひずみの一覧を作成し，下記の式(2)，(3)に従って弾性テンソル C を求めた。

$$\sigma = C\varepsilon \tag{2}$$

$$\begin{bmatrix}\sigma_1\\ \sigma_2\\ \sigma_3\\ \sigma_4\\ \sigma_5\\ \sigma_6\end{bmatrix} = \begin{bmatrix} C_{11} & C_{12} & C_{13} & C_{14} & C_{15} & C_{16}\\ & C_{22} & C_{23} & C_{24} & C_{25} & C_{26}\\ & & C_{33} & C_{34} & C_{35} & C_{36}\\ & & & C_{44} & C_{45} & C_{46}\\ & Sym. & & & C_{55} & C_{56}\\ & & & & & C_{66}\end{bmatrix} \begin{bmatrix}\varepsilon_1\\ \varepsilon_2\\ \varepsilon_3\\ \varepsilon_4\\ \varepsilon_5\\ \varepsilon_6\end{bmatrix}, \tag{3}$$

ここで，σ は応力ベクトル，ε はひずみベクトルである。その後，等方的な多結晶体を仮定した Voigt-Reuss-Hill 平均[37]をとることで，ヤング率を算出した。固溶強化量は，第一原理計算により得られた原子変位および格子定数変化から，Labusch モデルに基づいて求めた。第一原理計算より得られた弾性テンソルおよび結晶構造から，式(1)中の F_m,，G および b を直接算出した。

β-Ti および Ta 系のヤング率および固溶強化量の計算結果を**図 6** に示す。図の左上の領域に位置する元素を添加することで，強度が高くヤング率が低い合金が得られることが示唆される。また，固溶強化量が大きい溶質元素は，ヤング率を高くする傾向があった。これらの機械特性のうち，ヤング率の変化については，母相元素と添加元素間の結合強さで説明することができる。

図 6 に示した添加元素の中から，引張強度とヤング率の比を向上させる添加元素として Si, Zr, N, O を選択した。Si および Zr については，純 Ti および純 Ta のヤング率と同程度であり，これらの元素を添加することでヤング率に影響を与えずに固溶強化できると考えられる。また，これらの元素は Ti および Ta との固溶体が報告されており，35 %Ta 添加 Ti にも十分に固溶することが示唆される。さらに，C, N, O は大幅な固溶強化が期待できる。これらの元素はヤング率も同時に高めてしまうが，それ以上に固溶強化の寄与が期待でき，より高い強度/ヤング率比が見込まれる。これらの格子間溶質元素のうち，N と O の β-Ti に対する固溶限はそれぞれ 6 at.% と 7 at.% であるが，C の固溶限は 2 at.% であるため，C は候補から除外した。

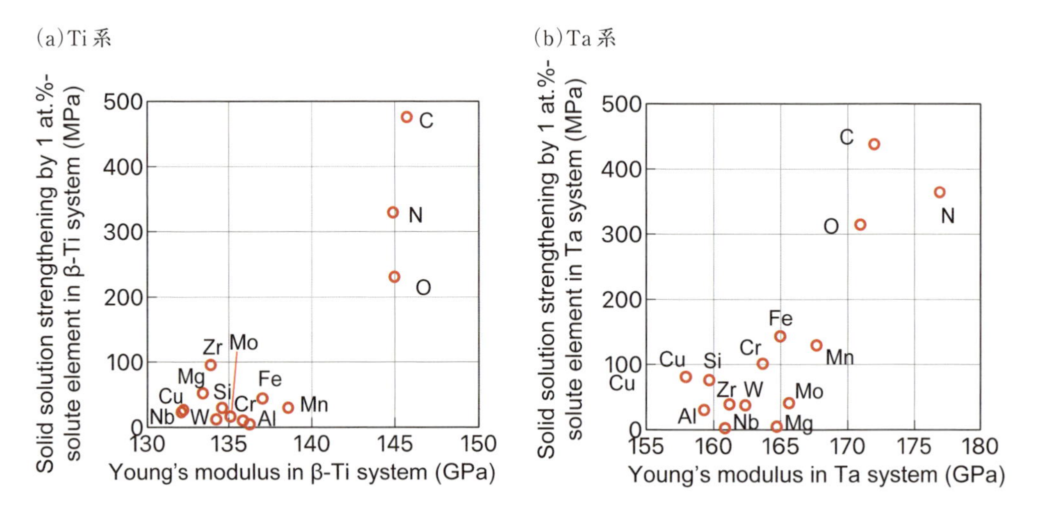

図 6　Ti および Ta 系の固溶強化量およびヤング率の計算値

3.2 第一原理計算結果に基づく実合金の作製と評価

［**3.1**］で述べた結果に基づき，固溶元素として Si, Zr, N, O を含む Ti-Ta 合金を粉末冶金法で作製した。さらに，計算結果の妥当性を確かめるために，Fe, Mo, W を添加した合金を作製し，力学特性を評価することで実験的な検証を行った。

作製した合金の例として，2.3 % O 添加合金の SEM-EDS および SEM-EBSD 解析結果を**図 7** に示す。(a)の EDS 測定結果に示すように，測定点での最大濃度差は 4.2 at.% 程度であ

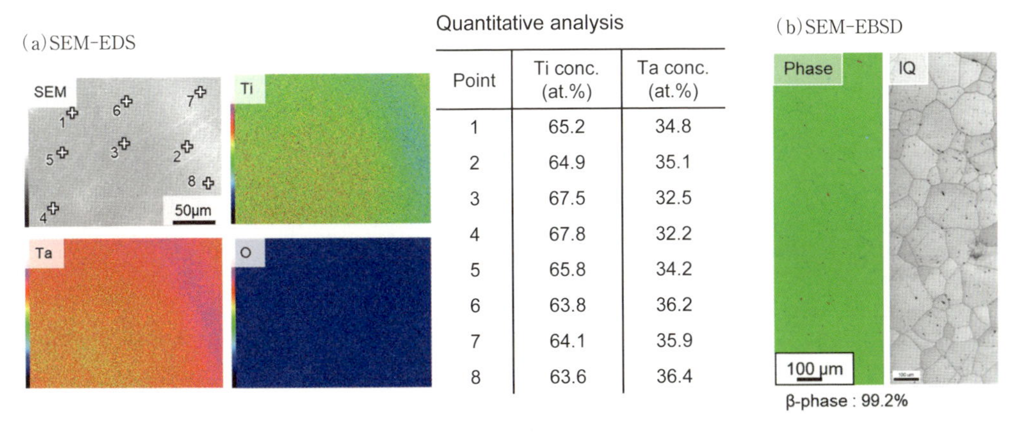

Quantitative analysis

Point	Ti conc. (at.%)	Ta conc. (at.%)
1	65.2	34.8
2	64.9	35.1
3	67.5	32.5
4	67.8	32.2
5	65.8	34.2
6	63.8	36.2
7	64.1	35.9
8	63.6	36.4

図7　2.3 %O 添加 Ti-35 %Ta 合金の解析結果

り，Ti 濃化域は観察されず，Ti, Ta および添加元素が均質に分布していた。(b)の Phase マップより β 相の比率が 99 %程度となり，ほぼ全域で β 相の生成を確認した。また，α 相と同定されている箇所は，Image Quality（IQ)マップでは黒色領域であり，この領域の菊池パターンの鮮明度を示す IQ が低く，結晶構造を精度良く同定できないことを示す。したがって，IQ が高く結晶構造を精度よく同定できる領域のほぼすべてが β 相から構成されている。また，他の全ての合金サンプルでも同様に β 相領域が 97～99 %程度に達しており，均質な元素分布をもった β 単相であることを確認した。

続いて，得られた合金サンプルの引張強度およびヤング率の測定・解析を実施した。一般に，金属の主な強化機構として，固溶強化，析出強化，粒界強化，加工強化が挙げられる。上述のように，作製したサンプルには第二相がみられず，析出物のない β 単相であったため，固溶強化および粒界強化が主な強化機構と考えられる。このうち，粒界強化は Hall-Petch の関係式から推定でき，その影響を差し引くことで固溶強化量を評価した。一方，ヤング率の変化については，粒子サイズが与える影響は小さいことが知られており[38]，溶質元素の種類とその濃度が主要因であると考えて解析を行った。まず，ヤング率の実験値と，β-Ti に添加した際の計算値とを比較した結果を**図 8**(a)に示すが，両者は良く一致していることがわかる。実験値および計算値は，それぞれ添加元素の濃度が異なるため，1 at.%あたりのヤング率変化量として規格化した値とした。実験値と計算値の相関係数は，β-Ti 系で 0.94，Ta 系で 0.87 と高く，実験値を十分予測できていることがわかる。計算値は純 Ti および純 Ta 系に対して実施したものであるが，Ti-35 %Ta のヤング率の実験値と強い正の相関関係が得られた。 また，図 8(b)は固溶強化量の実験値と計算値(β-Ti 系)の比較である。固溶強化量についてもヤング率同様，添加元素 1 at.%あたりに規格化している。斜めの破線は傾きが 1 の原点を通る直線であり，この直線に近いほど第一原理計算と実験の結果が一致していることを示す。実験値と計算結果の相関係数は，β-Ti 系で 0.90，Ta 系で 0.88 と高く、強い正の相関関係が確認できた。また，各サンプルのプロット点は破線に非常に近い場所に位置し，定量的な予測に成功している。これらの結果は，第一原理計算により合金の機械的特性を高い精度で予測できることを示唆している。

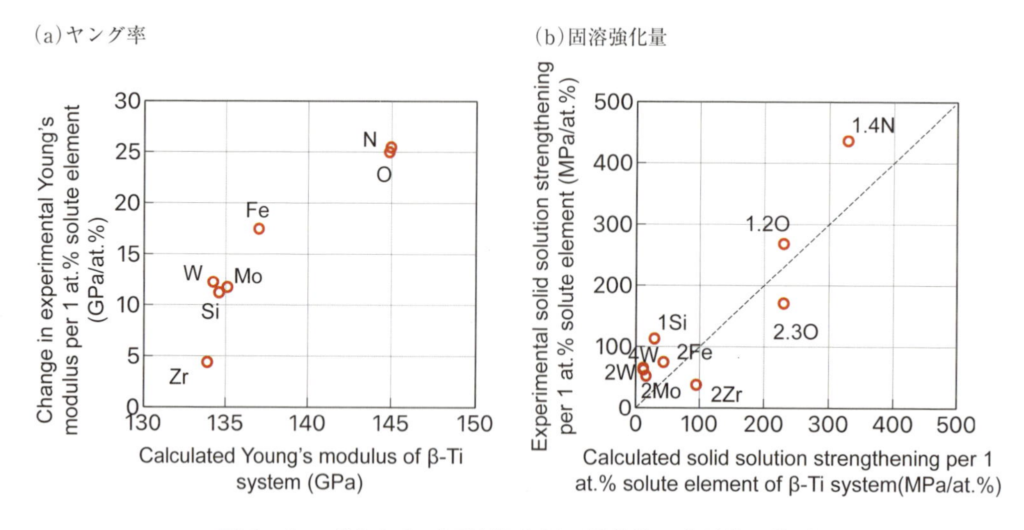

図8　ヤング率および固溶強化量の計算値と実験値の比較

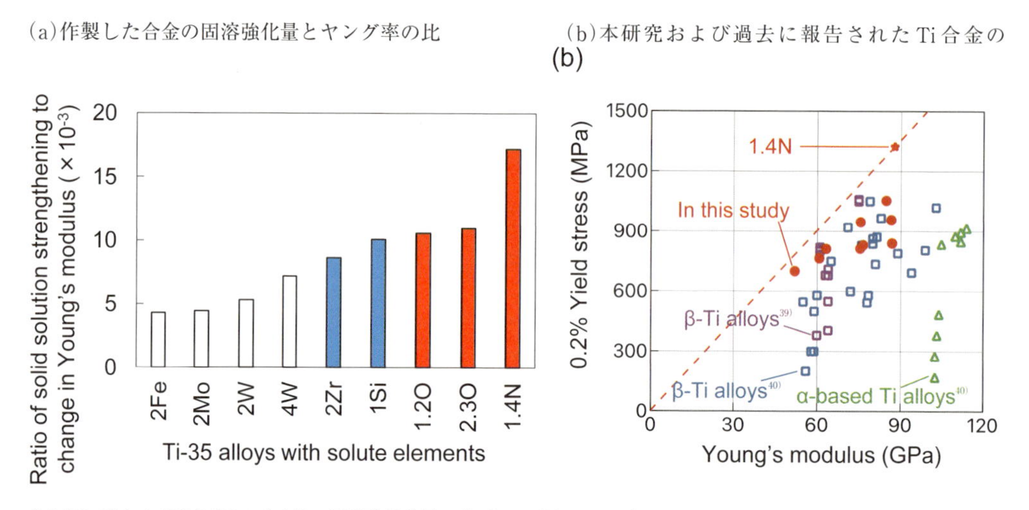

赤色(N, O)および青色(Si, Zr)は第一原理計算結果に基づいて選択した元素を示す

図9　Ti合金の強度とヤング率

次に，**図9**(a)は固溶強化量の変化とヤング率変化の比率を示しており，第一原理計算に基づいて選択したN, O, Si, Zrを添加した系は，他の検証用に作製した添加元素系と比べてヤング率の変化に対する固溶強化量の比率が高いことがわかる。このように生体材料として望ましい機械的特性を示す添加元素を，実験解析を行うことなく，第一原理計算に基づいて選択できることを検証できた。また，図9(b)に本研究および過去に作製されたTi合金の0.2 %耐力とヤング率との関係を示す[39)40)]。各プロット点と原点を通る直線の傾きは，ヤング率に対する引張強度の比に対応している。この傾きが大きいほど，生体材料として望ましい，ヤング率に対して引張強度が高い材料であることを示している。本研究で作製した1.4 %N固溶Ti-35 %Ta(図中の赤い★印)は，全プロット点のなかで最も左上に位置し，第一原理計算に基づき高い

0.2 %耐力/ヤング率比を持つ合金の開発に成功した。

以上のように，第一原理計算に基づいて合金添加元素を選択し，高強度化および低弾性率化を達成した例について解説した。溶質元素は合金の強度および弾性特性の両方に影響を与え，第一原理計算ではその影響を算出することが可能である。しかしながら，実サンプルでは微細構造や粒界構造に差があるため，溶質元素の影響のみを抽出することは一般に難しい。本研究では，粉末冶金法と熱処理を組合せたプロセス最適化を通じて，均質な組織構造を有するTi合金を準備し，第一原理計算と比較しうる高精度な試料として用いた。また，高性能材料を得るためには，時に相反する複数の特性の制御が重要であるが，実験コストが高いケースも多い。そのような場合に，本研究のような計算に基づいた予測やスクリーニング手法は非常に有効である。

4. まとめ

本稿では，実験と計算を有機的に活用し，チタン材の固溶強化量をLabuschモデルに基づいて高精度に予測する手法の開発事例を紹介した。結晶異方性を有するα-Ti材では，固溶強化モデルをそのまま適用することは困難なため，実験データベースを構築して未知な材料定数を実験的に算出することで強化量予測モデルの構築に成功した。また，実験データベース作成を，より人的・時間的負担の小さい計算に置き換え，より広範囲な組成に対して高精度に予測できることを示した。さらに，等方的なβ-Ti材では，強度および弾性率の最適化を目的として第一原理計算による添加元素探索を行い，高い強度/弾性率比を持つチタン材の合金設計の可能性を実験的に実証した。

本稿で紹介したようなデータベースやシミュレーション駆動の合金設計は，効率的な材料開発を進めるうえで必須であり，今後ますます重要になると考えられる。

文　献

1) Japan Society for Technology of Plasticity : Fundamentals of Titanium and Its Working, Corona Publishing Co., Ltd. (2008).
2) M. Niinomi : *Basic Materials Science*, Manufacturing and Newly Advanced Technologies of Titanium and Its Alloys, CMC Publishing Co., Ltd. (2009).
3) S. Georgiadis et al. : *Composite Structures*, **86**, 258 (2008).
4) K. Wang : *Materials Science and Engineering A*, **213**, 134 (1996).
5) M. Niinomi et al. : *Acta Biomater.*, **8**, 3888 (2012).
6) M. T. Mohammed : *Karbala International Journal of Modern Science*, **3**, 224 (2017).
7) I. Ohkata : *Journal of the Japan Society of Mechanical Engineers*, **107**, 532 (2004).
8) M. Balazic et al. : *Int. J. Nano Biomater.*, **1**, 3 (2007).
9) S. Li et al. : *Composites: Part A*, **48**, 57 (2013).
10) X. Zhang et al. : *Materials Science and Engineering A*, **705**, 153 (2017).
11) M. J. Bermingham et al. : *Scripta Materialia*, **58**, 1050 (2008).

12) S. Mereddy et al. : *Journal of Alloys and Compounds*, **695**, 2097 (2017).
13) Y. Murayama et al. : *J. Japan Inst. Metals.*, **57**, 628 (1993).
14) B. Sun et al. : *Materials Science and Engineering A*, **563**, 95 (2013).
15) D. Kang et al. : *Materials Science & Engineering A*, **632**, 120 (2015).
16) Y. Yamabe et al. : *J. Jpn. Soc. Powder Powder Metallurgy*, **64**, 275 (2017).
17) H. Conrad : *Progress in Materials*, **26**, 123 (1981).
18) L. C. Tsao : *Materials Science and Engineering A*, **689**, 203 (2017).
19) J. Greggi and W. A. Soffa : *Scripta Materialia*, **14**, 649 (1980).
20) Y. Kobayashi et al. : *J. Soc. Mater. Sci., Japan*, **54**, 66 (2005).
21) P. Luo et al. : *Scripta Materialia*, **66**, 785 (2012).
22) A. H. Cottrell et al. : *Phillos. Mag.*, **44**, 1064 (1953).
23) R. L. Fleischer : *Acta Materialia*, **11**, 203 (1963).
24) J. Friedel : Dislocations, Pergamon Press, New York (1964).
25) N. F. Mott and F. R. N. Nabarro : Strength of Solids, Physical Society London, (1947).
26) R. Labusch : *Phys. Stat. Sol.*, **41**, 659 (1970).
27) S. Kariya et al. : *Materials Transactions*, **60**, 263 (2019).
28) K. Kondoh et al. : *Journal of Alloys and Compounds*, **852**, 156954 (2021).
29) M. Suehiro : *ISIJ International*, **38**, 547 (1998).
30) L. Backe : *ISIJ International*, **50**, 239 (2010).
31) W. L. Finley and J. A. Snyder : *Transaction AIME*, **188**, 277 (1950).
32) K. Kondoh et al. : *Materials Science and Engineering A*, **795**, 139983 (2020).
33) K. Kondoh et al. : *Materials Science and Engineering A*, **790**, 139641 (2020).
34) A. Issariyapat et al. : *Additive Manufacturing*, **73**, 103649 (2023).
35) K. Shitara et al. : *Scripta Materialia*, **203**, 114065 (2021).
36) K. Shitara et al. : *Materials Science and Engineering A*, **843**, 143053 (2022).
37) R. Hill : *Proc. Phys. Soc. Sect. A*, **65**, 349 (1952).
38) H. Kim and M. Bush : *Nanostructured Mater.*, **11**, 361 (1999).
39) M. Niinomi : *Materials Science and Engineering A*, **243**, 231 (1998).
40) M. Niinomi et al. : *Regen. Biomater.*, **3**, 173 (2016).

第６節　高流動性高機能金属粉末の製造開発指針探索：ガスアトマイズ法，プラズマアトマイズ法，PREP 法の比較と最適化

東北大学／島根大学　千葉　晶彦

1. はじめに

高流動性かつ高機能な金属粉末の製造技術は，現代の金属積層造形技術(AM：Additive Manufacturing)において，製品の品質を左右する重要な要素である。特に，粉末床溶融結合方式(PBF：Powder Bed Fusion)においては，パウダーベッドの均一性と高密度が製品の精度や機械的特性に直結するため，使用する金属粉末の流動性は極めて重要である。

金属粉末の流動性は，その形状や粒度分布，表面特性，さらに表面に形成される酸化皮膜に大きく影響される[1)2)]。粉末の凝集力が強くなるほど均一で高密度のパウダーベッドが形成しにくくなると考えられるが，粉末の凝集力は従来，毛細管力，電磁力，ファンデルワールス力，静電力など，いくつかの要因によって説明されることが多い[3)]。しかし，それぞれの要因が粉末の流動性やパウダーベッド形成時のリコート性にどのような役割を果たしているのかについては明確にされていない。これらの要因を適切に制御することで，高い流動性を維持しつつ，高機能な粉末を製造することが可能となる。本研究では，これらの要因が粉末の流動性に及ぼす影響を総合的に検討し，特に酸化皮膜が電気的特性に与える影響について詳細に分析する[4)-10)]。

本稿の目的は，金属粉末の流動性に関連する諸特性を明らかにし，それに基づいて高品質な金属粉末の製造指針を確立することである。特に，ガスアトマイズ(GA)法，プラズマアトマイズ(PA)法，プラズマ回転電極プロセス(PREP)法といった異なる製造プロセスによる粉末の比較分析を通じて，それぞれの特性が流動性に与える影響を明確化する。さらに，リコートプロセス中の粉末の流動挙動を観察し，製品品質の向上に寄与するための具体的な指針を提供することを目指す。

本稿を通じて，PBF-AM プロセスにおける高流動性高機能金属粉末の製造技術の向上に寄与することが期待される。

2. 粉末の流動性と粉末特性の関係

PBF-AMにおける粉末の流動性は，製品の品質やプロセスの安定性に直結する重要な要素である。ここでは，粉末の流動性に影響を与える粉末特性について詳述し，特にインコネル718合金を例に，ガスアトマイズ法，プラズマアトマイズ法，およびプラズマ回転電極プロセス法で製造された粉末の特性を比較検討する。これにより，各製造プロセスが粉末の流動性にどのような影響を与えるかを明らかにし，最適な粉末特性を持つ金属粉末の製造方法を探る。さらに，粉末表面の酸化皮膜が電気的特性や静電相互作用を通じて流動性に与える影響についても考察し，粉末の凝集を抑制し，リコート性を向上させるための指針を提供する。

2.1 粉末形状と粉末の流動性

2.1.1 粉末の高い流動性の重要性

金属積層造形における粉末特性として，粒度分布(PSD：Particle Size Distribution)や粉末形状が重要である。粉末の粒度分布や形状は，パウダーベッドの溶融・凝固挙動に直接的な影響を与え，製品品質を決定づける要素である。たとえば，電子ビーム積層造形法(PBF-EBM)では40～120 μm，レーザー積層造形法(PBF-LBM)では10～45 μmという範囲の最適な粒度分布が採用されている。

均一なパウダーベッドを形成することは，製品の内部に欠陥が生じないようにするために必要な基本的ステップであり，そのためには粉末の高い流動性が求められる。粉末の形状が真球に近いほど，一般的に流動性が高くなるとされている。しかし，真球に近い形状だけでは流動性が高まるとは限らず[1]，粉末間の凝集力や表面特性などの他の要因も流動性に影響を与える。たとえば，粉末表面の粗さや湿潤性，粉末間の静電相互作用などは，粉末の流動性に大きな影響を及ぼす。したがって，流動性を最適化するためには，PSDや粒子形状だけでなく，これらの物理的特性も包括的に考慮することが必要である。

2.1.2 粉末の形状と流動性の関係

図1[1]には，インコネル718合金のガスアトマイズ法，プラズマアトマイズ法，プラズマ回転電極プロセス法で製造された粉末の走査電子顕微鏡(SEM)画像が示されている。GA粉末は不規則な粒子形状を持ち，サテライト粒子が付着している。一方，PREP粉末は真球に近い形状を持ち，サテライト粒子の付着もほとんど見られない。さらに，液滴が凝固する過程でアトマイズガスを巻き込む確率が高く，この場合粉末内部にガス欠陥(ガスポア)として残留する[2](**図2**(a))。このようなGA粉末に残留するガスポアは，造形物にガスポアとしてそのまま残留するため，欠陥のない金属積層造形部品を製造するうえで問題となる。造形物のガス欠陥は造形部材の密度の低下となり，疲労強度低下の原因となる[11)12]。特に，積層造形部材に，鍛造品並みの動的な力学的強度を求める場合，たとえば航空機のエンジン部材や自動車用の強度部材の場合は，GA粉末のガスポアの残留は疲労強度低下の原因となるため除去する必要がある。

動的安息角の測定結果(**図3**)では，GA粉末とPA粉末が似たような安息角を示している一

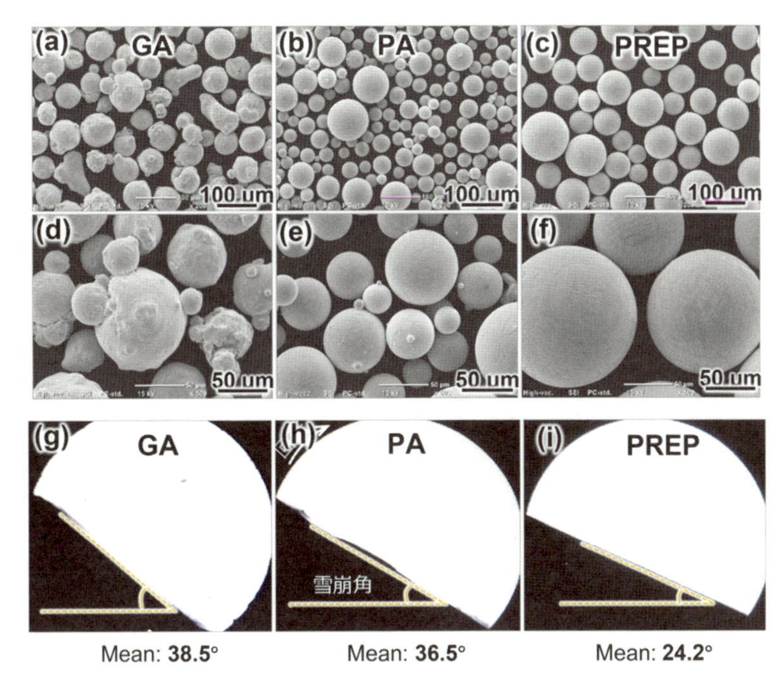

インコネル718合金の(a)(d)ガスアトマイズ(GA)，(b)(e)プラズマアトマイズ(PA)，(c)(f)プラズマ回転電極(PREP)粉末のSEM像。回転ドラム流動性試験((g)GA粉，(h)PA粉，(i)PREP粉の動的安息角測定)結果

図1　インコネル718合金粉末の製造法(ガスアトマイズ，プラズマアトマイズ，プラズマ回転電極法)による粉末形状および流動特性の比較[1)]

(a)ガスアトマイズ(GA)粉末の断面像　(b)PREP粉末の断面像

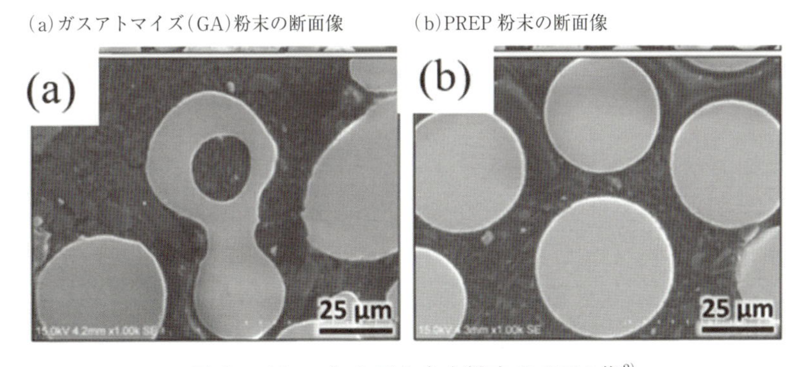

図2　インコネル718合金粉末のSEM像[2)]

方，PREP粉末はより小さい安息角を示している。これは，PREP粉末の流動性がGA粉末やPA粉末よりも高いことを示している。この結果から，粉末の形状や円形度(Circularity)が流動性に与える影響は大きいが，これだけでなく粉末間の相互作用や表面特性も流動性を決定する重要な要因であることがわかる。

PREP粉末が最も高い流動性を示す理由として，高い円形度に加えて，粉末表面の特性が流動性の向上に寄与していることが考えられる。一方，GA粉末やPA粉末の流動性は，形状や円形度だけでは評価できず，粉末間の静電相互作用や表面特性を含む総合的な評価が必要である。

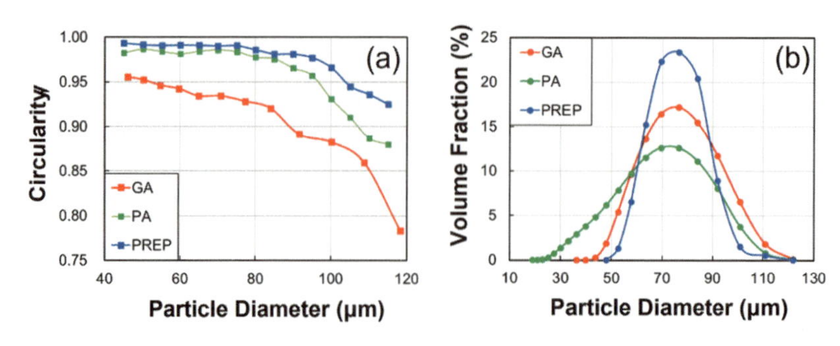

インコネル718合金粉末(GA，PA，PREPの(a)円形度および(b)粒度分布)
GA粉末，PA粉末およびPREP粉末の粒度分布(PSD)

図3　インコネル718合金粉末の製造法(ガスアトマイズ，プラズマアトマイズ，プラズマ回転電極法)による粒子径に対する円形度および粒度分布の比較[1)]

2.1.3　粉体の流動性に関与する複数の要因と粉末表面酸化皮膜

粉体の流動性は，形状や円形度だけでなく，粉末表面の特性や静電相互作用にも強く影響を受ける。特に，金属粉末の表面に形成される酸化皮膜は，流動性に重要な影響を与える。

粉末表面の酸化皮膜は，輸送や処理の際に粉末同士が擦れ合うことで静電気を蓄積し，粉末の凝集力を高める可能性がある。この現象(トライボエレクトリック帯電)は，粉末の流動性を低下させる要因となり，粉末の取り扱いやパウダーベッド形成に影響を与えることがある。したがって，粉末の電気的特性と流動性の関係を明らかにし，これらの要因を最適化することが重要である。

[**2.2**]では，SUS304鋼のGA粉末とPREP粉末の直流および交流の電気抵抗測定結果をもとに，粉末の電気的特性が流動性に与える影響について考察する。

2.2　金属粉末の電気特性と流動性

[**2.1**]では，金属粉末の形状や円形度が流動性に与える影響について詳述した。その結果，粉末の形状や円形度が高流動性の主な要因であることが確認されたが，形状や円形度だけでは粉末の流動性を完全には説明できないことが明らかになった。特に，GA粉末とPA粉末の動的安息角が類似していることから，流動性には他の重要な要因が存在することが示唆される。

ここでは，金属粉末の電気的特性が流動性に与える影響について考察する。金属粉末表面の電気的特性，特にキャパシタンスと抵抗は，静電気の蓄積や粉末間の静電相互作用に大きな影響を及ぼす。これらの電気的特性が粉末の凝集力を変化させ，結果として流動性に影響を与える可能性がある。電気的特性を詳細に解析することで，流動性の向上に向けた新たな視点を提供し，より均一で高品質なパウダーベッドを形成するための指針を探ることができる。

2.2.1　金属粉末の形態と粒度分布

電気的特性が粉末の流動性に与える影響を検討するため，SUS304鋼のGA粉末とPREP粉末を対象とする。**図4**[10)]に示すように，GA粉末とPREP粉末の形態と粒度分布はそれぞれ異

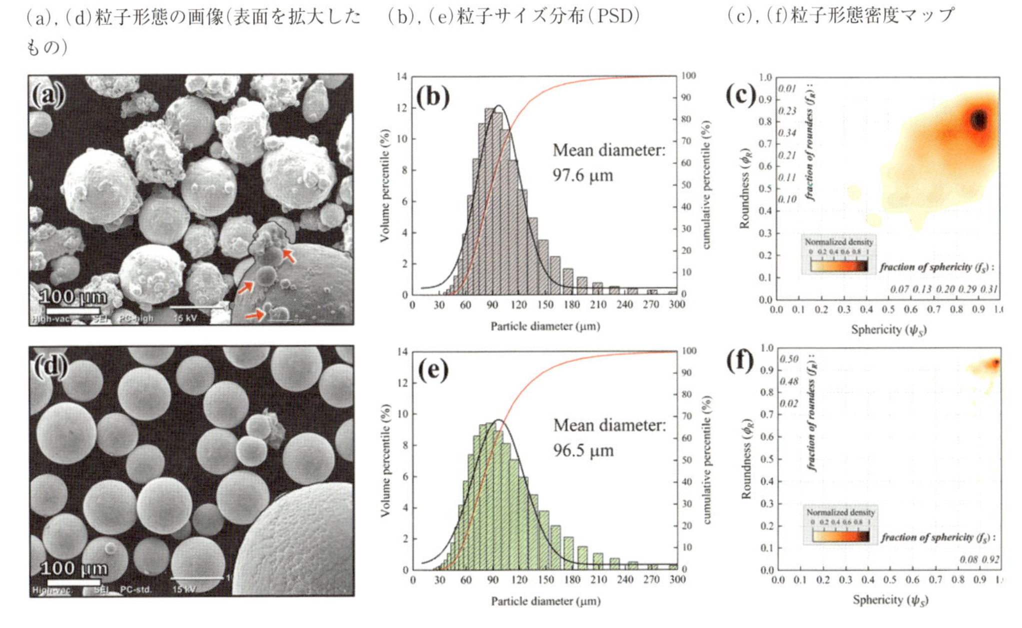

(a), (b), (c)：GA SUS304 粉末，(d), (e), (f)：PREP SUS304 粉末(赤い矢印は表面に付着したサテライトを示す)

図4　SUS304粉末(ガスアトマイズおよびプラズマ回転電極法で製造)の粒子形態，粒度分布(PSD)，および粒子形態密度マップの比較[10)]

なる特徴を持っている。これらの特性の違いが，粉末床溶融結合型積層造形(PBF-AM)プロセスにおけるリコートメカニズムにどのように影響を与えるかを考察する。

SEM画像(図4(a)，図4(d))によると，GA粉末は不規則な形状を持ち，サテライト粒子が付着しているのに対し，PREP粉末はより均一な球形を持ち，サテライト粒子の付着も少ない。また，粒子サイズ分布(PSD)を示す図4(b)，図4(e)からは，両粉末のPSDはほぼ同じ範囲に収まっているが，形状の違いが流動性に与える影響が異なることが示唆される。

粒子形態密度(PMD)マップ(図4(c)，図4(f))を見ると，GA粉末は広範囲に分布しており，形状が不規則であることが分かる。一方，PREP粉末はより真球に近く，均一な形状を示している。このように，形状や粒度分布の違いが粉末の電気的特性と流動性にどのように関与しているかを理解することが重要である。

2.3　金属粉末の電気特性と流動性

[**2.2**]では，金属粉末の形状や円形度が粉末の流動性に与える影響について検討した結果，これらの要因が高流動性を示す主な要因であることが確認されたが，形状や円形度だけでは粉末の流動性を完全には説明できないことが明らかになった。特に，GA粉末とPA粉末の動的安息角が類似していることから，流動性には他の重要な要因が存在することが示唆された。

ここでは，金属粉末の電気的特性が流動性に与える影響について考察する。金属粉末表面の電気的特性，特にキャパシタンスと抵抗は，静電気の蓄積や粉末間の静電相互作用に大きな影響を及ぼす。これらの電気的特性が粉末の凝集力を変化させ，結果として流動性に影響を与える可能性がある。粉末の電気的特性を詳細に解析することで，流動性の向上に向けた新たな視点を提供し，より均一で高品質なパウダーベッドを形成するための手法を探ることができる。ここでは，金属粉末の電気的特性と流動性の関係について，理論的背景および実験結果に基づいて総合的に考察する。

2.3.1　金属粉末の形態と粒度分布

電気的特性が粉末の流動性に与える影響を検討するために，SUS304 鋼の GA 粉末と PREP 粉末を対象とする。図 4[10]は，SUS304 鋼の GA 粉末と PREP 粉末の粒子形態とサイズ分布を示している。これらの粉末の形態や特性の違いを理解したうえで，粉末床溶融結合型積層造形(PBF-AM)プロセスにおける粉末リコートメカニズムに与える影響を考える。

SEM 画像(図 4(a)，図 4(d))によると，GA 粉末は主に球形であるが，表面にはサテライト粒子が付着している。一方，PREP 粉末はより均一な球形を持ち，サテライト粒子の付着はほとんど見られない。さらに，GA 粉末および PREP 粉末の粒子サイズ分布(PSD)を示す図 4(b)，図 4(e)では，両粉末の PSD はほぼ同じであり，平均粒径も GA 粉末(97.6 μm)と PREP 粉末(96.5 μm)で，ほぼ同じ値を有している。しかし，粒子形態密度マップ(図 4(c)，図 4(f))からは，GA 粉末の分布が広がっており，不規則な形状を持つ粒子が多いことが分かる。これに対して，PREP 粉末の PMD マップは，分布が 0.9 以上の高い円形度(ϕ_R)と球形度(ψ_S)を持つ領域に集中しており，より均一で真球に近い形状を示している。

2.3.2　GA 粉末と PREP 粉末の電気的特性

2.3.2.1　直流電気比抵抗の測定結果

図 5(a)は，GA 粉末と PREP 粉末の直流比抵抗を示している。この測定は室温において，アルミナチューブに粉末を詰め，両端の電極で粉末を挟んで一定電流を流し，端子間の電位差を読み取るという疑似四端子法を用いて行ったものである。GA 粉末の直流比抵抗は 5710.5 Ω・m であり，PREP 粉末の 23.2 Ω・m に比べて約 246 倍も高い値を示している。これは，GA 粉末の表面に厚い酸化皮膜が形成されており，電気的に絶縁体として機能しやすいことを示している。PREP 粉末の表面酸化皮膜が GA 粉末に比べて薄いことは，AFM 観察[1]や XPS を用いた表面皮膜分析[10]によって確認されている。

2.3.2.2　交流インピーダンス測定の結果

図 5(b)[10]は，交流インピーダンス測定によって得られた GA 粉末と PREP 粉末のナイキストプロット(測定周波数：1～2×10^6 Hz)を示している。ナイキストプロットは，低周波数域におけるインピーダンスの実部が金属内部の抵抗(R_m)と表面酸化皮膜の抵抗(R_o)の和(R_m+R_o)を示し，高周波数域では表面酸化皮膜の抵抗(R_o)を示す。この関係から，R_m と R_o の値を求めることができる。また，インピーダンスの虚部が最大となる特性周波数 ω_C を求めることで，キャパシタンス Co を式(1)で求めることができる。

$$C_o = \frac{1}{\omega_C R_O} \quad (1)$$

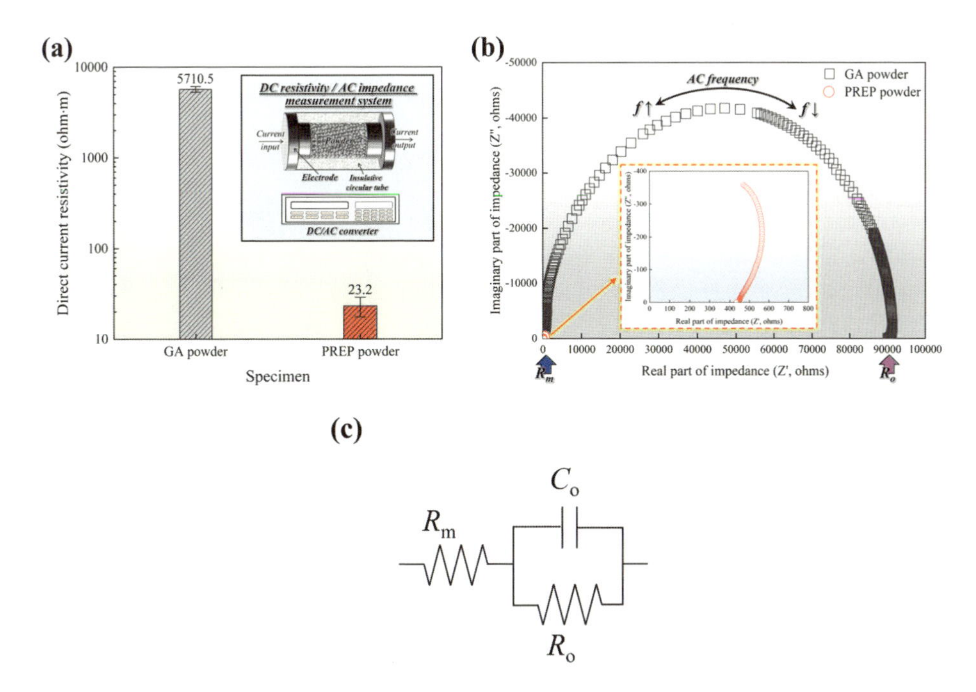

(a)GA 粉末および PREP 粉末の直流比抵抗の測定結果。GA 粉末の直流比抵抗は 5710.5 Ω･m，PREP 粉末の直流比抵抗は 23.2 Ω･m である。インセットは DC/AC 抵抗率およびインピーダンス測定システムの模式図を示している

(b)交流インピーダンステストによって得られた GA 粉末および PREP 粉末のナイキストプロット。低周波数域では金属内部の抵抗(R_m)，高周波数域では外部酸化皮膜の抵抗(Ro)を示している。GA 粉末は周波数に応じて半円形のインピーダンス応答を示すが，PREP 粉末ではこの応答は見られない。挿入図は PREP 粉末の拡大図である

(c)GA 粉のインピーダンスの等価回路モデル。このモデルは，粉末の電気的特性を理解するために用いられる

図 5　GA 粉末および PREP 粉末の直流比抵抗および交流インピーダンス特性の比較[10)]

GA 粉末のインピーダンス応答は，周波数に応じて半円形のインピーダンスプロットを示しており，これをコール・コールプロットとして表すことができる。一方，PREP 粉末では明確な半円形の応答が見られず，原点付近に小さなリアクタンスと抵抗成分を持つが，全体として非常に低いインピーダンス値を示している(図 5(b))。GA 粉末の金属内部抵抗(R_m)は 483.2 Ωで，PREP 粉末の 472.7 Ωとほぼ同じであるが，表面酸化皮膜の抵抗(R_o)は GA 粉末が 90152.7 Ωであるのに対し，PREP 粉末は 569.2 Ωと，GA 粉末の方がはるかに高い値を示している。

これらの結果から，GA 粉末の高い比抵抗と強い静電気力は，厚い酸化皮膜によるものであることが強く示唆される。酸化皮膜の厚さとその化学組成は，粉末全体の電気的特性や流動性に直接的な影響を与える重要な要素である。

2.3.2.3　インピーダンス応答の解析

GA 粉末のインピーダンス応答は，図 5(c)に示されるように，Cole-Cole plot(コール・コールプロット)として表される。この場合，単一の RC(抵抗とキャパシタンスの並列)回路として等価回路モデルを構築できる。

GA粉末のインピーダンス応答を解析するため，式(2)が用いられる。

$$Z(\omega) = R_m + \frac{R_o}{1 + j\omega R_o C_o} \tag{2}$$

ここで，$Z(\omega)$は周波数ωにおけるインピーダンス，R_mは金属内部の抵抗，R_oは表面酸化皮膜の抵抗，C_oは表面酸化皮膜のキャパシタンス，jは虚数単位である。

この回路における時定数τは，式(3)のように定義される。

$$\tau = R_o C_o \tag{3}$$

この時定数τは，回路の応答速度を示し，キャパシタンスが大きいほど電荷の放散が遅くなることを示す。GA粉末の厚い酸化皮膜は，この時定数を大きくし，粉末の高い静電気蓄積能力と凝集力を引き起こす要因となる。

一方，PREP粉末のインピーダンス応答は，表面酸化皮膜が薄いため，異なるメカニズムや複雑な挙動が関与している可能性があり，単一のRC回路モデルで説明することが困難である。PREP粉末のインピーダンス応答(図5(b))が低インピーダンス値を示し，ナイキストプロットにおいて単純な半円形を描かないのは，主に抵抗成分によって支配されるためである。

これまでの分析により，GA粉末とPREP粉末の電気的特性が，それぞれの粉末の静電気蓄積能力や凝集力に与える影響を理解することができた。[**3.**]では，これらの電気的特性がパウダーベッドの流動性にどのように影響を与えるかを詳細に考察し，特にリコートプロセス中の粉末の流動挙動とその最適化に向けた知見を得るための実験結果を紹介する。

3. パウダーベッドのリコート性に対する粉末電気的特性の関係

GA粉末とPREP粉末の電気的特性に関する詳細な分析は，これらの粉末の静電気蓄積能力や表面酸化皮膜の影響を明らかにしている。特に，GA粉末は高い比抵抗とキャパシタンスを示し，これが静電気蓄積能力を高め，粉末の凝集力を強化する要因となっていると考えられる。一方，PREP粉末は薄い酸化皮膜と低キャパシタンスを持ち，電気的にはより金属的な特性を示す。

これらの電気的特性は，パウダーベッドにおける粉末の流動性に直接的な影響を与える。GA粉末の高い凝集力は，粉末の均一な広がり性(リコート性)を妨げ，流動性を低下させる可能性がある。一方で，PREP粉末はより良好な流動性を示すことが予想される。

ここでは，これらの電気的特性がパウダーベッドの流動性にどのように影響を与えるかを詳しく考察する。具体的には，粉末のリコート性，凝集挙動，および流動性の測定結果を示し，それぞれの粉末がどのようにパウダーベッド中で挙動するかを解析する。これにより，粉末の電気的特性が実際のパウダーベッドリコートプロセスにおいてどのように影響を及ぼすかを明らかにする。

3.1 パウダーリコートプロセスのその場観察-PIV(粒子画像流速測定)法の適用

パウダーベッド形成プロセス(リコートプロセス)における粉末流動挙動を可視化することに

より，均一なパウダーベッド形成に必要な粉末特性を明確化することができる。ここでは，リコートプロセスを可視化する方法とその結果について紹介する。

3.1.1 リコートプロセスの可視化装置

図6[10]は，PIVを用いてパウダーリコートプロセスを可視化するために開発されたパウダーリコート装置(図**6**(a))と，その場観察のために開発された粒子画像流速計測(PIV：Particle Image Velocimetry)システムの模式図(図6(b))を示している。この装置は，ステンレス鋼製のブレード(Spreading blade)，基板(Base plate)，粉末供給システムなどで構成されている。基板の両側は，リコートプロセス中の粉末の流れを観察するためにフレキシブルガラス(Flexible glass)で密閉されており，基板とフレキシブルガラスの隙間から粉末が漏れ出さないようにしている。ブレードの高さ(300 μm)は標準のPBF-AMプロセスの有効層厚さに対応しており，標準試料を用いて校正されている。粉末(20 g)は漏斗を使用してリコートブレードの前に投入され，GA粉末およびPREP粉末を用いて50 mm/sのブレード送り速度でリコート実験が行われた。

パウダーリコート実験のその場観察は，特別に設計されたPIVシステムを使用して行われた[13]。このシステムは，高速度カメラと発光ダイオードシステムを用いて，マイクロ秒スケールで粒子の動きを観察することが可能である。高焦点解像度レンズと内蔵ライトを使用して，

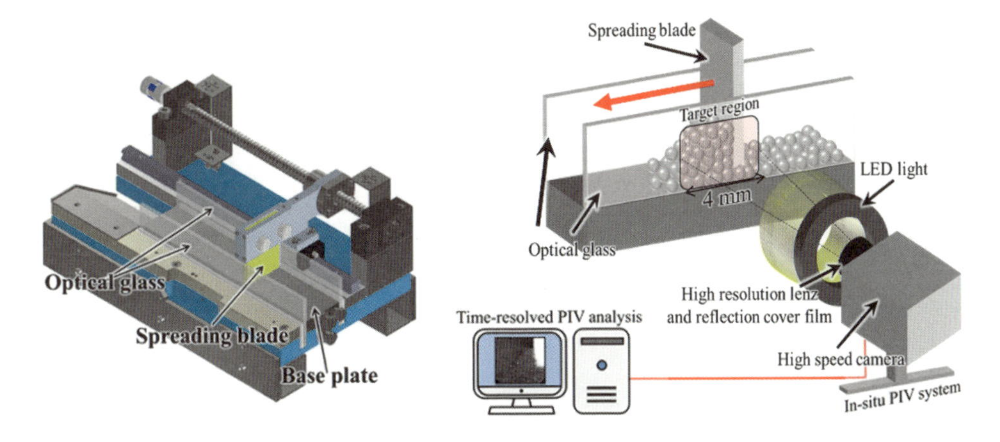

図6　粉末コート実験装置および粒子画像流速計測(PIV)システムの概略と高解像度画像例[10]

パウダーリコートプロセスの微小動態を観察した。記録する高解像度画像を 1024×1024 ピクセルに分割し，粒子の速度と変位を計算するためのインタロゲーションウィンドウ領域を選択した。このシステムにより，粉末の流動性，リコートメカニズム，パウダーベッドの品質に関する詳細な研究が可能となる。PIV 解析の詳細なアルゴリズムについては，文献14)に詳細が説明されている。

3.1.2　PIV によるリコートプロセスにおける粉末流動速度分布の可視化

図7[10]は，GA 粉末を用いたリコートプロセスの高速度カメラ画像と PIV 解析による速度分布を可視化したものである。これにより，粉末がリコートブレードに押し出される様子が詳細に観察されている。特に，時間ステップに応じて粉末の速度がどのように変化するかを示しており，ブレードの移動速度に対して粉末がどのように動いているかを確認できる。PIV 解析により，粒子速度の分布が明らかになり，粒子がどの速度で移動しているかを示す領域が特定された。青色（A1 領域：低速度領域）の領域は最も低速で移動する粒子を，緑色（A2 領域：中速度領域）は中間速度の領域を示している。赤色（A3 領域：高速度領域）の領域は最も高速で移動する粒子を示しており，粒子速度の分布がパウダーリコートプロセスの各段階で異なることがわかる。この解析結果により，粉末のリコートプロセス中の動態を詳細に把握することが可能となり，パウダーベッドの形成における問題点を明確化することができる。

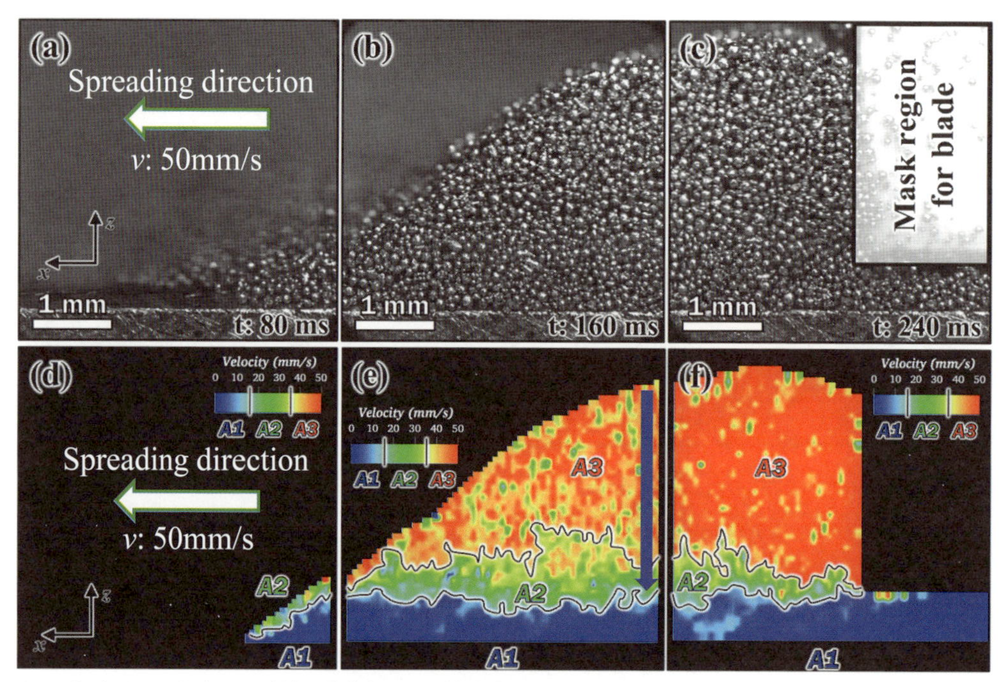

リコートプロセスにおける GA 粉末の高速度カメラ画像を時間ステップごとに示す
(a)80 ms，(b)160 ms，および(c)240 ms。PIV 解析によって計算された速度分布を時間ステップごとに示す
(d)80 ms，(e)160 ms，および(f)240 ms（青色の矢印は，粉末パイルにおける速度減少の方向を示す）

図7　リコートプロセスにおける GA 粉末の高速度カメラ撮影と PIV 解析による速度分布の時間ステップごとの観察[10]

3.1.3 PIVによるリコートプロセスにおける粉末流動の粉末速度ベクトルの可視化

図8[10]は，GA粉末のリコートプロセスにおける粉末粒子の速度分布を速度ベクトルとして示したものである。速度ベクトルにより，粉末がどの方向にどの程度の速度で移動しているかが視覚的に確認できる。図8(d)～(f)はFast Lagrangian Approach(高速ラグランジュ法)[15]を用いた修正後の粒子速度ベクトルを示している。

この解析により，パウダーリコートプロセス中の粉末粒子の動きが，整列(Alignment)，回転(Rotating)，堆積(Deposition)の3つのメカニズムに分類されることが示された。これにより，粉末の動きがリコートプロセスにどのように影響を与えるかを詳細に理解することができ，粉末の流動性やパウダーベッドの品質を改善するための手法を見出すことが可能である。

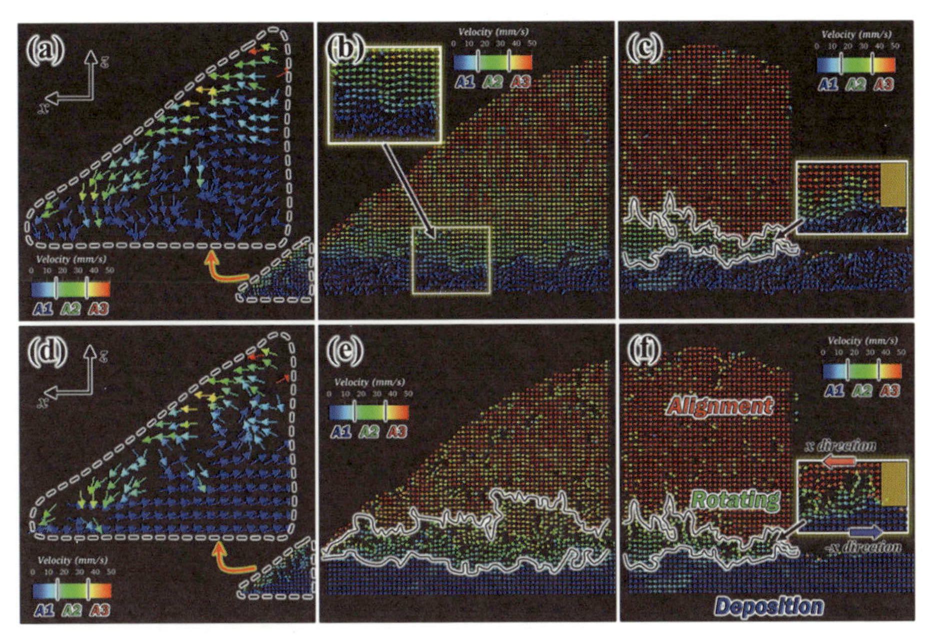

PIV解析によって得られたGA粉末パイルの粒子速度ベクトルを時間ステップごとに示す：
(a)80 ms，(b)160 ms，(c)240 ms
高速ラグランジュ法を使用して修正された粒子速度ベクトルを時間ステップごとに示す：
(d)80 ms，(e)160 ms，(f)240 ms

図8　PIV解析によるGA粉末パイルの粒子速度ベクトルの時間ステップごとの変化と高速ラグランジュ法を用いた修正後の速度分布の比較[10]

3.1.4 GA粉末とPREP粉末のリコートプロセスにおける粉末流動機構の比較解析

図9[10]は，GA粉末とPREP粉末のリコートプロセスにおける粉末流動機構の違いを示している。これにより，GA粉末は整列(Alignment)と凝集が特徴であり，PREP粉末は回転(Rotating)と独立した粒子移動が特徴であることが確認された。この違いは，粉末の物理的特性や表面特性，特に表面酸化皮膜の厚さや構造に起因している。

これらの知見は，リコートプロセスの最適化やパウダーベッドの品質向上において重要である。具体的には，粉末の流動性を向上させるために，粉末の表面処理や酸化皮膜の厚さを調整

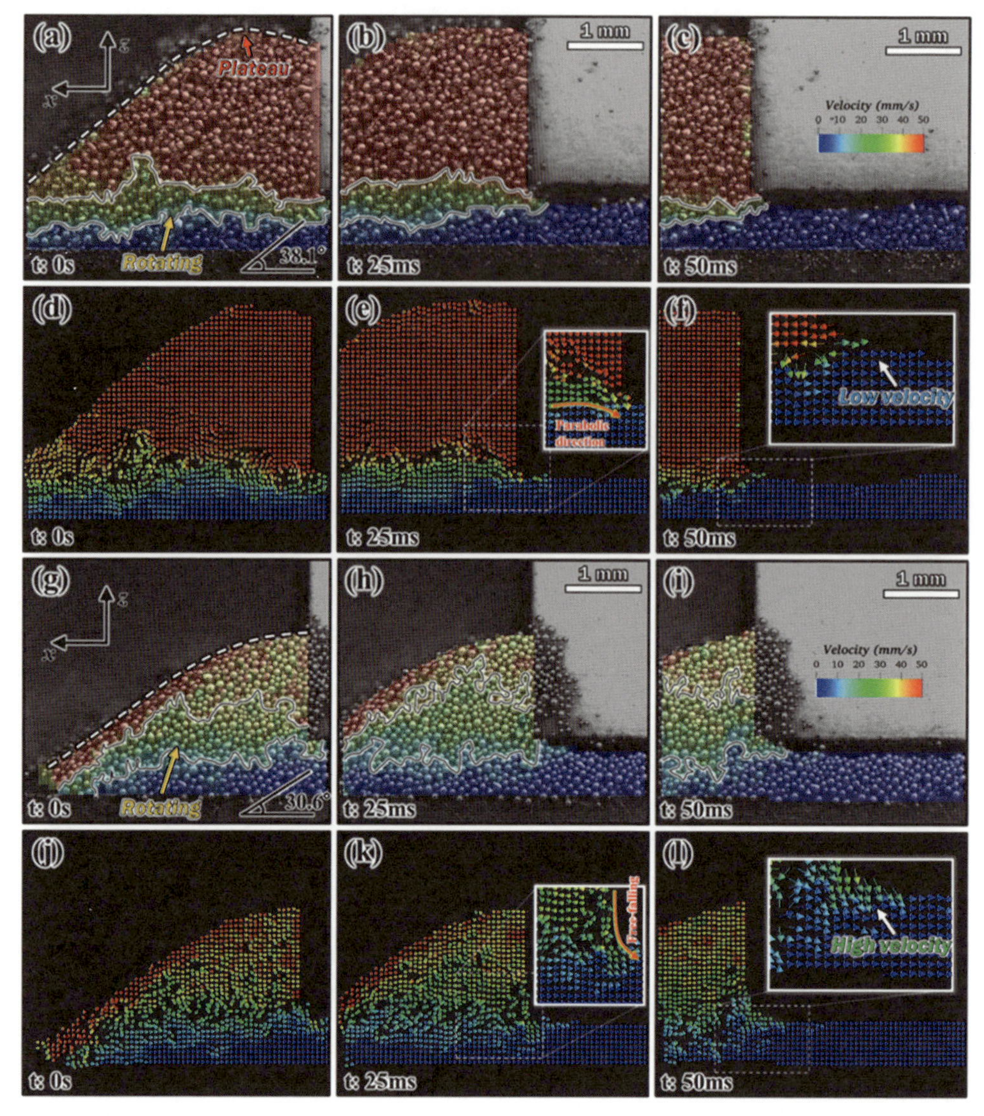

GA 粉末およびPREP 粉末の速度分布のスナップショットを時間ステップごとに示す。(a)～(f)は GA 粉末。(g)～(l)は PREP 粉末のスナップショットである：(a)および(g)0 s，(b)および(h)25 ms，(c)および(i)50 ms。GA 粉末およびPREP 粉末の高速ラグランジュ法による速度度ベクトルを時間ステップごとに示す：(d)および(j)0 s，(e)および(k)25 ms，(f)および(l)50 ms

図9　GA 粉末およびPREP 粉末の速度分布スナップショットの時間ステップごとの比較：粒子の挙動と速度ベクトルの解析(0 ms，25 ms，50 ms)[10]

することが有効であることが示唆される。また，粉末の電気的特性を制御することで，静電気力による凝集を防ぎ，均一なパウダーベッドの形成を促進することができる。

3.2 GA 粉末と PREP 粉末のリコート実験-パウダーベッドの均質性比較

3.2.1 リコート実験の目的とパウダーベッドの高さプロファイル

ここでは，異なる粉末供給メカニズムがパウダーベッドの品質に与える影響を評価するた

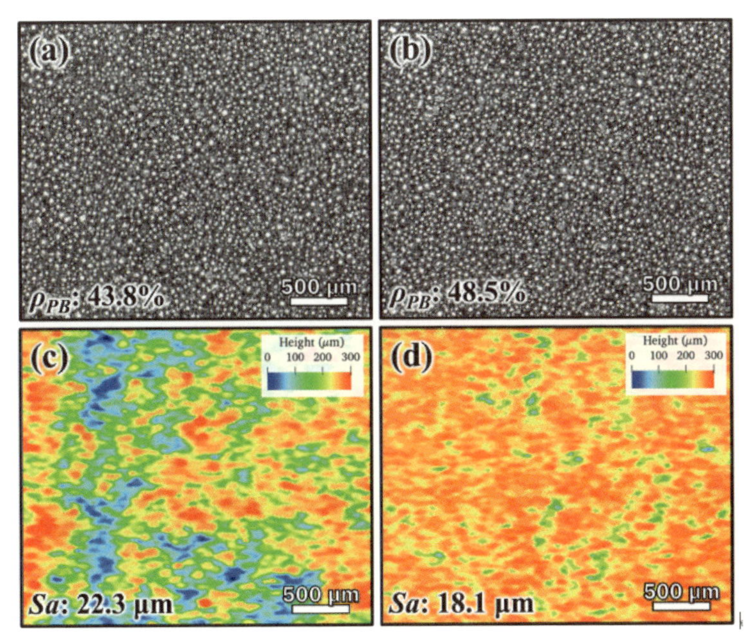

図6に示すパウダーリコート実験装置によるリコート実験後のパウダーベッド天面のスナップショット：(a)GA粉末，(b)PREP粉末．対応する高さプロファイル：(c)GA粉末，(d)PREP粉末

図10　リコート実験後の粉末ベッド天面のスナップショットと高さプロファイルの比較：GA粉末およびPREP粉末の天面粗さ評価[10)]

め，GA粉末とPREP粉末を用いてリコート実験を実施する。**図10**[10)]に示すように，これらの粉末によって形成されたパウダーベッドの表面スナップショットとそれに対応する高さプロファイルを分析することで，各粉末の堆積特性とパウダーベッドの均質性を比較した。

図10(a)および図10(b)は，それぞれGA粉末とPREP粉末を用いたリコート実験によって形成されたパウダーベッドの表面状態を示している。図10(c)および図10(d)に示す高さプロファイルから，GA粉末のパウダーベッドは厚さが不規則に変動し，ベースプレートが露出する部分が見られる一方で，PREP粉末のパウダーベッドは均一な厚さを持ち，ベースプレートの露出は観察されない。GA粉末の表面粗さ(Sa)は22.3 μmであるのに対し，PREP粉末の表面粗さ(Sa)は18.1 μmと，PREP粉末の方が低い値を示している。

3.2.2 パウダーベッドの充填密度，供給特性と粒子速度の影響

PREP粉末によって形成されたパウダーベッドの充填密度は48.5 %であり，GA粉末の43.8 %よりも高い結果となった。この差異は，PREP粉末が自由落下による粒子供給をより高速かつ均一に行える特性に起因している。GA粉末のパウダーベッドでは高さの不規則な変動と高い表面粗さが観察され，粉末の堆積が不均一であるのに対し，PREP粉末のパウダーベッドでは均一な高さ変動と低い表面粗さが観察され，均一な粉末堆積が実現されている。

3.2.3 ギャップ領域での粒子速度とパウダーベッドの品質

PREP粉末は，GA粉末と比較してギャップ領域における粒子速度が高く，この特性がパウダーベッドの品質に与える影響を確認した。この結果は，ギャップ領域を通過した後のPREP粉末の粒子が持つ残留運動エネルギーが少なく，これがパウダーベッドの品質に大きな悪影響を与えないことを示している。具体的には，PREP粉末は速い速度で均一に供給されるため，粒子が滑らかに堆積し，結果として均一で平坦なパウダーベッドを形成することができる。

一方で，GA粉末は粒子の速度が低く，供給時に乱流や相互作用が発生しやすい。このため，粒子間の衝突が多く，結果として不規則な高さ変動や高い表面粗さが生じやすくなる。これにより，GA粉末を用いた場合のパウダーベッドの品質はPREP粉末と比べて劣る可能性が示唆される。

3.2.4 粉末供給メカニズムの比較とパウダーベッド品質への影響

図10は，GA粉末とPREP粉末の堆積プロセスにおける粉末供給と堆積の違いを明確に示しており，PREP粉末は均一な高さ変動と高い充填密度を持ち，GA粉末は不規則な高さ変動と低い充填密度を示している。これにより，粉末のギャップ領域への供給メカニズムがパウダーベッドの品質に与える影響が理解される。具体的には，PREP粉末の方が粒子供給速度が高く，均一な粒子供給が可能であるため，均一で平坦なパウダーベッドを形成することができる。一方，GA粉末は供給時に乱流や粒子間の衝突が多く発生し，不規則な高さ変動や表面粗さが増加するため，パウダーベッドの品質が低下する。

以上の結果より，金属粉末の直流および交流の電気抵抗測定を行うことにより，金属粉末の静電気蓄積能力を示す表面酸化皮膜の抵抗成分とキャパシタンス成分の評価が可能である。この抵抗成分とキャパシタンス成分の積で得られる時定数τの値は，粉体の流動性およびパウダーベッドのリコート性を評価するための指標となり得る。

 粉末表面酸化皮膜の電気的特性と熱的安定性—力学的ひずみ導入の効果

高流動性を有する金属粉末の製造には，粉末表面の酸化皮膜の電気的特性とその熱的安定性が重要な役割を果たす。特にPBF-EBM(Powder Bed Fusion-Electron Beam Melting)プロセスにおいては，パウダーベッドの予備加熱が必須であり，これによって粉末の「スモーク」現象を抑制する[4)5)8)]。このスモーク現象は，金属粉末粒子の表面酸化皮膜(Shell)の電気的絶縁性により引き起こされ，蓄積された電荷によって粒子が飛散し，パウダーベッドが消失することで正常な造形が阻害される。この問題を克服するためには，表面酸化皮膜の電気的特性を制御し，粉末の流動性およびリコート性を向上させる必要がある。

ここでは，インコネル718合金粉末を対象に，粉末表面の酸化皮膜の電気的特性と熱的安定性を調査し，力学的ひずみの導入がこれらの特性に与える影響[4)]について考察する。具体的には，直流および交流電気抵抗の温度依存性を測定し，ボールミル処理による力学的ひずみが粉末の電気的特性をどのように変化させるかを詳細に検討する。

4.1 粉末の直流抵抗の温度依存性とボールミル処理効果[4)]

4.1.1 未使用粉末の直流電気比抵抗

図11に示すように，インコネル718合金粉末の未使用状態での直流電気比抵抗は室温において非常に高い値を示し，これは表面酸化皮膜(Shell)が絶縁体として機能していることを示唆している。加熱が進むと，この比抵抗は徐々に低下し，最終的には金属的な電気伝導特性を示すようになる。この現象は，表面酸化皮膜が熱によって不安定化し，絶縁体から金属的な特性に転移するためである。図11は，未使用粉末を室温から800℃まで加熱し，その後冷却する際の直流比抵抗の変化を示しており，加熱と冷却過程におけるヒステリシスが観察される。

4.1.2 ボールミル処理粉末の直流電気比抵抗

図11に示されるボールミル処理を施した粉末の直流電気比抵抗は，処理時間が長くなるにつれて大幅に低下していることがわかる。特に，30分および60分の処理を行った粉末では，室温での比抵抗が未使用粉末のそれよりも約7桁低下し，金属的な電気伝導性を示すようになる。この結果は，ボールミル処理によって粉末表面の酸化皮膜に力学的ひずみが導入され，酸化皮膜が絶縁体から金属に転移したことを示唆している。XPS分析によって確認されたように，ボールミル処理により酸化皮膜の厚さはむしろ増加しており，電気伝導性の向上は酸化皮膜の剥離によるものではなく，酸化皮膜そのものの性質の変化によるものであると考えられる[4)]。

4.1.3 絶縁体-金属転移(Mott転移)[16)]

インコネル718合金粉末の表面酸化皮膜の主成分であるCr_2O_3は，3d遷移金属の酸化物であり，電子間相互作用が強いために絶縁体(Mott絶縁体)[16)]として機能する。しかし，ボールミル処理による非対称性の格子ひずみの導入により，表面酸化皮膜の電子の移動度が増加し，金属的な電気伝導に回復する絶縁体-金属転移(Mott転移)[16)-18)]が起きると考えられる。このMott転移により，粉末の電気抵抗が大幅に低下し，結果として粉末の流動性が向上する[7)]。

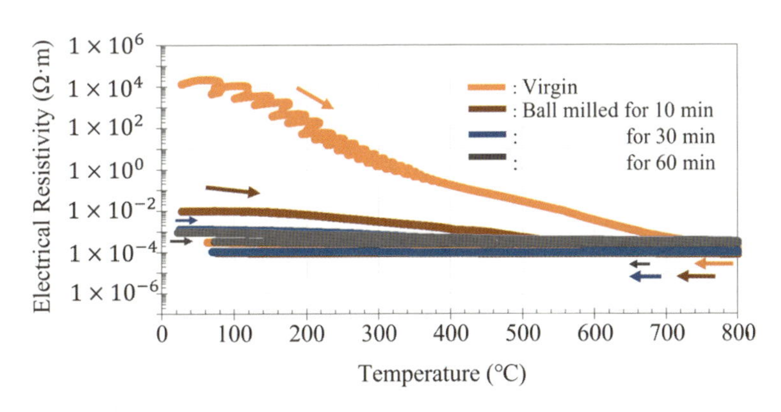

室温(23℃)と800℃の間の加熱(→)および冷却(←)中のバージンおよびボールミル(10, 30, および60分)インコネル718 PA粉末の直流(DC)電気比抵抗の変化

図11　イコネル718-PA粉末のボールミル処理時間と温度による直流電気抵抗(DC)の変化[4)]

4.2 合金粉末の交流インピーダンスの温度依存性とボールミル効果[4]

4.2.1 インコネル718合金PA粉末の交流インピーダンス測定結果

図12は，インコネル718合金PA粉末の交流インピーダンス測定結果を示している。室温から200℃にかけては半円状のコール・コールプロットが得られ，これは粉末の表面酸化皮膜のキャパシタンスと抵抗成分に基づくものである。200℃を超えると，キャパシタンスおよび抵抗成分は急速に減少し，温度の上昇に伴いインピーダンスが小さくなることがわかる。この結果から，インコネル718合金粉末は温度上昇とともに絶縁体から金属へと電気的特性が遷移することが確認できる。

4.2.2 ボールミル処理粉末のナイキストプロット

図13に示すように，ボールミル処理を施した粉末では，ナイキストプロットが原点の下にシフトし，キャパシタンス成分が消失していることが確認できる。これは，ボールミル処理によって粉末の酸化皮膜が絶縁体から金属へと転移し，容量性リアクタンス(キャパシタンス)がなくなり，代わりに誘導性リアクタンス(インダクタンス)が現れたことを示している。このインダクタンス成分は，測定回路の配線やコンポーネントのリード線(接触部)などに由来する寄生インダクタンス成分と解釈できる。つまり，図13のインピーダンス応答が示しているのは，ボールミル処理により粉末のキャパシタンスが完全に消失することであり，これにより金属粉末の表面酸化皮膜が絶縁体から金属へと転移することが示されている。この結果は，図11に示されている直流比抵抗におけるボールミル処理効果の発現機構として説明されるMott転移[16)-18)]を支持する明確な実験的証拠を提供している。ボールミル処理により，粉末は静電気を蓄積しにくくなり，粉末の表面特性が大きく改善されることを示している。

4.2.3 温度依存性の変化

10分間のボールミル処理を施した粉末(図13(a))では，温度が上昇するにつれてナイキストプロットは水平方向に移動し，抵抗成分が小さくなることが示されている。しかし，30分(図13(b))および60分(図13(c))のボールミル処理を施した粉末では，温度に対する抵抗成

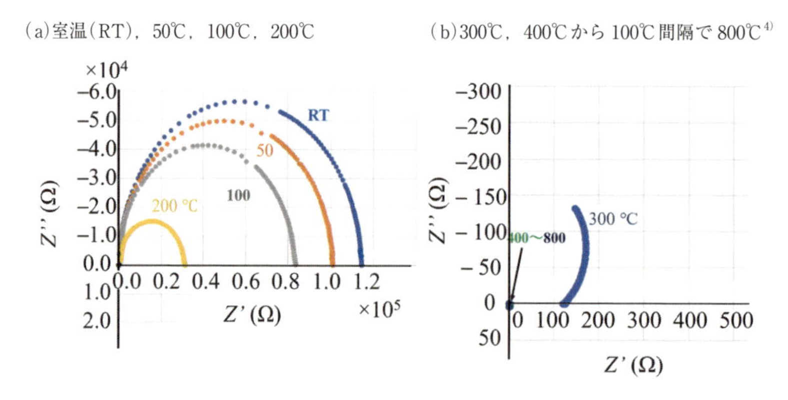

図12　インコネル718合金PA粉末の交流インピーダンスのナイキスト(Cole-Coleプロット)プロット[4]

分の変動がほとんど見られなくなり，金属的な電気伝導性を示すようになる。これにより，ボールミル処理によって粉末の電気的特性が安定化し，温度変化に対する電気抵抗の変動が抑えられることが確認できる。

図 14 は，ボールミル処理を施す前(図 14(a))と処理後(30 分)(図 14(b))のインコネル 718 合金 PA 粉末の表面形態を示す SEM 画像である。ボールミル処理前(図 14(a))では，粉末粒子は滑らかで，ほぼ完全な球形を示している。表面にはデンドライト状の微細な凝固組織が見

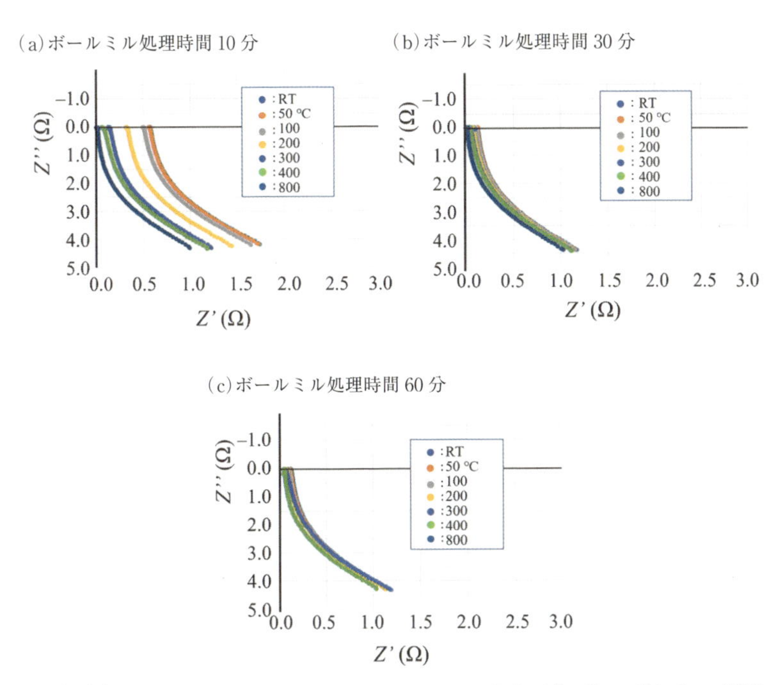

室温(23℃)および 50，100，200，300，400，800° C で AC インピーダンス法によって測定されたボールミル処理されたインコネル 718 PA 粉末のナイキストプロット

図 13　ボールミル処理されたインコネル 718-PA 粉末のナイキストプロット：AC インピーダンス法による温度依存性[4)]

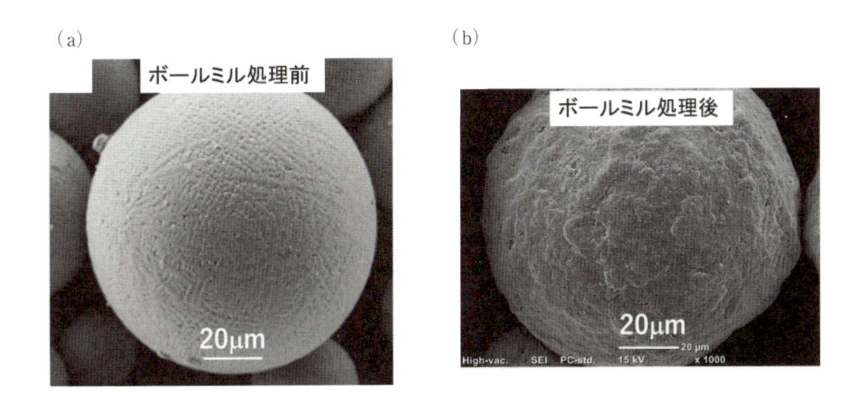

図 14　インコネル 718 合金 PA 粉末のボールミル処理前と 30 分のボールミル処理後の SEM 画像[4)]

られるが，表面は滑らかで，均一な形態を有している。一方，30分間のボールミル処理後の画像(図14(b))では，粉末粒子の表面が著しく粗くなっている。表面には凹凸が生じているが，球形度の低下は顕著ではない。この違いは，ボールミル処理によって粉末粒子の表面が機械的な衝撃を受け，粗くなっており，これは粉末表面層が塑性変形していることを示唆している。

以上のように，ボールミル処理は，粉末の表面形態を変化させ，これに伴って電気的特性にも大きな変化を引き起こす。特に，酸化皮膜の変質によって絶縁性が低下し(キャパシタンスの消失)，金属的な電気伝導性が増加することが確認され，これがキャパシタンス成分の消失という形でナイキストプロットに反映されている。このように，表面形態と電気的特性の変化は密接に関連しており，ボールミル処理が粉末の性能を大きく向上させることが示される。

4.2.4 ボールミル処理の実用的応用

ボールミル処理を施すことによって，インコネル718合金粉末の表面酸化皮膜が金属的な性質を帯びるようになり，高温環境でも安定した電気的特性を保持することが可能となる。すなわち，ボールミル処理を施した粉末は，高い流動性と充填密度を持ち，PBF-AMプロセスにおいても均一で高品質なパウダーベッドの形成が可能である[7]。また，PBF-EBMプロセスでは，スモークの発生を抑制し[4)8)]，より低温での造形が可能になるため，エネルギー効率の向上や製造コストの削減が期待される。

以上の結果から，ボールミル処理は高流動性高機能金属粉末の製造において，粉末の電気的特性を大幅に改善し，粉末製品品質の向上に寄与する有効な手法であるといえる。

5. 粉体凝集力の起源についての一考察

粉体の凝集力は粉末流動性に直結し，積層造形プロセスの成功に不可欠な要素である。これまでで述べたように，粉末の流動性は単に粒子の形状(円形度，球形度)だけでなく，ナノスケールでの表面の形態や化学特性にも大きく影響される。ここでは，粉体の凝集力の起源について深く考察し，そのメカニズムを明らかにする。

5.1 粉末流動性に影響を与える要因

これまで，粉末の流動性が単に粒子の形状(円形度)に依存するだけでなく，ナノスケールでの表面形態や酸化皮膜を含む表面特性によっても大きく影響を受けることを示してきた。形状(円形度)が1に近いPA粉末とPREP粉末を比較した場合でも，PREP粉末の方が流動性が高いという結果が得られている。これは，粉末表面の粗さや化学的特性，特に酸化皮膜が粒子間の相互作用に直接影響を与えるため，流動性にとって重要な要素であることを示唆している。

粉末の流動は，流体力学的な力，重力，および粒子間の凝集力のバランスによって決定される。パウダーベッド形成(リコーティング)プロセスにおける流動性に影響する粉末間の相互作用，すなわち凝集力(cohesive force)にどのような力が働いているかを考察する。従来，毛細管力，電磁力，ファンデルワールス力，静電力などが主要な要因として挙げられてきた。

5.1.1 毛細管力と湿度の影響

湿度が高い環境下では，毛細管力による金属粉末の凝集力が強く増加し，湿度が65 %を超えると顕著になると報告されている[19]。粉体の表面に水分が存在する場合，粒子間に毛細管ブリッジが形成されることがある。相対湿度が65 %以上になると，粒子間のギャップにおいて液体の毛細管凝縮(capillary condensation)が起こる可能性が高まる。これにより，ファンデルワールス力に加えて粒子間の引力が増加する。具体的には，完全に濡れる粒子表面を持つ半径Rの2つの滑らかな球形粒子に対して，この力は式(4)で表される。

$$F_H = 2\pi\gamma R \tag{4}$$

ここで，γは液体の表面張力である。このように，高湿度環境では毛細管力が粒子間の凝集力を大きくする要因として働くことが確認される。しかし，これは特に湿度が高い環境や粉体が露出している場合に顕著であり，湿度管理された環境における粉体では無視できる効果であるといえる。

5.1.2 電磁力とその寄与の評価

電磁力がPBF-LBMプロセス中のパウダーリコートとメルトプール対流に影響を与えることが指摘されているが，高いローレンツ力を得るためには強い磁場(>0.14 T)が必要である[20]ため，一般的なリコーティング条件下での電磁力の寄与は無視できると考えられる。

5.1.3 ファンデルワールス力の影響

ファンデルワールス力は，分子間の一般的な引力によるものであり，真空中および液体環境中で作用する。ファンデルワールス力は，粒子間の距離が分子のサイズ(0.2～1 nm程度)のオーダーで近づいた場合に顕著になり，特に粒子サイズが10 μm未満の場合に大きな影響を持つ。しかし，PBFのパウダーリコーティングで使用する粒子サイズ(平均粒径30から80 μm以上)の粉末では，この力は無視できるレベルである。

ファンデルワールス力は，式(5)のように表される[21]。

$$F_V = \frac{HR^*}{6d_s^2} \tag{5}$$

ここでHは材料のハマカー定数，R^*は$R^* = \frac{R_1R_2}{R_1 + R_2}$で表される等価半径，$d_s$は粒子間の距離である。金属粉末のハマカー定数は，式(6)のように表される[22]。

$$H = \pi^2 C_p N_1 N_2 \tag{6}$$

式(6)でC_pは相互作用する原子対のポテンシャル係数であり，N_1とN_2はそれぞれの物質の分子密度(界面単位体積あたりの原子数)である。したがって，ファンデルワールス力の大きさは界面間の距離に非常に敏感であり，リコーティング過程で粒子間に凝集力を引き起こす可能性は無視できない。しかし，粗い粉末表面はミクロおよびナノスケールで多くの突起(アスペリティ)から形成されており，粉末同士の接触はこれらのナノスケールでのアスペリティ―アスペリティの接触によるものであるため，相互作用領域は極めて小さい。そのため，粉末粒子間のファンデルワールス力は減少し，これにより粉末の流動性が向上することが期待できる。

5.2 粉末表面粗さと酸化皮膜がファンデルワールス力に及ぼす影響

上述のように，粉末粒子の表面が粗くなることで，粒子間の実際に接触して相互作用を起こす面積が減少する。粉末粒子の表面が滑らかであれば，粒子間で広い接触面を持ち，より多くの分子が互いに近接して相互作用することができ，ファンデルワールス力が強まる。しかし，表面が粗い粉末では，表面の凹凸によって接触面積が小さくなり，ファンデルワールス力を起源とする粒子間の凝集力が弱まると考えられる。

このことから，PREP 粉末と GA 粉末に働くファンデルワールス力を考察すると，GA 粉末の表面粗さやサテライトの存在がファンデルワールス力を減少させ，凝集力を低下させている可能性がある。しかし，実験結果では，PREP 粉末の方が流動性が高く，凝集力が低いことが確認されている。これにより，PBF-AM プロセスにおいては，流動性や凝集性に対するファンデルワールス力の寄与が小さいことが示唆される。

5.3 粉体凝集力におけるファンデルワールス力と他の要因の影響

5.3.1 粉末粒子表面形態と粗さ

図15[1]は，インコネル 718 合金の GA 粉末，PA 粉末，および PREP 粉末の粒子表面形態と粗さを示している。光学 3 次元イメージングによる表面の高さ分布や(図 15(a)，図 15(b)，図 15(c))，原子間力顕微鏡(AFM)によるナノスケールでの表面の粗さが視覚的に示されている(図 15(d)，図 15(e)，図 15(f))。これにより，GA 粉末が最も粗い表面を持ち，PREP 粉末が最も滑らかな表面を持つことが確認できる。さらに，粒子表面粗さの定量的データ(図 15(g))も示されており，GA 粉末の表面粗さが最も高いことが示されている。

5.3.2 粉末表面の粗さとファンデルワールス力の関係

GA 粉末は非常に粗い表面を持ち，PREP 粉末は最も滑らかな表面を持つことが確認できる。表面の粗さがファンデルワールス力に影響を与えることから，GA 粉末の方がファンデルワールス力による凝集力が弱いと考えられるが，実際にはその逆であることが実験結果から明らかにされている。これは，ファンデルワールス力が粉末の凝集力への寄与が少ないことを示している。

5.3.3 粉末粒子の動き，凝集力の観察と粒子サイズの影響

図 8 の観察によると，PREP 粉末の粒子は自由落下しながら広がり，独立したランダムな動きを示しており，凝集体を形成しない(図 9(g)～図 9(i))。一方，GA 粉末は凝集力が高く，粒子が整列して集合しながら動く傾向がある(図 9(a)～図 9(c))。粒子サイズが小さくなると(20 μm 以下)ファンデルワールス力が増加するが[3]，GA 粉末は大きな粒径を持ちながらも強い凝集力を示しており(図 9(a)～図 9(c))，このことからも流動性や凝集性に対するファンデルワールス力の寄与が小さいことを示唆している。

これらの結果から，PBF-AM プロセスにおける粉体の凝集力を決める主な要因はファンデ

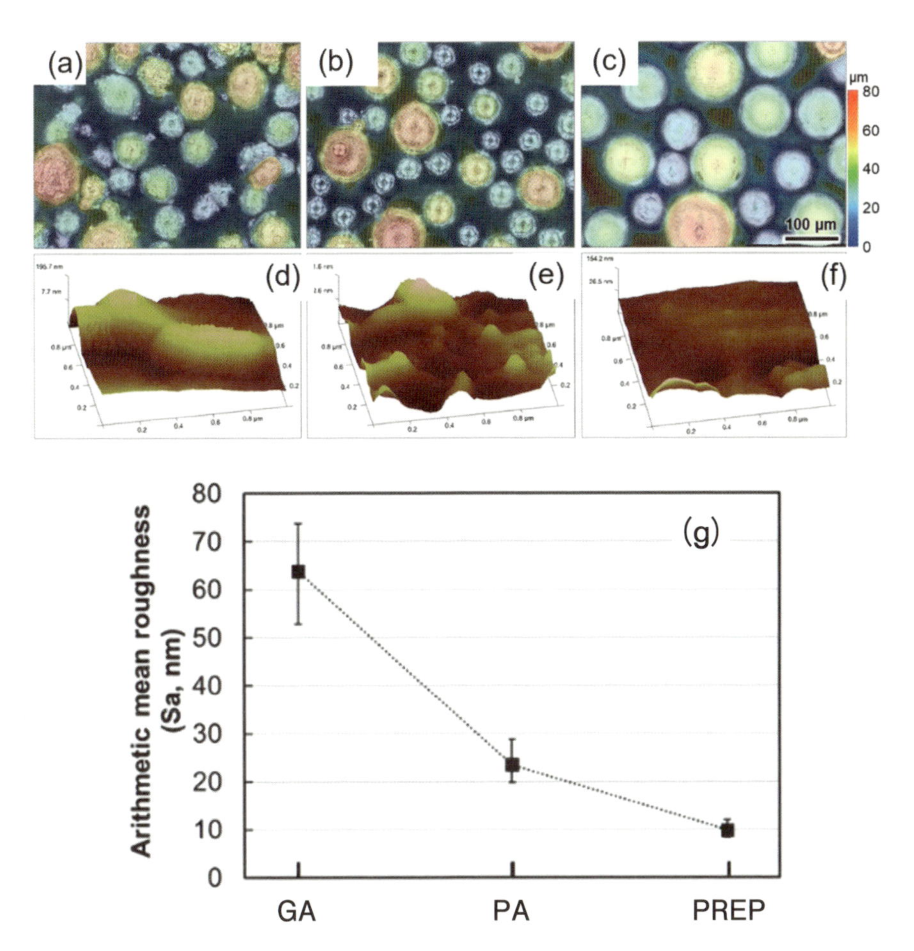

(a)GA，(b)PA，および(c)PREP 粉末の粒子表面トポグラフィーを表す光学 3 次元イメージング
(d)GA，(e)PA，および(f)PREP 粉末の代表的な粒子表面プロファイルをナノスケールで示す原子間力顕微鏡(AFM)イメージング
(g)複数の AFM 測定によって得られた粒子表面粗さ(面積粗さ：Sa，算術平均粗さ)の定量的データ

図 15　GA，PA，および PREP 粉末の粒子表面形態の光学および AFM イメージングと表面粗さの比較[1)]

ルワールス力ではなく，酸化皮膜と関連する静電気力が大きな影響を与えていることが示唆される。

6. おわりに

本稿では，PBF-AM プロセスにおける粉末の流動性と電気的特性の関係について検討し，いくつかの重要な知見を提供した。

まず，粉末の円形度および球形度が高いほど流動性が向上する傾向があるが，その流動性は形状だけに依存せず，表面酸化皮膜の特性にも大きく依存することが明らかとなった。特に，粉末の表面酸化皮膜の厚さと電気的特性が流動性に与える影響が顕著であり，金属粉末の表面酸化皮膜が電気的に絶縁体的である場合，静電気の蓄積が増加し，粉末の凝集力が高まることが示された。これにより，粉末のリコート性が低下し，均一なパウダーベッドの形成が困難になることが確認された。

次に，ボールミル処理を施すことで，粉末の表面酸化皮膜に力学的ひずみが導入され，絶縁体から金属へのMott転移が引き起こされる可能性について論じた。これにより，粉末の電気的特性が変化し，流動性が向上することが確認された。粉末の電気的特性がリコートプロセスに与える影響についても検討し，静電気力による凝集がリコート性に与える負の影響を明らかにした。特に，GA粉末とPREP粉末の比較において，PREP粉末の方が良好な流動性を示し，より均一なパウダーベッドを形成することが確認された。これは，製粉時に液滴凝固過程において酸化が抑制される製粉プロセスほど流動性の高い粉末を製造できることを示している。

さらに，PIV(粒子画像流速測定)を用いることで，粉末の流動パターンや速度分布を高精度に可視化することができた。これにより，粉末がリコートプロセス中にどのように動くか，どの部分で凝集が起こりやすいかといった詳細な挙動が明らかにされた。PIVを使用して，PBF-AMのリコートプロセスにおけるGA粉末の大規模整列(Alignment)を初めて可視化し，これが静電気力によるものであることを示す証拠を提供することができた。

また，粉末の直流および交流の電気抵抗測定を通じて，金属粉末の静電気蓄積能力を示す表面酸化皮膜の抵抗成分とキャパシタンス成分の評価が可能であることが示された。これらの要素から得られる時定数τの値は，粉体の流動性およびパウダーベッドのリコート性を評価するための指標となり得る。

さらに，粉末の凝集力の起源について考察し，PBF-AMプロセスにおいて粉末の凝集力を決定する主な要因はファンデルワールス力ではなく，表面酸化皮膜と関連する静電気力が大きな影響を与えていることを示唆した。

これらの知見は，PBF-AMプロセスにおける粉末の選定や処理方法，リサイクル粉末の再生法など，粉末プロセスの最適化に寄与するものであり，より低コストで高品質な金属部品の製造を実現するための基盤を提供するものである。今後の研究においては，さらに詳細な粉末特性の解析を進め，PBF-AMプロセスの効率向上と製品品質の向上に寄与することが期待される。

謝　辞

本稿は，筆者が東北大学金属材料研究に在籍していた際，筆者の研究室において実施したPBF-AMに関する研究成果の一部を基礎としてまとめたものである。本稿に係る共同研究者の任勝均氏，趙宇凡氏，青柳健大氏，山中謙太氏，卞華康氏，崔玉傑氏に対し，深く感謝の意を表する。

文　献

1) Y. Zhaoa et al. : *Powder Technol.*, **393**, 482 (2021).
2) Y. Zhao et al. : *Additive Manuf.*, 34, 101277 (2020).
3) J. Visser : *Powder Technol.*, **58**, 1 (1989).

4) A. Chiba et al. : *Mater.*, **14**, 4662 (2021).
5) S. Yim et al. : *Addit. Manuf.*, **51**, 102634 (2022).
6) S. Yim et al. : *Addit. Manuf.*, **49**, 102489 (2022).
7) S. Yim et al. : *Powder Technol.*, **412**, 117996 (2022).
8) S. Yim et al. : *J. Mater. Sci. Technol.*, **137**, 36 (2023).
9) S. Yim et al. : *Addit. Manuf.*, **72**, (2023).
10) S. Yim et al. : *Addit. Manuf.*, **78**, 103823 (2023).
11) P. Sun et al. : JOM, 69, 1853 (2017).
12) Xiaoli Shui et al. : Materials Science and Engineering A, 680, 239 (2017).
13) R. D. Keane and R.J. Adrian : *Appl. Sci. Res.*, **49**, 191 (1992).
14) W. Thielicke and R. Sonntag : *J. Open Res. Softw.*, **9**, 1 (2021).
15) D. Violato, P. Moore and F. Scarano : Exp. Fluids, 50, 1057 (2011).
16) N.Mott : *Proc. Phys. Soc. Sect., A*, **62**, 416 (1949).
17) N. F. Mott : *Rev. Mod. Phys.*, **40**(4), 677 (1968).
18) M. Imada, A. Fujimori and Y. Tokura : *Reviews of Modern Physics*, **70**(4), 1039 (1998).
19) L. Cordova et al. : *Addit. Manuf.*, **32**, 101082 (2020).
20) D. Du et al. : Int. *J. Mach. Tools Manuf.*, **183**, 103965 (2022).
21) H. C. Hamaker : *Physica*, **4**, 1058 (1937).
22) S. Lee and W. M. Sigmund : Colloids and Surfaces A, Physicochem. *Eng. Aspects*, **204**, 43 (2002).

第3章

炭素繊維強化プラスチックにおける
マテリアルズインテグレーション

第1節　炭素繊維強化プラスチックにおける分子スケール・ミクロスケールモデリング

東北大学　**川越　吉晃**　　東北大学　**菊川　豪太**

1. はじめに

航空機をはじめとした各種構造材料として利用される炭素繊維強化複合材料(CFRP)は炭素繊維と母材樹脂からなる複合材料であり，比強度・比剛性の高さからその需要は増加の一途にある。一方で，熱・機械特性や破壊のメカニズムは従来の金属材料に比べて非常に複雑なものとなっている。その理由の1つは，分子スケールから部材スケールまでの幅広い時空間スケールそれぞれに固有な現象を含んでいるためであり，その理解のためには各現象を正確に捉える必要がある。そのための重要な概念がマルチスケールモデリングである。先行研究では，金属やセラミック材料においてマルチスケール計算技術の例は多々あるものの，高分子材料において成功例がほとんど存在しない。それは金属材料と異なり，高分子材料は多くの内部自由度を持つため，より解像度の高い時空間スケールの解析が求められるためである。そこで本稿では母材樹脂を構成するモノマー同士の化学反応から，複合材料の機械特性予測までを統一的に再現する時空間階層を横断したマルチスケール解析手法と，それを用いた複合材料の変形解析の一例を紹介する。

2. マルチスケールモデリング：CFRP 積層板の成型時残留変形予測

CFRP は炭素繊維と母材樹脂となる熱硬化性樹脂からなっており，成型時に熱を加えることで樹脂を硬化させ，その後室温まで冷却される。しかし，繊維と樹脂の熱機械的特性の違い，積層板各層の非等方的な材料特性などの理由から意図した形状にならず，残留変形が生じるという問題がある。これは変形の補正に伴う強度低下や変形量予測のための実験的コストの増加を引き起こすため，正確な変形量をあらかじめ予測すること，変形を抑えるプロセス条件や材料選択をすることは非常に重要である。CFRP の特徴的なスケール構造として母材樹脂の化学反応や架橋構造に注目した分子スケール，繊維と樹脂の不均一構造に注目したミクロスケール，そして積層板の積層構成などに注目したマクロスケールがある。成型時の硬化および冷却プロセスにおいて，分子スケールでは母材樹脂の架橋反応に伴う硬化収縮，ミクロスケールでは繊維と母材樹脂の物性（弾性率や線膨張係数）の違いや樹脂のみに生じる硬化収縮により不均一な収縮ひずみが発生する。マクロスケールでは積層板各層の繊維方向に依存した物性や収縮特性に起因し，最終的に成型時に変形が生じる。以上より，CFRP 構造部材の成形プロセス

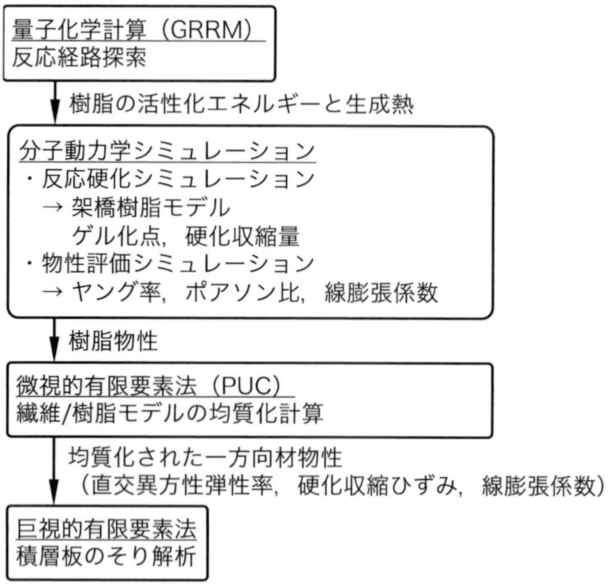

量子化学計算（GRRM）
反応経路探索

↓ 樹脂の活性化エネルギーと生成熱

分子動力学シミュレーション
・反応硬化シミュレーション
→ 架橋樹脂モデル
ゲル化点，硬化収縮量
・物性評価シミュレーション
→ ヤング率，ポアソン比，線膨張係数

↓ 樹脂物性

微視的有限要素法（PUC）
繊維/樹脂モデルの均質化計算

↓ 均質化された一方向材物性
（直交異方性弾性率，硬化収縮ひずみ，線膨張係数）

巨視的有限要素法
積層板のそり解析

図1　残留変形のマルチスケールモデリングの流れ

における変形を予測するためには，各スケールでの特性を考慮したマルチスケールモデリングが重要である。

本マルチスケールモデリングは**図1**に示す4つのスケールによって構成される。各手法はスタンドアローンに解析可能であり，いわゆる強連成的なつながりは持たず，物性値や理論モデル，構成則などを介してそれぞれ緩くつながっている。

2.1 非経験的量子化学計算

熱硬化性樹脂は主剤と硬化剤を混ぜ合わせ，加熱することで架橋反応が起こり，3次元的なネットワーク構造を形成する。このネットワーク構造が樹脂の剛性や延性を決定するため，主剤・硬化剤の選択によってさまざまな特性の発現が可能である。また，架橋反応の起こりやすさ(反応の開始温度や反応速度)もまた，樹脂の組み合わせによって変わってくる。架橋反応において重要な反応因子は2つである。1つは活性化エネルギーであり，反応障壁の役割をする。もう1つは生成熱である。基本的に熱硬化性樹脂は発熱反応を起こすため，反応のたびに周囲に熱を放出する。この生成熱は局所的な加熱を引き起こし，高温になった領域は反応が加速する。いわゆる連鎖反応といわれるものであり，生成熱の大きい樹脂の組み合わせでは反応速度は速くなる。これらの反応因子は組み合わせ固有のものであり，選択された樹脂に応じて適切に求める必要がある。

本モデリングではGlobal reaction route mapping (GRRM)というツールを用いて非経験的量子化学計算を行い，架橋反応の反応経路を探索する。GRRMは大野・前田ら[1)-4)]によって開発された反応経路の自動探索ツールである。詳細は文献に譲るが，反応物(reactant)と生成物(product)，その間の遷移状態(TS：transition state)を探し出し，その間のエネルギー差を活

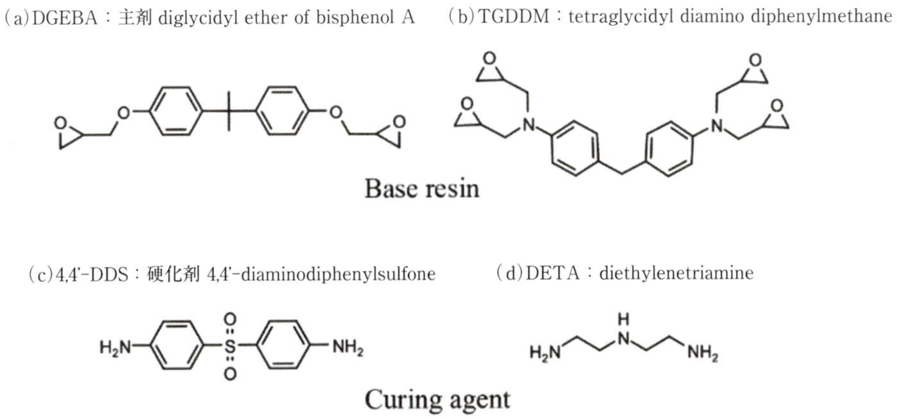

(a)DGEBA：主剤 diglycidyl ether of bisphenol A
(b)TGDDM：tetraglycidyl diamino diphenylmethane
Base resin
(c)4,4'-DDS：硬化剤 4,4'-diaminodiphenylsulfone
(d)DETA：diethylenetriamine
Curing agent

図２　主剤および硬化剤の分子構造[5)]

Epoxy ring opening
DGEBA/4,4'-DDS
DGEBA/DETA
TGDDM/4,4'-DDS
TS
Approach
Energy [kcal/mol]
40
20
0
−20
Reactant
Bond formation
Product

図３　３つの組み合わせにおけるエポキシ/1 級アミン反応のエネルギーダイアグラム[5)]

性化エネルギーおよび生成熱とする。**図２**は例として用いる主剤と硬化剤，**図３**は３つの樹脂の組み合わせにおける反応のエネルギーダイアグラムであり，組み合わせ固有の活性化エネルギーと生成熱が得られる。

2.2 分子動力学シミュレーション

分子動力学(MD：Molecular dynamics)シミュレーションは多数の粒子(原子)から構成される仮想的な系を考え，原子の軌跡を追い，種々の物理量を統計力学に基づいて算出する手法である。MD では，各原子に働く力と座標から，逐次的に運動方程式を解くことで原子の軌跡を算出する。各原子に働く力は原子間相互作用ポテンシャルから計算され，それらは原子間距離，結合長，結合角などを変数とした簡易的な関数形として表される。関数形とパラメータのセットを力場(Force field)と呼び，本解析では汎用力場の１つである DREIDING[6)]を用いている。

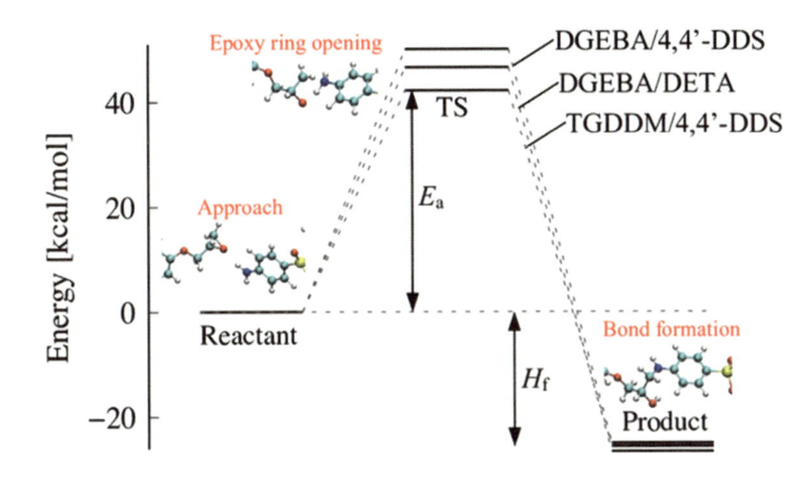

本モデリングではOkabeらが提案したMDと量子化学計算を考慮した反応モデルをカップリングした手法を用いて反応硬化MDシミュレーションを実施した。Okabeらの反応モデルは，4つのステップから構成されている。最初のステップでは，主材と硬化剤の反応サイト間の距離を計算する。この距離が閾値以下であれば，第2ステップに進み，反応確率を求める。反応確率は，アレニウス式に基づいて以下の式(1)により算出される。

$$p = A\exp\left(-\frac{E_a}{RT}\right) \tag{1}$$

ここで，pは反応確率，Aは加速係数，E_{a}はGRRMで求められた活性化エネルギー，Rは気体定数，Tは反応サイト近傍の局所温度である。反応確率pが生成した乱数aよりも大きい場合には，架橋構造が形成される。第3ステップではMDシミュレーションで構造緩和計算を行う。第4ステップでは，反応サイトに生成熱を式(2)に示すように運動エネルギーとして与える。

$$K_{\mathrm{after}} = K_{\mathrm{before}} + H_{\mathrm{f}} \tag{2}$$

ここでK_{before}，K_{after}はそれぞれ反応サイトの反応前後の運動エネルギーの総和であり，H_{f}は先述のGRRMから得られた生成熱である。これにより反応サイトの局所温度が上昇し，式(1)の反応確率が増加し，結果として次の反応を促進する(連鎖反応を再現)。所望の反応率もしくは反応が起きなくなるまでこの4ステップを繰り返し，硬化樹脂モデルを作成する(**図4**)。

次に物性評価を行う。まず，硬化中の分子量推移からゲル化点，硬化に伴う体積減少量から硬化収縮量が得られる。また，樹脂モデルに対し1軸引張シミュレーションを行うことで，応力-ひずみ応答が得られるため，ここから弾性率(ヤング率，ポアソン比)が得られる。さらに，硬化樹脂を圧力一定で徐々に昇温することで体積-温度関係が得られる。これにより樹脂の線膨張係数が得られる。詳細は参考文献を参照されたい[5)]。

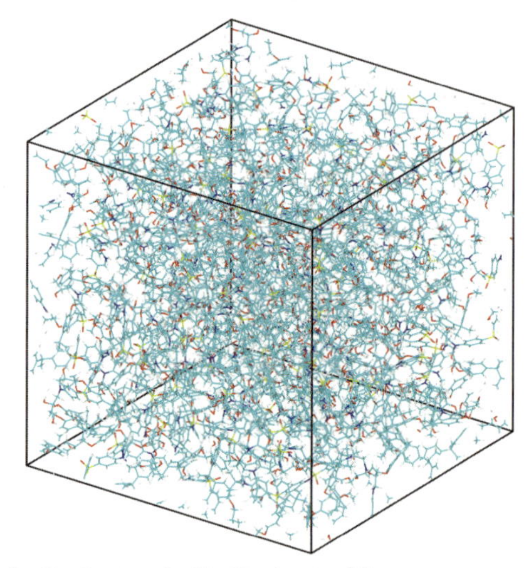

白：H，シアン：C，青：N，赤：O，黄色：S

図4　反応硬化MDシミュレーションで得られたDGEBA/4,4'-DDSの硬化樹脂モデル

2.3 微視的有限要素法

微視的有限要素法(FEA：Finite element analysis)では，**図5**のようにCFRP内の繊維と樹脂の不均一な構造を明示的にモデル化し，周期的な境界条件を付与した周期セル(PUC：Periodic unit cell)モデルを用いて，一方向材の物性値を求める。図5では繊維相は直交異方性，母材樹脂相は等方性の線形弾性体と仮定し，セル内には直径5 μmの繊維30本をランダムに配置した(繊維体積率56 %)。

PUC解析では樹脂部にMDから得られた物性値，繊維部には航空機グレードのT800S繊維の物性値を入れて解析を行う。非機械ひずみとして樹脂部のみに硬化収縮ひずみを与え，それによって発生した応力を打ち消す形でセルを変形させる。剛直な繊維の拘束があるため，繊維方向(図5のx方向)にはほとんど収縮できず，繊維直交方向の収縮でそれを補う。結果として樹脂の硬化収縮に伴う一方向材の異方的な収縮変形が得られ，これが一方向材の硬化収縮ひずみとなる。熱収縮も同様に行い，一方向材の線膨張係数が得られる(熱収縮の場合は繊維も収縮するが，繊維は繊維方向に負の線膨張係数，直交方向に樹脂の1/6程度の線膨張係数を持つため，繊維は収縮を妨げる方向に働く)。さらに，PUC解析では単位ひずみを与えることで，直交異方性体とした一方向材の弾性定数(等価剛性)を取得することもできる。このようなミクロスケールのFEAを用いて，一方向材の材料物性を同定することを均質化法ともいう[7)-9)]。

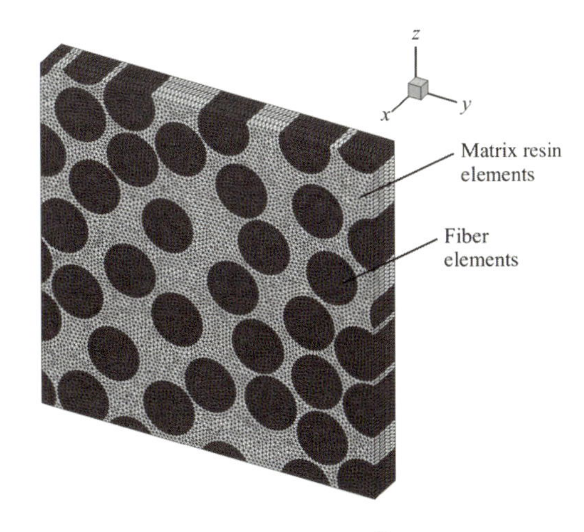

図5　PUCモデル[5)]

2.4 巨視的有限要素法

最後に巨視的FEAを用いて積層板の成型時残留変形解析を行う。線形弾性体理論では，直交積層板における残留変形は，直交する2方向に大きさが等しく符号が反対の曲率を持つ鞍型となることが知られている[10)]。これに対してHyer[11)]は，比較的大きな積層板では，鞍型とはならず，一方の曲率がほとんど0の円筒形となることを提唱し，これはいわゆる飛び移り座屈の現象である。これを再現するために本FEAでは幾何学的非線形性を考慮したトータルラクランジュ法により計算を行った。**図6**に巨視的FEAのモデルを示す。2層非対称積層のcross-ply[0/90]を想定し，下面が0°層，上面が90°層であり，それぞれPUCから得られた直交異方性弾塑性体でモデル化されている。詳細な物性値，パラメータは文献5)を参考にされたい。PUC解析同様に非機械ひずみである硬化収縮ひずみ，および熱収縮ひずみを駆動力として変形が誘発され，残留変形を予測する。

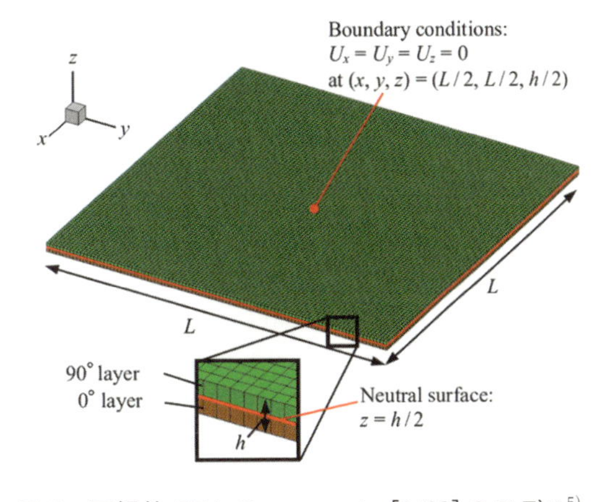

図6　巨視的FEAのcross-ply [0/90]のモデル[5)]

2.5 検証実験

比較としてCFRP積層板の成型実験を行い，残留変形量を取得した。成形実験では炭素繊維/エポキシ樹脂複合材料としてT800S/3900-2B(東レ，繊維体積含有率56%)を用いた。プリプレグシートを積層構成が[0/90]となるように積層し，定温乾燥機を用いて大気圧化で30〜180℃まで昇温させ成型を行った。このときモールドなどの拘束はかけていない。加熱速度，等温保持時間，温度はメーカー推奨の硬化サイクルに準じた。室温まで冷却後，積層板のそり変形量を計測した。測定には，KEYENCE社製の3Dスキャナ型三次元測定機を用いた。**図7**に3種類の試験片サイズでの実験とマルチスケールモデリングの残留変形比較を示す。小さい30 mm四方の試験片は鞍型，大きな100 mm四方の試験片は円筒型に変形しており，その形状および変形量ともに実験と予測はよく一致している。

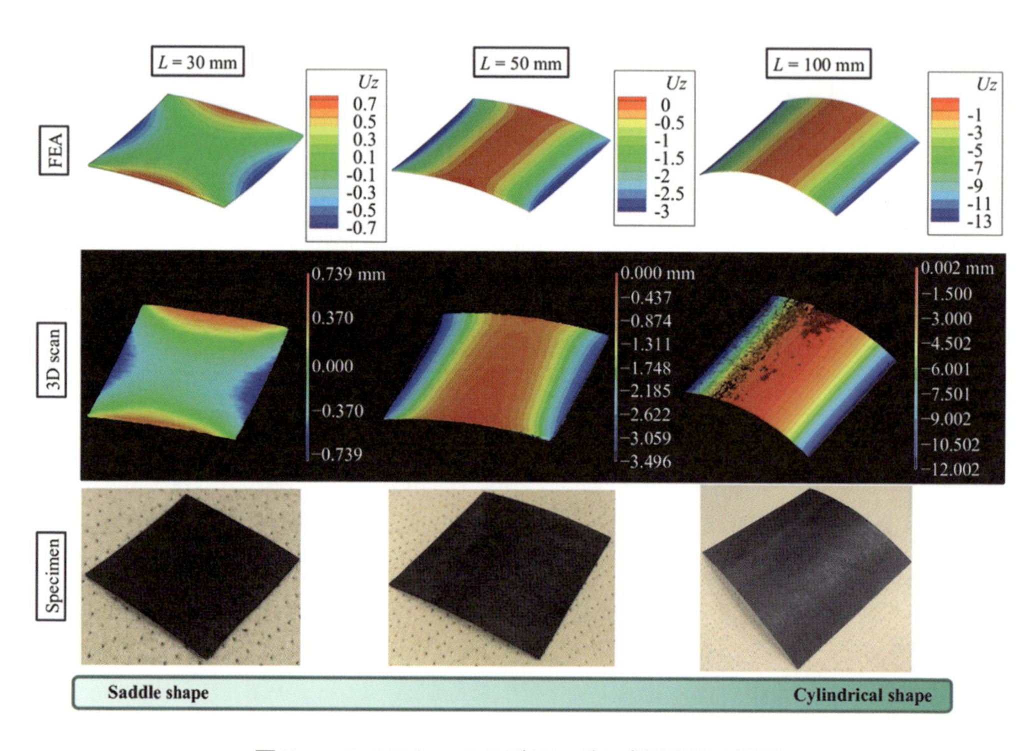

図7　マルチスケールモデリングと成形実験の比較

3. おわりに

本稿では残留変形を例題にマルチスケールモデリングを紹介した。本手法を用いることで，変形の樹脂種依存性や組成依存性が検討でき，CFRP製構造部材開発において非常に有用な知見を提供できると考えられる。ここでは記載を省いたが，CFRPおよび樹脂のマルチスケールモデリングの例として，CFRPの強度予測[12]，熱硬化/熱可塑性樹脂の反応誘起相分離のモルフォロジー予測[13]など多様な手法を連携したマルチスケールモデリング手法を継続的に開発している。

文　献

1) K. Ohno and S. Maeda : *Chem. Phys. Lett.*, **384**, 277 (2004).
2) S. Maeda and K. Ohno : *J. Phys. Chem. A*, **109**, 5742 (2005).
3) K. Ohno and S. Maeda : *Phys. Scr.*, **78**, 058122 (2008).
4) S. Maeda, K. Ohno and K. Morokuma : *Phys. Chem. Chem. Phys.*, **15**, 3683 (2013).
5) Y. Kawagoe et al. : *Mech. Mater.*, **170**, 104332 (2022).
6) S. L. Mayo, B. D. Olafson and W. A. G. III : *J. Phys. Chem.*, **101**, 8897 (1990).
7) P. M. Suquet : *Lect. Notes Phys.*, **272**, 193 (1987).
8) P. M. Suquet : in Plasticity Today, 279 (1985).
9) K. Terada, K. Suzuki and H. Ohtsubo : *Mater. Sci. Res. Int.*, **3**, 231 (1997).
10) S. Motogi and T. Fukuda : *Zair. Soc. Mater. Sci. Japan*, **46**, 349 (1997).
11) M. W. Hyer : *J. Compos. Mater.*, **15**, 175 (1981).
12) T. Watanabe et al. : *Int. J. Solids Struct.*, **283**, 112489 (2023).
13) Y. Kawagoe et al. : *J. Phys. Chem. B*, **128**, 2018 (2024).

第2節　炭素繊維強化プラスチックにおけるメゾスケールモデリング

東京大学　樋口　諒　　東京大学　横関　智弘

1. はじめに

本稿では，炭素繊維強化プラスチック(CFRP：Carbon Fiber Reinforced Plastic)積層板のテーラリング設計支援のためのメゾスケールモデリングおよび解析技術について概説する。具体的には，円孔材引張/圧縮(OHT/OHC：Open-Hole Tension/Compression)試験をはじめとした航空機設計での実用強度評価試験における，i)荷重-変位(応力-ひずみ)応答，ii)強度・破断ひずみ，iii)破壊モードを広範な積層構成で予測することを目的とする。CFRP をはじめとする複合材料は，繊維とマトリクスからなる特有の微視的非均質性を有するが，ここでのメゾスケールとは，繊維と樹脂を区別するミクロスケールとは異なり，繊維と樹脂を均質化したクーポン試験片の単層・積層板を対象とするスケールを指すこととする。ただし，CFRP の材料非線形性や強度特性は微視的非均質性に起因するマルチスケールかつマルチステージな内部損傷進展に支配されるため，これらの影響を適切に組み込む必要がある。

例として，**図1**[1)-3)]に示すような OHT 試験を考える。積層平板に円孔を空けただけの単純な幾何形状であるが，各層および積層板全体の応答は損傷進展により著しい非線形性を示す。さらに，損傷進展は層厚や積層構成といった幾何学的特性にも依存するため，同じ材料構成(繊維種，樹脂種，繊維体積含有率)であっても試験片寸法や積層構成を変えると強度が変化する「寸法効果」を有する。このような CFRP の強度特性を精度よく予測するためには，局所的な損傷進展，関連する非線形応答の適切なモデリングが必要不可欠といえる。固体の非線形問題は大きく材料非線形，幾何学的非線形，接触による境界の非線形の3つに大別できるが，中でも損傷による材料非線形挙動は顕著であるため，多くの先行研究では損傷をいかにモデル化するかに主眼が置かれてきた。

強化繊維と母材樹脂から成る CFRP の内部損傷は，**図2**[2)-6)]に示すように繊維支配の損傷と樹脂支配のものが存在し，両者ともに負荷条件によって異なる損傷形態・強度特性を示すため，適切なモデル化手法(破壊基準，離散化手法)を選択することが重要となる。メゾスケール解析は構造設計における Building block アプローチの最下層である材料試験を支援するうえで重要な解析技術であり，過去に有限要素法(FEM：Finite Element Method)に基づく多くのモデル化手法が提案されている。OHT 解析を例に挙げ，近年のメゾスケールモデリングに関する先行研究を**表1**に纏める[7)-20)]。損傷モデルは大きく連続体モデル(CDM：Continuum Damage Mechanics，SCM：Smeared Crack Model)，離散モデル(DCM：Discrete Crack Model)に大

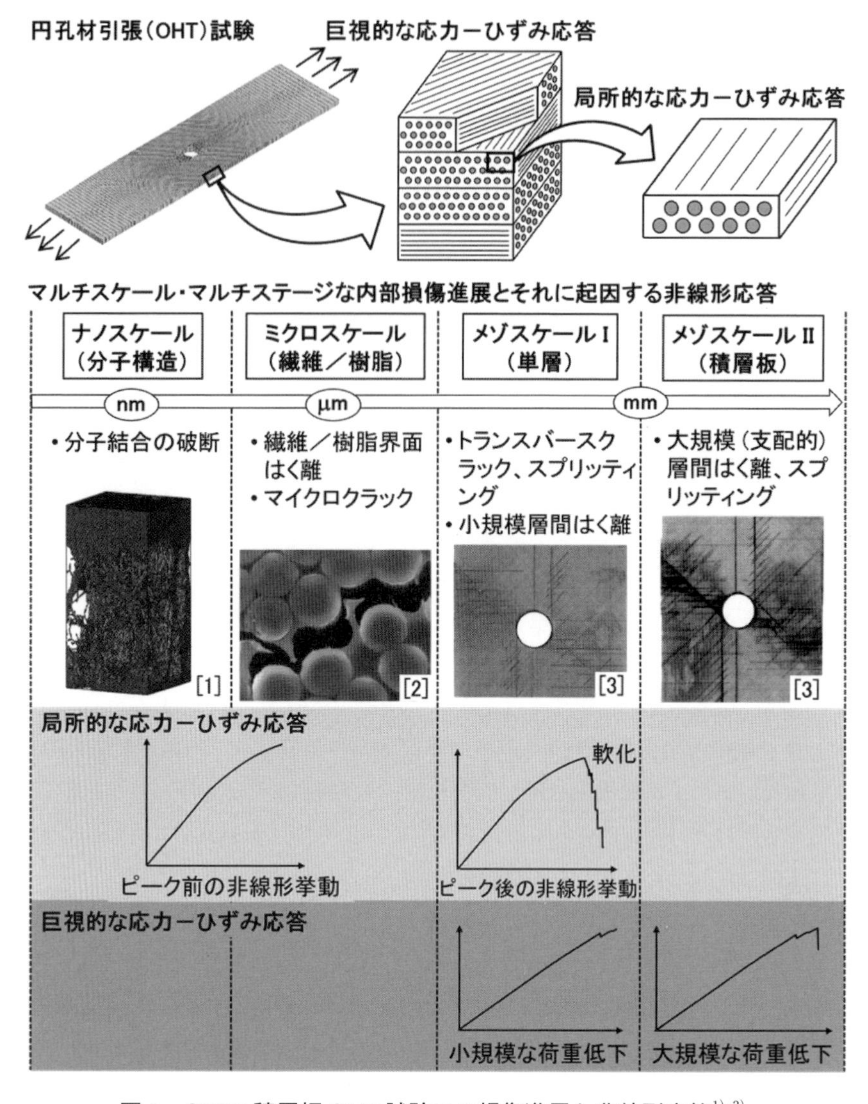

図1　CFRP 積層板 OHT 試験での損傷進展と非線形応答[1)-3)]

別でき，さらにDCMは結合力要素(CE：Cohesive Element)を用いる要素ベースの手法と，拡張有限要素法(XFEM：eXtended Finite Element Method)[21)22)]などの要素独立型の手法に分類できる。連続体モデルは構成則に損傷による剛性低下の影響を導入するもので，計算効率，安定性，実装の容易さといった面で利点を有する。しかし，個々のき裂を陽にモデル化しないことから，き裂が有限幅(要素幅)を有し，き裂先端部の応力集中ならびにき裂進展の過小評価を招きやすい。また，き裂進展方向がメッシュ分割に影響を受け易いという課題もある。一方，離散モデルはき裂形状を陽にモデル化するため，き裂先端部の応力集中ならびに大規模なき裂進展挙動を捉えられる。特に要素独立型のDCMでは複合材料積層板内部に形成される複雑なき裂ネットワークのモデル化が可能となるため，さまざまな解析手法が活発に研究されている。表1に示す通り，過去の研究では繊維支配の損傷は連続体モデル，樹脂支配の損傷は離散

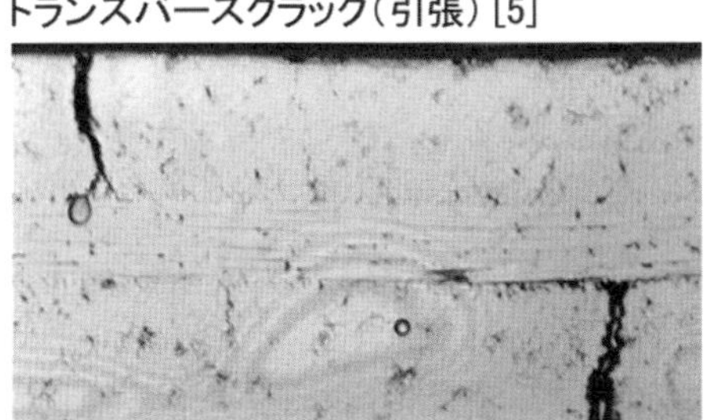

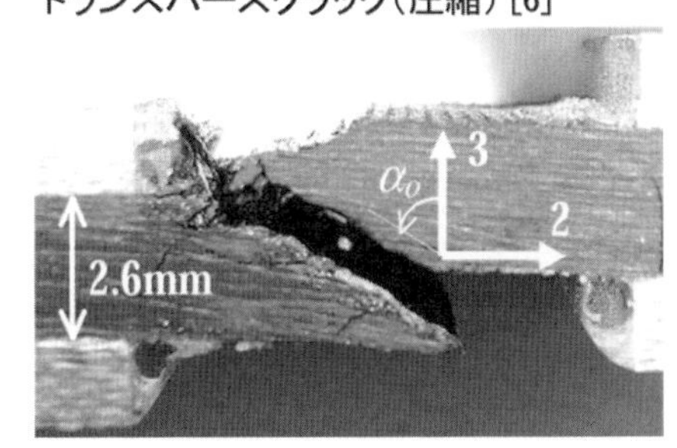

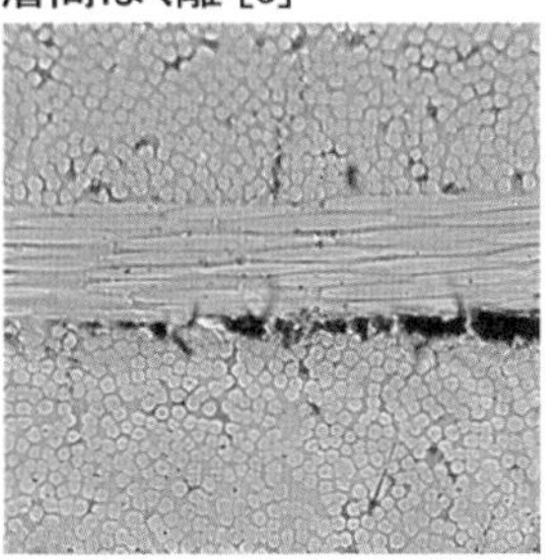

図2　CFRP 積層板に生じる内部損傷[2)-6)]

表1　CFRP 有孔引張強度解析のメゾスケールモデリングに関する先行研究

	Camanho et al.[7)]	Lopes et al.[8)]	Waas et al.[9)10)]	Hallett et al.[11)]	Iarve et al.[12)]	van der Meer et al.[13)]	Tay et al.[14)-16)]	Higuchi et al.[17)-20)]
材料非線形性								
－塑性変形(引張／圧縮)	○/○	×/×	○/○	×/×	×/×	○/×	×/×	○/○
－繊維方向非線形弾性(引張／圧縮)	×/×	×/×	×/×	×/×	×/×	×/×	×/×	×/×
－トランスバースクラック(引張／圧縮)*	○/○	○/○	○/○	◎/△	◎/△	◎/△	◎/△	◎/◎
－層間はく離(引張／圧縮)	○/△	○/△	×/×	○/△	○/△	○/△	○/△	○/○
－繊維破断(引張／圧縮)	○/○	○/○	○/○	○/×	○/○	○/×	○/○	○/○
幾何学的非線形性	×	×	×	○	×	×	○	×
接触による境界の非線形性	×	×	○	×	×	×	○	×

*○：連続体モデル(CDM, SCM)，◎：離散モデル(CE, XFEM, etc.)，
△：せん断強度の静水圧依存性を考慮していないモデル

モデルといったように使い分けることで解析精度と計算コストの両立を図る場合が多い。

一方，表1に示す通り，多くの先行研究において，損傷以外の材料非線形性が実用強度へ及ぼす影響は考慮されていない。これは，これらの研究がクロスプライ積層板，疑似等方積層板といった基礎的な積層構成のみを対象としており，非主軸方向負荷下での母材樹脂の塑性変形，主軸方向負荷下での繊維の結晶再配向による非線形弾性応答(Non-Hookean 挙動[23)24)])の影響が小さかったためである。一方，著者らはより広範な積層構成を対象とした OHT・OHC 試験および解析により，積層構成によってはこれらの非線形性の影響が無視できないことを確認している[17)-19)]。

また，表1に示す OHT 解析の研究では基本的に幾何学的非線形を考慮せず，微小変形を仮定している。一般に，幾何学的非線形は面外負荷下で影響が大きくなる場合が多いが，非対称積層板，対称積層板が内部損傷により部分的に非対称積層となる場合など，面内変形と面外変形のカップリングが生じる場合は面内負荷問題であっても幾何学的非線形を考慮する必要がある。事実，OHT 解析[19)]，OHC 解析[15)]ともに，最終破断前に層間はく離が大規模に進展する積層構成では，幾何学的非線形が強度へ及ぼす影響が無視できないことが報告されている。

これらの背景を踏まえ，本稿では多種多様な CFRP 積層板の実用強度評価を可能とするため，損傷，樹脂塑性，Non-Hookean 挙動による材料非線形および幾何学的非線形を考慮したメゾスケールモデリングおよび解析技術について概説する。[**2.**]ではまず解析手法およびモデル化手法の詳細を述べ，[**3.**]でさまざまな積層構成を対象とした数値解析例を紹介する。最後に[**4.**]にて本稿のまとめを述べる。

2. 解析手法・数理モデルとその定式化

ここでは，著者らが開発してきた準三次元 XFEM 解析手法[25)]に基づくメゾスケールモデリングについて紹介する。本手法では，均一な板厚の積層板に対し，各層のき裂を基準面上で二次元的にモデル化し，層厚方向に押し出すことによって三次元き裂を扱う(**図3**)[19)]。本手法ではき裂が板平面に垂直であることを前提としているが，き裂面の傾きを考慮する場合，準三次元的に(板平面に垂直に)離散化した上で，き裂面上の構成則関係を座標回転することで対応可能である[26)]。ただし，特殊な場合(90°材の純圧縮負荷下での破壊など)を除き，き裂面の傾きの影響は限定的である[6)]。

2.1 準三次元拡張有限要素法

本手法では，均一な板厚の複合材料積層板に対し，各層のき裂を二次元基準面上でモデル化し，層厚方向に押し出すことによって三次元のき裂を扱う。例として，基準面上でき裂線 Γ にて表されるき裂を有する均一な板厚の準三次元弾塑性体における境界値問題を考える(図3)。二次元的なき裂線 Γ を板厚方向に押し出して得られる三次元き裂面を S とし，き裂面の上側，下側をそれぞれ S^+，S^- と表す。S^+，S^- は力学的境界であり，本手法ではき裂面間に結合力モデル(CZM：Cohesive Zone Model)を導入するため，S^+～S^- 間にはトラクションが作用するものとする。このとき，仮想仕事の原理による基礎方程式は式(1)のように表される。ただし，

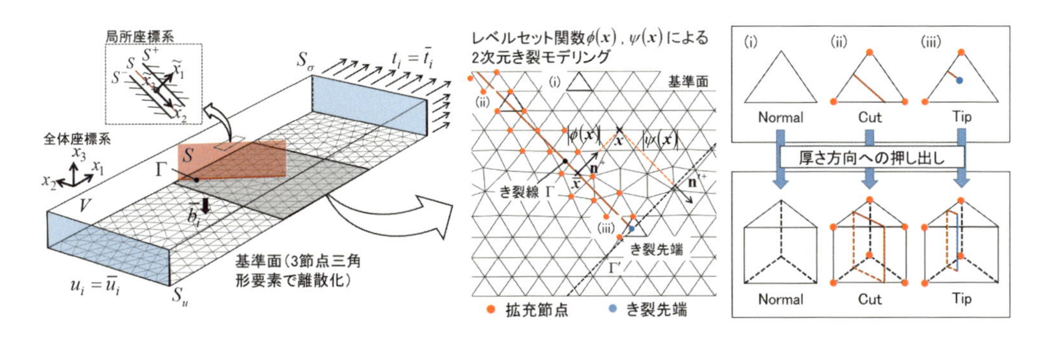

図3　準三次元拡張有限要素法の概要[19]

全体座標系をxとし，き裂面におけるトラクション，変位成分に関してはき裂面に設けた局所座標系$\tilde{x}$にて表している。

$$\iiint_V \sigma_{ij}\delta\varepsilon_{ij}dV+\iint_S \tilde{t}_i\delta\tilde{u}_i dS=-\iiint_V \rho\ddot{u}_i\delta u_i dV+\iiint_V \bar{b}_i\delta u_i dV+\iint_{S_\sigma}\bar{t}_i\delta\tilde{u}_i dS \tag{1}$$

ここで，σ_{ij}, ε_{ij}, u_iは第2種Piola-Kirchhoff応力，Green-Lagrangeひずみ，変位，ρ, Vは密度と体積，$\bar{b}_i$, $\bar{t}_i$は物体力とトラクションの既定値である。また，$\tilde{t}_i$, $\tilde{u}_i$は各モードでのトラクションと相対変位である。右辺第一項の慣性項は陽的動解法の場合に考慮され，静的陰解法では無視される。

本手法では，基準面上での二次元き裂形状をき裂線Γによって定義し，レベルセット関数を用いて陰的にモデル化する。図3に示す二次元3節点三角形要素にて分割された平面領域内の任意のき裂形状をモデル化するうえで，任意の位置xにおけるレベルセット関数として2つの符号付き距離関数ϕ, ψを式(2)のように導入する。

$$\phi(\boldsymbol{x})=\min_{\bar{x}\in\Gamma}\|\boldsymbol{x}-\bar{\boldsymbol{x}}\|\mathrm{sign}\left(\boldsymbol{n}^{+}(\bar{\boldsymbol{x}})\cdot(\boldsymbol{x}-\bar{\boldsymbol{x}})\right),\ \ \psi(\boldsymbol{x})=\min_{\bar{x}\in\Gamma'}\|\boldsymbol{x}-\bar{\boldsymbol{x}}\|\mathrm{sign}\left(\boldsymbol{n'}^{+}(\bar{\boldsymbol{x}})\cdot(\boldsymbol{x}-\bar{\boldsymbol{x}})\right) \tag{2}$$

ここで，ϕはき裂線Γ，ψはき裂先端においてき裂線Γに直交する直線Γ'に関する符号付き距離関数である。また，n^{+}はき裂線Γ上で上側を向く法線ベクトル，n'^{+}はΓ'上でリガメント側を向く法線ベクトルである。

基準面上にて上記のように定義されるき裂形状および二次元3節点三角形一次要素を図3のように板厚方向に押し出すことにより，き裂面によって切断される三次元6節点五面体要素が得られる。このとき，要素内の位置x, r_3における三次元変位場u^{h}は式(3)にて近似される。

$$\begin{aligned}\boldsymbol{u}^{\mathrm{h}}(\boldsymbol{x},r_3)=&\sum_{I=1}^{3}L_I(\boldsymbol{x})\left(N_{\mathrm{B}}(r_3)\boldsymbol{u}_I+N_{\mathrm{T}}(r_3)\boldsymbol{u}_{I+3}\right)+\sum_{I=1}^{3}L_I(\boldsymbol{x})\\&\times\left(H(\bar{\phi}(\boldsymbol{x}))-H(\bar{\phi}(\boldsymbol{x}_I))\right)\times\left(N_{\mathrm{B}}(r_3)\boldsymbol{a}_I+N_{\mathrm{T}}(r_3)\boldsymbol{a}_{I+3}\right)\\\bar{\phi}(\boldsymbol{x})=&\sum_{I=1}^{3}L_I\phi_I\ ,\ \ N_{\mathrm{B}}(r_3)=\frac{1-r_3}{2},\ \ N_{\mathrm{T}}(r_3)=\frac{1+r_3}{2}\end{aligned} \tag{3}$$

ここで，L_Iは三角形の面積座標，Jは拡充節点集合，u_I, a_Iは節点自由度，r_3は板厚方向の正規座標，N_{B}およびN_{T}は板厚方向の内挿関数，$H(x)$はヘビサイド関数である。本手法では

XFEMにてモデル化するき裂面間にCZMを導入する。き裂面上には積分点を配置し，CZMの構成則に基づき接線剛性ベクトルや内力ベクトルが計算される。

2.2 弾塑性構成則

式(1)の左辺第一項の内力仮想仕事を評価するうえで，非主軸方向負荷下での弾塑性挙動[27)28)]と主軸方向負荷下でのNon-Hookean挙動(繊維の非線形弾性挙動)[29)30)]を考慮し，下記に示す増分型構成則を用いる(式(4))。なお，2.2，2.4，2.5における各種構成則および損傷モデルは繊維方向を1，面内，面外繊維直交方向をそれぞれ2，3とする材料座標系で記述されるものとする。

$$\mathrm{d}\varepsilon_{ij} = \bar{S}_{ijkl}\mathrm{d}\sigma_{kl} \tag{4}$$

全ひずみ増分は弾性成分と塑性成分に分解できるため，コンプライアンステンソルは式(5)のように分解できる。

$$\bar{S}_{ijkl} = S^{\mathrm{e}}_{ijkl} + S^{\mathrm{p}}_{ijkl} \tag{5}$$

ここで，弾性コンプライアンステンソル S^{e}_{ijkl} の繊維方向成分では，式(6)により非線形弾性挙動を考慮する。

$$\begin{gathered} S^{\mathrm{e}}_{1111} = 1/E_1(\sigma_{11}),\ S^{\mathrm{e}}_{1122} = -\nu_{12}/E_1(\sigma_{11}),\ S^{\mathrm{e}}_{1133} = -\nu_{13}/E_1(\sigma_{11}) \\ \text{with: } E_1(\sigma_{11}) = E_1 + E_{111}\sigma_{11} \end{gathered} \tag{6}$$

次に，塑性コンプライアンステンソル S^{p}_{ijkl} を定式化するうえで，塑性ポテンシャル f および有効応力 $\bar{\sigma}$ を導入する(式(7)，式(8))。

$$f = \bar{\sigma}^2/3 \tag{7}$$

$$\begin{gathered} \bar{\sigma} \equiv \tilde{\sigma}_{\mathrm{eff}} + a_1(\sigma_{11} + \sigma_{22} + \sigma_{33}) \\ \tilde{\sigma}_{\mathrm{eff}} = \sqrt{\frac{3}{2}\left\{(\sigma_{22} - \sigma_{33})^2 + 2a_{66}(\sigma_{12}^2 + \sigma_{13}^2) + 2a_{44}\sigma_{23}^2\right\} + a_1^2\sigma_{11}^2} \end{gathered} \tag{8}$$

ここで，a_1，a_{44}，a_{66} は材料定数であり，横等方性な材料においては，$a_{44}=2$ となる[31)]。また，流れ則により塑性ひずみ増分 $\mathrm{d}\varepsilon^{\mathrm{p}}_{ij}$ は有効塑性ひずみ増分 $\mathrm{d}\bar{\varepsilon}^{\mathrm{p}}$ の関数として式(9)で与えられる。

$$\mathrm{d}\varepsilon^{\mathrm{p}}_{ij} = \mathrm{d}\lambda\frac{\partial f}{\partial \sigma_{ij}} = \frac{\partial \bar{\sigma}}{\partial \sigma_{ij}}\mathrm{d}\bar{\varepsilon}^{\mathrm{p}} \tag{9}$$

有効応力 $\bar{\sigma}$ と有効塑性ひずみ $\bar{\varepsilon}^{\mathrm{p}}$ の関係は，式(10)のべき乗則で近似する。

$$\bar{\varepsilon}^{\mathrm{p}} = \begin{cases} A_1(\bar{\sigma})^{n_1} & (\bar{\sigma} \le \bar{\sigma}^{\mathrm{t}}) \\ A_2(\bar{\sigma})^{n_2} & (\bar{\sigma} \ge \bar{\sigma}^{\mathrm{t}}) \end{cases} \tag{10}$$

ここで，n_1，n_2，A_1，A_2，$\bar{\sigma}_t$ は材料定数であり，一方向CFRPの斜方材引張・圧縮試験結果を基に決定可能である。式(8)～(10)より，塑性ひずみ増分は式(11)のように応力増分の関数として与えられる。

$$d\varepsilon_{ij}^{p}=nA\bar{\sigma}^{n-1}\frac{\partial\bar{\sigma}}{\partial\sigma_{ij}}d\bar{\sigma}=nA\bar{\sigma}^{n-1}\frac{d\bar{\sigma}}{d\sigma_{ij}}\frac{d\bar{\sigma}}{d\sigma_{kl}}d\sigma_{kl}=S_{ijkl}^{p}d\sigma_{kl} \tag{11}$$

ただし，ここでは便宜上，式(10)において n と A を区別せず，$\bar{\varepsilon}^{p}=A(\bar{\sigma})^{n}$ としている。式(4)，(5)，(11)より，全ひずみに対する増分形構成則は，式(12)で与えられる。

$$d\varepsilon_{ij}=d\varepsilon_{ij}^{e}+d\varepsilon_{ij}^{p}=\left(S_{ijkl}^{e}+S_{ijkl}^{p}\right)d\sigma_{kl}=S_{ijkl}^{ep}d\sigma_{kl} \tag{12}$$

ここで，S_{ijkl}^{ep} は弾塑性コンプライアンステンソルである。

2.3 トランスバースクラック・層間はく離：結合力モデル（CZM：Cohesive Zone Model）

式(1)の左辺第二項はCZMによる内力仮想仕事を表す。本手法では，トランスバースクラックはXFEM，層間はく離はCEによりCZMを導入する。き裂面に対して面外方向に引張・圧縮両方が作用し得る場合，樹脂強度の静水圧依存性に注意する必要がある。特に，樹脂のせん断強度は面外圧縮応力に対して増加することが報告されており，このような挙動はMohr-Coulombモデルにて良く再現されることが知られている。Li等はMohr-Coulombモデルに立脚し，強化型(enhanced)CZMを提案している[32]。強化型CZMは一般的な混合モードCZMの定式化[33]に基いており，破壊発生にはトラクション t の二乗則，破壊進展にはエネルギー解放率 G のべき乗則を採用する(式(13))。

$$\left(\frac{t_{\mathrm{I}}}{t_{\mathrm{I}}^{\mathrm{C}}}\right)^{2}+\left(\frac{t_{\mathrm{I}}}{t_{\mathrm{shear}}^{\mathrm{C}*}}\right)^{2}+\left(\frac{t_{\mathrm{III}}}{t_{\mathrm{shear}}^{\mathrm{C}*}}\right)^{2}=1,\ \left(\frac{G_{\mathrm{I}}}{G_{\mathrm{I}}^{\mathrm{C}}}\right)^{\alpha}+\left(\frac{G_{\mathrm{II}}}{G_{\mathrm{shear}}^{\mathrm{C}*}}\right)^{\alpha}+\left(\frac{G_{\mathrm{III}}}{G_{\mathrm{shear}}^{\mathrm{C}*}}\right)^{\alpha}=1 \tag{13}$$

ただし，下付き添え字I～IIIは各モードの値であることを表し，上付き添え字Cは臨界値を表す。また，$t_{\mathrm{shear}}^{\mathrm{C}*}$ および $G_{\mathrm{shear}}^{\mathrm{C}*}$ は静水圧依存性を考慮したせん断モードの強度値および臨界エネルギー解放率であり，それぞれ式(14)にて表される。

$$t_{\mathrm{shear}}^{\mathrm{C}*}=t_{\mathrm{shear}}^{\mathrm{C}}-\eta t_{\mathrm{I}}\ \ (\text{if}\ \ t_{\mathrm{I}}\leq 0),\quad G_{\mathrm{shear}}^{\mathrm{C}*}=G_{\mathrm{shear}}^{\mathrm{C}}\left(\frac{t_{\mathrm{shear}}^{\mathrm{C}*}}{t_{\mathrm{shear}}^{\mathrm{C}}}\right)^{2}\ \ (\text{if}\ \ t_{\mathrm{I}}\leq 0) \tag{14}$$

ここで，強度の静水圧依存性はMohr-Coulombモデルに基づき，臨界エネルギー解放率の静水圧依存特性は軟化過程の傾きが静水圧依存性を考慮しない場合と平行となることを仮定している。また，軟化挙動には一般に線形軟化則や指数軟化則が採用されるが，多くの場合，静的陰解法での収束性が問題となる。この問題を解消するため，本手法では，軟化過程の剛性を区分的に一定とするZig-zag軟化則[34]を採用した。

2.4 繊維方向引張破壊：Weibull破壊基準

CFRPの繊維方向引張強度をモデル化する上では，寸法依存性に注意が必要である。これは，炭素繊維が基本的に脆性材料であり，繊維単体の引張強度が繊維表面の潜在的欠陥分布に支配され，寸法依存性を有することに起因する。このような繊維単体の引張強度特性は最弱リンク説に基づくWeibull破壊基準によって再現可能であることが知られているが，同様にして，CFRPとしての繊維方向引張強度特性についてもWeibull破壊基準でよく再現されることが報告されている[11]。本基準を定式化する上で，体積VのCFRPが応力σにさらされるときの非破壊確率Pを，式(15)として導入する。なお，ここでは応力σは全て材料座標系での繊維方向応力σ_{11}を指すものとするが，簡略化のため添え字は割愛する。

$$P(\sigma)=\exp\left(-\int_V\left(\frac{\sigma}{\sigma_0}\right)^m\frac{dV}{V_0}\right) \tag{15}$$

ここで，mはワイブル係数，σ_0は基準化強度，V_0は基準化体積である。式(15)におけるexp関数の中身をMとおくと，Mは応力σまでに強度に達する弱部の数を表す。Hallett等は，検査体積中に強度に達する弱部が1つ以上存在する場合に最終的な破断に至ると考え，Mを有限要素離散化した上で，式(16)を破壊基準とした。

$$M=\int_V\left(\frac{\sigma}{\sigma_0}\right)^m\frac{dV}{V_0}=\sum_{i=1}^{n}\frac{V_i}{V_0}\left(\frac{\sigma_i}{\sigma_0}\right)^m\geq 1 \tag{16}$$

式(16)は積層板に含まれる0度層の繊維方向応力の総和となっており，0度層全体の健全性を評価する巨視的な破壊基準となっている。本基準は破壊の発生基準であり，進展条件ではない。ただし，局所的な繊維方向引張破壊は瞬時に試験片全体の最終破断に直結する場合が多いため，本稿では本基準が満たされた時点で最終破断に至るとする。

2.5 繊維方向圧縮破壊：LaRC03破壊基準

CFRPが繊維方向圧縮負荷にさらされる場合，繊維の局所回転に伴うキンクバンド形成(**図4**)が主要な破壊メカニズムとなる。一般に，基材や成形の都合上，CFRPは理想的な一方向への配向とはならず，初期不整角θ_{ini}を有する。このため，圧縮応力下では繊維間にせん断応力が生じる(I)。このせん断応力は繊維のさらなる回転を促し(II)，角度が増すごとにせん断応力は増加する(III)。この(I)～(III)のサイクルにより，増加したせん断応力が臨界値に達すると，繊維を支えるマトリクスの破壊が生じ，キンクバンド形成に至る[35]。DávilaとCamanhoはキンクバンド形成に関する破壊基準として，LaRC03破壊基準[36]を提案している。LaRC03破壊基準では，一方向材の圧縮試験結果に基づき，破断に至る際の臨界繊維回転角度θ_{cri}および初期不整角θ_{ini}をそれぞれ式(17)のように算出する。

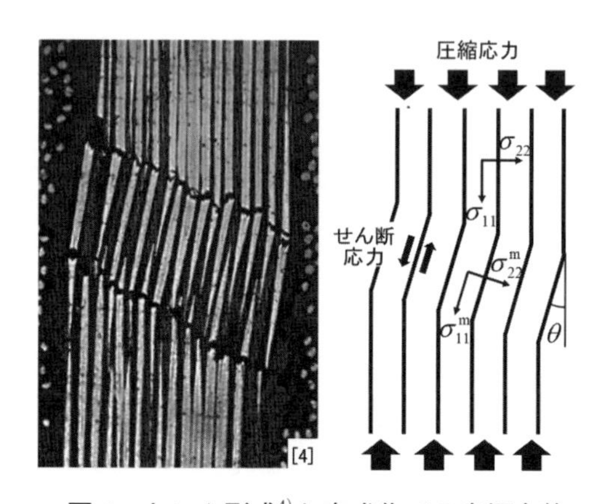

図4　キンク形成[4]と定式化での座標定義

$$\theta_{\mathrm{cri}} = \arctan\left(\frac{1 - \sqrt{1 - 4\left(\dfrac{S_{\mathrm{L}}}{X_{\mathrm{C}}} + \eta^{\mathrm{L}} \right) \dfrac{S_{\mathrm{L}}}{X_{\mathrm{C}}}}}{2\left(\dfrac{S_{\mathrm{L}}}{X_{\mathrm{C}}} + \eta^{\mathrm{L}} \right)} \right) \tag{17}$$

$$\theta_{\mathrm{ini}} = \left(1 - \frac{X_{\mathrm{C}}}{G_{12}} \right) \theta_{\mathrm{cri}} \tag{18}$$

ここで，S_{L}，X_{C}，G_{12} は一方向材の繊維方向に関するせん断強度，圧縮強度，せん断剛性である。また，η^{L} は繊維方向せん断強度に対する面外垂直応力の影響度合いを表す摩擦係数であり，式(19)として表される。

$$\eta^{\mathrm{L}} \approx -\frac{S_{\mathrm{L}} \cos(2\alpha_0)}{Y_{\mathrm{C}} \cos^2 \alpha_0} \tag{19}$$

ここで，α_0 は繊維周囲の樹脂に生じるき裂面角度，Y_{C} は一方向材の繊維直交方向圧縮強度である。LaRC03 破壊基準では，繊維回転角度の初期値を式(18)で算出される θ_{ini} とし，せん断ひずみを用いて増分ステップ毎に繊維回転角度を更新し，繊維回転角度の座標系での応力成分を用いて式(20)にて破壊判定を行う。

$$\left\langle \frac{\left| \tau_{12}^{\mathrm{m}} \right| + \eta^{\mathrm{L}} \sigma_{22}^{\mathrm{m}}}{S_{\mathrm{L}}} \right\rangle = 1 \tag{20}$$

ここで，上付き添え字の m は繊維回転角度の座標系の成分であることを表す(図 4)。

上記で示した LaRC03 破壊基準では，増分ステップ毎に繊維回転角度を更新する必要があるが，この手順は一般に陰解法の収束性を悪化させることが知られている。そこで本稿では，破壊基準判定の座標フレームを式(17)で算出される一方向材の臨界回転角度 θ_{cri} に固定し，式(21)にて座標回転した応力成分にて式(20)の破壊判定を実施する。

$$\begin{cases} \sigma_{22}^{\mathrm{m}} = \sigma_{11} \sin^2 \theta_{\mathrm{cri}} + \sigma_{22} \cos^2 \theta_{\mathrm{cri}} - 2\tau_{12} \sin \theta_{\mathrm{cri}} \cos \theta_{\mathrm{cri}} \\ \tau_{12}^{\mathrm{m}} = (\sigma_{22} - \sigma_{11}) \sin \theta_{\mathrm{cri}} \cos \theta_{\mathrm{cri}} + \tau_{12} \left(\cos^2 \theta_{\mathrm{cri}} - \sin^2 \theta_{\mathrm{cri}} \right) \end{cases} \tag{21}$$

また，繊維方向圧縮破壊では，試験片全体の最終破断に至る前に局所的なキンクバンド進展が生じるため，破壊進展の数値モデルを導入する必要がある。本手法では，キンクバンド進展に伴うエネルギー散逸を適切に取り扱う目的で，Pinho らが提案する SCM[6] を導入する。SCM に基づく繊維方向圧縮応力下での構成関係を**図 5** に示す。図 5 において，$G_{\mathrm{1\text{-}}}^{\mathrm{C}}$ はキンクバンド進展に伴う臨界エネルギー解放率，σ_{11}^{o}，$\varepsilon_{11}^{\mathrm{o}}$ は破壊基準を満たした時点での繊維方向応力とひずみ，$\varepsilon_{11}^{\mathrm{f}}$ は破壊が完全に進展した時点での繊維方向ひずみである。SCM では，要素内で散逸するひずみエネルギーが $G_{\mathrm{1\text{-}}}^{\mathrm{C}}$ と等しくなるよう，$\varepsilon_{11}^{\mathrm{f}} = 2G_{\mathrm{LC}}^{\mathrm{C}} / \sigma_{11}^{\mathrm{o}} l_{\mathrm{el}}$ として $\varepsilon_{11}^{\mathrm{f}}$ を導入する。ここで，l_{el} は要素の特性長さである。また，破壊開始以降の進展過程は線形軟化を仮定しており，収束性悪化を防ぐために Zig-zag 軟化則[34] を導入している。

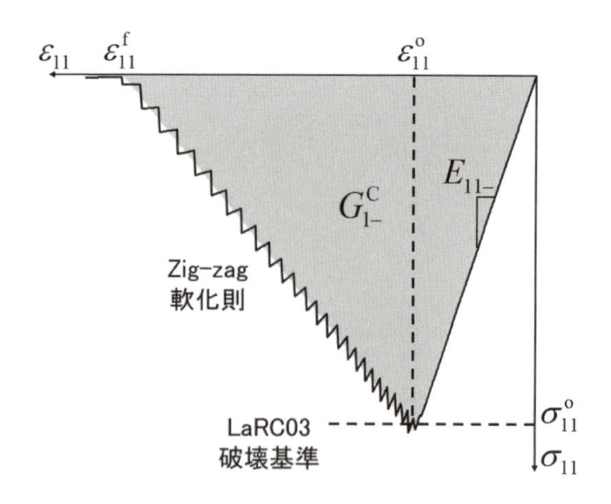

図5　繊維方向圧縮での構成則応答

3. 数値解析例

ここではCFRPの強度評価解析の一例として，著者らが取り組んでいるCFRP積層板の円孔板引張・圧縮（OHT・OHC）解析を紹介する。対象とした材料（T800S/Epoxy）の力学特性を**表2**に示す。なお，円孔試験片は長さ110 mm，幅38.1 mm，円孔直径6.35 mmであり，XFEMにて挿入するき裂は円孔端部から1.6 mm間隔で設定した。

3.1 OHT/OHC強度の層厚依存性評価

まず，さまざまな層厚の擬似等方積層板を対象とし，OHT・OHC強度予測の精度検証を行う。積層構成は$[45_n/0_n/-45_n/90_n]_{mS}$（$n=1, 2, 4$; $m=8, 4, 2$）とする。プリプレグ厚さは0.05 mm

表2　T800S/EPの材料特性（*仮定値）

弾性特性	
繊維方向ヤング率（引張/圧縮）	138.5 GPa/132.0 GPa
非線形弾性パラメータ	6.844
繊維直交方向ヤング率	7.9 GPa
繊維方向ポアソン比	0.33
繊維直交方向ポアソン比	0.45*
繊維方向せん断弾性率	4.0 GPa
繊維方向線膨張係数	-1.2×10^{-6}/K
繊維直交方向線膨張係数	4.1×10^{-5}/K
層内破壊特性	
繊維方向引張強度	2873 MPa
繊維方向圧縮強度	1292 MPa
繊維直交方向引張強度	40.0 MPa
繊維直交方向圧縮強度	220.4 MPa
繊維方向せん断強度	70.0 MPa

層間破壊特性	
モードⅠ最大トラクション	40.0 MPa
モードⅡ&Ⅲ最大トラクション	70.0 MPa
モードⅠ臨界エネルギー解放率	0.19 N/mm
モードⅡ&Ⅲ臨界エネルギー解放率	0.81 N/mm
混合モードパラメータ	1.0
摩擦係数	0.3
塑性モデルパラメータ	
a_1	0.01
a_{66}	1.6
A_1	3.2e-11
n_1	3.8
A_2	4.5e-18
n_2	7.0
$\bar{\sigma}^t$	138.43

表3　層厚を変えた疑似等方積層材の OHT・OHC 試験における実験と解析の比較(括弧内の数値は予測誤差%)

積層構成	層厚(mm)	OHT 強度(MPa)		OHC 強度(MPa)	
		実験[37]	解析	実験[38]	解析
$[45/0/-45/90]_{8S}$	0.05	489.5	453.2(-7.42)	306.2	320.3(+4.60)
$[45_2/0_2/-45_2/90_2]_{4S}$	0.1	508.4	459.2(-9.68)	284.3	298.5(+4.98)
$[45_4/0_4/-45_4/90_4]_{2S}$	0.2	532.5	497.0(-6.67)	263.5	264.0(+0.201)

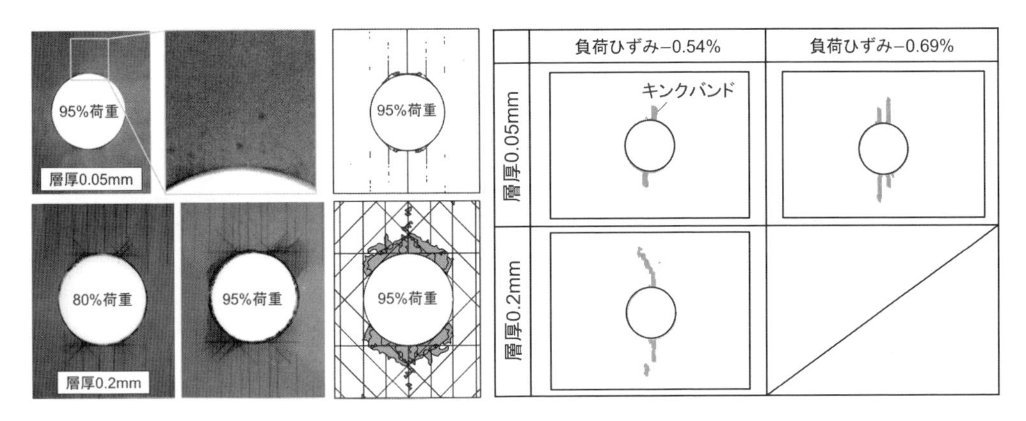

図6　OHT 試験における層厚による損傷進展の差異

図7　OHC 試験における層厚による損傷進展の差異

であり，$n=1, 2, 4$ はそれぞれ層厚 0.05, 0.1, 0.2 mm となるが，$m=8, 4, 2$ とすることで板厚は 3.2 mm で一定とした。OHT・OHC 強度の実験結果[37)38)]との比較を**表3**に示す。表3に示すように，全ての条件で，強度は実験値と非常に良い一致を示すことが分かる。注目すべき点として，層厚が薄いほど OHT 強度は低下，OHC 強度は向上することが分かる。この要因として，**図6**，**図7**に示す内部損傷進展の層厚依存性が挙げられる。まず，図6に示す OHT 試験では，円孔周囲で生じるスプリッティングと呼ばれる 0° 層の縦割れが厚層で生じるのに対し，薄層では抑制されている。このため，厚層では 0° 層の円孔部での応力集中が緩和し，繊維破断が遅延するため強度が向上する。次に，OHC 試験について，薄層/厚層での破断直前のひずみ 0.69 %，0.54 %における円孔周囲の繊維圧縮破壊(キンクバンド)進展挙動を図7に示す。図7より，薄層では同ひずみで比較した場合にキンクバンド進展が抑制されており，これにより薄層で強度が向上するものと考えられる。本手法はこのような層厚依存の内部損傷進展とその結果発現する積層板の有孔強度を評価可能であり，十分な精度を有すると判断できる。

3.2 OHT 強度の積層構成依存性評価

次に，**表4**に示す 0° 層比率 10～68.75 %のさまざまな積層板(積層 S，H，XH)を対象とした OHT 解析を実施し，解析結果と試験結果[39)]との比較を実施する。特に，0° 層比率が低い積層 S における塑性変形(PLA：Plasticity)の影響，0° 層比率が高い積層 H における Non-Hookean (NH) 挙動の影響，0° 層比率が極端に高い積層 XH での幾何学的非線形性の影響に着目する。

表 4　OHT 強度の積層構成依存性評価における積層構成

ID	積層構成	積層比率(0°：±45°：90°)
積層 S(Soft)	$[(45_4/90_4/-45_4/45_4/-45_4)_2/45_4/0_4/-45_4/(45_4/-45_4)_3/0_4]_S$	10:80:10
積層 H(Hard)	$[(45_2/90/-45_2/0_4)_2/(45/90/-45/0_4)_2]_S$	50:37.5:12.5
積層 XH(eXtra Hard)	$[45/90_2/-45/0_8/45/90/-45/0_8/45/90/-45/0_6]_S$	68.75:18.75:12.5

表 5　0° 層比率を変えた 3 種類の積層構成における OHT 強度の実験と解析の比較(括弧内の数値は予測誤差%)

ID	実験[39]	解析	解析(w/o PLA)	解析(w/o NH)	解析(w/o GNL)
積層 S	*313.6*	*287.0(-8.54)*	*305.0(-1.81)*	---	---
積層 H	673.6	695.2(+3.20)	---	762.7(+13.2)	---
積層 XH	**1363.6**	**1395.6(+2.35)**	---	---	807.9(-40.8)

ローマン体：繊維破断支配の破壊，太字：スプリッティング支配の破壊，斜体：非主軸層のき裂支配の破壊

強度および破壊モードの比較結果を**表 5** に示す。破壊モードは最終破断時の内部損傷分布から判断し，表中にて字体を変えて示している。

まず，0° 層比率 10 %の積層 S では，実験において非主軸層のき裂が支配的な破壊モードとなった。**図 8** に積層 S における応力-ひずみ応答および内部損傷分布の比較を示す。本積層では非主軸層(±45° 層)比率が高いため，図 8(a)に示す応力-ひずみ曲線に現れる塑性変形の影響が大きく，塑性変形をモデル化しない場合，実験で見られる応力-ひずみ曲線の非線形性を再現できていないことが分かる(図 8)。今回のケースでは塑性変形の有無に依らず強度の予測誤差 10 %未満を達成しているが，非線形性も含めた応力-ひずみ応答の予測精度を保証するうえでは，塑性変形のモデル化は必要と考えられる。

次に，0° 層比率 50 %の積層 H では，実験において繊維破断が支配的な破壊モードが観察された。**図 9** に積層 H における応力-ひずみ応答および内部損傷分布の比較を示す。図 9(a)に示す通り，本積層は 0° 層比率が比較的高いため Non-Hookean 挙動の影響により，Non-Hookean 挙動のモデル有無により応力-ひずみ応答に差異が見られる。加えて，強度予測への影響も顕著であり，Non-Hookean 挙動をモデル化しない場合には強度を過大評価する結果となった。図 9(b)の内部損傷を見ると，積層 H では 0° 層の円孔端部からスプリッティング進展が見られ，これにより円孔端部の応力集中は緩和するものの消失することはない。Non-Hookean 挙動をモデル化しない場合，この応力集中部での応力の過小評価に繋がり，最終破断を過大評価するものと考えられる。このため，0° 層比率が高い積層構成を扱ううえでは，非線形性と強度の予測精度の両面から，Non-Hookean 挙動をモデル化すべきといえる。

最後に，0° 層比率 67.5 %の積層 XH では，0° 層比率が極めて高く，さらに板厚中央部の 0° 層厚さも厚いため，実験では円孔端部からのスプリッティングと呼ばれる縦割れが大規模進展し，スプリッティング支配の破壊モードが観察された。**図 10** に積層 XH における応力-ひずみ応答および内部損傷分布の比較を示す。図 10(a)の実験結果ではスプリッティング進展時にひずみゲージが破損したため，途中からひずみが取得できていない点に注意されたい。図 10

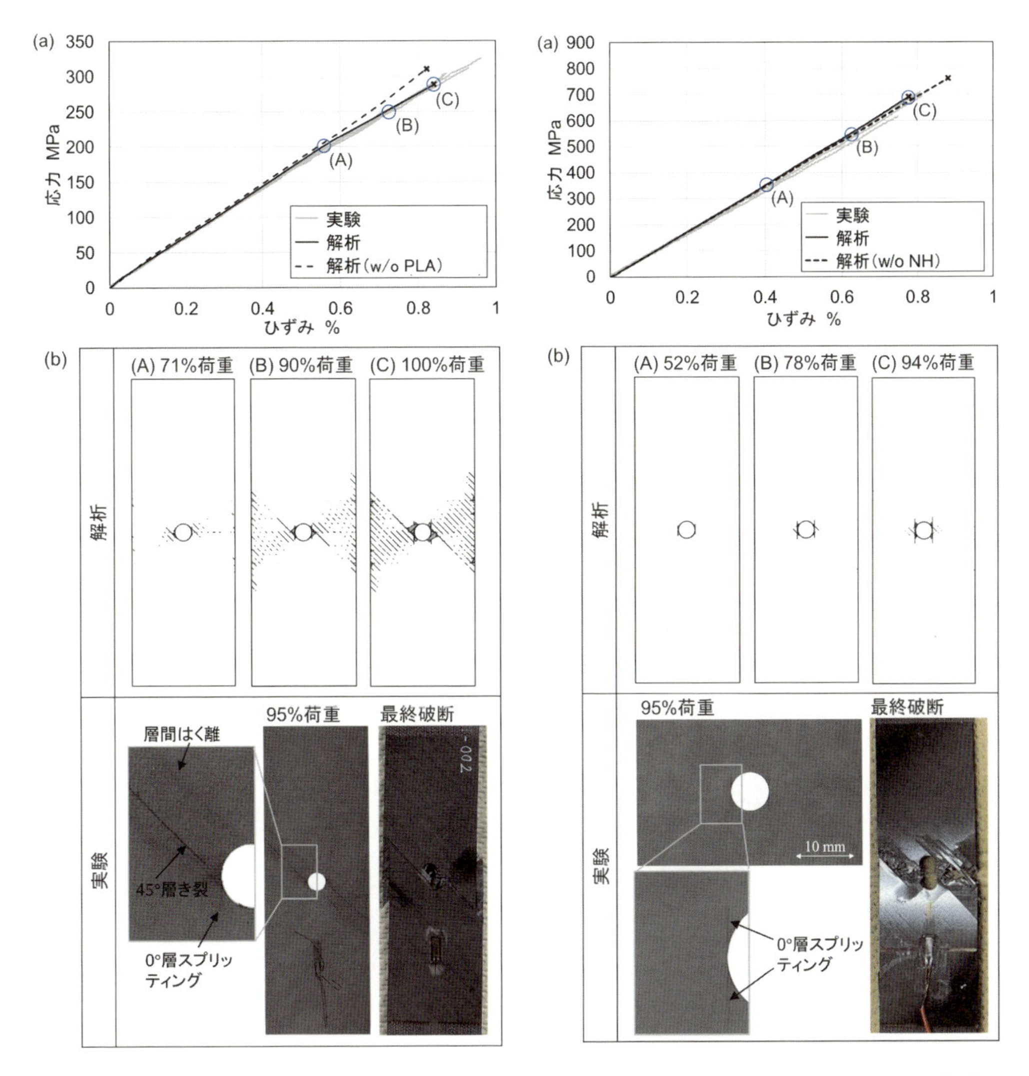

図8　積層Sにおける実験と解析の比較

図9　積層Hにおける実験と解析の比較

(a), (b)を見ると，解析結果はスプリッティングの大規模進展挙動を精度よく予測可能であることがわかる。注目すべき点として，本積層ではOHT試験であるにもかかわらず，実験と解析の両者で繊維圧縮破壊が生じた。圧縮破壊は円孔の長手方向最小断面位置の90°層および0°層スプリッティングに隣接する±45°層において生じ，発生位置も実験と解析で良く一致している。本積層は0°層比率が極めて高く，積層板としてのポアソン比が高いため，長手方向最小断面位置ではポアソン変形により幅方向圧縮変形が生じ，90°層での繊維圧縮破壊が生じたと考えられる。これは積層板ポアソン比が高くなる0°層比率が極端に高い積層XH特有の現象と考えられる。また，0°層スプリッティングに隣接する±45°層においては，スプリッティング発生後の応力分布を確認すると，繊維方向圧縮応力とせん断応力がともに高くなり，混合応力下で繊維圧縮破壊が生じていた。この繊維圧縮破壊は0°層スプリッティングに起因するため，板厚中央部の0°層厚さが厚く，スプリッティングが大規模進展する積層XHにおいて

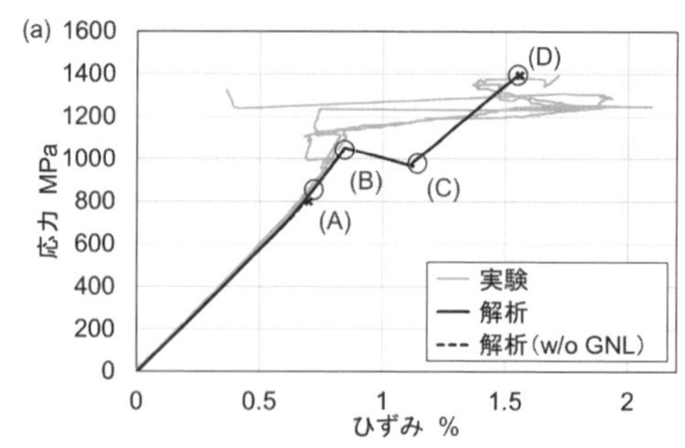

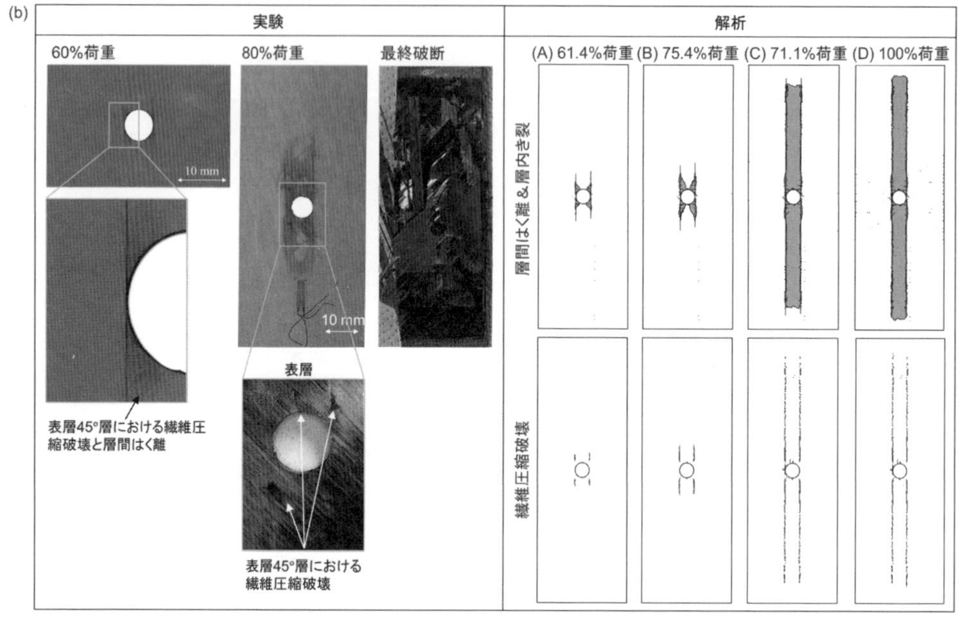

図 10　積層 XH における実験と解析の比較

のみ生じたものと考えられる。これらの圧縮破壊は幾何学的非線形を無視した解析では発生せず，その結果スプリッティング，層間はく離，最終強度を大幅に過小評価する結果となった。これは，繊維圧縮破壊の進展においては幾何学的非線形の考慮が重要であり，スプリッティングが隣接層の繊維圧縮破壊と連成して進展していることを示唆している。本挙動は0°層比率が極めて高く積層板としてのポアソン比が大きい場合，かつ最大0°層厚さが厚くスプリッティングが進展しやすい場合に重要となると考えられる。

以上の検証結果より，塑性，損傷，Non-Hookean 挙動による材料非線形および幾何学的非線形を考慮することで，あらゆる層厚，積層比率の OHT 試験において本提案手法の妥当性および有用性が示された。

3.3 設計支援を目的としたカーペットプロット作成

ここでは，これまでで検証した提案手法を用いた設計支援の実例として，OHT 強度のカーペットプロットを作成し，積層比率が OHT 強度へ及ぼす影響を調査する。対象とする積層構成を**表6**に示す。ここでは層厚 0.05, 0.19 mm の薄層・厚層プリプレグを対象とする。表6中の積層の繰り返し数 n を薄層では $n=4$, 厚層では $n=1$ とすることで板厚は同じとした。解析で作成した OHT 強度のカーペットプロットを**図11**, **図12**に示す。ここでは, 繊維破断が生じるもしくはスプリッティングが大規模進展して荷重低下が生じる点を強度とした。図に示す通り, OHT 強度は基本的には 45° 層比率に依らず 0° 層比率に比例することが分かる。一方で,

表6　OHT カーペットプロット解析での積層構成

0°：±45°：90°	積層構成(薄層：$n=4$, 厚層：$n=1$)
80:10:10	$[45/90/-45/0_{10}/90/0_6]_{nS}$
70:20:10	$[45/90/-45/0_4/45/0_4/90/0_4/-45/0_2]_{nS}$
70:10:20	$[45/90/-45/0_4/90/0_4/90/0_4/90/0_2]_{nS}$
60:30:10	$[45/90/-45/0_2/45/0_2/-45/0_3/45/0_2/-45/0_2/90/0]_{nS}$
60:20:20	$[45/90/-45/0_2/45/0_3/-45/(0_2/90)_3/0]_{nS}$
60:10:30	$[45/90/-45/0_2/(90/0_2)_5]_{nS}$
50:40:10	$[(45/90/-45/0_2)_2/45/0/-45/0_2/45/0_2/-45/0]_{nS}$
50:30:20	$[(45/90/-45/0_2)_2/45/0/-45/0_2/90/0_2/90/0]_{nS}$
50:20:30	$[(45/90/-45/0_2)_2/90/0/(90/0_2)_2/90/0]_{nS}$
40:50:10	$[(45/90/-45/0)_2/45/0/-45/0/(45/-45/0)_2]_{nS}$
40:40:20	$[(45/90/-45/0)_2/(45/0/-45/0)_2/(90/0)_2]_{nS}$
40:30:30	$[(45/90/-45/0)_2/45/0/-45/0/(90/0)_4]_{nS}$
30:60:10	$[(45/90/-45/0)_2/45/0/-45/0/45/-45/(45/-45/0)_2]_{nS}$
30:50:20	$[(45/90/-45/0_2)_2/45/-45/0/(45/-45/90)_2/0]_{nS}$
30:40:30	$[(45/90/-45/0_2)_2/(45/90_2/-45/0)_2]_{nS}$
20:70:10	$[45/90/-45/0/45/90/(-45/45)_2/0/-45/45/-45/(45/-45/0)_2]_S$
20:60:20	$[(45/90/-45/0)_2/(45/-45)_2/0/(45/90/-45)_2/0]_{nS}$
20:50:30	$[(45/90/-45/0)_2/45/90/-45/90/(45/90/-45/0)_2]_{nS}$
10:80:10	$[45(90/-45/45/-45/45)_2/0/(-45/45)_3/-45/0]_{nS}$
10:70:20	$[45/90/-45/0/90/45/(90/-45/45/-45/45)_2/-45/45/-45/0]_{nS}$
10:60:30	$[45/90/-45/0/45/90/-45/90/(45/-45)_2/90/45/90/-45/45/90/-45/0]_{nS}$

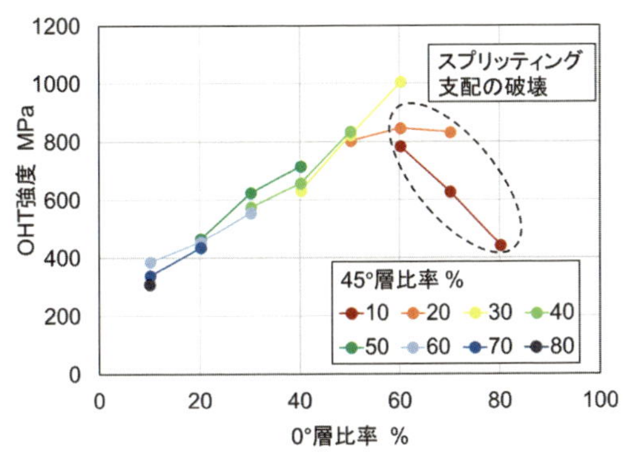

図11　厚層における OHT カーペットプロット

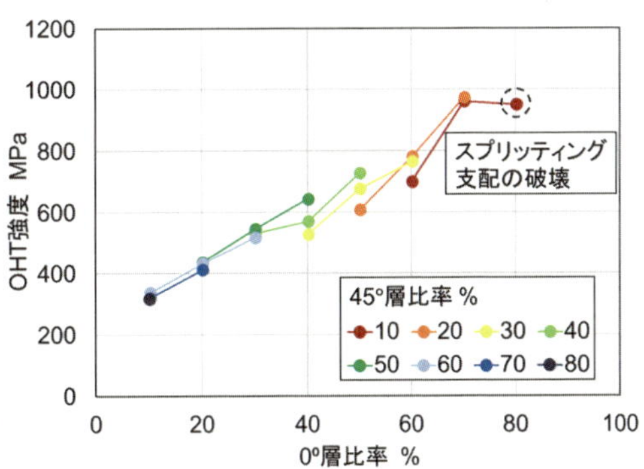

図12　厚層における OHT カーペットプロット

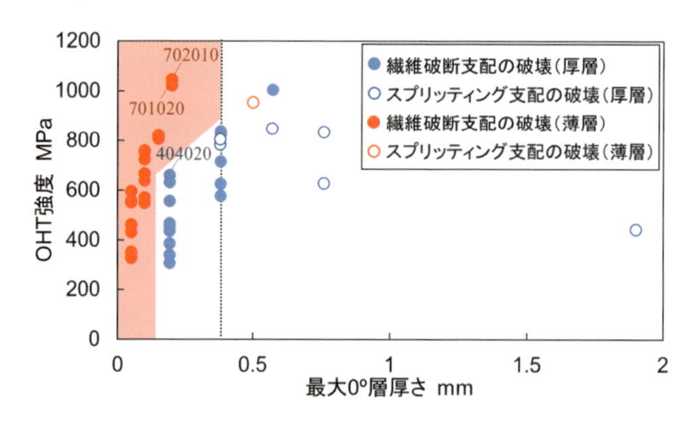

図 13　OHT 強度と積層板中の最大 0° 層厚さの関係

0° 層比率が高い積層構成では，特に厚層の場合に繊維破断に先行してスプリッティングの大規模進展が生じ，強度を低下させることがわかる。スプリッティング破壊発生の詳細な考察のため，OHT 強度，破壊モード，積層中の最大 0° 層厚さの関係を**図 13** に示す。図 13 では厚層と薄層の結果を合わせて示している。図 13 より，最大 0° 層厚さ 0.4 mm 前後で破壊モードの遷移が生じることがわかる。これは 0° 層が厚くなるほど，隣接層からの拘束効果が小さくなり，スプリッティングが進展し易くなるためである。薄層では単位厚さ当たりの層数が増えるため，同じ 0° 層比率であっても 0° 層を分散して配置可能となり，スプリッティング破壊を抑制しつつ 0° 層比率を上げることが可能となる。今回対象とした板厚においでは，図 13 中赤色で示す領域が薄層でのみ実現可能であり，この領域で高い 0° 層比率の積層板を設計することで厚層よりも秀でた OHT 強度が発現可能であることが示された。

4. おわりに

本稿では，CFRP 積層板のテーラリング設計支援のためのメゾスケールモデリングおよび解析技術について概説した。具体的には，航空機設計における代表的な実用強度評価試験である OHT，OHC 試験を題材に挙げ，i)荷重-変位(応力-ひずみ)応答，ii)強度・破断ひずみ，iii)破壊モードを広範な積層構成で予測することを目的として，材料非線形および幾何学的非線形を考慮した解析手法，モデリングとその検証に焦点を当てた。特に，さまざまな 0° 層比率の積層板を設計候補とする場合，これらの非線形性を考慮した解析が高精度な強度予測結果に繋がることを示し，本稿の提案手法の妥当性，有用性を示した。今後は，より広範な荷重条件下での検証，疲労・環境劣化問題への拡張などを通じて信頼性向上を図るだけでなく，機械学習などと連携した実用的な低次元モデル開発など，精度を担保しつつ計算コストの低減を図ることが求められるであろう。今後の発展に期待しつつ，著者らもその一端を担えるよう尽力したい。

文　献

1) S. Yang and J. Qu : *Phys. Rev. E*, **90**(1), 012601 (2014).
2) T. Hobbiebrunken et al. : *Compos. Part A-Appl. S.*, **37**(12), 2248 (2006).
3) B. G. Green et al. : *Compos. Part A-Appl. S.*, **38**(3), 867 (2007).
4) S. T. Pinho et al. : *J. Compos. Mater.*, **46** 19-20), 2313 (2012).
5) T. Okabe et al. : *Compos. Sci. Technol.*, **68**(10-11), 2282 (2008).
6) S. T. Pinho et al. : NASA/TM-2005-213530, (2005).
7) P. P. Camanho et al. : *Mech. Mater.*, **59**, 36 (2013).
8) C. S. Lopes et al. : *CEAS Aeronaut. Journal*, **7**(4), 607 (2016).
9) E. J. Pineda and A. M. Waas : *Int. J. Fract.*, **182**(1), 93 (2013).
10) A. P. Joseph et al. : *Compos. Struct.*, **203**, 523 (2018).
11) S. R. Hallett et al. : *Compos. Part A-Appl. S.*, **40**(5), 613 (2009).
12) E. V. Iarve et al. : *Int. J. Numer. Meth. Eng.*, **88**(8), 749 (2011).
13) F. P. Van der Meer et al. : *J. Compos. Mater.*, **46**(5), 603 (2012).
14) B. Y. Chen et al. : *Comput. Met. Appl. M.*, **308**, 414 (2016).
15) J. Zhi and T. E. Tay : *Compos. Sci. Technol.*, **196**, 108203 (2020).
16) X. Lu et al. : *Compos. Part A-Appl. S.*, **125**, 105513 (2019).
17) R. Higuchi et al. : *Compos. Part A-Appl. S.*, **95**, 197 (2017).
18) R. Higuchi et al. : *Compos. Part A-Appl. S.*, **145**, 106300 (2021).
19) 樋口諒ほか：日本複合材料学会誌, **48**(6), 223 (2022).
20) R. Higuchi et al. : *Int. J. Solids Struct.*, **242**, 111518 (2022).
21) T. Belytschko and T. Black : *Int. J. Numer. Meth. Eng.*, **45**(5), 601 (1999).
22) N. Moës et al. : *Int. J. Numer. Meth. Eng.*, **46**(1), 131 (1999).
23) G. J. Curtis et al. : *Nature*, **220**(5171), 1024 (1968).
24) W. H. Van Dreumel and J. L. Kamp : *J. Compos. Mater.*, **11**(4), 461 (1977).
25) T. Nagashima and M. Sawada : *Comput. Struct.*, **174**, 42 (2016).
26) W. Steenstra et al. : *Compos. Struct.*, **128**, 115 (2015).
27) C. T. Sun and J. L. Chen : *J. Compos. Mater.*, **23**(10), 1009 (1989).
28) T. Yokozeki et al. : *Compos. Sci. Technol.*, **67**(1), 111 (2007).
29) T. Ishikawa et al. : *J. Mater. Sci.*, **20**(11), 4075 (1985).
30) T. Yokozeki et al. : *Compos. Part A-Appl. S.*, **37**(11), 2069 (2006).
31) C. A. Weeks and C. T. Sun : *Compos. Sci. Technol.*, **58**(3-4), 603 (1998).
32) X. Li et al. : *Compos. Part A-Appl. S.*, **39**(2), 218 (2008).
33) P. P. Camanho and C. G. Dávila : NASA/TM-2002-211737, (2002).
34) M. Ridha et al. : *Compos. Part A-Appl. S.*, **58**, 16 (2014).
35) A. Argon : *Treatise on materials science & technology*, **1**, 79 (1972).
36) C. G. Dávila and P. P. Camanho : NASA/TM-2003-212663, (2004).
37) R. Aoki et al. : *Compos. Struct.*, **280**, 114926 (2022).
38) K. Takamoto et al. : *Compos. Part A-Appl. S.*, **145**, 106365 (2021).
39) R. Aoki et al. : *Compos. Struct.*, **280**, 114926 (2022).

第3節　炭素繊維強化プラスチックにおけるマルチスケールモデリングとCoSMICの利活用

東北大学　**岡部　朋永**　　東北大学　**川越　吉晃**

1. はじめに

マルチスケール性を有する複合材構造部材の変形・破壊挙動の正確な予測のためには各スケールでの詳細な解析とそれらをスケール間接続したマルチスケール/マルチフィジック統合解析ツールが必要である。ここでは，CoSMICを利用した複合材主翼の構造設計について述べることにする[1)]。

2. 分子シミュレーションから航空機主翼設計までのマルチスケールモデリング

CFRPは，1970年代には航空機二次構造に，1980年代には尾翼の主構造に適用された。近年では，CFRPの用途は主翼や胴体などの一次構造にも広がっている。実際，ボーイング787やエアバスA350XWBの主翼構造を含む重量のほぼ半分を先進複合材が占めている。CFRPはその優れた特性にもかかわらず，複雑な破壊メカニズムのために，さらなる適用が妨げられている。具体的には，縦方向と横方向の引張荷重下では，それぞれ繊維の破断と横き裂の発生から始まる損傷伝播によって破壊が起こる。さらに，圧縮荷重下では，マイクロバックリング(キンクバンドの形成)によって破壊が起こる。

荷重方向に依存する強度を予測するために，これまで多くの研究がなされてきた。たとえば長手方向の引張強度の予測では，繊維の破断が重要な役割を果たすことが示されている。基本的に，繊維強度の分布はワイブル分布に従う。したがって，著者らは，高精度で，かつ，手頃な計算時間で一方向複合材料の破壊をシミュレートするためにばね要素モデル(SEM)を提案した[2)]。縦圧縮強度の予測では，キンクやマイクロバックリングをモデル化することが有効であることが示されている[3)]。このような予測モデルは，新しい複合材料であっても，厳密でコストのかかる実験をすることなく，CFRP積層板の強度を簡単に求めることができるように開発されている。言い換えると，CFRP積層板の強度は，繊維と樹脂の物性に基づくだけで，比較的正確に予測できる。

そこで，CoSMICでは，樹脂物性および樹脂強度を分子動力学(MD)シミュレーションから取得し，一方向材の微視解析に接続する。一方向材剛性は有限要素解析(FEA)の一種である

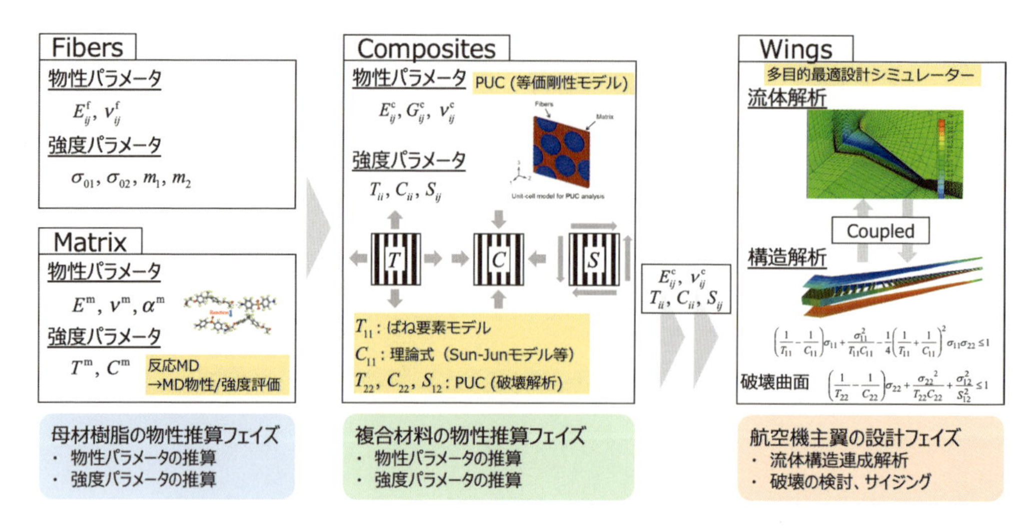

図1　分子シミュレーションから航空機主翼設計までの流れ

周期セル（PUC）シミュレーションの等価剛性計算から取得し，5つの強度パラメータのうち繊維直交方向引張強度，繊維直交方向圧縮強度，面内せん断強度はPUCシミュレーション[4]の初期き裂予測から取得する。繊維方向引張強度は繊維の確率強度分布を用いて複合材料の強度を推定するSEM[2]から取得し，繊維方向圧縮強度は繊維のマイクロバックリングを考慮したSun-Junモデルなど[3]の理論式から計算される。得られた複合材料物性・強度を流体構造連成解析へ接続し，主翼構造部材の破壊判定とサイジングを行うことで，最適設計が可能となる（**図1**）。

次に，CoSMICにおける流体構造連成解析による主翼構造部材の最適設計について述べる。複合材航空機主翼の構造重量をさらに削減し，空力性能を向上させるために，さまざまな研究が行われてきた。一般に，複合材構造の設計は最適化問題として考えられ，強度，ひずみ，座屈，変位，空力弾性性能などの多くの制約条件のもとで，構造重量を最小化したり，空力性能を最小化/最大化するために，積層順序，プライ分率，プライ枚数，積層パラメータなどのパラメータを最適化する[5][6]。近年では，MartinsとKennedyが，レイノルズ平均ナビエ・ストークスシミュレーションとFEAを結合した高忠実な空力弾性解析に基づく最適化を実施した[7)-9]。一方，多くの研究はCFRPの異方性を構造軽量化に利用する技術に焦点をあてており，CFRP単層板そのものの力学特性は固定されたままであることが多く，その値は実験測定から直接得られている。そのため，CFRPの材料開発と航空機設計との間にはギャップがあり，このことが，CoSMICによるマテリアルインテグレーションシステム開発の動機となっている。

CoSMICにおいては流体解析を用いて主翼周りの圧力分布を求めている。支配方程式は圧縮性のEuler方程式である。空間の離散化には3次精度のMUSCL法を用い，流束制限関数には圧縮パラメータを4.0としたminmodリミッターを用いる。また，セル界面における数値流束の評価はRoeスキームを用いて行い，時間積分はLU-SGS陰解法を用いて行う。

流体計算に用いられるメッシュと，構造解析に用いられるメッシュでは一般に節点は一致しない。そこで，流体メッシュ上で計算される荷重ベクトルを，構造メッシュ上に補間する必要がある。CoSMIC においては，Constant Volume Tetrahedron（CVT）法を用いてメッシュ間の荷重補間を行う。　構造解析としては，有限要素解析により，空気力を受ける主翼の変形と応力を求める。解析は3次元構造要素（shell 要素，beam 要素）を用いている。有限要素モデルは，上下外板，リブ，前後主桁ウェブをシェル要素，前後主桁フランジをビーム要素としてモデル化する。ストリンガーは陽的にはモデル化されていないが，座屈破壊の判定の際にストリンガー間隔が考慮される。シェル要素は疑似等方積層板を想定し，オリエンテーションは主翼の長手方向に設定される。

有限要素解析の結果得られた構造が破壊するか否かの判定は次のように行う。

(1)シェル要素の場合：平板の材料強度は，積層板の各層で計算され，Christensen の破壊則[10]により与えられる

(2)ビーム要素の場合：ビーム要素の材料強度は，引張と圧縮の強度を独立に計算する。引張はばね要素モデルから，圧縮は座屈強度から与えられる

破壊クライテリアの計算結果を基に，有限要素モデルに使用する部材寸法のサイジングを行う。サイジングには安全率が設定した範囲内に収まるように，適宜比例的に寸法を調整される[11]。

SIP 終了後，本主翼構造設計ツールはさらなる発展を遂げ，DASH（近日 HP を公開）というツールに拡張されている。DASH は，CoSMIC と比較して，多目的最適化計算に大きな強みがある。この多目的最適化計算においては，目的関数に基づき Kriging 応答曲面を作成し，次の世代の追加個体を決める ARMOGA（Adaptive-range multi-objective GA）を使用することができる。初期個体群はラテン超方格法によりサンプリングされ，各個体の評価が主翼の設計シミュレーターにより実施される。世代の更新は GUI 上で行われ，初期個体と同様に各個体の評価が実施される。最適化計算の収束は十分にパレート解が得られたとユーザーが判断した場合に終了とする，高度な最適化ツールが実装されている。

今後はツールの発展に伴い，CoSMIC で物性推算，DASH で多目的最適構造設計という利活用に移行することが予想される。

文　献

1) S. Date, Y. Abe and T. Okabe : Effects of Fiber Properties on Aerodynamic Performance and Structural Sizing of Composite Aircraft Wings, *Aerospace Science and Technology*, **124**, 107565 (2022).

2) T. Okabe et al. : Onset of Matrix Cracking in Fiber Reinforced Polymer Composites: A Historical Review and a Comparison Between Periodic Unit Cell Analysis and Analytic Failure Criteria, Advanced Structured Materials 64, H. Altenbach et al. (eds.), Springer International Publishing Switzerland, 299 (2015).

3) T. Okabe et al. : Numerical method for failure simulation of unidirectional fiber-reinforced composites with spring element model, *Composites Science and Technology*, **65**, 921 (2005).

4) C. T. Sun and A. Wanki Jun : Compressive strength of unidirectional fiber composites with matrix non-linearity, *Composites Science and Technology*, **52**, 577 (1994).

5) J. H. Starnes Jr. and R. T. Haftka : Preliminary design of composite wings for buckling, strength, and displacement constraints, *J. Aircr.*, **16** (8), 564 (1979).

6) B. Liu, R. T. Haftka and M. A. Akgün : Two-level composite wing structural optimization using response surfaces, *Struct. Multidiscip. Optim.*, **20** (2), 87 (2000).

7) G. Kennedy and J. Martins : A comparison of metallic and composite aircraft wings using aerostructural design optimization, in: 12th AIAA Aviation Technology, Integration, and Operations (ATIO) Conference and 14th AIAA/ISSMO Multidisciplinary Analysis and Optimization Conference, September (2012).

8) T. R. Brooks, J. R. Martins and G. J. Kennedy : High-fidelity aerostructural optimization of tow-steered composite wings, *J. Fluids Struct.*, **88**, 122 (2019).

9) J. Martins, G. Kennedy and G. K. Kenway : High aspect ratio wing design: optimal aerostructural tradeoffs for the next generation of materials, in: 52nd Aerospace Sciences Meeting, January, 1 (2014).

10) R. M. Christensen : The Theory of Materials Failure (2013),

11) S. Date et al. : Fluid-structural Design Analysis for Composite Aircraft Wings with Various Fiber Properties, *Journal of Fluid Science and Technology*, **16**(1), (2021).

第４章

マテリアルズインテグレーションの概念を具現化するためのシステム開発

第1節　システム(MInt)の開発と運用

国立研究開発法人物質・材料研究機構
源　聡　　伊藤　海太　　門平　卓也

1. はじめに

材料開発において研究の対象となる材料工学の4要素である「プロセス(P)」「構造(S)」「特性(P)」「性能(P)」をつなぎ(PSPP連関)材料開発を効率化する概念である「マテリアルズインテグレーション」のもと，この概念を具現化した材料開発のための統合型の材料開発プラットフォームとしてMInt(Materials Integration by Network Technology)システムを開発した。日本の産学官が連携する体制のもとで開発され，特に金属系構造材料を対象として，材料工学理論・経験則に基づくモジュールや，機械学習技術で得られた推論モデルを接続することに大きな特徴がある。またMIntシステムを制御するAPI(Application Programming Interface)を開発したことから，MIntシステムの機能を拡張することが容易となり，たとえば，目的とする材料性能の情報から，材料開発におけるプロセスや合金組成について機械学習を用いて最適化する解析も実行可能である。このような最適化の実現は必要な実験回数の削減をもたらし，かかる時間を大幅に短縮できる。これにより効率的な材料・プロセス条件の探索が期待でき，日本の部素材産業の競争力強化につながっていくものと考える。

2. 材料開発効率化のためのマテリアルズインテグレーション

近年，材料に要求される性能が厳しく，かつ多岐にわたるようになってきた。たとえば，航空機材料においては，さらなる軽量化，燃焼ガスの温度上昇，高応力・腐食環境への適用などが求められている。こうした厳しい要求に応えるために，部材の利用環境を鑑みたうえで，添加元素の影響や複雑な製造プロセスを考慮することが求められている。加えて最終的な材料性能を左右するパラメータの数は増加し，それらを最適化することは大変な困難を伴う問題となってきている。したがって，新規で材料の開発を行う場合，従来の研究者やエンジニアの勘と経験に依存する手法では膨大な時間を要することとなり，開発の効率化や加速が強く望まれるようになった。

このため，世界的には米国を中心にICME(Integrated Computational Materials Engineering)[1]という考え方が提案され，計算科学を活用した計算機支援の材料開発の重要性が議論されるようになってきた。そして日本においても，情報科学の活用も視野に入れてICMEの概念を拡張する形でマテリアルズインテグレーションについての議論が加速し，下記のように定義された[2)3)]。

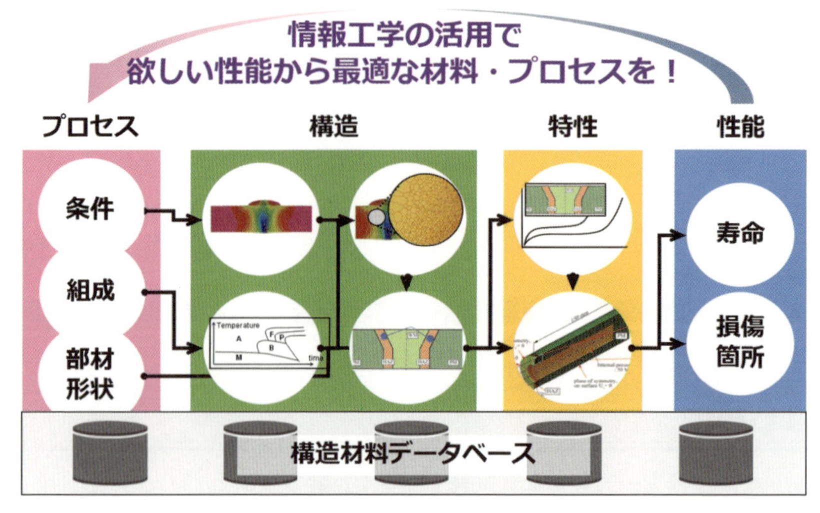

図1　PSPP 概念図[4)]

「材料科学の理論および経験則，材料の実験データおよび様々なデータベースを，算科学とデータ科学の融合により組合せ，算機上で材料のプロセス，組織，特性，性能の連関を予測するシステムを実現して，率的な材料の開発やプロセスの革新を可能にする統合型の材料工学」

従来の材料開発では，**図1**に示すようにプロセス・構造・特性・性能という4要素の連関を明確にし，これをもとに多数の実験を，試行錯誤を伴いながら進めてきた[5)]。この試行錯誤をデジタル化し計算機上で行うことで，実験回数を減らし，開発時間の短縮を実現できれば，社会の要請に応じて革新的な材料を素早く開発できることにつながる。そこでSIPではマテリアルズインテグレーションの定義や概念に基づき，計算機を活用した支援システムを産官学のチームで開発を進め，MInt システムと命名した[6)]。

3. MInt システムの開発

MInt システムの設計においては，まず，材料工学に関する問題を解くためのツール(プログラムやデータなど)の入出力や物理モデルを洗い出し，入出力とそれらを結ぶための物理モデルを1つの単位(モジュールと呼ぶ)として収集し，さらにモジュール同士の接続(科学的ワークフロー，もしくは単純にワークフローと呼ぶ)をユーザが試行錯誤しながら設計できるようにした。設計されたワークフローは計算機上で入力条件を変えながら一気通貫に実行が可能である。科学的ワークフローにおいては，入出力が同じでも物理的背景が異なるモジュールが種々存在する場合があり，適切な物理モデル選択を検証する意味でも，システム上でモジュールの入れ替えが自由にできることが重要である。問題に対するワークフローがひとたび決定されると，たとえば，パラメータサーベイのための大量の計算を自動的に実行することが可能となり，さらに必要とする特性・性能からプロセス条件を見つけるような逆問題にもつなげることができる。このように，これまで経験と勘という暗黙知を利用してきた材料開発に対して，MInt システムは適切なワークフロー設計・選択を通じて解の精度を定量的に上げ，材料開発を効率化する手段を提供できる。異なる研究者から異なる成果物として出てきた多様な解法(つまり個々のモジュール)を接続することで，マルチスケールの事象を取り扱ったり，異なる分野の物理現象を連成させて解いたりと，さまざまな応用が可能となる。逆にワークフロー設計時に欠けているモジュールが顕在化することで，新規の研究テーマとなりうることを示唆することができる。このようにして過去の知見を踏まえながら材料工学の知見を踏まえてワークフローの設計と評価のサイクルを回せる MInt システムは，材料の特性を支配する重要因子や新しい物理を発見すること活用できるものと考えている。さらに蓄積された計算データを活用して，機械学習などを利用した予測モデルを構築しモジュールの１つとして再利用することも可能であり，これは計算に非常に時間のかかるモジュールの有効な高速化された代替モデルとして活用できる。つまり，既存の知識としてのモジュール(モデル)やそこから生成されたデータの活用と機械学習モデルによる高速化を組み合わせることにより，材料開発の効率化が１つのプラットフォームで実現できるように構築された。このように具体化されたワークフローのもとでは，個々のモジュールの役割が非常に明確になるため，各分野の専門家(計算科学，実験，情報科学など)が自分の役割を認識しつつ物理モデルの拡張に伴うモジュール開発やワークフロー設計，データ蓄積，モデリングなどの活動をさらに充実したものにできると考えている。

4. MInt システムの構成要素

MInt システムの構成要素には，(1)ワークフローを設計・実行するための環境(ワークフローデザイナ)，(2)材料工学の持つ概念レベルでの語彙の関係性を把握するための環境(特性空間語彙インベントリ)，(3)実験，計算，メタ情報の格納を行うためのデータベース，(4) MInt システムのデータベースや機能を外部プログラムから操作するための API となっており，それらが統合的に１つの web アプリケーションとして実装されている。

4.1 ワークフローデザイナ

ワークフローデザイナは，ワークフローの設計や実行を行うアプリケーションである。システム利用者はここで，ワークフローの設計から解析に関して試行錯誤ができる。Ni 基合金の強度予測のためのワークフローデザインの例を**図 2** に示す。入力層(図中青色)，予測モジュール(同黄色)，出力層(同灰色)が示されており，入力層，出力層には材料工学の意味として独立していることが要請される。これは，予測モジュールの入れかえを容易にすることや，機械学習の記述子として利用可能なようにデータが設計されていることを想定しているためである。

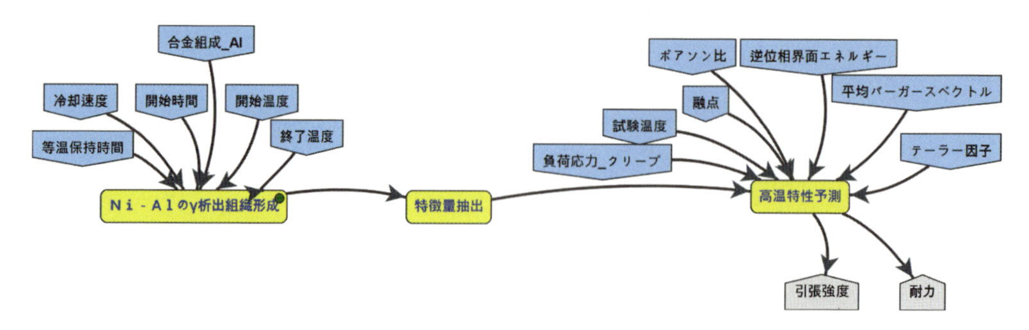

図2　Ni-Al 二元系の組織と強度予測のためのワークフロー例

4.2 特性空間語彙インベントリシステム

特性空間とは，材料工学の知識，概念を元に語彙の関係を表現する空間を意味する造語である。ワークフローデザイナで定義される実行可能な予測モジュールの情報と同期して，Mint システム内で取り扱われる特徴量とそれらを入出力で関連づける予測モデルの登録所として働くのが，特性空間語彙インベントリシステムである。具体的には，**図3**に示すように汎用的に表現されるメタ情報やワークフローの文脈において限定的に用いられるメタ情報を整理して記述する。このため，ワークフローデザイナで扱われる情報以外にも，材料工学における概念やそれらの関係性を記録し，解析，可視化することが可能である。特にワークフローデザイナで用いられる入出力の項目や予測モジュールには，原則的に本インベントリシステムで管理される材料工学の用語を適用すると同時に，それらを説明するより詳細な概念に分解し，それぞれにメタ情報を格納する形で項目表現の精緻化を実現している。

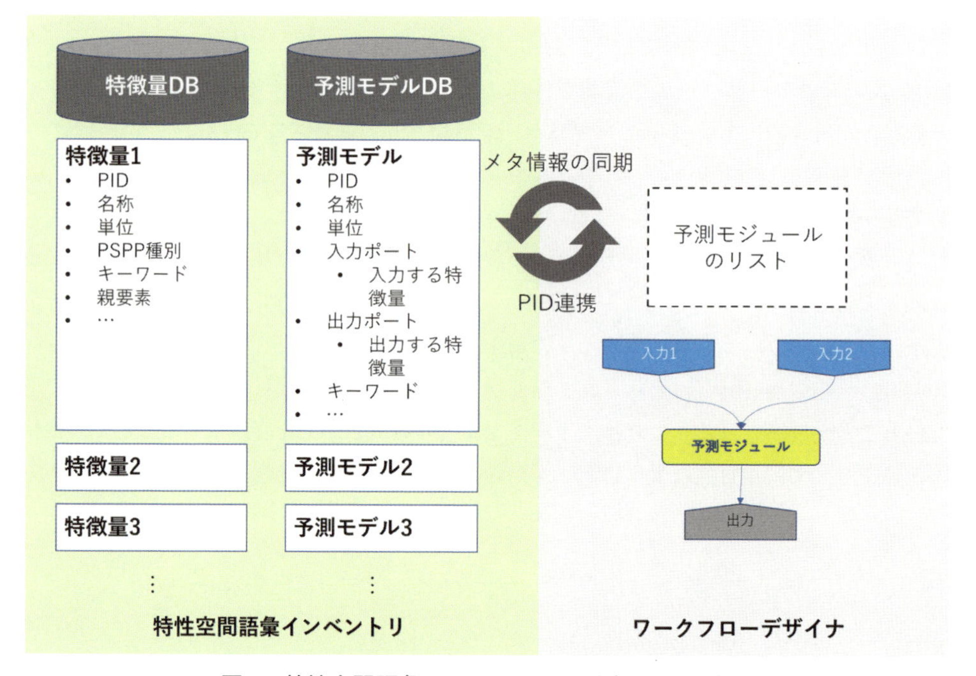

図3　特性空間語彙インベントリに登録される情報

4.3 データベースシステム

MInt システムでは材料物性の実験データベース，計算結果データベース，語彙インベントリのためのデータベースなど，複数のデータベースから構成される。各データベースのスキーマは利用する目的に応じて異なる構造を持つ。ワークフローの計算(ランと称する)においては，ワークフロー毎，あるいはラン毎に割り当てられたIDで管理がなされ，計算データの取得もこの情報を元に行われる。さらに語彙インベントリのデータは，RDF(Resource Description Framework)としてエキスポート可能である。入出力項目や物理モデルに付与された属性の1つにPSPP属性があるが，PSPPの情報を因果律として整理しグラフデータ構造に変換することで，システム全体として持つ語彙空間の可視化が可能である。**図4**に構成されたグラフ構造を示す。このように異なる研究者から収集された情報をネットワークの形で表現できると，その連関を解析することが可能である。この機能を活用して，登録されたモジュール群から，これまで作成されていなかったモジュール連関，ワークフロー連関がシステムの支援機能として表現できることが可能となった。

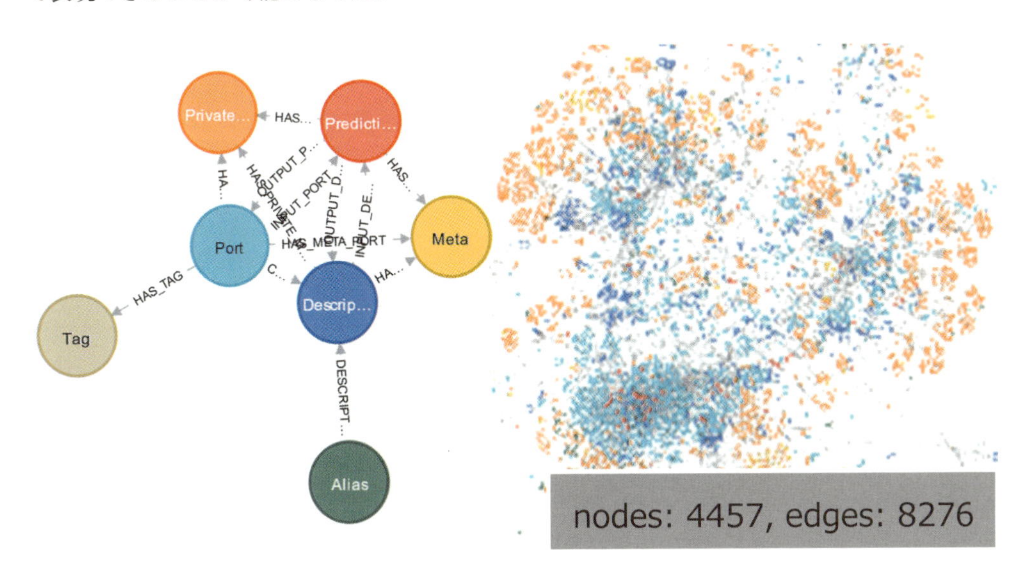

図4　語彙情報から生成されたグラフ構造

4.4 各種APIやAPIを活用したアプリケーション

MInt を外部プログラムから制御するためのAPIや，APIを活用してMIntシステムを拡張するようなアプリケーションも開発されている。APIは，外部のプログラムからMIntシステムに格納されている材料情報や計算データ，語彙データなどにシームレスにアクセスしたり，登録されたワークフローの実行を制御したりするものである。このようにシステムに直接アクセスをせずにMIntシステムの機能を外部から利用することが可能となった。APIを活用したMIntシステムを拡張したアプリケーションには，実験データなどから機械学習モデルを生成してMIntシステムで登録・実行可能にするものや，溶接問題を解くために特化したシステム(WFAS)などが構築された。また，最適化のアルゴリズム(ベイズ最適化や勾配法など)を実装した最適化基盤(MIOpt)[7]を構築して，最適なプロセス条件の探索ができるようになった

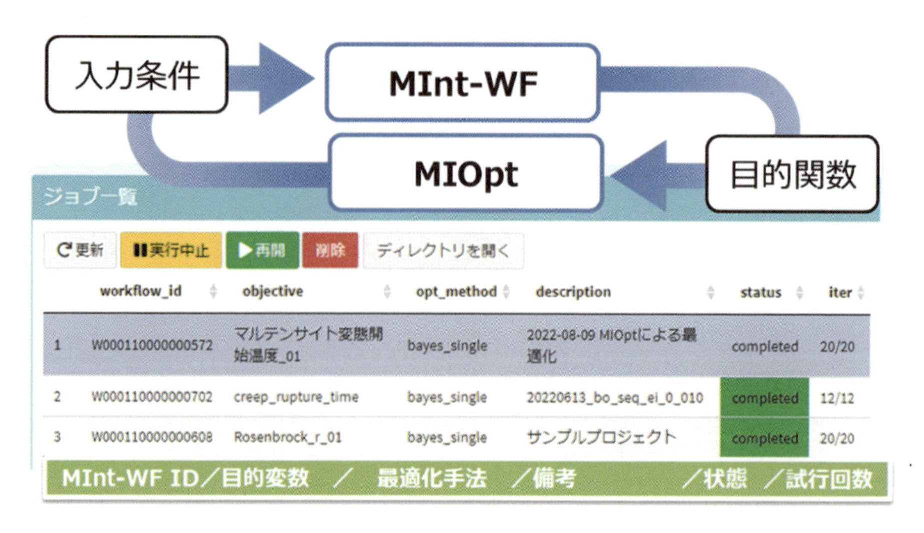

図5　MIOpt によるワークフローの最適化

(**図5**)。このような API を活用することで，ユーザは他の解析システムと連携をしながら MInt システムそのものを意識することなく，MInt システムのデータ解析・活用の仕組みを用いることが可能となった。

5. 実装されたワークフローの習得のための資材提供

これまで MInt システムには構造材料の問題を解くためにさまざまなワークフローが実装された。詳細は他の章の解説に譲るが，SIP 1 期(2014～2018)，2 期(2018～2022)の間に蓄積されたモジュールは 369 件，そこから設計されたワークフローは 461 件となった。多岐にわたるワークフローが登録されているために，利用者が具体的な計算が実行できるまでのガイドが非常に重要である。MInt システムには，通常のソフトウェアと同様に操作マニュアル，例題集，解説書，サンプルコードなどが整備されて提供されているが，加えて，オンライン学習管理システム(LMS：Learning Management System)を活用したマルチメディアコンテンツの学習システムを MIntMedia[8]として開発した。ここではワークフローの理論背景の理解とシステムの習得の両方の視点から情報が提供されている。

6. MInt システムを駆動するハードウェア構成とシステム管理

MInt システムを構成するハードウェアは，主にゲートウェイ・統合サーバ・ストレージサーバ・計算ノードからなる。ゲートウェイは MInt システム内部ネットワークの入口であり，アクセス管理の一部を担っており，簡易な二重化によって可用性を高めている。統合サーバは仮想マシン(Virtual Machine)サーバであり，128 コアの CPU・1.5 TB の大容量メモリを搭載しており，VM として管理ノード，データベースノード，ジョブ制御ノードなどを搭載している。このうち管理ノードが各種データベースの制御，計算ジョブの制御，ユーザ管理，ワークフロー設計機能など主たる機能を担う。ストレージサーバはMIntシステムのジョブの実行にともなって各モジュールが生成した出力データを蓄積しており，2024年現在は約500 TBの容量であるが，今後も蓄積データの増大にともなってペタバイト級へ増強予定である。またリモートのバックアップも用意されている。計算ノードは48の一般ノード(32 CPUコア，256 GBメモリ)・GPU 4台を搭載した特殊ノード・シングルコア性能が高い特殊ノードから構成され，計算ジョブはPBS(Portable Batch System)を通じて特殊ノードも含めた制御が行われている。MIntシステムから発行される計算ジョブが計算機資源を使い切れない場合は，データ駆動型材料開発に必要なデータを収集するためのMIntシステム外のジョブが低優先度で実行される。MIntシステムから計算ジョブの要請があるとこの低優先度ジョブは退避され，MIntシステムのジョブが実行される。このように解析のための計算とデータ収集のための計算が同時に実行されているため，MIntシステムの計算ノードは非常に高いCPU占有率で稼働させることが可能となっている。各サーバ・計算ノード間は40 Gbpsのデータ授受用の高速ネットワークと1 Gbpsの制御用ネットワークで接続されている。計算結果は利用者の所属する組織ごとに「テナント」という単位でセキュアな状態で管理され他テナントのデータは参照できないが，テナント責任者の権限で他者に公開したり共有したりすることは可能である。

さらに各機関において外部には持ち出せないデータやプログラムなどを活用するために，MIntシステムと機関の計算機を接続するための環境(外部計算資源活用のための環境)を整備した。**図6**に外部の計算資源との連携を示すが，外部計算資源とのデータ授受はモジュール内部で行われるため，MIntシステムから見ると透過的であり，データ収集対象（モジュールの入出力ポートを通過するデータ）ではない。また，外部計算資源はMIntシステムから見るとブラックボックスである。この技術を活用すると，MIntシステムに搭載されているワークフローやデータ転送の一部を秘匿した上で計算を続行することが可能となる。外部計算資源とのアクセスにはsshとwebポーリングが利用できる。前者はMIntシステムから外部計算資源にアクセスして処理を依頼するため単純で低遅延だが，外部計算資源の提供側がsshの待ち受けポートを開ける必要があるため，セキュリティにシビアな企業などでは許可できないこと

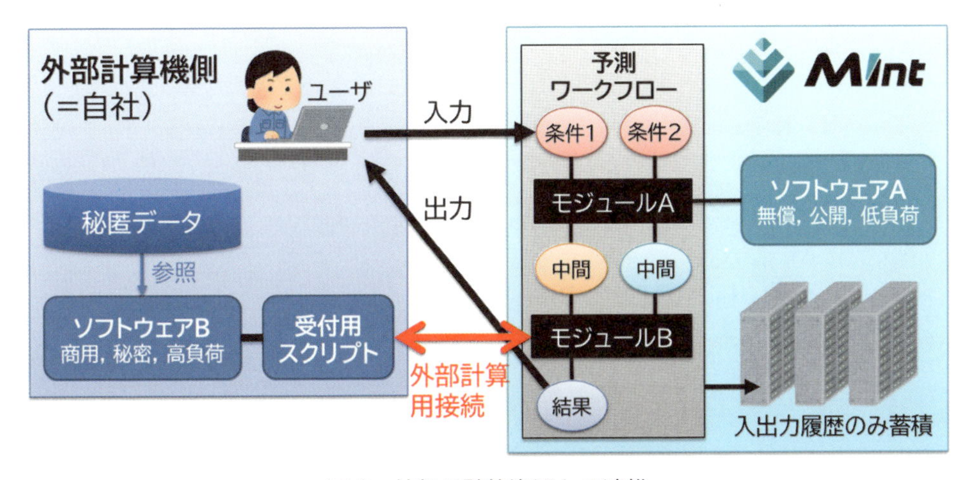

図6　外部の計算資源との連携

も考えられる。一方，後者は外部計算資源側から定期的にMIntシステムにweb APIでアクセスして処理依頼の有無を確認するものであるため，ポート開放の必要は無いが，ポーリング間隔だけ処理が遅延するデメリットもある。また，MIntシステム全体としてのセキュリティ確保も非常に重要視しており，定期的なミドルウェアアップデートとセキュリティチェックを行っており，安心して利用できる状態を維持している。

7. まとめ

MIntシステムは金属系構造材料の問題をPSPPに則った因果律に基づいて順問題を解く基盤として構築された。システム構築に際しては，ソフトウェア部分だけでなく，ハードウェアインフラからセキュリティ対策，さらにはシステムを使いこなすための提供資材(ヘルプ，例題など)など広い範囲をカバーして構築を行った。本システム構築以来，個別の研究者の貢献もあって多数の予測モジュールが登録されてきたが，今後も産学で協力を続け，利用可能なモジュールを継続的に拡充していく。さらにMIntシステムを安定的に運用するようなインフラ制御，安心して利用できるようなセキュリティ対策，さらに利用促進のための情報提供を通じて，複雑化する材料開発において設計期間の短縮と，物理現象を理解するための試行錯誤のためのツールとしての発展を目指す。

文　献

1) G. Schmitz and U. Prahl : Handbook of Software Solutions for ICME, Wiley-VCH Verlag, (2016).
2) NIMS,「MIntシステムについて」NIMSオンライン，Available :
https://dice.nims.go.jp/services/MInt/(閲覧2024年3月)
3) 出村雅彦：マテリアルズインテグレーションの挑戦，鉄と鋼，**109**(6), 490 (2023).
4) DICE, NIMSオンライン：
https://dice.nims.go.jp/services/MInt/ (閲覧2024年7月)
5) G. B. Olson : Computational Design of Hierarchically Structured Materials, *Science*, **5330** (277), 1237 (1997).
6) S. Minamoto et al. : Development of the Materials Integration System for Materials Design and Manufacturing, *MASTER. TRANS.*, **61**(11), 2067 (2020).
7) S. Minamoto, K. Daimaru and M. Demura : MIOpt : optimization framework for backward problems on the basis of the concept of materials integration. *Science and Technology of Advanced Materials* : Methods, **3**(1), (2023).
https://doi.org/10.1080/27660400.2023.2256494 (閲覧2024年10月)
8) NIMS,「MIntMedia」2022オンライン，Available :
https://www.mintsys.jp/workflow/ (閲覧2024年3月)

第2節　構造材料における逆問題

東京大学　井上　純哉

1. 構造材料の特殊性とその逆問題

構造材料は幅広い用途に応じて多様な性能や特性(強度，加工性，耐食性，耐熱性，信頼性，磁気特性など)を実現することが求められ，その特性を得るためには多種多様な組織構造の実現が求められる。そのため，たとえば高強度鋼では，高温相から低温相に固相変態する過程で生じるさまざまな非平衡現象を積極的に活用することで，その組織構造が制御されている。非平衡現象により得られる材料は平衡論で議論できる材料とは異なり，合金組成や結晶構造だけではなく，冷却速度・保持温度や加工といったプロセス条件により，ナノスケールからマイクロスケールに至るさまざまなスケールで無限の形態が得られる可能性があり，その意味で構造材料にはさらなる発展の可能性が残されているといえる。しかし一方で，その材料開発においては，さまざまな組成での効果検証や最適プロセスの探索が不可欠となり，十分な経験がなければ膨大な試行錯誤が必要となる。そのため，材料探索の方向性は材料開発に携わる技術者のノウハウに大きく依存しており，それが日本の材料分野の産業競争力の源泉となってきた。

しかし，多くの材料では従来の属人的な開発により得られる性能は飽和し，多くの材料技術者が引退していく中，特に製薬や機能材料の分野では，コンビナトリアルな実験手法やマテリアルズ・インフォマティクスの適用が広く進んでいる。しかし，構造材料は前述のように非平衡プロセスの活用による，マルチスケールな構造制御によって高機能化・高性能化が実現されているため，マテリアルズ・インフォマティクスの手法を単純に適用することは難しい。つまり，構造材料における DX 革新の実現には，非平衡過程やマルチスケール性を考慮した最適化が不可欠であり，そのためにはマテリアルズ・インフォマティクスとは一線を画した全く新しいアプローチが望まれている。

このような構造材料の特殊性を考慮し，世界中で物理モデルや実験データなどを組み合わせて材料の特性や性能を予測する ICME(Integrated Computational Materials Engineering)のプラットフォームの開発が広く進められている。ICME では PSP 連関を構成する個々の因果律をモデルとして記述し，それらを有機的に接続することが重要になるが，まさに第1期 SIP で目指したものはそれを実現するシステム，マテリアルズ・インテグレーション(MI)システム(通称 MInt)である[1)2)]。MInt では，明示的な因果律が与えられている場合はモデル駆動型のモジュールとして定義し[3)-5)]，必ずしも明確ではない場合はデータから抽出されたモデルをデータ駆動型モジュールとして定義する[6)-8)]。さらにそれらを WF として接続することで，PSP 連関を構成する複雑な因果律を順方向に辿ることを実現している。

第2期SIPで目指したものは，このようなMIntを活用し，望む特性や性能を実現するプロセスや組成などを逆推定するシステムの構築となる。MIntを活用して実現する逆問題には大きく分けて2つ存在する(**図1**)。1つはモデル駆動型WFに対する手法であり，期待する特性

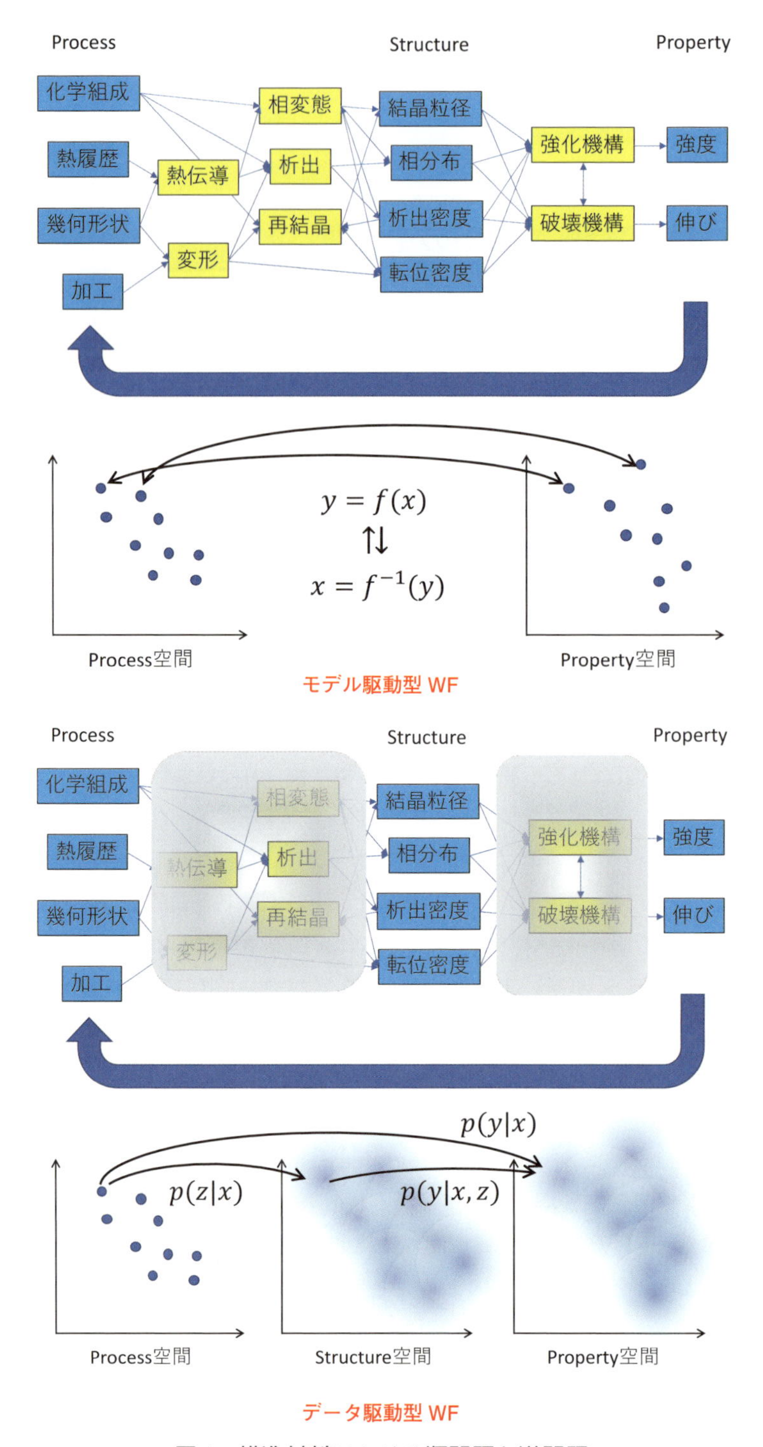

図1　構造材料における順問題と逆問題

を実現する最適なプロセスや組成の条件を「点推定」する数理最適化問題となる。もう1つはデータ駆動型 WF に対する手法であり，期待される特性を実現しうるプロセスや組成の条件を「事後分布(尤度)」として与えるベイズ逆問題となる。以下にそれぞれの手法の概要を記す。

2. 数理最適化問題としての逆問題：MIOpt

第2期 SIP では，新たに MInt を外部から操作することを可能にする Application Programing Interface (API)を開発し，MInt-API として公開している。MInt-API を用いることで，ユーザーは外部のプログラムから MInt 内で定義されたさまざまな WF を，式(1)のような入力 x に対して出力 y を一意的に与えるブラックボックス型の非線形関数 $f(x)$ として利用することができる。

$$y=f(x) \tag{1}$$

ここで，入力 x は組成やプロセス条件，マクロな部材形状だけでなく，平均粒径や相分率といった組織情報など，WF の入力として定義されているものであれば全て記述子として利用可能である。また，出力に関しても同様に，性能や特性だけでなく組織情報を与えることも可能である。

この MInt-API を活用することで，MInt ではモデル駆動型 WF に対する逆問題を簡便に実現する汎用サブプログラム MIOpt を提供している[9]。これにより，PSP 連関の因果律を順方向に記述したモデル駆動型 WF が定義できれば，どのような問題に対しても簡便に逆問題を解くことが可能になっている。

一般に関数 $f(x)$ に対し出力 y を与える入力 x を予想する逆問題を解くうえでは，$f(x)$ の逆関数 $f^{-1}(y)$ を求めれば良いこととなる。しかし，関数 $f(x)$ が非線形関数の場合には，その逆関数を明示的な形で求めることは一般に難しい。この場合有効になるのが，逆問題を数理最適化問題として解く手法である。期待する出力 $\bar{y}$ に対して任意の入力 x の残差を $r=\bar{y}-f(x)$ と定義すると，正解の入力 $\bar{x}$ に対しては残差 r のノルム $\|r\|$ はゼロとなる。つまり，入力 x が期待する正解 $\bar{x}$ に近くなるに従い，残差のノルムは小さくなり，ゼロに漸近するはずである。したがって，非線形関数 $f(x)$ に対して出力 $\bar{y}$ を与える真の入力 $\bar{x}$ を求める逆問題は，残差のノルム $\|r\|$ を最小にする入力 $\hat{x}$ を探索する式(2)で与えられる数理最適化問題として近似的に解くことができる(**図2**)。

$$\hat{x}=\underset{x \in \Omega}{\operatorname{argmin}} \|\bar{y}-f(x)\| \tag{2}$$

ここで，Ω は入力 x の有効範囲である。

このような数理最適化問題の解法としてはすでに多くの手法が提案されており，現時点では MIOpt には単体法・最急降下法・ベイズ最適化などが実装されている。ベイズ最適化を用いた逆問題の典型例としては，第1章第5節「耐熱鋼の接合プロセス最適化」を参照されたい。

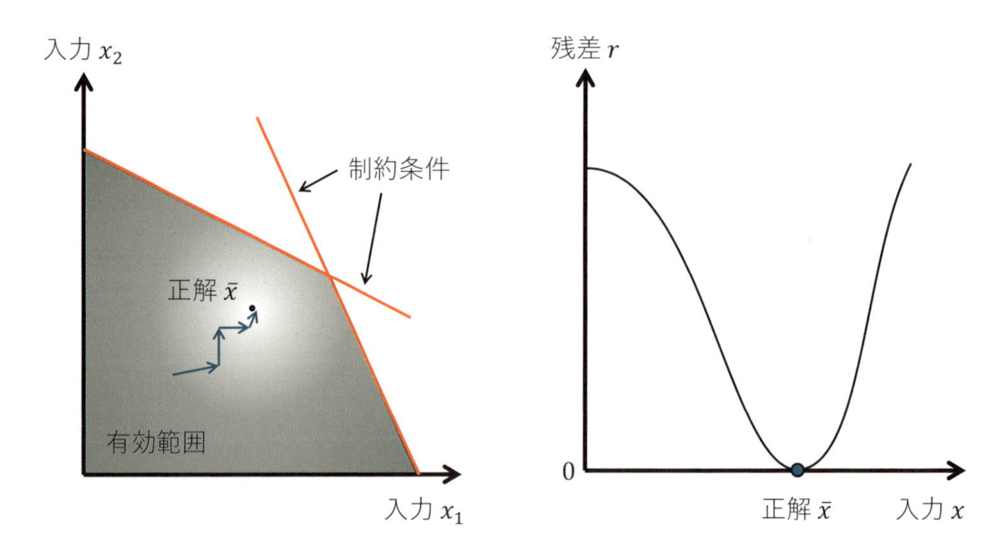

図2　数理最適化問題としての逆問題

3. ベイズ逆問題：スパース混合回帰・MCMC・データ同化

第1期SIPおよび第2期SIPで実装されたデータ同化(アンサンブル・カルマンフィルタ，MCMC)[10)-12)]や第2期で実装されたスパース混合回帰[13)]では，データを良く説明するモデルやその内部パラメータの事後分布が抽出され，その結果を元にデータ駆動型モジュールが定義することとなる。この場合，データとしては実験データから構築されたデータベースが用いられるのが一般であるが，入力 x を想定される有効範囲内でさまざまに変更しながらモデル駆動型WFを複数回実行することで得られる予測データ群をデータベースとして用いても良い。後者の場合は，複雑な現象を高速に予測する代理モデル(Surrogate Model)が導出されることとなる。

このような形で定義されたデータ駆動型モジュールは，一般に入力 x に対して出力 y は一意的に定まらず，推定された事後分布 $P(y|x)$ に従ったランダムな出力を与える。そのため，PSP連関の因果律を順方向に予測し，その期待値や信頼区間を得るためには，入力 x を固定しサンプリングすることにより複数の出力 y を求め，その分布から推定することとなる。

一方で，逆問題の予測に関しては，データ駆動型モジュールでは任意の入力 x に対し出力 y が予測値 $\bar{y}$ となる確率密度を求めることが可能なため，入力 x に対しサンプリングすることで，出力 y が望む範囲に入る可能性の高さを入力 x の空間上で尤度分布として得ることができる(**図3**)。たとえば，強度が $\bar{y}$ 以上となる組成 x を求める問題であれば，$P(y>\bar{y}|x)$ が有効範囲 $x \in \Omega$ の中でどのような分布になるかを求め，尤度がある程度以上となる領域の組成が期待する強度を得る組成の領域となる。

データ駆動型WFに対する逆問題の典型例としては，第1章第3節「高強度/延性を有する7000系アルミ合金の製造条件設計」ならびに第1章第7節「高温強度/延性を有する2000系アルミ合金の製造条件設計」を参照されたい。

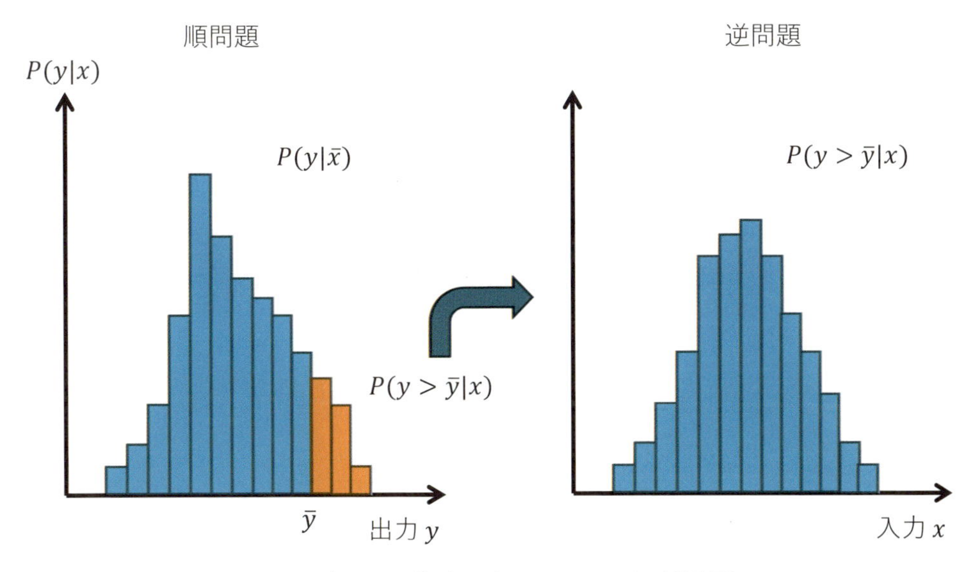

図3　データ駆動型モジュールにおける逆問題

4. おわりに

第2期SIPでは，第1期SIPで開発されたMIシステムを元に構造材料における逆問題を実現することを目指し，高強度鋼や高強度アルミニウム合金を実現する組成やプロセス設計，耐熱材料の接合プロセスの最適化，高強度鋼のスポット溶接の最適化などさまざまな問題を，統一的なプラットフォーム上で解決できることを実証された。今後，このシステムに多様な材料・プロセスに関するモデルやデータが蓄積されることで，より複雑な材料開発問題への適用が期待される。

その一方で，第2期SIPでは逆問題解析の実証に主眼が置かれたため，パラメータ空間があらかじめ制限された，ある意味解きやすい問題が選択されたことも事実である。より複雑でパラメータの次元が高い問題に関しては，探索空間が膨大になり従来の数理最適化手法やモンテカルロサンプリングでは膨大な時間が必要になる。そのような問題に対する検討も今後は必要になってくると考えられる[9]。

また，第2期SIPで実証に用いられた事例は，すでに多くのモデルが提案されている，または問題とする現象に対して支配的な記述子が明確な問題でもある。未知の領域への材料探索へ向けては，組織情報を定義する記述子など新たな記述子の抽出を可能にする，革新的なアプローチの導入が不可欠であり，さらなる発展へむけた研究開発に期待したい。

文　献

1) M. Demura and T. Koseki : SIP-Materials Integration Projects, *Materials Transactions*, **61**, 2041 (2020).

2) M. Demura : Materials Integration for Accelerating Research and Development of Structural

Materials, *Materials Transactions*, **62**, 1669 (2021).

3) H. Ito et al. : Multiscale model prediction of ferritic steel fatigue strength based on microstructural information, tensile properties, and loading conditions, *International Journal of Mechanical Sciences*, **170**, 105339 (モデル駆動：簡易疲労モデル) (2020).

4) F. Brifod, T. Shiraiwa and M. Enoki : Numerical investigation of the influence of twinning/detwinning on fatigue crack initiation in AZ31 magnesium alloy, *Materials Science and Engineering A*, **753**, 79(モデル駆動：詳細疲労モデル) (2019).

5) M. Kunigata, et al. : Prediction of Charpy impact toughness of steel weld heat-affected zones by combined micromechanics and stochastic fracture model -Part I: Model presentation, *Engineering Fracture Mechanics*, 230, 106965(モデル駆動：破壊靭性モデル) (2020).

6) H. Kim et al. : Establishment of structure-property linkages using a Bayesian model selection method: Application to a dual-phase metallic composite system, *Acta Materialia*, **176**, 264 (データ駆動：SP 連関) (2019).

7) Y. Mototake et al. : A universal Bayesian inference framework for complicated creep constitutive equations, *Scientific Report*, 1010437(データ駆動；くりーぷモデル) (2020).

8) H. Izuno et al. : Damage Model Determination for Predicting Creep Rupture Time of 2 1/4Cr-1Mo Steel Weld Joints, *Materials Transactions*, **62**, 1013 (データ駆動：クリープモデル) (2021).

9) S. Minamoto, K. Daimaru and M. Demura : MIOpt: optimization framework for backward problems on the basis of the concept of materials integration, *STAM-M*, **3** 2256494(2023).

10) S. Ito et al. : Bayesian inference of grain growth prediction via multi-phase-field models, *Physical Review Materials*, **3**, 053404 (データ同化：Phase-Field) (2019).

11) T. Shiraiwa et al. : Data Assimilation in the Welding Process for Analysis of Weld Toe Geometry and Heat Source Model, *ISIJ International*, **60**, 1301(データ同化：熱源モデル) (2020).

12) H. Kim et al. : Bayesian inference of ferrite transformation kinetics from dilatometric measurement, *Computational Materials Science*, **184**, 109837 (MCMC：フェライト変態モデル) (2020).

13) T. Hirakawa et al. : Bayesian Inference for Mixture of Sparse Linear Regression Model, *SIG Technical Reports*, **131**, 1 (2020).

第5章

構造材料におけるデータの新展開

第１節　構造材料におけるデータ構造の構築とその応用

国立研究開発法人物質・材料研究機構　出村　雅彦
国立研究開発法人物質・材料研究機構　門平　卓也　　東洋大学　芦野　俊宏

1. 構造材料のデータ構造を設計する背景と SIP における データ構造設計の方針

（担当：出村，門平，芦野）

データ時代が到来し，データを効率的に蓄積し，活用していくことへの関心が高まっている。データを蓄積する際には，その後に活用することを考えて，整理した形で管理していく必要がある。データ整理は研究の基本であり，これまでも日々の研究活動において研究者，研究室が，それぞれの流儀で実施してきている。しかし，データを機関や研究室を超えて共用しながら活用しようとすると，データの整理の仕方を共通化しておく必要が生じる。また，それぞれがデータの整理の仕方を設計することは，同じ作業を各所で行なっていることとなり，全体で見ると非効率といえる。データ時代に入って，共通的なデータの整理の仕方が設計され，それが広く共用化されていくことの意義は増しているといえる。

SIP 第二期では，構造材料のうち，特に鉄鋼材料を対象としてデータの整理の仕方について共通的な方式を設計した。ここではその内容を紹介する。まず，そもそもデータの整理の仕方とは何かを考えて，そのうえで，筆者らの採用したアプローチを紹介していく。

1.1 データ構造とは何か

データの整理の仕方を設計するということは，データ構造を設計することに他ならない。それではデータ構造とは何か。**図１**にまとめたように，データ構造はデータの表現の仕方を定義したデータモデルとこれを具現化するデータフォーマットという２つのレイヤーで考えると便利である。データモデルには，データを構成する表の構造，表同士の関係を表現するための識別番号（ID：Identification）体系と，表に含まれるデータ項目が含まれる。データモデルは定義なので，図１(a)のように表の関係の図示，ID の付け方についてのルールを記述した文章や ID の例，データ項目を並べた表などで表現できる。この他，データモデルには，データの形式（数値/文字，単位など）も含めて考えると良いだろう。データモデルは普段の研究活動の中では意識されることはない。しかし，研究データを整理してストレージに格納したり，サンプル作成条件を記録するための表を用意したりすることはあるだろう。その他，サンプルに名称をつけたり，計測機器から出力されるファイル名を管理したりといった工夫をして，データの整理を実施していると思われる。これらのデータ整理上の工夫の背後には，潜在的に，デー

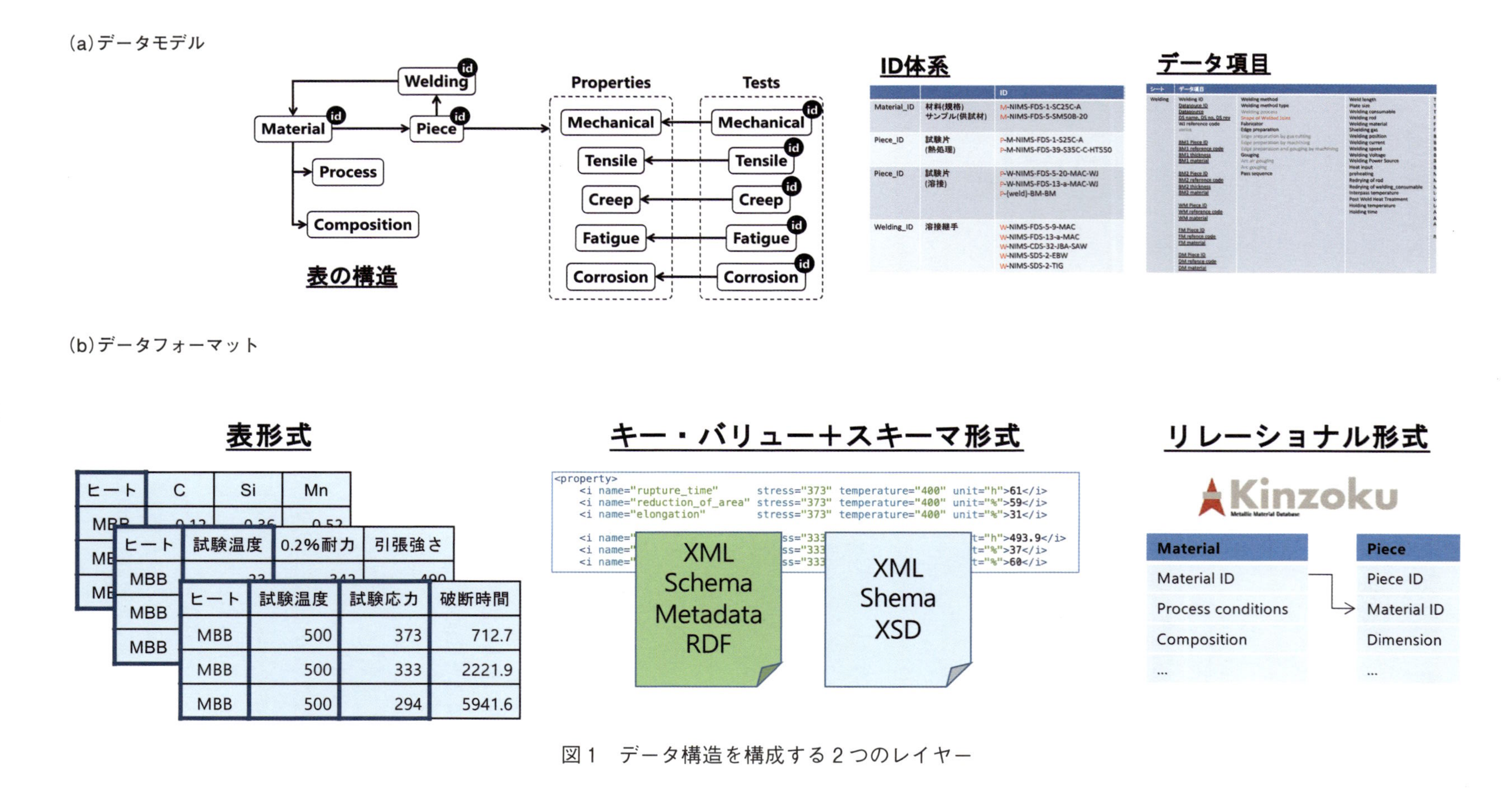

図1　データ構造を構成する2つのレイヤー

タモデルが仮定されているといえる。

データ構造のもう１つのレイヤーはデータフォーマットである。これはデータモデルに沿ってデータを格納するための形式のことを指す。データフォーマットの形式としては，図1(b)に並べたように，主に３つの種類を考えることができる。１つは，表形式である。これは多くの研究現場で使用されており，一覧性に優れるために記録や修正が容易であるという特長がある。ただし，表形式は，データモデルを完全には表現できない。具体的には，複数の表の間の関係やID体系について表現できないため，これらについては，別途，記載しておく必要がある。

データフォーマット形式の２つ目はリレーショナル形式である。これは伝統的にデータベースにおいて広く活用されているものである。表や項目の関係を表現するためのプログラム言語としてStructured Query Language(SQL)が用意されており，これに従ってデータモデルとして必要な内容を記述できる。この形式はデータモデルを一意に表現できるものであり，データ構造の一貫性を保つうえで，大変優れている。しかし，データの記録，修正，呼び出しをSQL言語を通して実行する必要があり，研究現場では使いにくい。また，データ構造を更新したい場合に，データ形式を修正する手間がかかるという欠点もある。

データフォーマットの３つ目は，キー・バリュー形式である。これは非リレーショナル形式の代表的なデータ格納方法である。データ項目とデータの値のくみでデータを記述していく。データ項目を自由に前提できるので，データ構造を更新する手間はそれほどかからない。また，一覧性が良いとはいえないものの，いわゆるテキスト形式で格納されているため，データを直接，修正可能である。このキー・バリュー形式に，スキーマを組み合わせることで，データ構造をほぼ完全に表現できる。スキーマには，使用されるデータ項目やデータ項目の親子関係などを定義でき，これによって表の関係や表に含まれるデータ項目を表現できる。キー・バリュー形式を記述できる言語として，Extensible Markup Language (XML)やJSON，YAMLなどが知られている。スキーマも同じキー・バリュー形式で書くことが一般的であり，たとえば，XML Schema(XSD)などが用意されている。

なお，データ構造を共通化するという文脈で，データフォーマットを共通化するという言い方をよく見かける。すでに述べたように，同じデータモデルに対しても複数のデータフォーマットによる具現化が可能なので，必ずしもデータフォーマットが異なるからといってデータモデルが異なるというわけではない。データモデルは同じであるが，異なる表形式になっているということもあるだろう。同じデータモデルの間では基本的に機械的な変換が可能なので，複数の機関・研究室を超えたデータ連携をしたい場合には，まずデータモデルが共通化されていることを目指すことになる。そのうえで，互いのデータフォーマットの間を行き来できるような変換プログラムを用意する場合もあるだろうし，データフォーマットを完全に同じにする場合もあるだろう。データモデルとデータフォーマットという２つのレイヤーでデータ構造を捉えることで，データ構造を共通化するうえで，何を同じにするかという点を明確にしながら議論を進めることができる。

1.2 データ構造を共通化する際の課題とSIPにおけるアプローチ

図2に異なる機関・研究室の間でデータ連携をする際の課題と，それに対する解決策をまとめた。基本的に，各機関・研究室では，異なるやり方でデータを整理している。それぞれのデータ整理のやり方には理由があり，そこをよくくみ取っていく必要がある。さらに，データ項目には研究の進展に従って新しい項目が加わる点も重要である。これらを考えると，まず，共通のデータモデルを設計したうえで，これを拡張性の高いデータフォーマット(たとえばキー・バリュー形式)で表現しておく。そのうえで，当該データフォーマットと，各機関・研究室で日常のデータ管理に使用しているフォーマットとの間を，変換プログラムでマッピングするという解決方法が良いと考えられる。この方法の場合，各機関・研究室のデータ整理のやり方を最大限尊重したうえで，共通する項目についてはデータ連携できることになる。共通データ構造を拡張性の高いデータフォーマットで用意しておくことで，研究の進展に伴う共通データ構造の改修も柔軟に行うことができる。

各機関・研究室でのデータ整理の違いは，さまざまな形で現れる。データ項目の表記(たとえば，炭素濃度を表現する項目名として，Carbon，C，炭素とするなど)，データ項目の並び順，データ項目の細かさ，データの単位などである。このうち，データ項目の表記，並び順，単位は機械的な変換で対応できる。データ項目の細かさは，情報の粒度が異なり，変換によって相互互換性を保つことは完全にはできない。たとえば，トレーサー元素としてのアルミニウムを考える場合，全体のアルミニウム濃度として記録するか，細かく分類して鉄マトリックスに固溶しているものと炭化物や窒化物として析出しているものを識別して記録する，2つの整理がありうる。この両者は，情報の粒度が異なり，相互互換性は完全には保たれないことがわかるだろう。より細かい情報を有しているものから，より粗い情報の形式に変換できるが，その逆はできない。この場合には，たとえば，共通データモデルとしては細かい粒度に合わせておいたうえでアルミニウムの合計濃度という項目を用意しておき，ここを共通性の高い項目としておくというやり方がある。

図3に，SIPにおけるデータ構造設計のアプローチをまとめた。大きくボトムアップとトップダウンの2つの方向から，データ連携を実現していく。ボトムアップアプローチでは，共通性の高いデータモデルを設計し，これを拡張性の高いデータフォーマットで表現することとする。各機関，各研究室は，この共通のデータモデルにマッピングする変換プログラムを通して，データ連携ができることになる。さらに，共通性が少ないデータ構造を有するものと連携していくために，オントロジーを活用する方法をトップダウンアプローチとして導入する。材料オントロジーを設計し，これと共通データモデルとをひもづけておくことで，部分的に一致するデータ構造との間でのデータ連携を実現するというアイデアである。

以下，［**2.**］においてボトムアップアプローチで設計したデータ構造についての説明を［**3.**］においてトップダウンアプローチで設計したオントロジーに関する説明を述べる。なお，材料におけるデータ構造の考え方，日本国内での取り組みについては別の解説[1]にまとめたので参考にしていただければと考える。

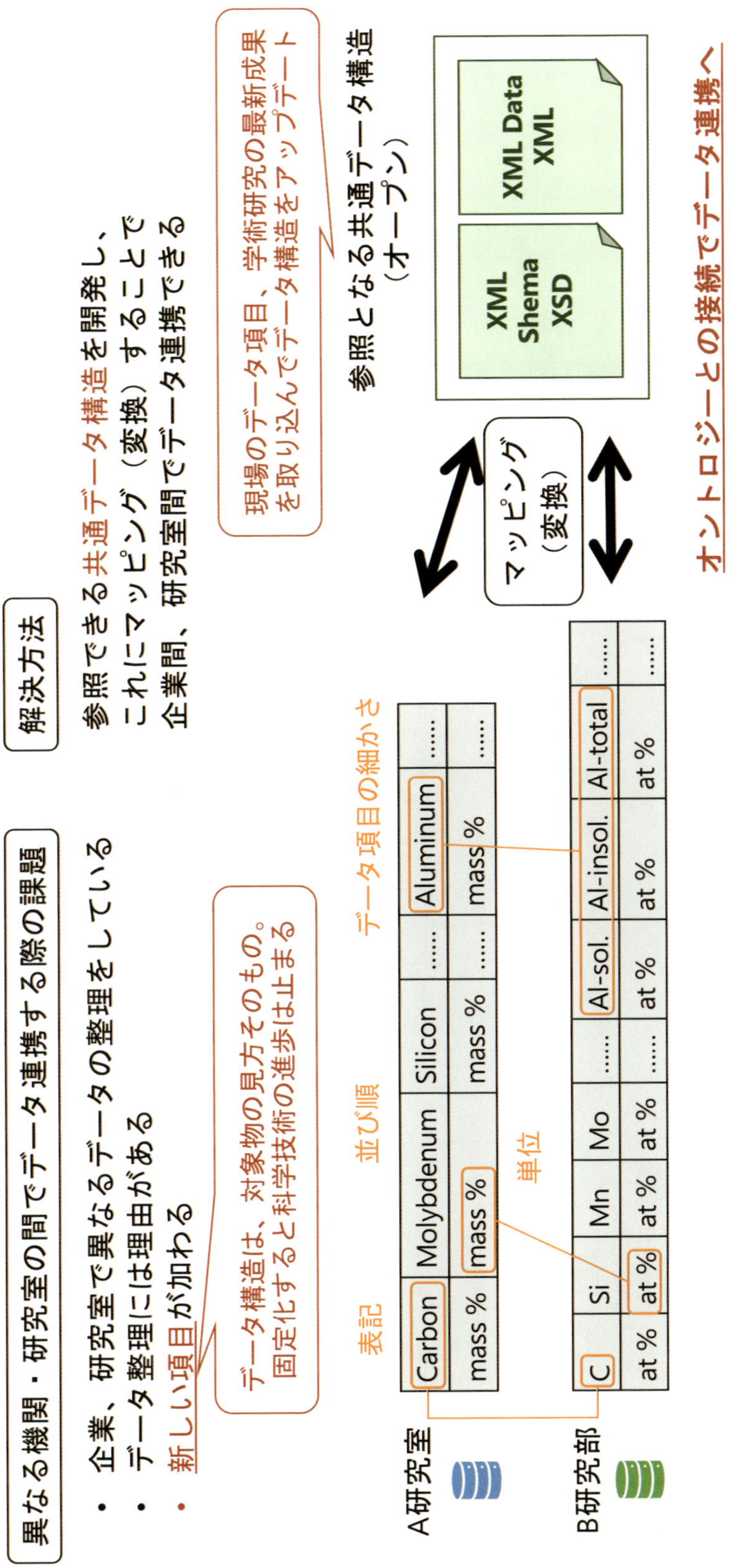

異なる機関・研究室の間でデータ連携する際の課題

- 企業、研究室で異なるデータの整理をしている
- データ整理には理由がある
- 新しい項目が加わる

データ構造は、対象物の見方そのもの。
固定化すると科学技術の進歩は止まる

解決方法

参照できる共通データ構造を開発し、
これにマッピング（変換）することで
企業間、研究室間でデータ連携できる

現場のデータ項目、学術研究の最新成果
を取り込んでデータ構造をアップデート

参照となる共通データ構造
（オープン）

表記
並び順
データ項目の細かさ
単位

A研究室

Carbon	Molybdenum	Silicon	......	Aluminum	......
mass %	mass %	mass %	......	mass %	......

B研究部

C	Si	Mn	Mo	......	Al-sol.	Al-insol.	Al-total	......
at %	at %	at %	at %	......	at %	at %	at %	......

マッピング
（変換）

XML
Shema
XSD

XML Data
XML

オントロジーとの接続でデータ連携へ

図2　異なるデータ構造の間でのデータ連携を実現するための考え方

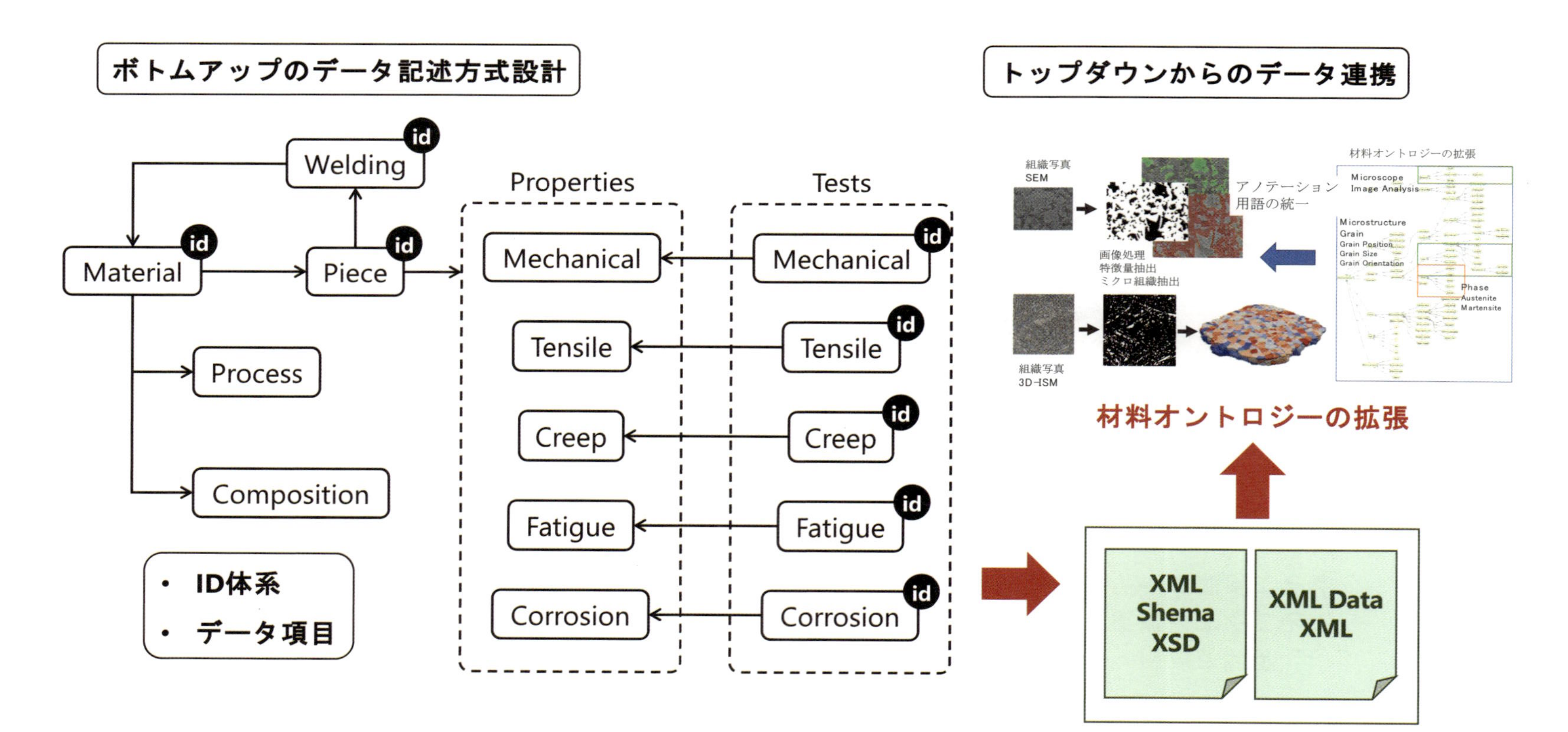

図3　SIP で採用したデータ構造設計の方針と設計したデータ構造の大枠

2. ボトムアップアプローチ：構造材料の共通データ構造の設計

（担当：出村，門平）

2.1 データモデルの設計の進め方と設計したデータモデルの概要

SIPでは，鉄鋼材料の基本的な機械的特性，性能を対象として共通のデータモデルを作成することを目指した。金属系構造材料のデータシートとしては，NIMSの構造材料データシート事業で収集されたクリープデータシート[2]がデータの規模と継続性の観点から，世界的にも信頼性のあるデータとして認められている。同じ事業から疲労データシート[3]，腐食データシート[4]も発刊されている。筆者らは，まずNIMSクリープデータシート(NIMS-CDS)を分析し，これを基本として，疲労データシートおよび腐食データシートを包含できるように拡張することとした。さらに，クリープデータ集の日本における嚆矢といえる日本鉄鋼協会発刊の「金属材料高温強度データ集」(日本鉄鋼協会クリープデータ)[5]，日本原子力研究開発機構が発刊する「材料試験データ集」(日本原研クリープデータ)[6]については，可能な限り，包含できるように設計することとした。

NIMS-CDSを分析したところ，材料に関する基本的な情報および機械的特性について，それぞれ一貫したルールの元で表記されていることがわかった。具体的には，材料については当該材料の入手先より提供されるスペックシートから，化学組成，インゴットの作製に関する情報をまとめて表形式に記録している。この際，データ項目の名称は，初期から一貫している。特筆すべきことは，材料に対して3つのアルファベット(大文字，小文字を区別)で構成されるReference Codeが付与されており，これを複数のシートで重複がないように設計されている。このReference Codeをキーとして，機械試験結果がひも付けられている。機械試験結果は，大きくは時間に依存しない静的機械試験と時間に依存する動的機械試験に分かれる。静的機械試験は，温度を変数として，1つの表に，1つの材料についての情報がまとめられている。動的機械試験は高温クリープ試験であるが，この場合は，材料と試験温度ごとに1つの表の中に負荷応力を変数として，試験結果である寿命，伸びの値などがまとめられている。このような分析からは，材料と，温度のみを変数とする静的機械的特性，温度と負荷応力を変数とする高温クリープ特性についてまとめた3つの表で構成するのが良いとわかる。

これを表したのが**図4**である。この後，疲労データシートなどを内包していく際にも共通する指針としては，データの次元によって表を分けるということである。材料情報は材料のReference Codeのみに依存するので1次元，静的機械的特性は材料と温度に依存するので2次元，高温クリープ特性は材料，温度，負荷応力に依存するので3次元である。それぞれを1つの表で表現すると，データを整理していくうえで不都合が生じやすい。たとえば，材料情報，静的機械的特性，高温クリープ特性を1つの表に格納しようとすると，**図5**のような表になる。ここでは，1つの材料に対して，複数の行を使って異なる温度での機械的特性が格納されるため，同じ材料情報が繰り返し現れる。同じように，負荷応力ごとにクリープ寿命を格納していくために，同じ機械的特性が繰り返し現れることになる。このような冗長な表現をとると，記録・修正・参照する際に間違いが生じやすく不便である。これを避けるために，図4のように次元の異なる情報は別の表で表現したほうが良い。これをデータベース理論では正規化と呼

表形式：現場でのデータ入力、マスターデータ管理用として

データの次元等によって複数の表を設計

キー項目

材料情報

ヒート	C	Si	Mn
MBB	0.12	0.36	0.52
MBC	0.09	0.37	0.49
MBD	0.1	0.28	0.49

静的機械的性質

ヒート	試験温度	0.2%耐力	引張強さ
MBB	23	342	490
MBB	100	338	454
MBB	200	337	465

クリープ特性

ヒート	試験温度	試験応力	破断時間
MBB	500	373	712.7
MBB	500	333	2221.9
MBB	500	294	5941.6

そのほか、疲労特性等の表

図4　NIMS-NIMS-CDS の分析から見えてきた表の構成

Reference Cc	C[mass%]	Si[mass%]	P[mass%]
MEB	0.11	0.62	0.026
MEB	0.11	0.62	0.026
MEB	0.11	0.62	0.026
MEB	0.11	0.62	0.026
MEB	0.11	0.62	0.026
MEB			0.026
MEB	0.11	0.62	0.026
MEB	0.11	0.62	0.026
MEB	0.11	0.62	0.026
MEB	0.11	0.62	0.026
MEB	0.11	0.62	0.026
MEB	0.11	0.62	0.026

同じ情報が繰り返されるところ

…

Test tempera	0.2% proof st	Test stress[N	Time to ruptu
823	182	156.9	259.1
823	182	137.2	762.1
823	182	117.6	2183.3
	182	107.8	4035.2
823	182	98	9726.8
823	182	88.2	28708.5
823	182	78.5	78247.3
873	128	107.8	73.8
873	128	88.2	352
873	128	68.6	3076.1
873	128	60.8	10758.4
873	128	52.9	41585.5

ここも繰り返し

表現が冗長であり，データ整理方法としては採用すべきではない。一方で，機械学習の学習データとしては，このような形式でまとめることが必要

図5　NIMS-NIMS-CDS の情報を一枚の表として表現した場合

ぶ。一方で，機械学習用のデータとしては図５のような１枚の表に書かれている必要がある。たとえば，化学組成などの材料情報，高温クリープ試験の試験条件，各温度における静的機械的特性を入力とし，クリープ寿命を出力とする機械学習モデルを作成する場合，これらが１つの表でまとめられている必要がある。このような機械学習用データは，複数の表で構成したデータ構造から機械的な手続きで作成可能で，プログラムによって自動化できる。実際に，筆者らが作成したデータ構造から機械学習用のデータセットを自動生成して，さまざまな予測モデルを作成することに成功している[7)8)]。

さらに，分析を進めると，溶接継手についてのデータについては，複雑な構成を用意することの必要性が見えてきた。溶接継手は，２つの母材を溶接によって接合したもので，母材の組み合わせ，溶接材料，溶接方法についての情報で特定される。試験対象としては溶接継手そのものの他に，溶接継手から一部を採取して，化学分析，静的機械試験，高温クリープ試験を実施する場合がある。この場合には，熱の影響を受けていないと見なせる部位を母材部，溶接時に溶解して凝固した部位を溶金部，溶解していないものの熱の影響を受けてミクロ組織が変質した部位を熱影響部と呼んで区別する。以上の構図から，次のことがわかる。まず，溶接というプロセス行為については，これを表現するために，母材や溶接材料といった材料に関する情報と溶接条件という情報が必要となる。そして，溶接継手の特性や材料としての情報については，ここから溶接継手全体が含まれる試験片や各部位からなる試験片を切り出したうえで特定されることになる。これらの構図を捉えるためには，材料という概念のほかに試験片という概念を置くことが有効と考えた。そして，この試験片を材料から取得して，溶接実験や機械的試験に供すると考えることにし，溶接実験からは新たな溶接継手という材料が生成されると考えるわけである。この関係を整理したものが，**図６**である。この図において，青色の矢印によって，材料から試験片が採取され，試験片を用いて溶接が行われ，それによって溶接継手という新たな材料が生成するという関係が表されている。さらに，試験片からの矢印は特性にも伸びていることがわかる。

以上の分析によって，材料，溶接，試験片，静的機械的特性，高温クリープ特性という５つの表によって，NIMS-CDS を表現できることがわかった。この表に対応して，材料 ID，溶接 ID，試験片 ID，静的機械的特性 ID，高温クリープ特性 ID を設定し，これをキーとして，それぞれの表を繋いでいく。図６の図では，各表の１行目には赤字で主要なキーとなる ID が記載され，各表の ID の間の引用関係は黒色の矢印で表現されている（ただし，静的機械的特性，高温クリープ特性は，疲労特性，腐食特性への拡張を想定して，ここでは，特性 A，特性 B という汎用的な名称としている）。これはデータベース理論においてデータ構造を表現する方法のひとつである実体関連図（ER 図：Entity Relationship Diagram）と見做すことができるだろう。このデータ構造によって，日本鉄鋼協会クリープデータも日本原研クリープデータについても同様に格納できることを確認している。なお，細かい点としては，材料の表にある化学組成，プロセスといったデータ項目は，それ自体がまとまったデータ項目を内包するので，独立した表として整理することも有効であることを指摘しておく。

次に，NIMS-CDS を元に作成したデータモデルに，NIMS 疲労データベースと NIMS 腐食データベース特有の表やデータ項目を追加していった。特に，疲労特性については高温クリー

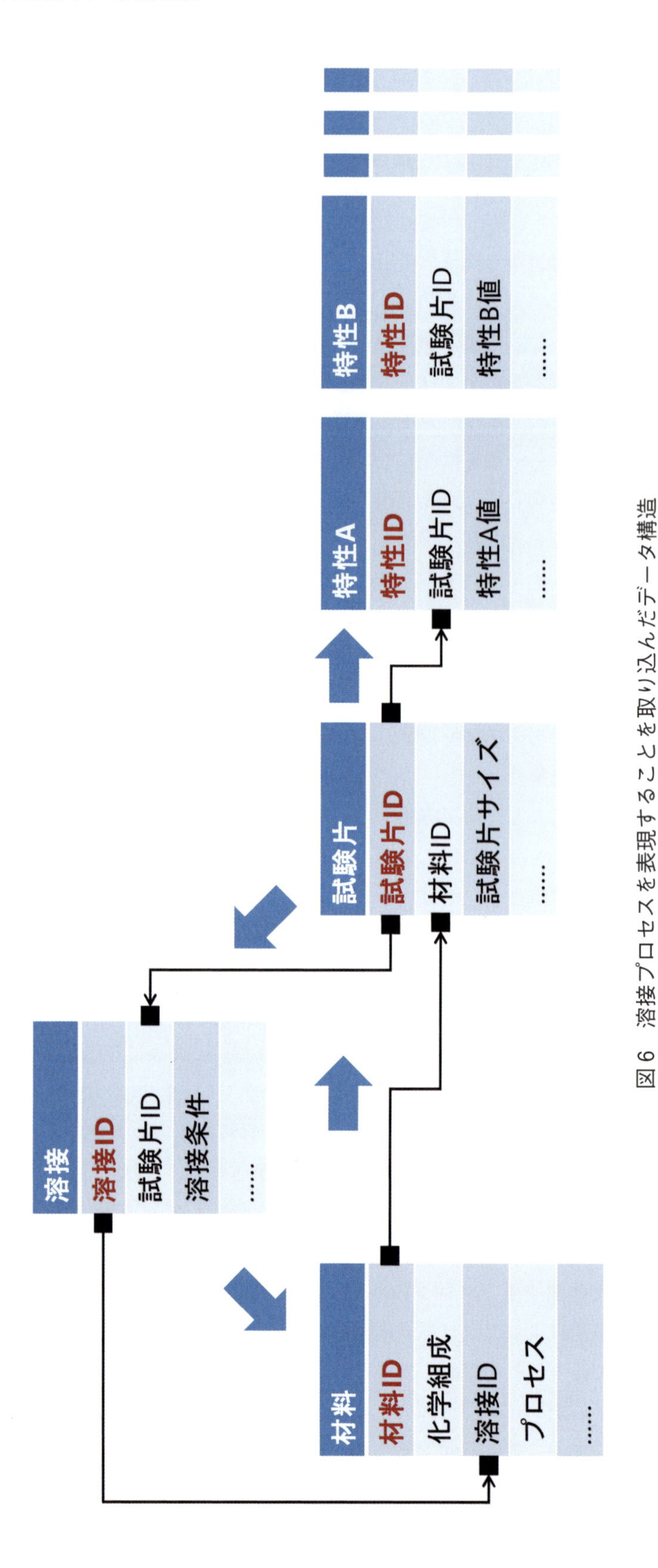

図6　溶接プロセスを表現することを取り込んだデータ構造

プ特性の場合とは異なり，応力制御，歪み制御などの試験モードが複数あることに加え，解析した疲労強度のデータなど複数の異なる表で管理するべきものが存在する。これらについても，基本的には，静的機械的特性，高温クリープ特性同様，試験片からひも付ける特性として位置付けることが合理的であり，図6の関係図に収斂される。詳細には，共通する試験項目を正規化するほうが合理的と考えられるものがあり，特性の他に試験条件という表を別途，用意することにしている。

なお，各表に含まれるデータ項目の詳細についてはかなり詳細になるため，ここに記載することは避け，別に報告し，デジタル形式で使用できるようにすることとしたい。

2.2 データフォーマットの実装と活用事例の紹介

設計したデータモデルに従って，表形式，リレーショナル形式，XMLスキーマ形式(キー・バリュー形式)のデータフォーマットを実装した。まず，表形式は，日常的なデータ管理に使用することを意図している。NIMS-CDS他，NIMSが有しているデータについては全てこの表形式に格納し，現在，マスターデータとして管理している。表形式のデータフォーマットを作成する際には，特定の表計算ソフトの機能を使わないように留意し，tsvというタブで区切って表データを格納するテキスト形式のファイルとしている。

リレーショナル形式については，NIMSにて運用している金属材料の信頼性データベースKinzoku[9]にて活用している。KinzokuはNIMS-CDS，NIMS疲労データシート，NIMS腐食データシートを閲覧できるデータベースサービスである。今回，新たなデータモデルを採用する以前から，独自のリレーショナルデータフォーマットでデータを管理していた。クリープ，疲労，腐食で，それぞれ異なるデータフォーマットを採用しており，相互の互換性はない状況であった。今回，SIPで開発したリレーショナルデータフォーマットをもとにデータベースをリニューアルし，クリープ，疲労，腐食を同じデータモデルで格納できるようになった。リニューアルしたKinzokuは2023年1月17日にリリースし，多くのユーザーに利用されている。

XMLスキーマ形式についても，同じデータモデルに基づいてデータフォーマットとして実装した。当該形式は，プログラムによってデータを操作することが容易であるため，機械学習用のデータを作成するなどの用途で活用できる。SIPにおいては，NIMS-CDSを用いてフェライト耐熱鋼のクリープ寿命予測モデル開発[7]や炭素鋼における基底クリープ強度の支配因子を特定する研究[8]に活用している。

［**2.**］の最後に，現在取り組んでいる産学のデータ連携の事例を紹介する。共通データ構造を設計することで，当該データ構造に合わせてデータを用意すれば，複数機関の実験データを合わせた形で活用できる。たとえば，機械学習でクリープ寿命を予測することを考えると，データ連携によって自身のデータの範囲を超えて予測ができるモデルを構築できるだろう。しかしながら，各機関にとってクリープデータは非常に価値あるものであり取得コストも大きいことから，自身のデータを開示することは一般的に難しい。そこで，産学データ連携を進めるために，データを秘匿しながら統合的な機械学習が可能となる連合学習を試すこととした。

図7に連合学習による産学データ連携の試みについてまとめた。連合学習は，データでは

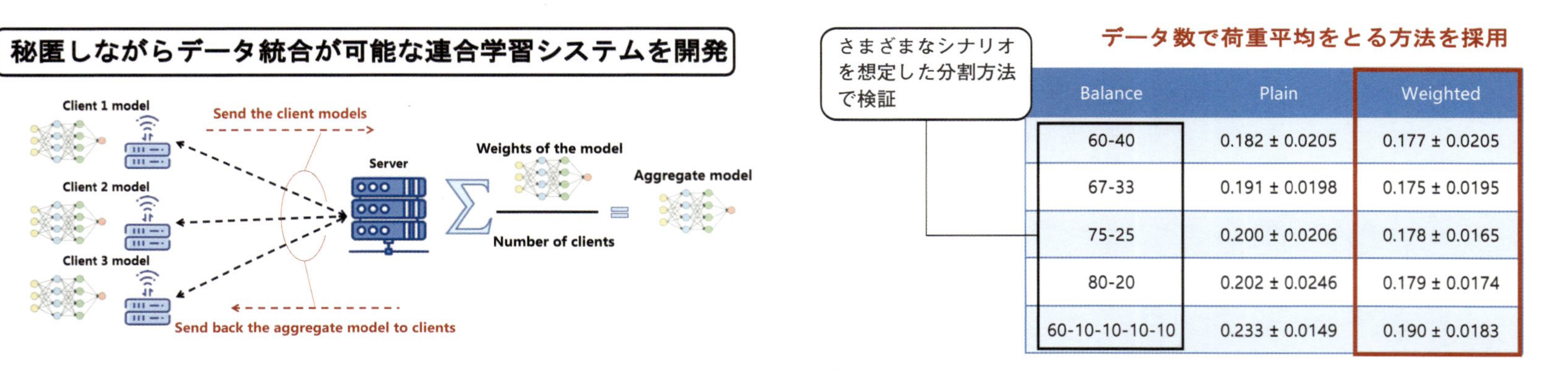

Balance	Plain	Weighted
60-40	0.182 ± 0.0205	0.177 ± 0.0205
67-33	0.191 ± 0.0198	0.175 ± 0.0195
75-25	0.200 ± 0.0206	0.178 ± 0.0165
80-20	0.202 ± 0.0246	0.179 ± 0.0174
60-10-10-10-10	0.233 ± 0.0149	0.190 ± 0.0183

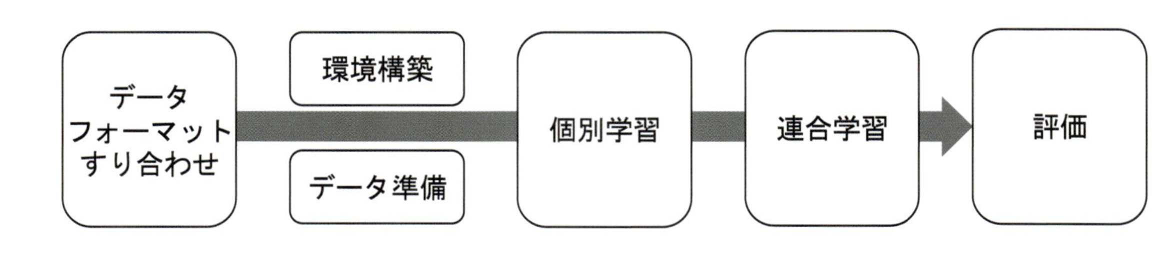

図7　連合学習による産学データ連携の試み

なく，学習したモデルパラメーターのみを流通させることで，データを秘匿したまま，統合的に学習を進めることができる秘匿学習の一種である。まず，独自の連合学習システムを開発し，CDS をテストデータとしてさまざまなシナリオにおいて，データを秘匿したままでも統合的な予測モデルを作成できることを確認した。次に，国内の複数機関とアライアンスを組み，SIP で開発したデータ構造に従って整理したデータを用意してもらったうえで，連合学習を実施することとした。現在，その成果を評価しているところである。結果については，別に報告することを予定している。

3. トップダウンアプローチによるデータ構造の設計（担当：芦野，門平）

3.1 専門家の視点からのデータ記述

データスキーマの構造はデータベース構築の視点から整理されたものであり，同じ実験データに関してもさまざまなスキーマ設計が可能であり，かつ新しい測定技術などの開発によってデータ構造自体が変化し得る。また，シミュレーションによって得られたものや，実験によって得られたものなど多様な情報源から得られた情報を統一的に扱うことができない。このような問題はデータ・インテグレーションの問題として以前から認識されており，さまざまな研究がなされている[10)11)]。

SIP のデータベースでは，NIMS の蓄積してきたデータシート，今後実験機器の自動化などによって産生される多くのデータ，シミュレーションの出力など多様なデータ構造を連携させることが想定される。このためには，単にデータの標記などを統一するのではなく，データの意味論を考えたインテグレーションが必要であると考えられる。意味論を考えたデータ統合の1つの考え方として，オントロジーを用いたものがある。

オントロジーという言葉は分野によって異なった意味を持つが，情報技術に関わる場合，ある分野における概念とそれらの関係を記述したもの，として用いられる。すなわち，構造材料，金属，炭素鋼，といった概念をそれらの間の関係を is-a(包含関係)，same-as(同一)といった述語を用いて記述したものを示す[12)]。

トップダウンアプローチでは，専門家がこれまで材料について蓄積してきた知見に基づいて記述したオントロジーを開発する。そのうえで，マテリアルズ・インテグレーションに用いられる多種多様な情報源をここにマッピングすることで横断的・統合的に検索・データ交換することを可能とする。

3.2 研究データのオントロジー

データ中心型の研究手法が特に進んでいるのはバイオサイエンスの分野である。この分野では他の実験データとの比較が必須であることから，データ共有の必要性，統一したデータベースの必要性が高く，他の分野に先駆けてデータベースの整備，共通のデータ構造が整備されてきた。さらにはゲノム配列に対するその配列により発現する機能などを統一した語彙を用いてアノテーションする必要があり，多くのオントロジー開発が進められてきた[13)14)]。これ以外にも地理情報・空間情報の分野における地図上の対象に対する付加情報共有のためのオントロジー開発などが進んでいる[15]。

特に近年では各国において国家プロジェクトとして研究のためのデジタルインフラストラクチャーの開発が進み，このうえでのデータやソフトウェアツールの共有，また，環境問題など複数の分野にまたがるデータを統合的に扱う重要性が増している。このため，意味論の面からデータを記述するオントロジーの開発が行われている[16][17]。

材料分野においても2006年からNEDOの知的基盤創成・利用促進研究開発事業として実施された「材料データベースのための共通プラットフォームの研究開発」において，異なったスキーマを持つ材料データベースをオントロジーによって統合利用する試みが行われた[18]。他にも，主に欧州を中心に複数の試みがある[19]。

3.3 構造材料のミクロ組織を表現するためのオントロジー

トップダウン型のオントロジーは複数の情報資源を統合利用するためのものである。上述のNEDOプロジェクトにおいて開発したオントロジー，Materials Ontologyを基盤として材料の種類・物性・ミクロ組織・計算モデルなどの概念を列挙し，それらの間の意味関係を記述した。オントロジーの記述にはW3Cにより標準化されたオントロジー記述言語であるOWL（Web Ontology Language）を用いている[20]。

Materials Ontologyでは対象が熱物性のデータベースであったため，物性値としては熱物性を中心に材料の分類，試験方法などのプロセスについての記述が中心であった。SIPプロジェクトでは，ボトムアップ側としてクリープ試験，疲労などNIMSにおいて整備されてきた構造材料のデータシートに記述されているデータのスキーマ定義を中心として行っており，これに対応した領域の定義を拡張している（**図8**）。

構造材料の設計にはミクロ組織の記述が重要であり，これを知識ベースの一部として扱う必要があることから，結晶粒，相といったミクロ組織構成要素の関係性を表すオントロジーを構築している（**図9**）。オントロジーには機械学習などに用いるミクロ組織写真などに対してアノテーションをする際の共通の語彙を与えるという活用もある。このため，組織写真に見られる対象物のミクロ組織と写真の画像解析に関わる用語についてもオントロジーとして記述している（**図10**）。

また，ミクロ構造をマクロな材料の性能に結びつけるためには，転位と介在物・粒界の位置関係などのようにミクロ組織の3D空間での位置関係などの構造を表現する必要がある。ミクロ組織における空間配置を表現するために，空間情報におけるオントロジーを参照した。具体的には，「含まれる」「接する」といった空間的な位置関係を表現するTopology relation，「方向」「スケール」を表すDirection and Scale relation，「近接している」「長い」といった記述の対象とする実体の大きさや測定のスケールに依存する大きさや距離の関係を表すMeasure relationの3つのカテゴリーに分け，語彙を開発している（**図11**）。

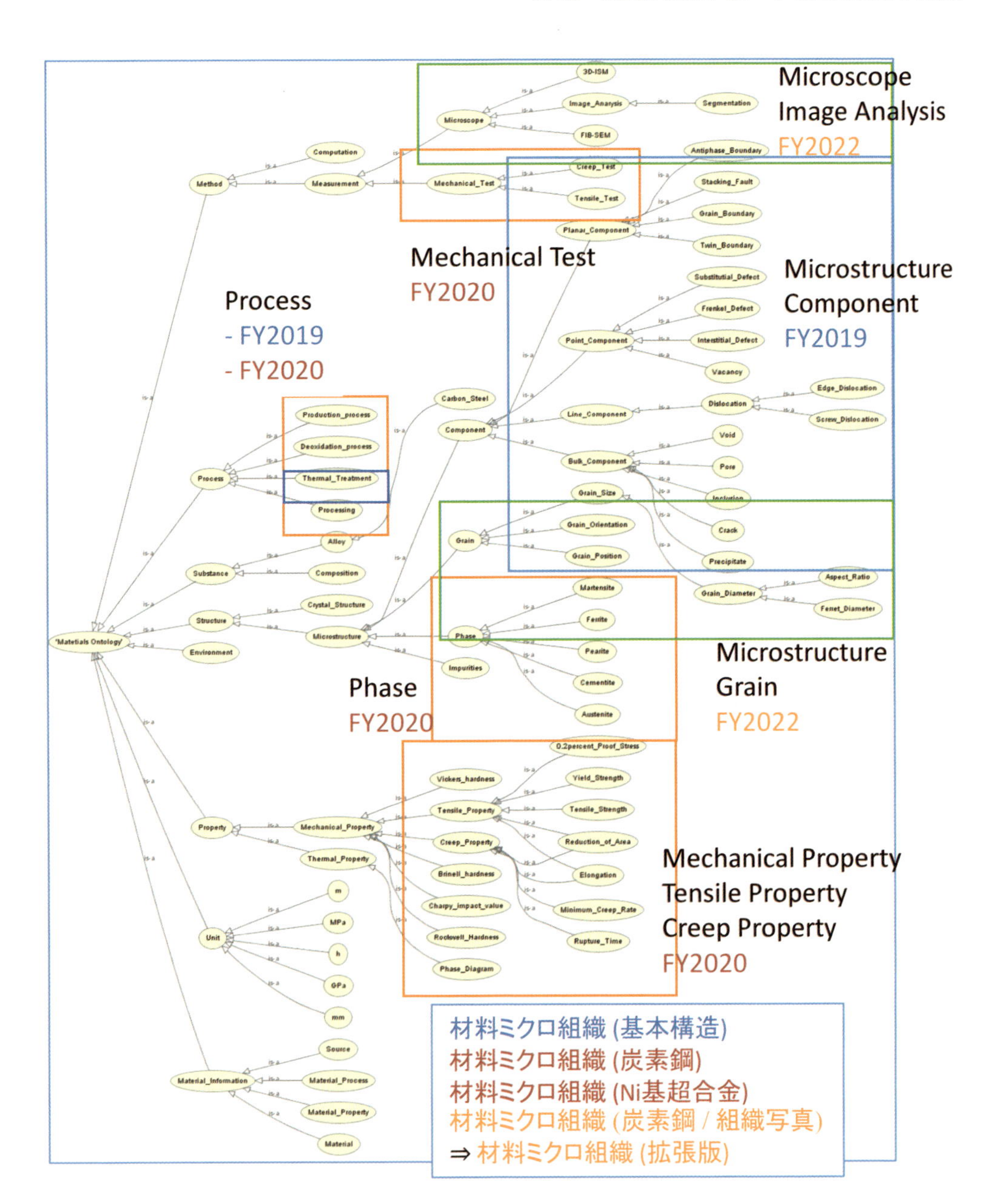

図8　Materials Ontology の拡張

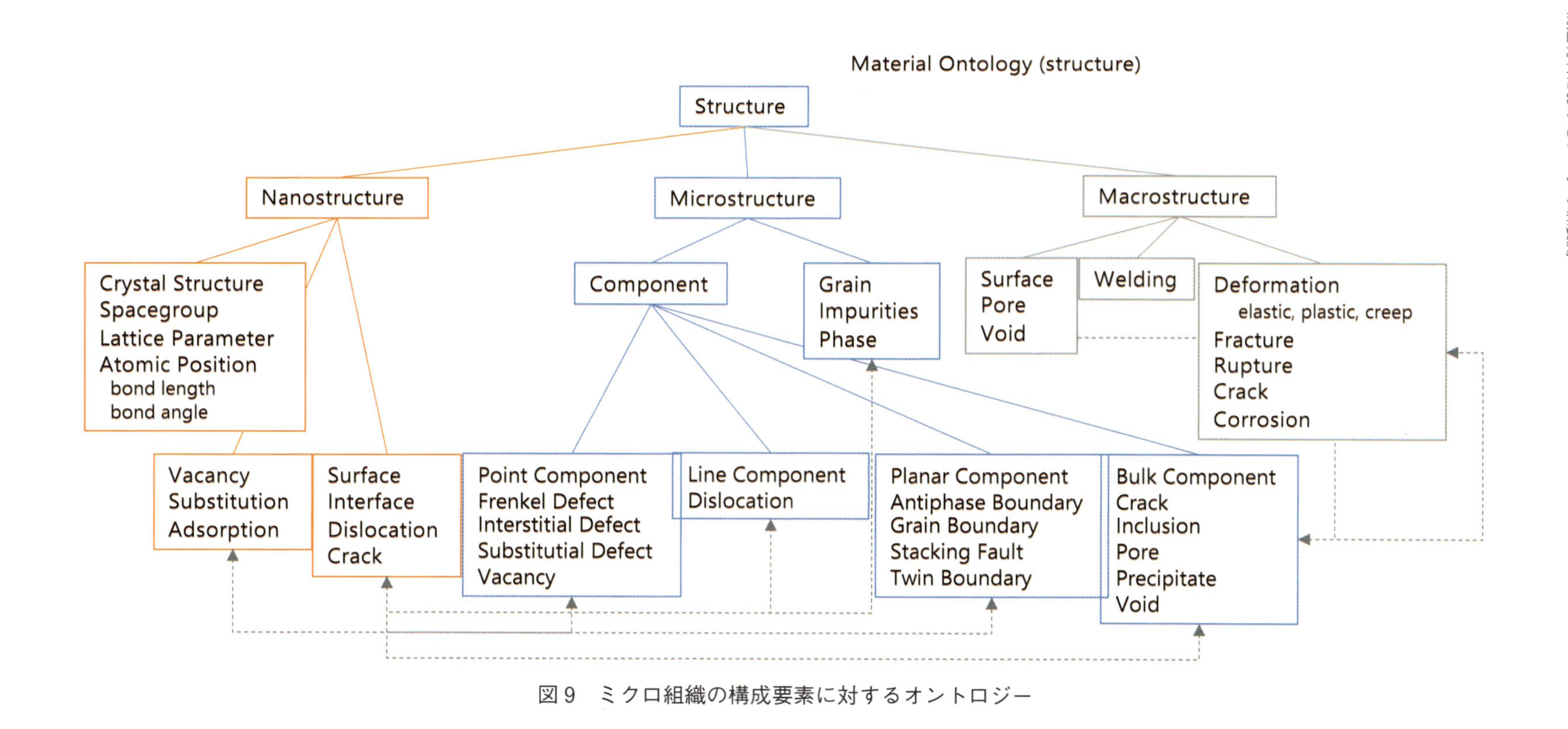

図9　ミクロ組織の構成要素に対するオントロジー

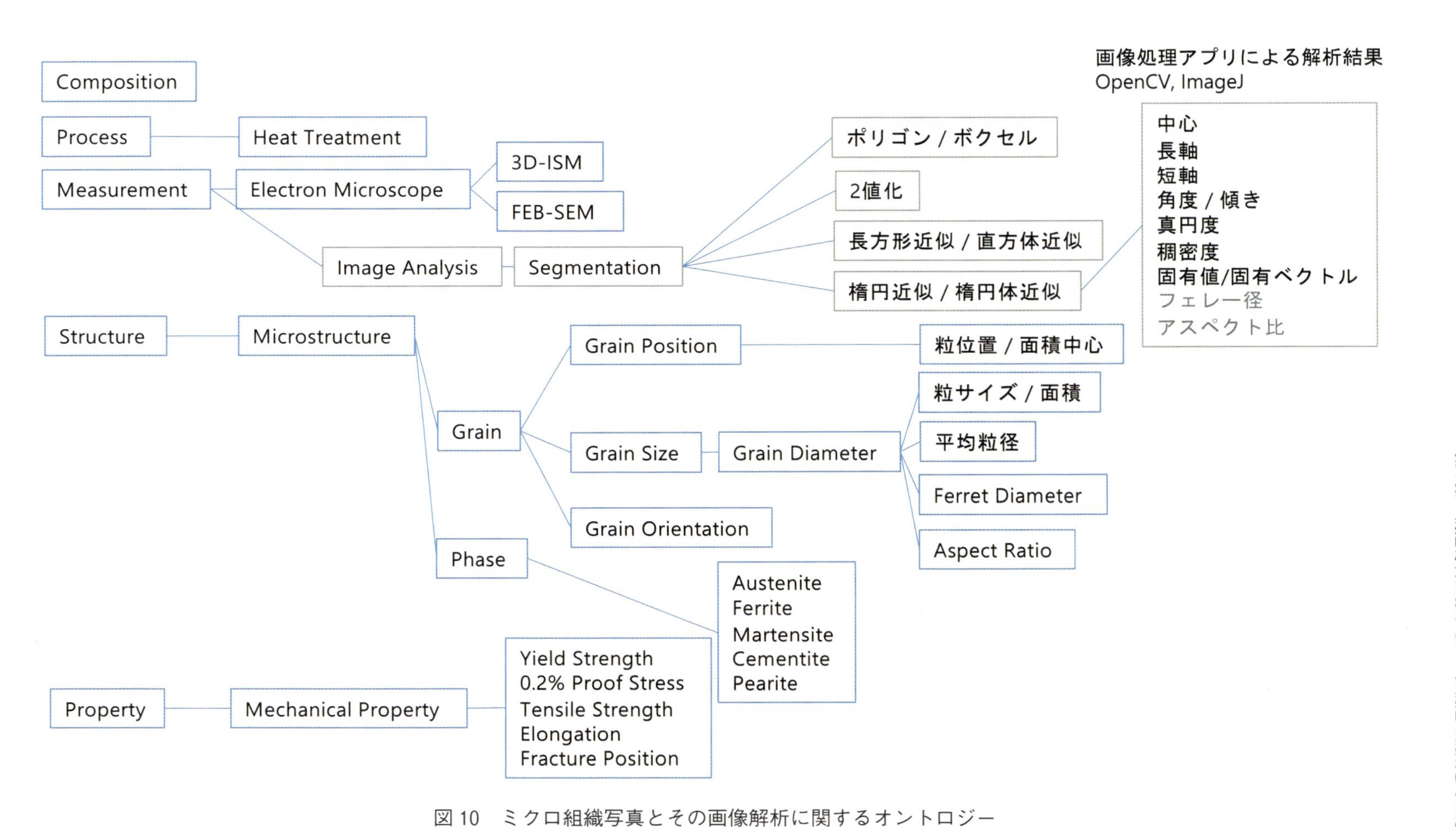

図10　ミクロ組織写真とその画像解析に関するオントロジー

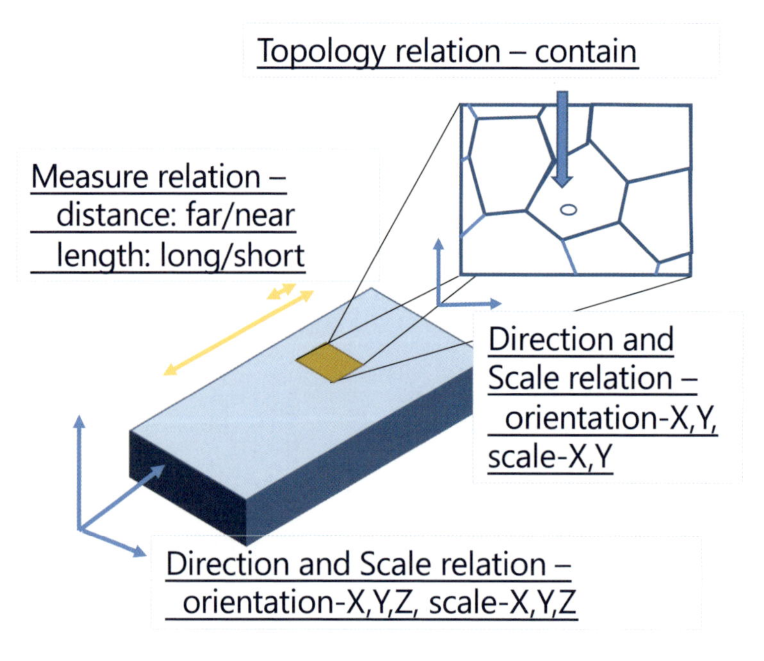

図 11　ミクロ組織の空間構造を表現するオントロジー

4. まとめ

本稿では，SIP で開発してきた構造材料向けのデータ構造について解説した。ボトムアップとトップダウンを組み合わせたアプローチで，各機関での研究データ管理に活用しつつ，複数機関の間や隣接領域とのデータ連携が可能となることを目指した。ボトムアップで設計した共通データ構造は，NIMS，日本鉄鋼協会，日本原子力研究機構などで長年実施されてきたデータシート事業の成果を内包している。信頼性データを記述する方式として定番といえるものを設計できたと考える。さらに，トップダウンアプローチでは，オントロジーを拡張してこれら信頼性に関するデータを取り扱えるようにするとともに，ミクロ組織に関するデータを取り扱うことができる拡張も実施した。ここで開発されたデータ構造が今後の構造材料研究の発展に貢献することを期待したい。

文　献

1) M. Demura：マテリアルデータ構造の設計，管理と活用のバランスをいかに取るか？. *Journal of the Society of Inorganic Materials, Japan*, **30**, 304 (2023).

2) K. Sawada et al. : Catalog of NIMS creep data sheets. *Science and Technology of Advanced Materials*, **20**, 1131 (2019).
https://doi.org/10.1080/14686996.2019.1697616 (閲覧 2024 年 10 月)

3) Y. Furuya et al. : Catalogue of NIMS fatigue data sheets. *Science and Technology of Advanced Materials*, **20**, 1055 (2019).

https://doi.org/10.1080/14686996.2019.1680574（閲覧 2024 年 10 月）

4) NIMS 腐食データシートオンライン：
https://cods.nims.go.jp（閲覧 2024 年 10 月）

5) 日本鉄鋼協会クリープ委員会，金属材料高温データ集，日本鉄鋼協会；第1編低合金鋼編，197，第2編ステンレス鋼編，(1975)，第3編炭素鋼及び鋳鉄編，(1977)，第4編耐熱合金編，(1979)，第5編溶着金属，(1985).

6) M. Koi and T. Kawakami：316FR 鋼および Mod.9Cr-1Mo 講師溶接部の材料試験データ集，日本原子力研究機構(旧核燃料サイクル開発機構)など，(1998).

7) J. Sakurai et al. : Creep Life Predictions by Machine Learning Methods for Ferritic Heat Resistant Steels. *ISIJ International*, 63, 1786 (2023).
https://doi.org/10.2355/ISIJINTERNATIONAL.ISIJINT-2023-266（閲覧 2024 年 10 月）

8) J. Sakurai et al. : Descriptor extraction on inherent creep strength of carbon steel by exhaustive search. *Science and Technology of Advanced Materials*, Methods, **1**, 98 (2021).
https://doi.org/10.1080/27660400.2021.1951505（閲覧 2024 年 10 月）

9) NIMS 金属材料データベース Kinzoku：
https://metallicmaterials.nims.go.jp（閲覧 2024 年 10 月）

10) A. Doan, A. Halevy and Z. Ives：Principles of data integration. Elsevier. (2012).

11) G. De Giacomo et al. : Using ontologies for semantic data integration. A Comprehensive Guide Through the Italian Database Research Over the Last 25 Years, 187 (2018).

12) N. Guarino, D. Oberle and S. Staab : What is an ontology?. Handbook on ontologies, 1 (2009).

13) V. Gligorijević and N. Pržulj：Methods for biological data integration: perspectives and challenges. *Journal of the Royal Society Interface*, **12**, 20150571(2015).

14) M. A. Musen et al. : The national center for biomedical ontology. *Journal of the American Medical Informatics Association*, **19**, 190 (2012).

15) K. Sun et al. : Geospatial data ontology: the semantic foundation of geospatial data integration and sharing. *Big Earth Data*, **3**, 269 (2019).

16) Z. Zhao and M. Hellström eds.：Towards Interoperable Research Infrastructures for Environmental and Earth Sciences: A Reference Model Guided Approach for Common Challenges (Vol. 12003). Springer Nature (2020).

17) R. David et al. : Converging on a semantic interoperability framework for the European Data Space for Science, Research and Innovation (EOSC). In 2nd Workshop on Ontologies for FAIR and FAIR Ontologies (Onto4FAIR), 9th Joint Ontology Workshops (JOWO 2023) (2023).

18) T. Ashino：Materials ontology, An infrastructure for exchanging materials information and knowledge. *Data Science Journal*, **9**, 54 (2010).

19) L. Himanen et al. : Data-driven materials science: status, challenges, and perspectives. *Advanced Science*, **6**, 1900808 (2019).

20) P. Hitzler et al. : OWL 2 web ontology language primer. W3C recommendation, 27, 123 (2009).

第2節　ミクロ組織の三次元情報解析

国立研究開発法人物質・材料研究機構　原　徹
国立研究開発法人理化学研究所
横田　秀夫　山下　典理男　道川　隆士　吉澤　信
関西大学　古城　直道　関西大学　廣岡　大佑

1. はじめに

構造材料の性能には，材料のミクロ組織に見られる複数の構成要素(格子欠陥，転位，面欠陥，析出物，相，結晶粒などなど)，および，これら構成要素間の相互作用によって引き起こされるさまざまなスケールの現象(すべり/双晶変形，亀裂発生・伝播，拡散，相変態，ボイド生成・成長，剥離などなど)が影響を与えている。したがって，構造材料におけるデータ活用手法確立のためには，材料組織を正確に観察し記述する方法の確立と，組織の定量化技術の開発という課題がある。

さらに，構造材料の組織は本来三次元的なもので，転位やすべり面などにみられる結晶そのものの方位に依存するもののほか，圧延集合組織や優先成長方位のような加工や熱処理プロセスによる異方性も存在する。そのため材料特性の発現メカニズムを理解し，特性を記述するためには，材料を三次元的に観察し記述する必要がある。本稿では，構造材料の機械的特性と組織を結びつけるために開発した，三次元的な組織観察・解析の技術について述べる。

材料組織の三次元的観察手法は，これまでに顕微鏡の種類ごとに多くの方法が考案されている。**図1**は三次元的組織観察の手法を示したもので，横軸は空間分解能，縦軸は観察体積を示している。空間分解能が高く観察体積が小さいものから順に(横軸左から)，三次元アトムプローブ，TEMトモグラフィ，FIB-SEMによるシリアルセクショニング，光学顕微鏡によるシリアルセクショニング，X線トモグラフィといった手法がある[1)]。また，縦軸にはその観察体積で観察できる，材料特性に関与する現象の例を挙げてある。変形や破壊といった，構造材料の特性を理解するためには，サブミクロンからマクロにかけてのマルチスケールの観察が必要となる。したがって，これらの現象の観察には，SEMベースおよび光学顕微鏡ベースの三次元観察技術をそれぞれ進展させ，相互相関性を確保しかつシームレスな解析が行なえることが重要となる。

本稿では，その目的で実施したいくつかの技術開発，つまり光学顕微鏡をベースとした材料組織の三次元観察手法，さらに局所力学特性測定の実装，FIB-SEMベースの大体積観察技術，さらには取得したデータの解析手法について概略を紹介する。

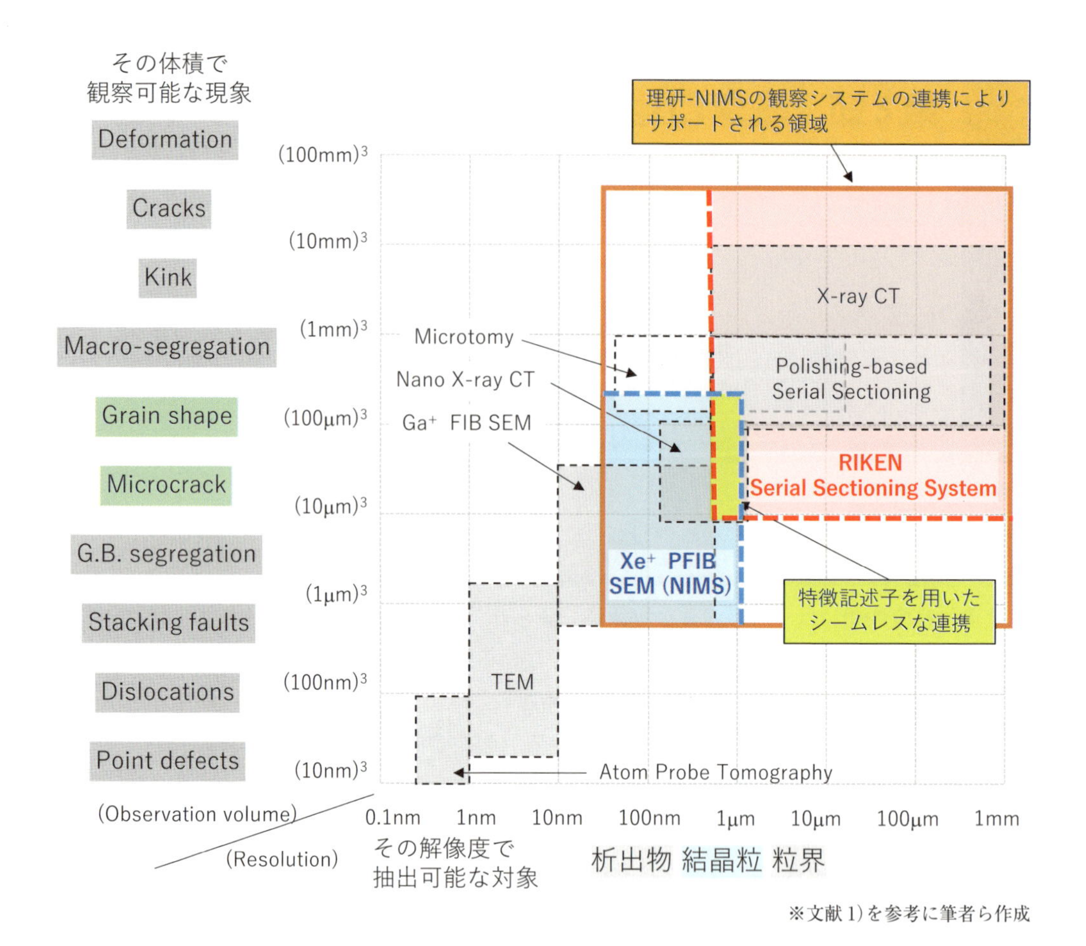

※文献1)を参考に筆者ら作成

図1　鉄鋼材料観察における国際ベンチマーク

2. 精密切削と光学顕微鏡を用いた逐次断面観察による3D組織計測

2.1 概　要

鉄鋼材料を始めとする構造材料では，その構成元素だけでなく製造プロセスにより内部のミクロ構造が大きく異なり，特性や性能に大きな影響を与える。これらの3Dミクロ組織を正確に把握することは，プロセスや材料特性との関係性を定量的に結びつけるうえで重要である。ここでは，構造材料の3Dミクロ組織を計測する手法として，精密切削と光学顕微鏡およびエッチング手法を用いた全自動逐次断面観察手法について述べる。

2.2 硬組織対応型三次元内部構造顕微鏡

硬組織対応型三次元内部構造顕微鏡（RMSS：Riken Micro-Slicer System）は，理化学研究所で開発されてきた全自動逐次断面観察機である[2)-5)]。精密加工機をベースとし，精密切削による鏡面断面創出と断面の光顕観察を繰り返すことで，観察対象の三次元内部構造を連続断面画像として全自動で取得する。組織計測の際には，さらに断面創出と光顕観察の間にエッチング工程を入れることで，組織像を顕在化させる。**図2**にプロセスの概要を示す。通常の組織観察では，研磨による鏡面創出が広く用いられるが，RMSS は精密切削による鏡面創出を行なう点が大きな特徴である。精密切削は加工液を用いないドライ加工が可能であり，加工液の洗浄工程を必要とせずに効率的に断面創出と観察を行える。さらに精密切削では，加工量を制御しやすいという利点がある。また精密加工機によるサブミクロンの高精度位置決めにより，複数画像間の水平位置補正を必要としない。最新版の RMSS-005 の画像を**図 3** に示す。ベースとなる精密加工機(MultiPro6, 高島産業㈱)上に，切削部に楕円振動切削装置(EL-50Σ, 多賀電気㈱)，観察部に光学レンズ(MPlan Apo シリーズ，ミツトヨ㈱)とデジタルカメラ(α6400, ソニー㈱)，エッチング部にエッチング液・洗浄液吐出ノズルと乾燥用エアノズル，硬さ計測部を備える。切削には，工具先端が 1 mm 幅のフラット形状をした単結晶ダイヤモンド平バイト(UPC シリーズ，アライドマテリアル㈱)を用いる。

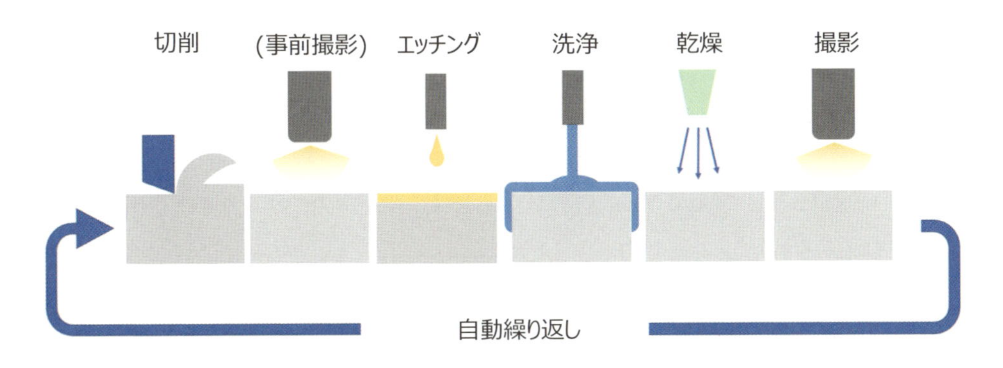

図 2　三次元内部構造顕微鏡の動作概要

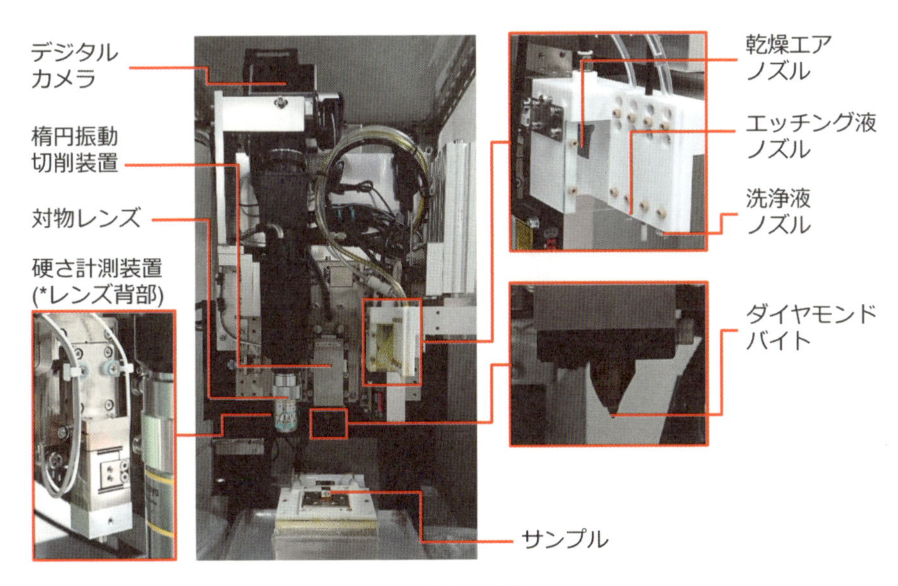

図 3　三次元内部構造顕微鏡(RMSS-005)

2.3 高張力鋼内の島状マルテンサイト（M-A）の3D計測

三次元内部構造顕微鏡を用いた逐次断面観察によるミクロ組織計測の一例として，高張力鋼板中の島状マルテンサイト（M-A）の観察例を紹介する。M-Aは硬く脆いミクロ組織であり，鋼材の破壊の起点となりうることが知られている[6)7)]。特に形状のアスペクト比（縦横比）が高いM-Aが破壊に影響することが指摘されているが，一断面の観察ではM-Aが本来持つ三次元的なアスペクト比は把握できない。そこでRMSS-005による逐次断面観察によりM-Aの三次元形態を取得し，アスペクト比を定量的に評価した。

観察では，高張力鋼である780 MPa級ベイナイト鋼（HT780鋼），570 MPa級ベイナイト鋼（HT570鋼）に対し，楕円振動切削による鏡面創出，レペラ溶液によるエッチング，光顕観察を自動的に繰り返し，断面間隔1 μmで観察を行った[8)9)]。HT780鋼では，60断面の観察により，計測範囲は468×312×60 μm（6,000×4,000×60 voxel）で，画素ピッチは0.078×0.078×1.0 μm/voxelであった。断面画像を800×800 pixelに切り出し，10段面ごとに表示したものを**図4**に示す。図中の白い領域がM-Aであり，いずれの断面においてもさまざまな形態のM-Aが多数存在していることが確認できる。三次元再構築像とその内部断面をそれぞれ**図5**（a），図5（b）に示す。M-Aの三次元形態の評価に十分な厚みを持つ三次元像が得られ，内部断面においてもM-Aが確認できる。この三次元画像の側断面の一例を図5（c），図5（d）に示

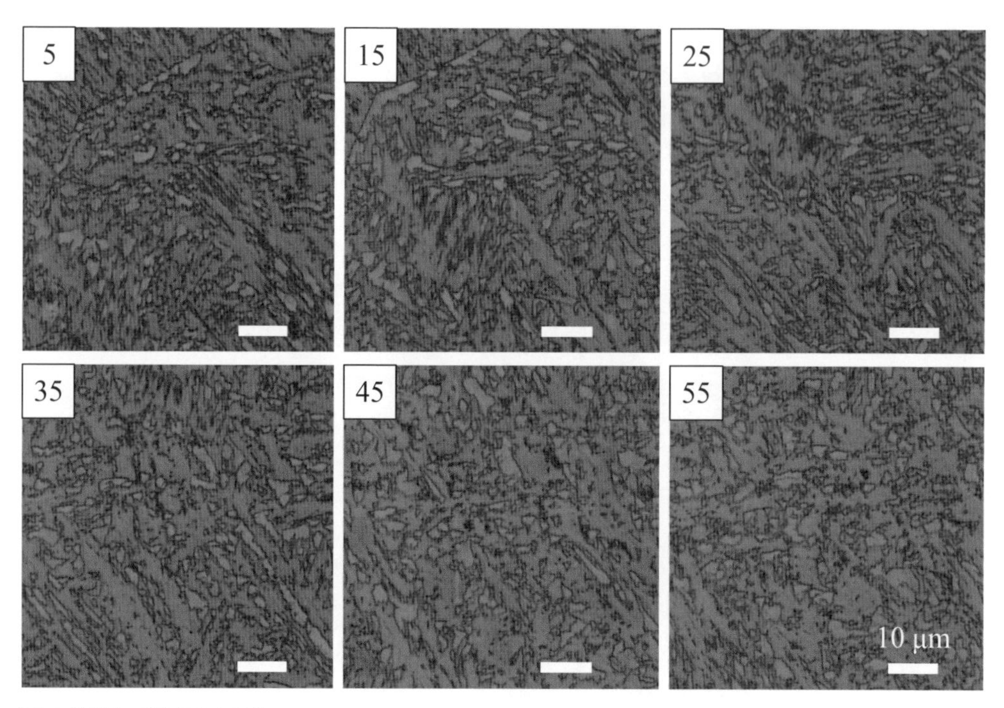

左上の数字は，何段目かを示す

図4　HT780鋼（1 ℃/s冷却材）の観察断面

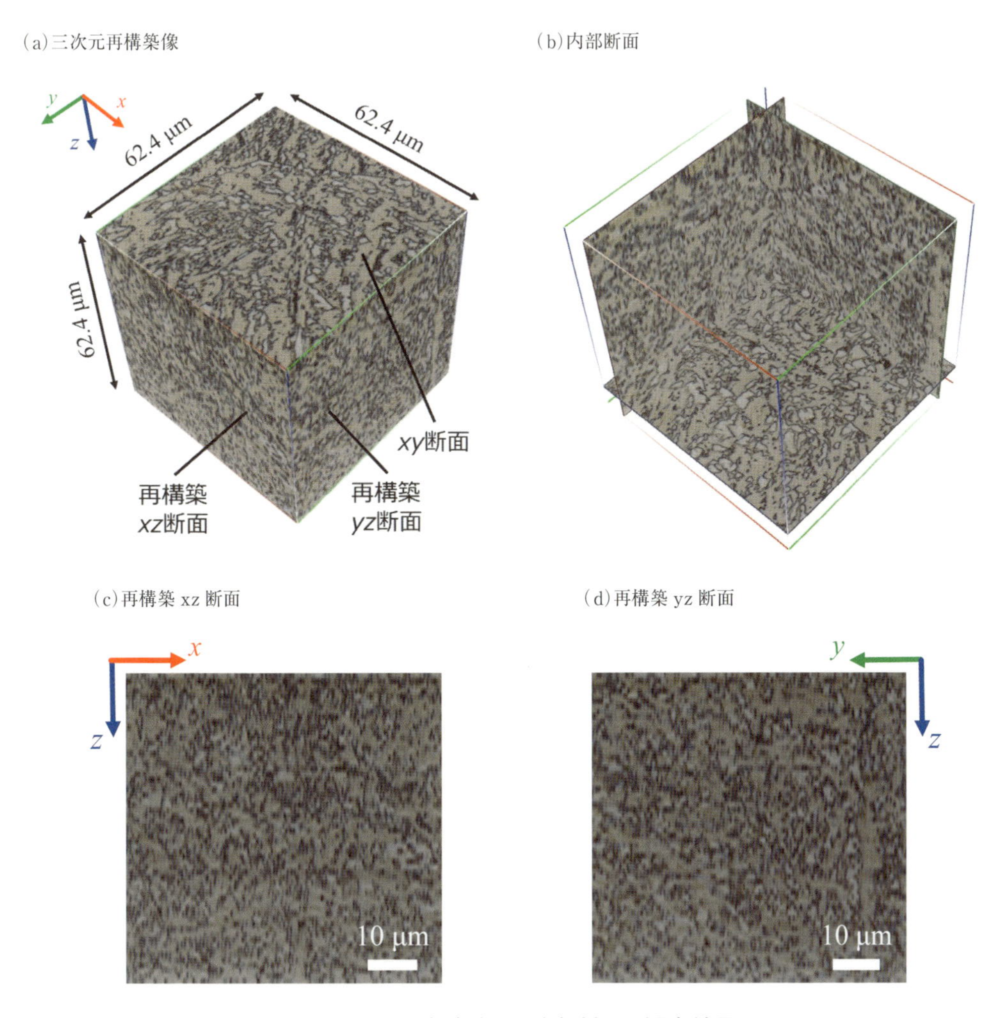

図5　HT780 鋼(1 ℃/s 冷却材)の観察結果

す。再構築面においても同様の M-A の形状を視認でき，三次元形態情報を正確に取得できていることが確認できる。また側断面には縞模様は見られず，断面間で一様なエッチングコントラストが保たれたことが確認できる。HT570 鋼においては，最高加熱温度 1,400 ℃，冷却速度がそれぞれ 1 ℃/s(Sample 1)と 3 ℃/s(Sample 2)の 2 つのサンプルの計測を行った。本計測画像から一部の M-A を抽出した結果を**図 6** に示す。図 6(a)，図 6(b)は Sample 1 の断面内 M-A とその三次元形態を表し，断面上では円に近い形状であった M-A が，実際には，三次元的に細長い高アスペクト形状をしていることが確認できる。同様に**図 7** は，Sample 2 の観察結果であり，**図 7**(a)～(d)は，断面内の一部 M-A および，その拡大図，M-A の観察体積中の 3D 配置と形状，その拡大図をそれぞれ示す。本例でも，断面では円形に近い M-A が，実際には細長い三次元形態を有している場合があることを示している。これらにより，一断面のみの計測では形態把握を誤る可能性があるとともに，三次元計測の有用性を強く示唆する結果が得られた。

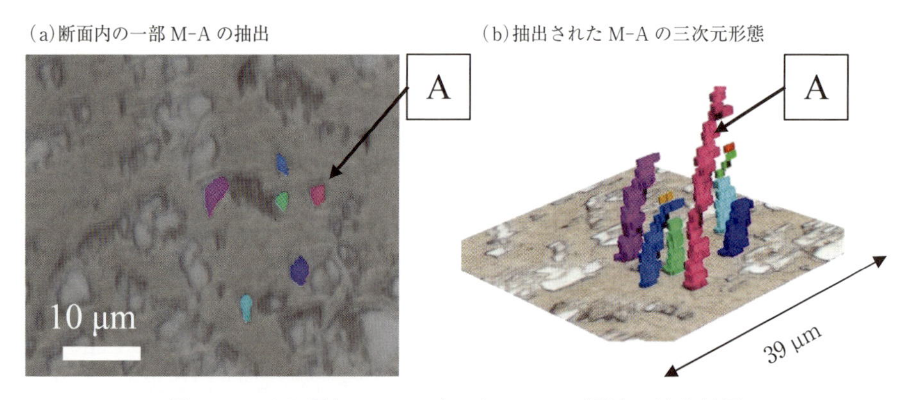

図6　HT570鋼(Sample 1)からのM-A領域の抽出結果

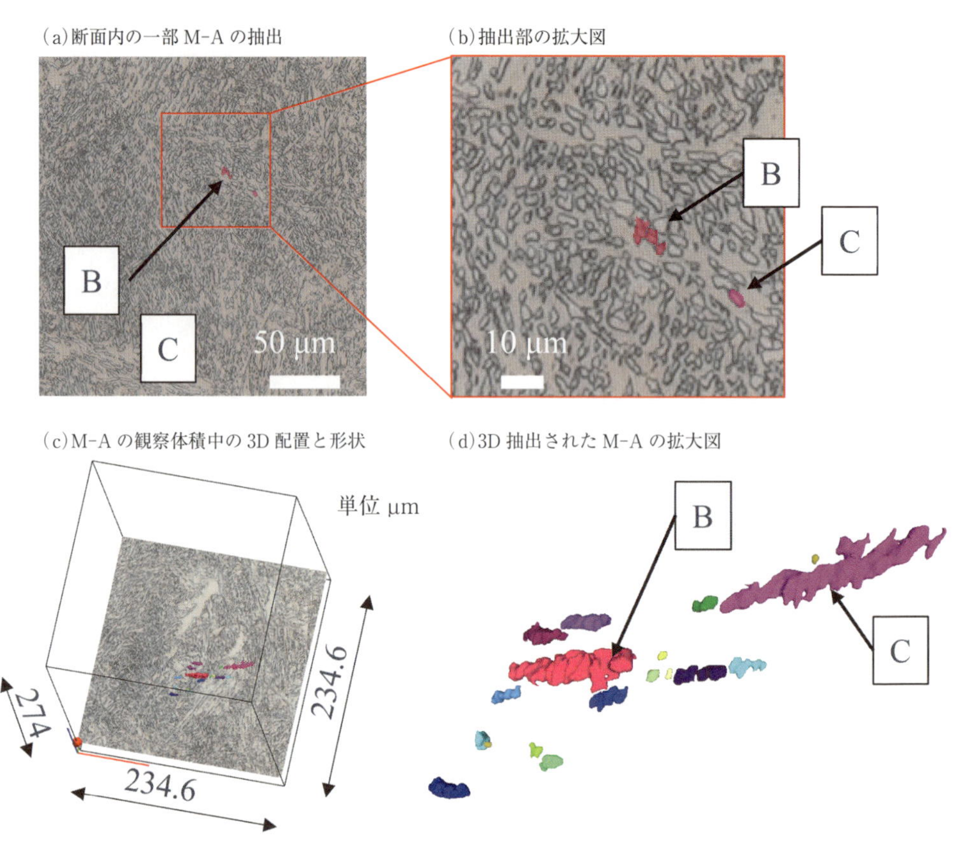

図7　HT570鋼(Sample 2)からのM-A領域の抽出結果

3. 三次元硬さ分布測定を目指した押込み試験システムの開発

3.1 三次元押込み試験システム

[**2.**]で述べた三次元内部構造顕微鏡には，材料内部の三次元硬さ分布計測を目指した測定システムを搭載している[10)11)]。提案する三次元硬さ分布測定の概要を**図8**に示す。三次元内部構造顕微鏡上で，精密切削面にダイヤモンド圧子による押込み試験を行い，2次元硬さ分布測定

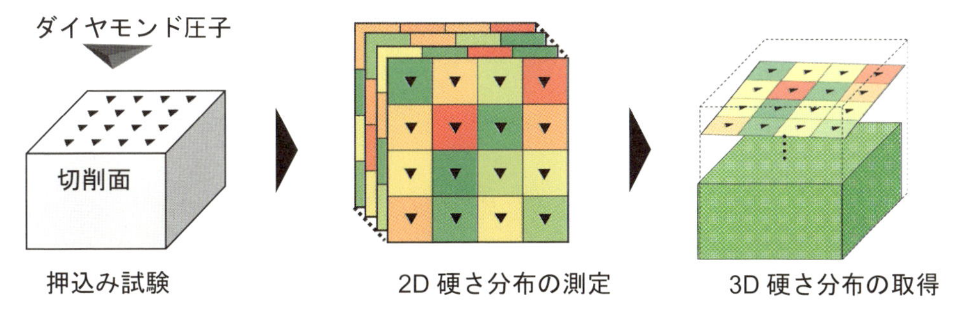

図8　三次元硬さ分布測定の概要

を行う。この測定を深さ方向に繰り返し行うことで，三次元硬さ分布測定が可能となる。

三次元硬さ分布測定で重要となるのは，押込み試験における深さ方向の精度である。これを実現するには，最大押込み量と除荷速度の制御が必要となる。そこで，圧電ステージと微小力センサ，バーコビッチ圧子を用いて，最大押込み量と除荷速度が制御可能な押込み試験システムを構築した。構築したシステムを用いて，標準硬さ試験片に対して押込み試験を行い，その特性を評価した。

3.2 三次元硬さ計測を目指した測定システム

3.2.1 押込み試験

本システムで想定する押込み試験について説明する。押込み試験では，圧子の押込み量 h[nm]と荷重 F[mN]の関係から**図9**に示すような負荷除荷曲線(荷重-変位曲線)を取得する。試料の硬さ算出は負荷除荷曲線より，ISO 規格を参考に式(1)～(5)を用いて以下のように求めた[12]。

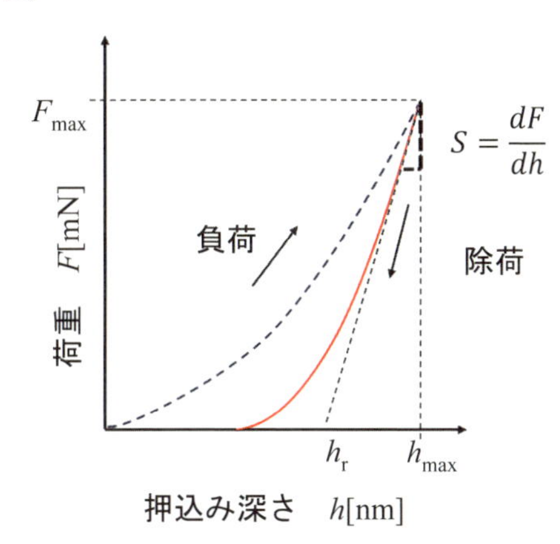

図9　負荷除荷曲線

まず，負荷除荷曲線の除荷開始時の接線の傾きより，剛性 S[mN/nm]を求める。計算の簡略化のため，傾き S を除荷曲線の上部 98%～80% にあたる荷重変化 dF[mN]，押込み深さ変化 dh[nm]より算出する。次に接触深さ h_r[mm]を最大荷重 F_{max}[N]，最大押込み深さ h_{max}[mm]，修正係数 ε を用いて求める。ここでは保持終了点の押込み深さを h_{max}[mm]，荷重を F_{max}[N]とし，修正係数 ε はバーコビッチ圧子の場合，0.75 を用いる(式(1)，(2))。

$$S = \frac{dF}{dh} \tag{1}$$

$$h_c = h_{max} - \varepsilon \frac{F_{max}}{S} \tag{2}$$

ここで，圧子形状と接触深さ h_r から，圧子と試料の投影接触面積 A_P[mm^2]を求める。先端角度が115°のバーコビッチ圧子の場合，式(3)のようになる。

$$A_P = 23.88 \times {h_r}^2 \tag{3}$$

次に，接触面積と荷重の関係より硬さ H_{IT}[N/mm^2]を算出する(式(4))。

$$H_{IT} = \frac{F_{max}}{A_P} \tag{4}$$

算出された硬さ H_{IT} からビッカース硬さ H_V への換算は，式(5)で定義される。

$$H_V = 0.09244 \times H_{IT} \tag{5}$$

この測定手法では，圧痕の観察が不要で，微小押込み試験に適している。最大押込み量を制御した押込み試験を行うことで，深さ方向に対して測定精度を維持することが可能となる。

3.2.2 硬さ計測システム

図10に硬さ計測部の外観を示す。硬さ計測部は，圧電ステージ(THKプレシジョン，PS1H40F-020U)，静電容量型微小力センサ(THKプレシジョン，FS1M-1N)，バーコビッチ圧子(島津製作所，稜間角115°三角すい圧子)にて構成される。**表1**，**表2**に圧電ステージおよび微小力センサの仕様をそれぞれ示す。硬さ計測部では，微小力センサの剛性が低いため，圧子の押込み深さは測定荷重における微小力センサの変形量を考慮することで求めることができる。圧電ステージには変位センサが内蔵されており，ステージの移動量の測定，制御が可能である。**図11**に押込み試験による硬さ計測システムの概要を示す。ステージの移動量を変化させ，時系列で荷重および圧子の位置を測定することで，時間-荷

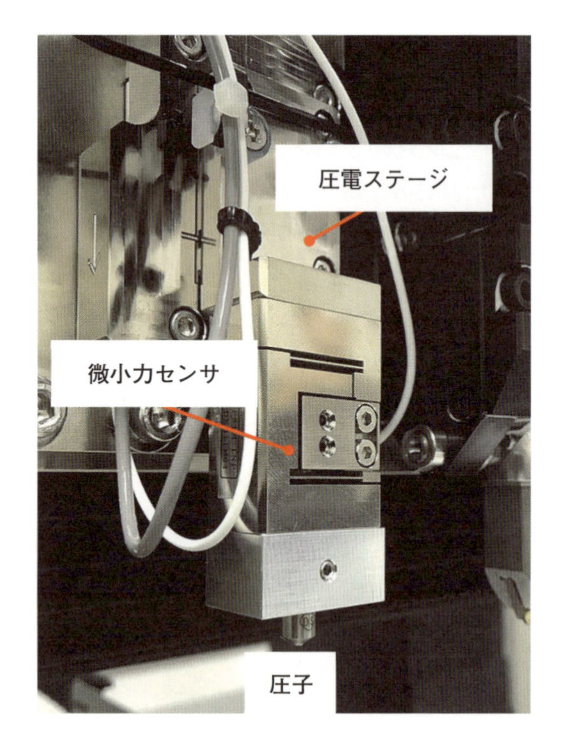

図10　硬さ計測部

表1　圧電ステージ仕様

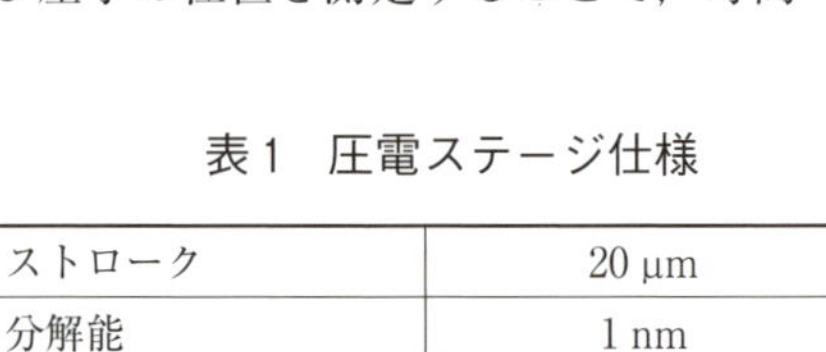

ストローク	20 μm
分解能	1 nm
繰り返し精度	±1 nm
剛　性	0.04 μm/N

表2　微小力センサ仕様

測定範囲	0～1 N
分解能	0.1 mN
繰り返し精度	±0.1 mN
剛　性	50 μm/N

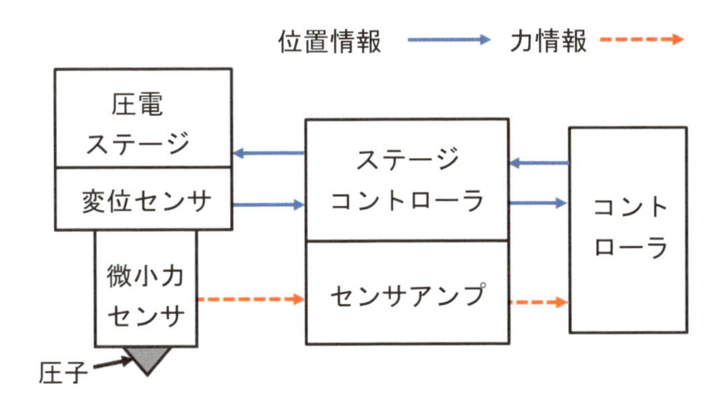

図 11　硬さ計測部のシステム概略

重および時間-変位の関係から負荷除荷曲線(荷重-変位曲線)を作成する。また，圧子駆動時の荷重の変化に伴い，ステージ移動量を調整することで，荷重速度の制御が可能である。今回の押込み試験では，負荷時にはステージを微小量ずつ移動させ，押込み深さが目標深さになるまで，ステージ移動を繰り返す。除荷時には，ステージ移動(微小量引き上げ)後の荷重変化を確認し，除荷速度が一定になるように調整する。

3.3 硬さ計測

硬さ範囲 H_V200±20% と H_V700±20% のウルトラマイクロビッカース硬さ基準片(山本科学工具研究社，UMV-200，UMV-700)を用いて硬さ計測を行った。基準片を三次元内部構造顕微鏡上に固定し，提案したシステムを用いて硬さ分布測定を行った。試験条件を**表 3**，測定時の外観を**図 12**，測定後の顕微鏡画像を**図 13** にそれぞれ示す。押込みによる試料の硬化の影響を避けるため，測定間隔を X，Y 軸方向に 100 µm とした。試験の際には突き当てとして，圧子を微小量ずつ押し下げ，接触閾値を超えた時の位置を微小押込み試験の開始位置(ゼロ点)とする。硬さ計測試験では，目標押込み深さに到達するまでステージを移動させ，圧子を保持後，荷重が 0 mN になるまで除荷速度一定で除荷する。**図 14** に負荷除荷曲線，**図 15** に試験中の時間と荷重の関係を示す。

図 14 より，試料の硬さにかかわらず，最大押込み深さが 1,000 nm 程度に制御できていることが確認できる。また，図 15 より，除荷時の傾きが一致しており，除荷

表 3　試験条件

最大押込み深さ		1,000 nm
除荷速度		1.0 mN/s
ステージ送り量	負荷時	45 nm
	除荷時	15 nm
保持時間		10 s

図 12　押込み試験外観

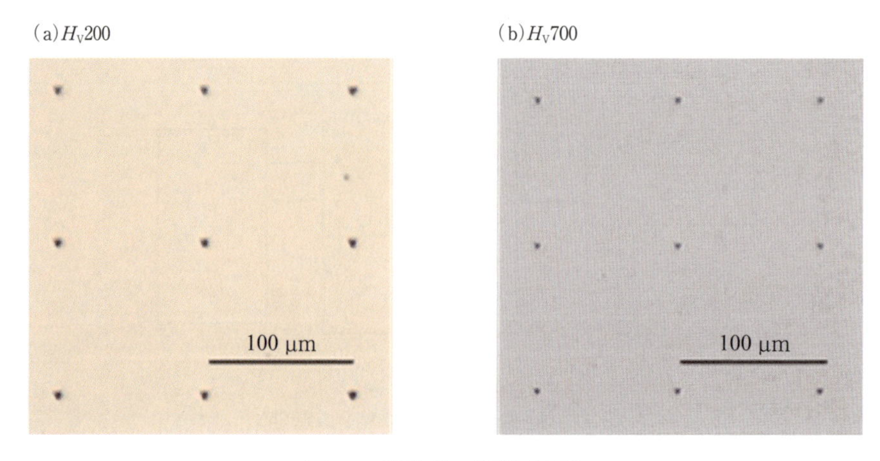

図13　試験後の顕微鏡画像

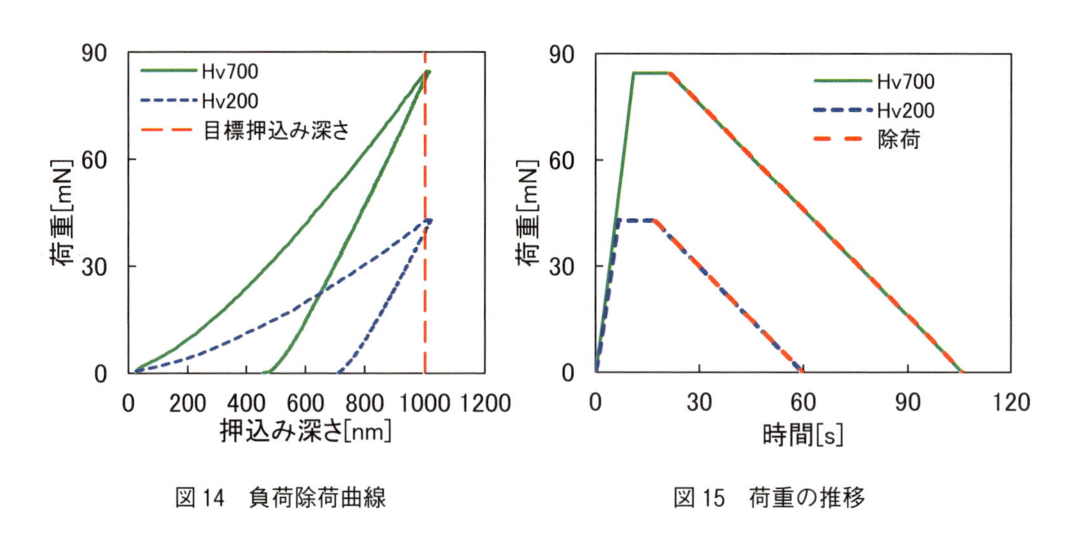

図14　負荷除荷曲線

図15　荷重の推移

速度が一定になっている様子が確認できる。この傾きから求められた除荷速度は1.0 mN/sであった。よって，試験材料の特性にかかわらず，押込み深さ，除荷速度を制御できることが示された。**図16**に，実験結果より求めたビッカース硬さを示す。図16より，それぞれの基準片において指定の硬さに近い値が確認できた。以上の結果より，提案したシステムで，押込み深さと除荷速度を制御した押込み試験が実施可能であること，硬さ計測が可能であることが示された。

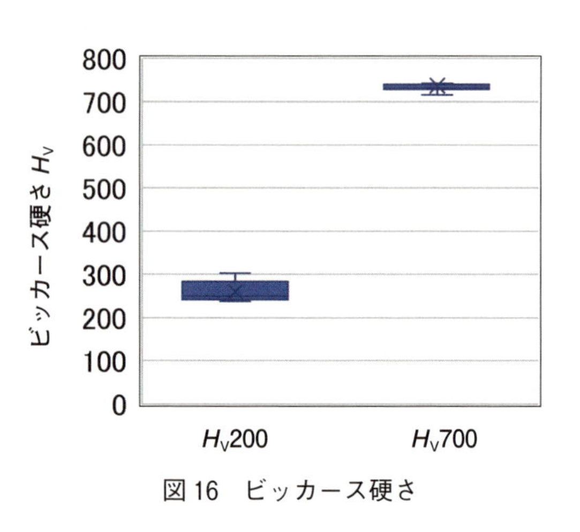

図16　ビッカース硬さ

4. FIB-SEMによる三次元組織解析

4.1 FIB-SEMシリアルセクショニングの手法

SEMベースのシリアルセクショニングによる三次元的組織観察は，構造材料の特性発現のための組織因子の観察手法として，観察スケールや分解能といった観点から，重要な部分を占めている。さらにSEMではエネルギー分散型X線分光分析(EDS)による組成分析や電子線後方散乱回折(EBSD)による結晶の方位分析など，組織像だけでなく分析も同時に行えることも強みとなる。ここでは分析も併用した，FIB-SEMシリアルセクショニングの技術について述べる[13]。

FIB-SEMシリアルセクショニングの考え方を**図17**に示す。FIB-SEMは機器配置としては図17(a)に示すようにFIBとSEMの光軸が60°程度の角度で交わる傾斜配置型と，それらが直交する直交配置型の2種類がある。大部分の市販機は傾斜配置型で，TEM試料作製や多目的な観察がやりやすい。直交配置型はシリアルセクショニングを高精度に行うためにデザインされているが，多目的な用途には制限がある。図17(b)は直交配置型を仮定した場合のシリアルセクショニングの模式図である(SEMはZ方向から観察し，FIBはそれに直交するxやyの方向から加工する)。シリアルセクショニングでは，表面を観察するSEMとスライスする

(a)FIBとSEMの配置による分類

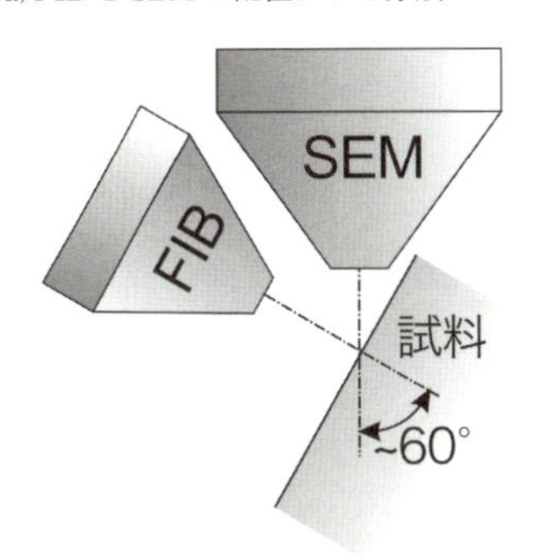

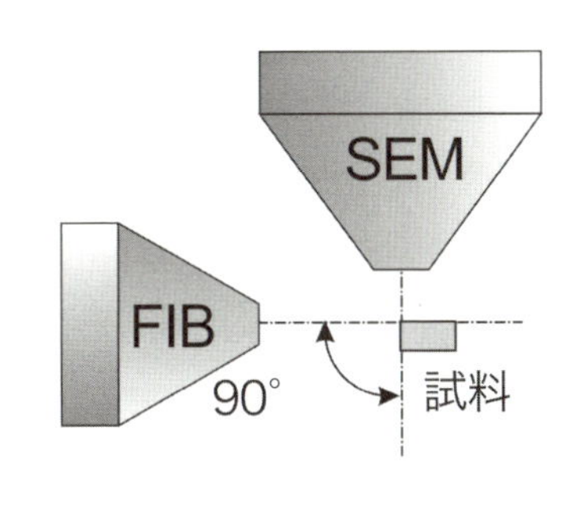

(b)FIB-SEMシリアルセクショニングの概念図

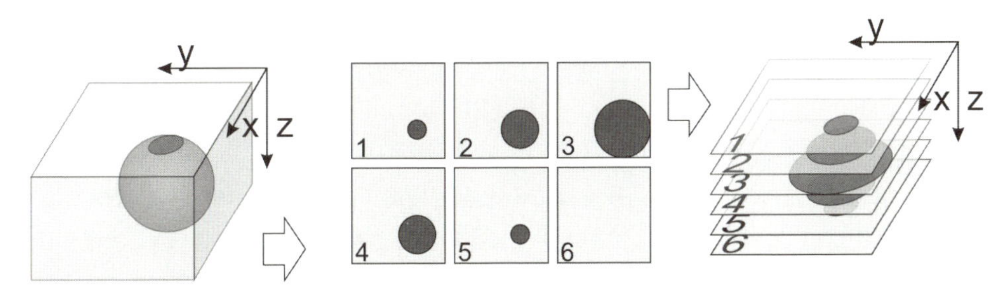

(b)：スライス-SEM像取得と再構成。直交配置の機器を仮定した場合

図17　FIB-SEMによるシリアルセクショニングの考え方

FIBを繰り返し用いて多数の像を取得し(図17(b)中央図)，それらのSEM像を積層する形で三次元的再構築を行う(図17(b)右図)。このとき図17(b)右図に示すように二次元のSEM像をx,y，積層方向をzとする。つまりFIBによるスライスの進行方向がz方向となる。直交配置型の場合はこの図のように，SEM光軸に対して直交する面が加工され観察できるが，傾斜配置型の場合は，FIBで削られた面はSEM光軸に対して約60°程度傾いた面を見ることになるので，再構築の際に幾何学的な補正が必要となる。

SEM像観察とFIBによるスライスを繰り返し，最終的に数百から千枚程度のSEM像を取得し，それをもとに三次元的再構築を行う。ここで三次元再構築を行った際の空間分解能と観察体積について考える。x,y方向については，分解能も観察面積もSEM像のそれで決まる。z方向については，空間分解能はFIBでのスライス加工の送りで決まり，さらにはSEMの加速電圧にも依存する。また，観察体積の高さ方向(z方向)の大きさもFIBでどの程度の大きさを加工するかによって決まる。FIB-SEMシリアルセクショニングのための加工装置としては，ガリウム(Ga)の液体イオン源やキセノン(Xe)などのガスのプラズマを用いるガスイオン源のFIB(以下PFIB)が用いられる。現在のところ，Gaイオン源の場合は30 μm角程度がこの方法での観察体積の最大値となっている。より大体積の加工には，ビーム電流を大きく取れるPFIBが主に用いられ，その場合には，数百μm角の大体積観察が可能となる。なお，現在はPFIBを搭載したFIB-SEMの市販機は，SEMとPFIBの光軸が50～60°で交わる傾斜配置型となっている。

4.2 PFIB-SEMによる大規模シリアルセクショニングの実施例

FIB-SEMシリアルセクショニングによる三次元的組織観察の特徴としては，SEMによる多彩なコントラストによる正確な組織の把握のほか，EDSやEBSDといった分析技術の併用による，多次元観察が可能な点が挙げられる。FIBでスライスしたあとの表面観察を行う破壊検査でもあるので，像取得時にはなるべく多くの情報を得ておく必要がある場合も多い。以下では西川らによるNi-Co基超合金の微小疲労き裂の解析[14)15)]を行なった例をもとに，観察と解析の手法について述べる。試料は丸棒の疲労試験片の中央部にFIBで50 μm幅のノッチ(予き裂に相当)を形成したのちに疲労試験を行ったもので，微小疲労き裂が進展した段階で試験を中断したものである。**図18**(a)は，FIBノッチから進展したクラックの外観である。荷重軸は写真の上下方向である。この写真の領域の周囲をFIBで加工し，き裂部分を含む横200×縦100×高さ200 μm程度のブロックを抜き取り(図18(b))，FIBでスライスしながら各種の像を取得した。

上述したようにGaイオン源のFIBではこの大きさの加工ができないので，本観察ではXeガスのPFIBを用いている。FIBによるスライスを行なったあと，(ⅰ)SEM像(二次電子像)，(ⅱ)SIM像(イオンビーム励起の二次電子像)，(ⅲ)SIM像(イオンビーム励起の二次イオン像)を取得し，さらに(ⅳ)EBSD測定を行った。その一連の像のセットの例を**図19**に示す。PFIBでのスライスのピッチは100 nmで，SEM像は100 nmごと，EBSD取得は500 nmごと(5スライスごと)に行った。

これらの取得データより，微小疲労き裂を三次元的に再構築した結果が**図20**である。微小疲労き裂の全体が方位の情報まで含めて取得できているので，この結果から，き裂がどこを通って進展しているか，き裂は粒内か粒界か，どのような面で割れているか，といった情報が解析できるようになった[14]。

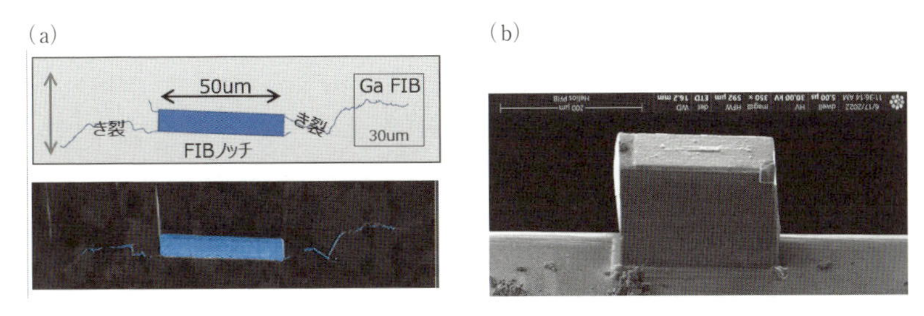

図18　FIBで導入したノッチから発生した微小疲労き裂の全体像と，PFIBを用いてき裂を含む領域全体をピックアップしたブロック

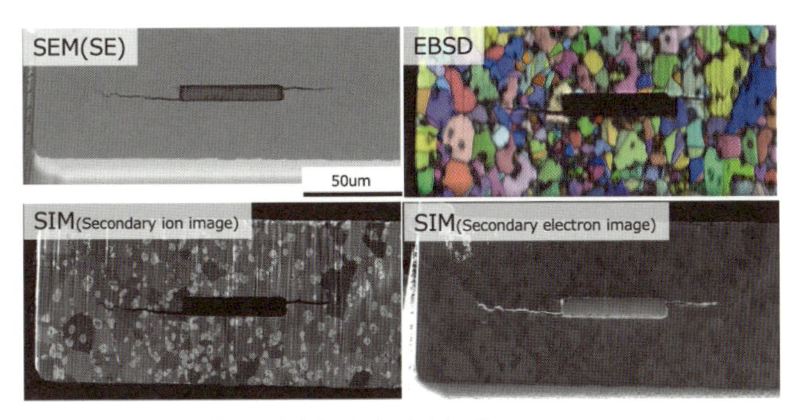

SIMはイオンビーム励起の二次電子および二次イオン像

図19　シリアルセクショニングの1サイクルで取得した4種類の像

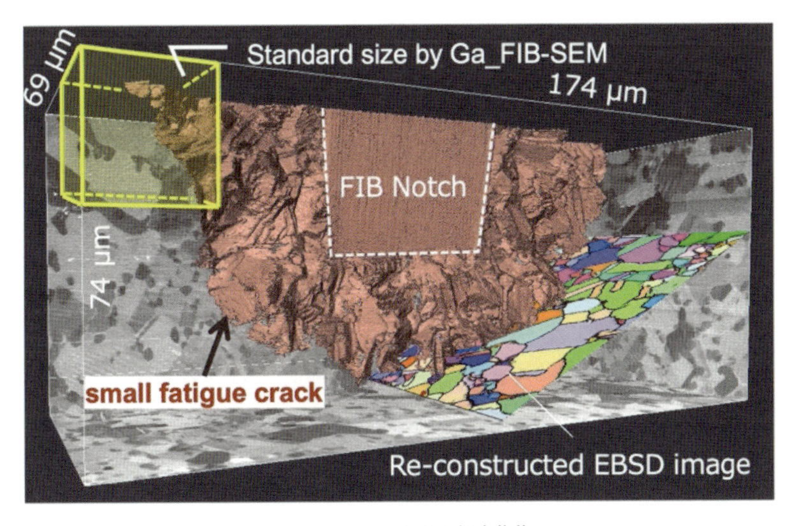

図中左上の立方体枠は，Ga_FIB-SEMでの一般的な観察体積

図20　微小疲労き裂の3D再構築像

4.3 FIB-SEM シリアルセクショニングのまとめ

FIB-SEM シリアルセクショニングを利用した微細組織の三次元的観察の概要と測定例，特にPFIB を用いた大体積組織・方位解析についての例を紹介した。構造材料の変形や破壊は，SEMの空間分解能を活かした本手法とともに，より大体積の観察手法との効果的な連携が望まれる。

5. 観察画像を用いた画像解析

5.1 概　要

材料内の構造組織の定量解析や，異なる観察原理で撮影した画像の統合には，構造組織を抽出するセグメンテーションや位置合わせなどの画像解析が必要である。また，それらを現場の技術者が利用可能にするためには，アルゴリズムだけではなく，システムとしてまとめることが重要となる。ここでは，鉄鋼材料の定量評価に資する画像解析技術として高張力鋼の観察を例に，M-A(島状マルテンサイト)の三次元抽出，複数モダリティ観察のための光顕画像とSEM 画像の位置合わせ，およびクラウド画像解析システム MICC について紹介する。

5.2 光学顕微鏡画像からの島状マルテンサイト抽出

高張力鋼において M-A は，観察画像内において図 4 に示すような粒として現れる。このM-A の抽出は，観察画像から M-A 部を前景とした 2 値化問題として考えることができる。筆者らは，深層学習法 U-Net[16] に基づき，光学顕微鏡の観察画像から M-A を抽出する解析の枠組みを開発した(**図21**)。U-Net とは，画像のセグメンテーションを行う機械学習手法の 1 つであり，医用画像をはじめ，さまざまなセグメンテーション問題で有効性が確認されている。一方，高張力鋼は，炭素添加量や焼きなまし温度といった製造パラメータだけでなく，観察時のエッチング条件などの変化によって容易に様相が変化するため，汎用的な学習データを用意することが難しい。そこで，枠組みでは，観察画像の一部から教師データを手動で作成し，それらを学習することで効率的に M-A を抽出する。はじめに，少数の 800×800 画素の画像に対して GIMP などの画像処理ソフトウェアを用いて手作業による M-A 抽出を行い，教師データを作成する。この時十分な精度を得るのに必要な教師データの枚数は 20 枚程度であることを実験に基づき確認している。教師データを用いて学習を実施し，得られた学習済み U-Netにより，解析対象画像の M-A を抽出する。

実験では，神戸製鋼所提供の HT780 鋼を三次元内部構造顕微鏡[8] で観察した画像を用いてM-A を抽出した。手動による M-A 抽出が 1 枚 10 分程度，学習時間が 1 時間程度，学習データを用いた M-A 抽出が 1 枚あたり 1 秒未満であり，作業時間は教師データの作成が律速である。800×800 画素の観察画像 800 枚に必要な作業時間は半日程度であり，手作業だけの M-A抽出には膨大な時間がかかることを考えると十分効率的である。

2 次元観察画像から抽出した M-A を積層することで，**図 22**(a)に示すような M-A の三次元構造を取得する。この三次元セグメンテーション結果を解析することで，M-A の配向(図 22(b))や各 M-A のアスペクト比(図 22(c))などの形態特徴を大域的な分布として定量化し，製造条件と材料特性の最適化に資する情報としてフィードバックすることが可能である。

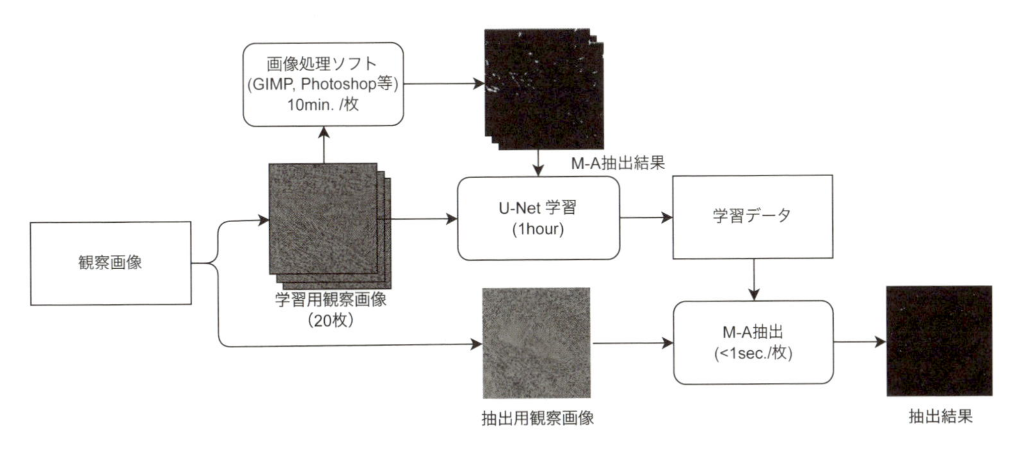

図 21　U-Net を用いた M-A 抽出のワークフロー

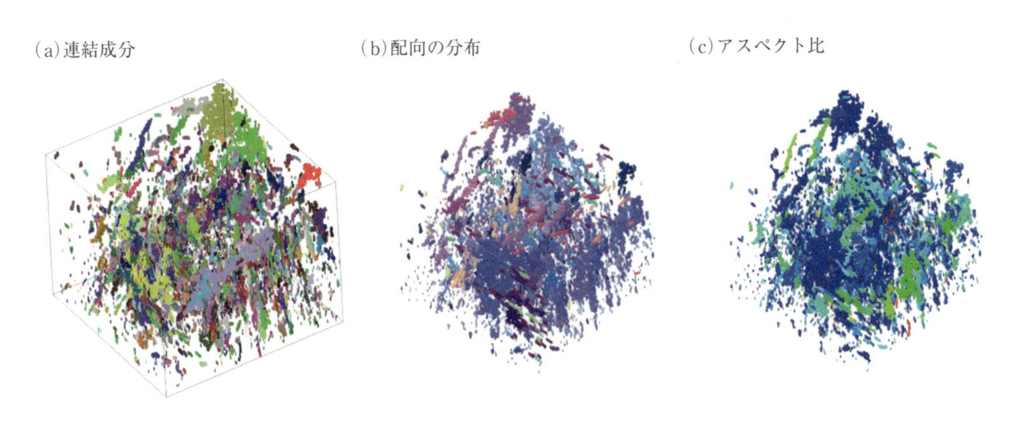

(a)はラベルごとに異なる色を割り当てている
(b)は配向ベクトルを RGB に割り当てている
(c)はアスペクト比を低いものを青，高いものを赤で塗り分けている

図 22　3 次元セグメンテーション結果

5.3 光顕画像と SEM 画像の位置合わせ

材料の同一箇所を複数の観察原理を持つ顕微鏡で観察するマルチモーダル観察は，単一原理の観察だけではわからない差異を明らかにできる可能性があり，注目されている。筆者らは，**図 23** に示す 2 つの顕微鏡(光学顕微鏡および FIB SEM)の観察結果を統一的に解析するための画像処理方法[17]を開発した．

光学顕微鏡および FIB SEM はどちらも破壊的な観察手法であるため，同一箇所を観察できるのは観察方法が切り替わる一平面のみである。2 観察画像の同一箇所を解析するためには，画像の位置合わせが必要である。画像の位置合わせは，テンプレートマッチングや ICP (Iterative closest point)法などさまざまな手法が存在しているが，異なる観察原理で撮影した画像の様相は大きく異なるため，従来法をそのまま適用することは困難である。

方法[17]では，位相限定相関法(Phase-only correlation)[18]と各画素でのマッチング度合いを

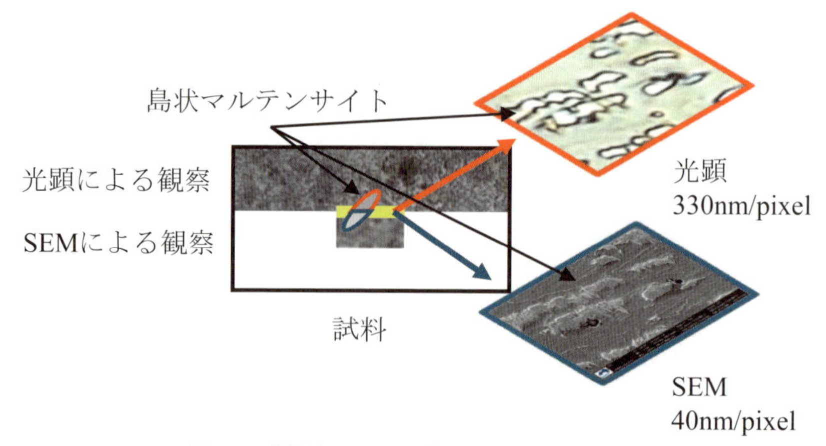

図 23　光顕と SEM を用いたマルチモーダル観察

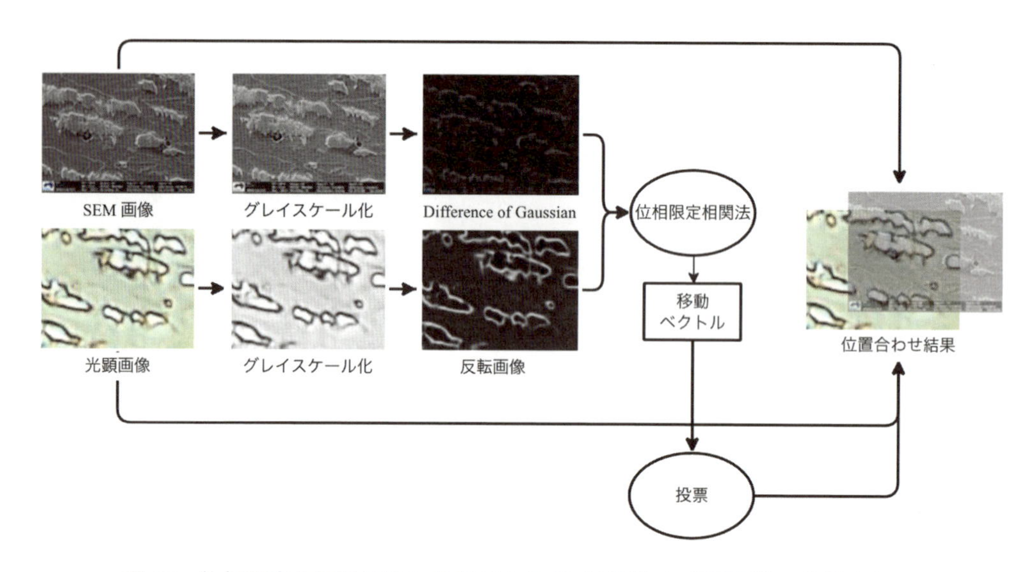

図 24　位相限定相関法結果の投票による SEM 画像と光顕画像の位置合わせ

投票することに基づき光顕画像と SEM 画像の位置合わせを行う(**図24**)。位相限定相関法は，画像を周波数領域に変換して，振幅は考慮せず，位相成分のみの相関を計算して移動量を推定する方法である。光顕画像と SEM 画像の画像分解能を揃えた状態で，観察範囲が広い光顕画像について，SEM 画像と同じサイズになるよう光顕画像を切り取って，その画像間で最も相関が高くなる移動量を計算する。この時様相が異なる2つの画像について，M-A 境界部分の相関を得るため，画像フィルタを適用する。具体的には光顕画像はグレイスケール化した後反転させ，SEM 画像は，2つのガウスぼかしの差分 DoG (Difference of Gaussians)をそれぞれ適用する。光顕画像の切り取り箇所を少しずつずらすことで，光顕画像全面について位相限定相関を計算する。そして各箇所で得られた移動量を投票し，最多投票を得た移動量を正解とする。位相限定相関法の単純な適用では外れ値で不正解な位置合わせ結果となる場合でも，方

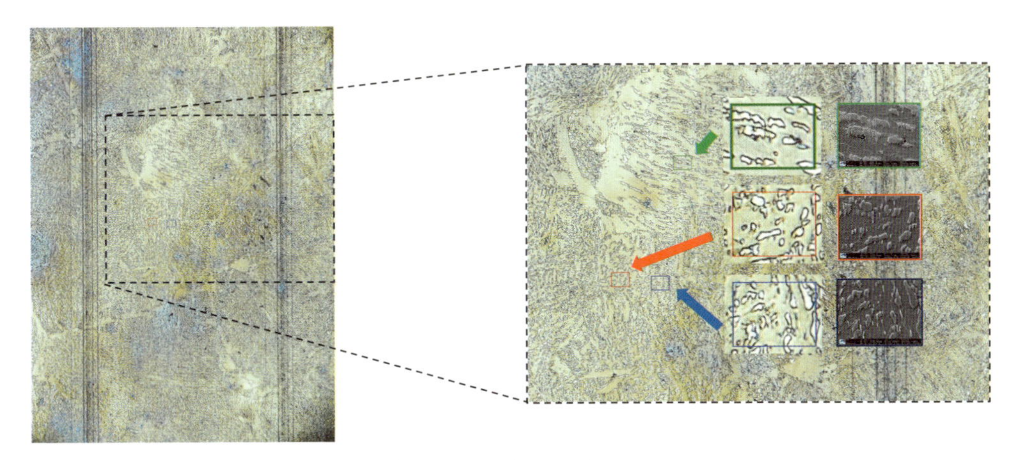

図 25　位置合わせ結果

法[17]では多数投票により，堅牢な結果が得られる。

図 25 に神戸製鋼所所有の HT570 鋼を光顕[8]と FIB SEM(ZEISS Auriga-Laser)で観察した画像間の位置合わせ結果を示す。3つの例題全てで位置合わせが成功している。計算時間は M1 MacBook Pro (16GB RAM)で 33 秒程度であったが，アルゴリズム上並列化が可能なので，より高速化が期待できる。

5.4 クラウドプラットフォーム MICC

観察画像が得られ，それを解析するソフトウェアがあったとしても，実際に技術者が実務で画像解析を実施するには，大きく2つの課題がある。1つは，各技術者の計算資源が必要となる点である。画像解析に必要な計算機のスペックは高いことから高コストになるだけでなく，ソフトウェアのインストールなど環境構築の問題がある。もう1つは，観察画像のデータ管理である。通常，観察対象となる材料の多くが機密データであるため，その散逸などデータ管理には細心の注意が必要である。このようなデータ管理を技術者個人が負担することは，画像解析のコストを大きくする一因となっている。

このような問題に対応するため，筆者らはクラウド画像解析プラットフォーム MICC (Material Image Communication Cloud)[19]を開発した。MICC は，ファイルサーバーと画像解析サーバー，そしてユーザ情報管理を行うサーバーで構成されている(**図26**)。ユーザは，はじめに MICC に FIB-SEM や光学顕微鏡等の観察画像を格納する。画像解析では，格納した画像を解析用 GPU サーバーに転送し，そこにインストールされている画像解析ソフトウェア VCAT5 [20]を用いる。VCAT5 はノイズ除去，対話的なセグメンテーションなど汎用的な画像解析機能を提供しているだけでなく，新たなプラグインを追加可能である。MICC の計算結果は自動的にファイルサーバーに格納され，ユーザはこれらの作業を Web ブラウザやリモートデスクトップ機能を介して行う。また，観察画像に付随するメタデータも保存することで，そのパラメータを観察機器へフィードバックできるようになる。このようなクラウド上での画像解析は，ユーザ側の計算環境構築が必要なく，画像の管理・解析が MICC 内で完結しているため，前述した画像解析コストやデータ管理の問題を解決する。

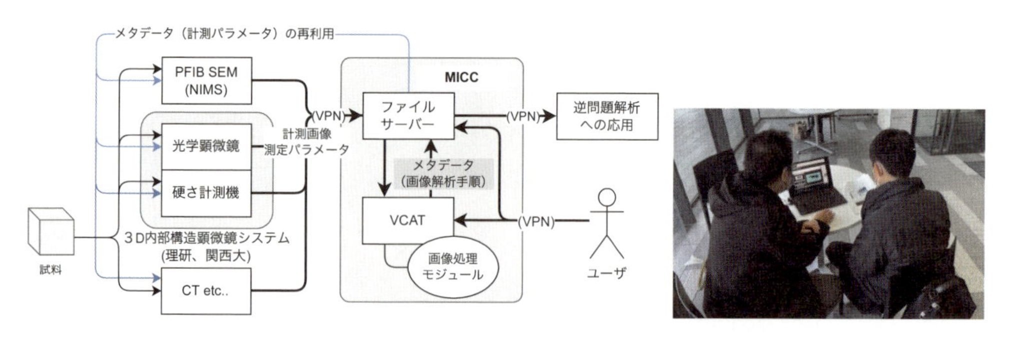

図26　MICCのシステム構成概略図および実行の様子

6. ミクロ組織の三次元情報解析のまとめ

本稿では，構造材料のミクロ組織を三次元的に把握する必要性とその技術について紹介した。構造材料研究では機械的特性の発現因子となる組織の観察が重要となるため，比較的大きなスケールで三次元観察を行う手法としてPFIB-SEMおよび光学顕微鏡をベースとした手法を採用した。光学顕微鏡をベースとしたものには直接的に機械的特性を三次元で測定できる硬さ試験機の実装，さらには光学顕微鏡のデータとSEMのデータを連携させるための画像解析などについても言及した。ここで紹介したように，現在ではマルチスケールでの三次元的組織観察が可能になってきているが，非常に時間がかかる手法であるため観察数が限られてしまうこと，破壊試験なので再測定ができないことなどが課題として残されている。今後はよりハイスループットな手法の構築と，測定時に多種のデータを同時に取得することなどの技術革新が求められている。

文　献

1）T. L. Burnett et al. : *Ultramicroscopy*, **161**(2), 119 (2016).
2）古城直道ほか：精密工学会誌, **74**, 587 (2008).
3）K. Fujisaki et al. : *Precis. Eng.*, **36**, 315 (2012).
4）N. Yamashita et al. : *Precis. Eng.*, **75**, 37 (2022).
5）N. Yamashita et al. : Comp. and Exp. Sim. in Eng.,　Proc. of ICCES2019, Chapter 71, 841 (2020).
6）川端文丸ほか：日本造船学会論文集, **173**, 349 (1993).
7）鈴木秀一ほか：溶接学会論文集, **13**(2), 293 (1995).
8）R. Suzumura et al. : Material Research Meeting, A2-O7-07 (2021).
9）R. Suzumura et al. : ISAAT2022, 618 (2022).
10）D. Hirooka et al. : *Precis. Eng.*, **91**, 143 (2024).
11）古城直道，廣岡大祐：精密工学会誌，**89**(6), 431, (2023).
12.）ISO 14577-1 : 2015 Metallic materials －Instrumented indentation test for hardness and materials parameters－ Part 1, Test method (2015).
13）原徹：顕微鏡, **49**(1), 53 (2014).

14) H. Nishikawa et al. : *Scripta Mater.*, **222**, 115026 (2023).
15) H. Nishikawa et al. : *Mat. Sci. & Eng. A*, **885**, 145655 (2023).
16) O. Ronneberger et al. : *LNCS*, **9351**, 234 (2015).
17) T. Michikawa et al. : Material Research Meeting, A2-PV21-04 (2021).
18) C. Kuglin and D. Hines1 : Proc. of Int. Conf. on *Cybernetics and Society*, 163 (1975).
19) J. Inoue et al. : *Materials Transactions*, **61**(11), 2058 (2020).
20) 横田秀夫：生体の科学, **68**(5), 466(2017).

第3節　トポロジカルデータ解析によるミクロ組織特徴量抽出

東北大学　赤木　和人

1. はじめに

目標とする材料特性(Property)・性能(Performance)を実現する組成・プロセス条件(Process)をデータ駆動的に予測するためには，それなりの数のデータセットを用意する必要があるが，実際に用意できるデータ数にはかぎりがある。また，プロセス条件を完全に記述するパラメータ空間は一般的に高次元かつ定義が困難であり，機械学習で提示されたプロセス条件が非現実的なものになることも少なくない。そこで，組成やプロセス条件をかなりの程度反映していると期待されるミクロな構造的特徴(Structure)に注目する。なんらかの物理化学的な合理性を背景とするP-S-P-P連関を見つけられれば，限られたデータ数での学習から現実的な数値範囲の予測を得られると期待する訳である(**図1**)。しかしながら，複雑な顕微画像から構造的特徴を定量的に抽出する手法はまだ確立されていない。筆者は，パーシステントホモロジー(Persistent Homology)という新しい離散幾何学に基づくトポロジカルデータ解析(TDA：Topological Data Analysis)の手法を用いてこの課題に取り組んだ。TDAは，複雑な構造データに内在する秩序への気づきとその定量化を助けるツールであり，画像データから機械学習と親和性の良い記述子を生成できる。以下では，鉄鋼材料の走査電子顕微鏡(SEM)画像と引張強度の関係を例に，執筆時点までに得られた知見を報告する。

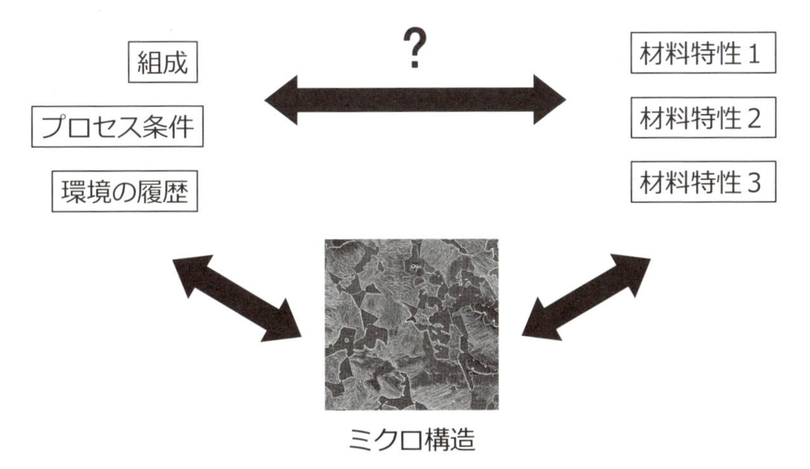

図1　データ駆動的な材料科学におけるミクロ構造の位置付け

2. 白黒二値画像の TDA の枠組み

パーシステントホモロジーは，原子配置やピクセル画像のような離散点の集合が持つ「データの形」を幾何学的な「穴」の情報で表現する数学的な枠組みである。0 次，1 次，2 次の穴は，それぞれ，つながり，リング，空洞に対応する。「穴」の定義や群の構造，その代数演算についての数学的な詳細は書籍や他記事に譲る[1)2)]。筆者は顕微画像が持つ特徴を調べたいので，ここではパーシステントホモロジーを使って白黒二値画像から「穴」の情報を取り出す手続きを記す。例として**図 2**(a)の画像が与えられたとし，黒の領域を太らせて行った時のリング(1 次の穴)の生成と消滅を抽出する。太らせ方を決めるために，2 つのピクセルの中心間を結ぶ直線の長さ(ユークリッド距離)の代わりにマンハッタン距離を使う。これは隣り合うピクセルの辺を少なくとも何回横切れば目的のピクセルに到達できるかを数えたもので，黒の領域を 1 ピクセル(px)太らせる操作は，白の領域を 1 px 細らせることに対応する。図 2(a)の黒の領域を 2 px 太らせると 3 つの領域が互いにつながって内部に白の領域を持つリングが生成され(図 2(c))，5 px 太らせた時点で内部の白の領域が消えてリングは消滅する(図 2(f))。この生成(birth, b)と消滅(death, d)を 2 次元平面上の点として表せば，図 2(a)の画像は (b, d) = (2, 5) のリング構造を持つものと定量化される。同様に，もし図 2(d)の画像が与えられたなら，それは(−2, 2)のリング構造を持つ。

今度は白の領域のつながり(0 次の穴)を調べる。0 次の穴では，孤立した領域が新たに生成した時を birth，その領域が他の領域とつながった時を death と捉える。図 2(a)から白の領域

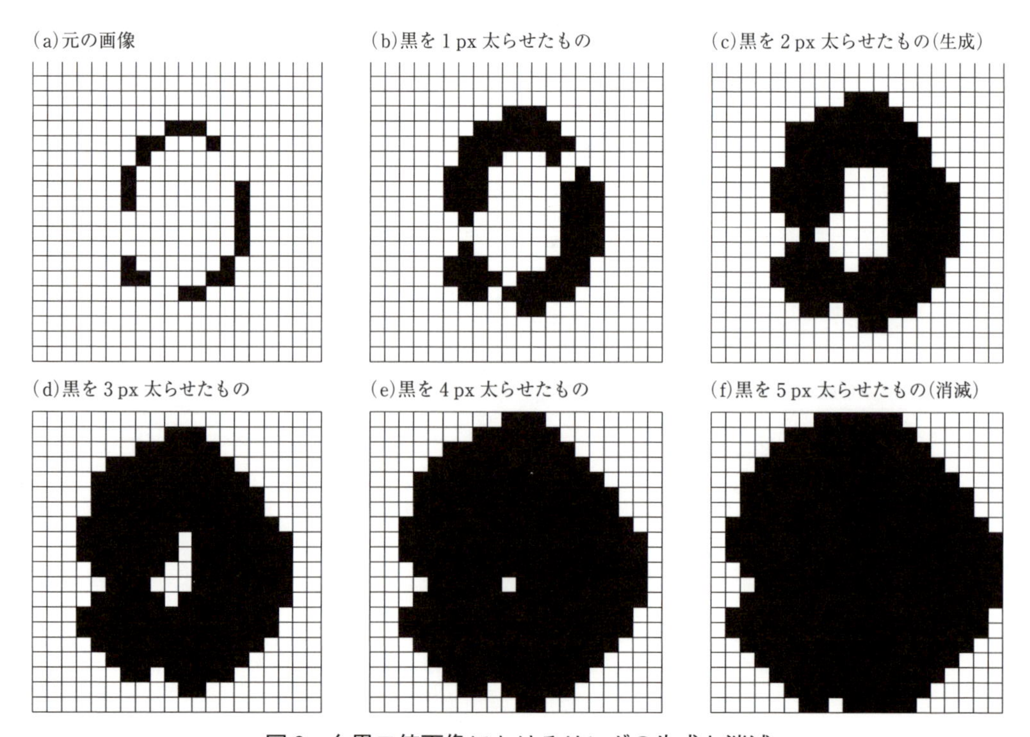

図 2　白黒二値画像におけるリングの生成と消滅

を細らせた一連の画像を見ると，4 px 細らせた図 2(e)が birth に，1 px 細らせた図 2(b)が death に，それぞれ対応していることがわかる。よって，図 2(a)の画像は(b, d) = (−4, −1)の白のつながりを持つと定量化される。白黒二値画像の解析では birth は death よりも小さな値になること，黒の領域がリングを作ることと白の領域のつながりが切れることが表裏の関係にあることを指摘しておく。

このような手続きを踏まえて，TDA を用いた顕微画像と材料特性との相関解析の枠組みは**図 3** のように構築できる。

(1)顕微画像の取得：

試料作成や撮影条件など共通のプロトコルを用いるなどして，人や装置の違いによる画像データのばらつきを小さくする工夫は重要である。解像度と視野の広さを考慮した撮影倍率の選択や試料の不均一性を考慮したサンプリングの良し悪しは，その後の解析の品質に影響する。

(2)画像の白黒二値化：

撮影したグレースケール画像から「形」の情報を取り出すために，ミクロ構造の特徴をよく捉えた白黒二値画像に変換する。なんらかの方法で閾値の決定やノイズの除去を行う必要があり，その詳細は後述する。

(3)パーシステント図の計算：

1 枚の顕微画像には 0 次や 1 次の穴が多数含まれている。それらの(b, d)の情報を全て拾い，横軸を birth 値，縦軸を death 値とする 2 次元平面に重ねてプロットしたものをパーシステント図(PD：Persistence Diagram)と呼ぶ。PD は入力データの構造を一意に定量化した系の「指紋」の役割を果たす。そのままでは見づらいため，これをメッシュに切って 2 次元のヒストグラムに変換し，各メッシュ中の (b, d)ペアの数を色で表して可視化することが多い。図 3 は白の領域が作る 1 次の穴の PD の例である。

(4)PD からベクトルへの変換：

機械学習を適用しやすくするため，PD から生成した 2 次元ヒストグラムを構成するメッシュを 1 次元的に並べてベクトルデータに変換する。この時，メッシュの切り方やノイズに敏感すぎないベクトルデータとなるような処理を施しておく[2)]。

(5)主成分分析による定量化：

ベクトルデータに対しては，種々の機械学習の手法を適用できるが，ここでは線型な手続きに基づく「教師なし学習」のひとつである主成分分析(PCA：Principal Component Analysis)を用いる。PCA は，与えられたベクトルのセット $\{v_1, v_2, \cdots, v_n\}$ に対して，それらの違いが際立つ軸(主成分ベクトル($v_{PC1}, v_{PC2}, \cdots$)を見つけることができる。$\{v_1, v_2, \cdots, v_n\}$ の平均ベクトルを v_{avg} とすれば，ベクトル v_i の主成分値は$(v_i - v_{avg}) \cdot v_{PC1}$ で与えられる。「・」は内積を表し，この例は第 1 主成分値を求めている。横軸を第 1 主成分値(PC1)，縦軸を第 2 主成分値(PC2)として各ベクトルの(pc1, pc2)をプロットすることで，PD に基づいた顕微画像の定量分類ができる。同じ試料からの画像データに同じ色を付したとき，各色が集団を作りつつ色ごとに分離できておれば，なんらかの構造的特徴を捉えたと期待できる。

(6)マクロ物性の回帰：

ミクロ構造とマクロ物性を関連付けたいため，同一試料に属する各点の主成分値の平均値を

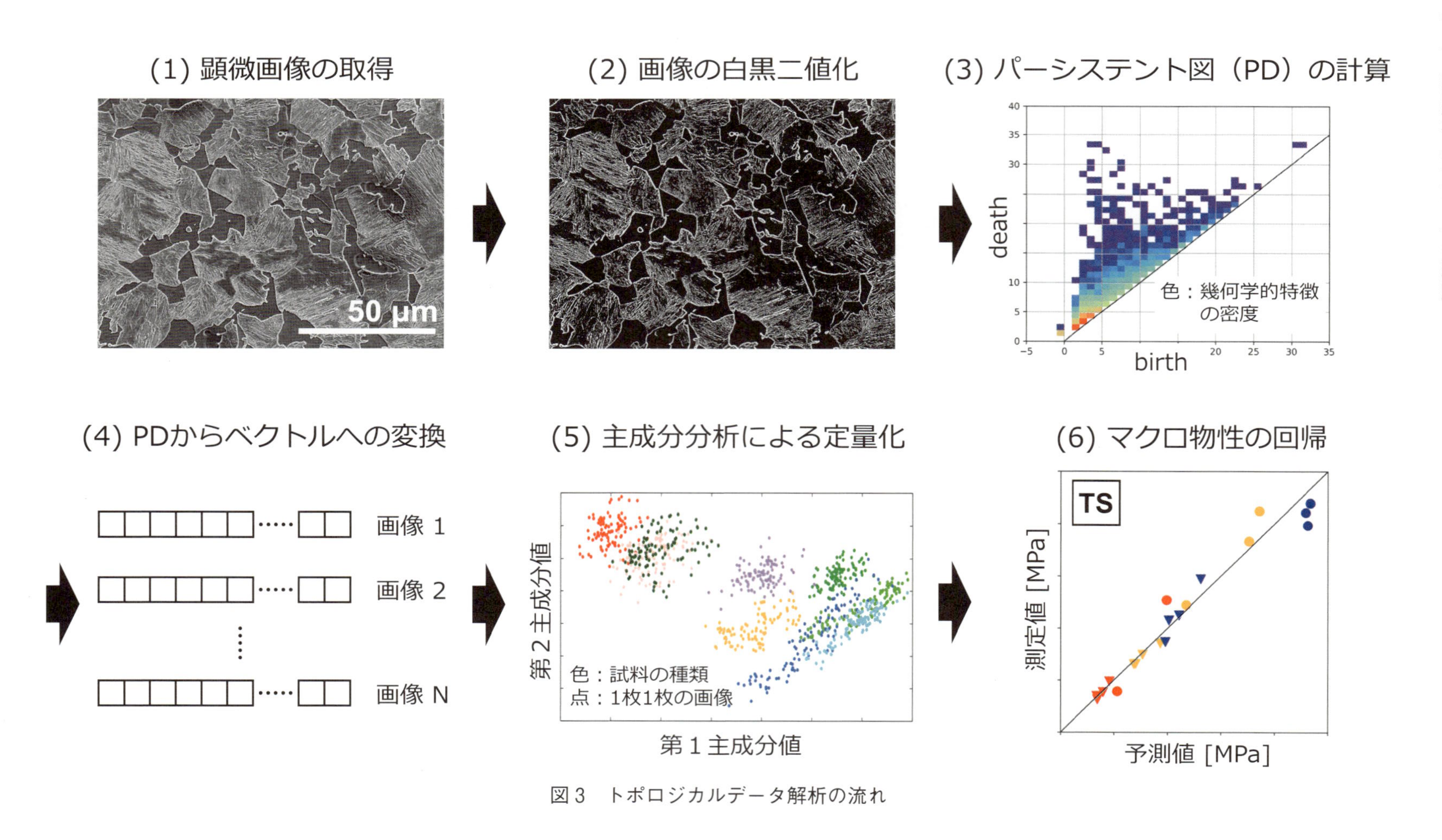

図3　トポロジカルデータ解析の流れ

その試料の代表値とした(マクロな強度が破壊の起点となる構造の有無に左右される場合など，ここは系の性質に応じて設計する必要がある)。これを説明変数として適当な回帰モデルを構成することで，特徴量の選択と解釈を行う。

画像データからのPDの計算とベクトル化は，SIP A5-3チームのメンバーであった大林・平岡らが開発を行い，無償で公開されているソフトウェア「HomCloud」[3)4)]を用いて行うことができる。

3. グレースケール画像から白黒二値画像への変換

一連の解析に用いた材料データは，戦略的イノベーション創造プログラム(SIP)「統合型材料開発システムによるマテリアル革命」の標準試料として，提供されたDP鋼の走査電子顕微鏡(SEM)画像とそれらの引張強度(TS)および全伸び(EL)の測定データである。試料の数は3種類の組成と7通りの熱処理条件の組み合わせからなる21種類あり，圧延方向に沿って垂直に切り出した面を撮影したSEM画像(1,000倍，1280 px×960 px/枚)を試料毎に100枚ずつ合計2,100枚と，圧延方向に沿った引張強度の測定データ21個を用いた。**図4**に3種の組成(A, B, C)から顔つきの異なる代表的な組織構造をそれぞれ3種選び，合計9枚のSEM画像を挙げる(見やすいようにコントラストを調整した)。暗い部分が柔らかいフェライト相，明るい部分が硬いマルテンサイト相に対応している。対象とするデータには，海島模様のスケール感が大きなもの(左上の3枚)から小さなもの(最下段の3枚)まで，またマルテンサイト相の体積分率が小さなものから大きなものまで多様な組織構造が含まれている。

これら2,100枚のグレースケール画像は同一の撮影者・撮影機材・撮影条件ながら明るさやコントラストのばらつきは大きい。その白黒二値化自体は洗練された既存の手法でも可能であるが，必ずしもTDAに適した形の特徴をよく捉えたものとはなっていない。そこで，TDAで取り出せる情報をなるべく多く保持しつつTDAの邪魔になる「ごま塩ノイズ」が少なくなるような白黒二値化法を構築した。

図5(a)は，オリジナルのSEM画像の一部を拡大したものである。これを図5(b)のように白黒二値化したものは視覚的にはフェライト相(黒)とマルテンサイト相(白)の識別が容易であり，マルテンサイト相のテクスチャも残っているが，TDAの観点からはbirth値とdeath値の差が小さな穴が多すぎて解析が困難になる。TDAによって情報を取り出しやすい画像は図5(c)のようなものである。そのための白黒二値化の閾値は次のように決める。

(1)白黒二値化した画像を白の領域が作る模様として解析する

(2)0次の穴に着目すると，白の領域が作る模様はdeath値が負の(b, d)ペアの数(白ピクセルが既につながった領域の数)が多いほど多くの情報を持つ

(3)白ピクセルに由来する「ごま塩ノイズ」を低減するにはdeath値が正の(b, d)ペアの数(白ピクセルが孤立した領域の数)が少ないほど良い

(4)二値化の閾値を大きくしながら0次のPDの計算を繰り返して，death値が負の(b, d)ペアが多く，death値が正の(b, d)ペアが少ない閾値を見つける

これを図5(a)のSEM画像について行った例が図5(d)であり，輝度118が閾値として与え

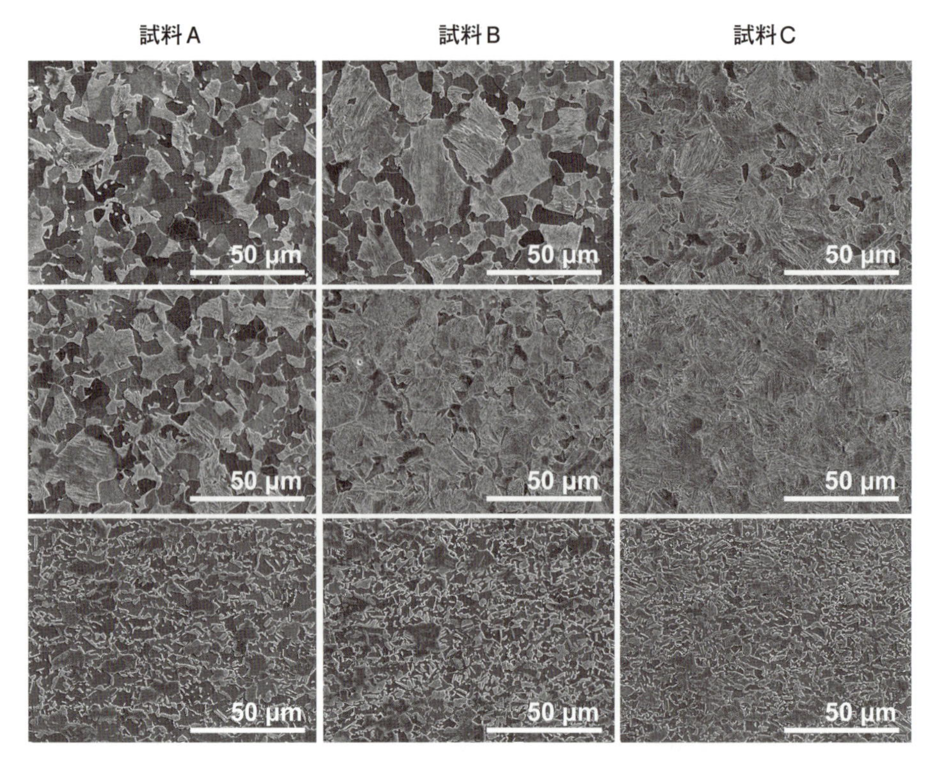

図4　ミクロ組織画像の例

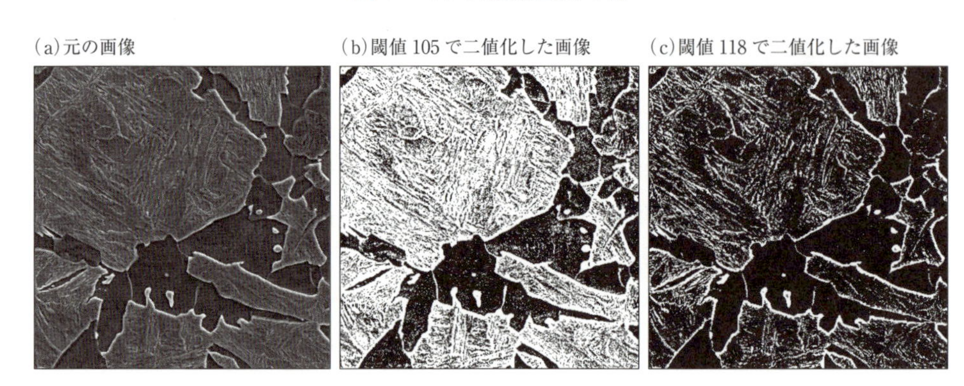

(d)各閾値に対してd＞0およびd＜0なる(b, d)ペアの数をプロットしたもの

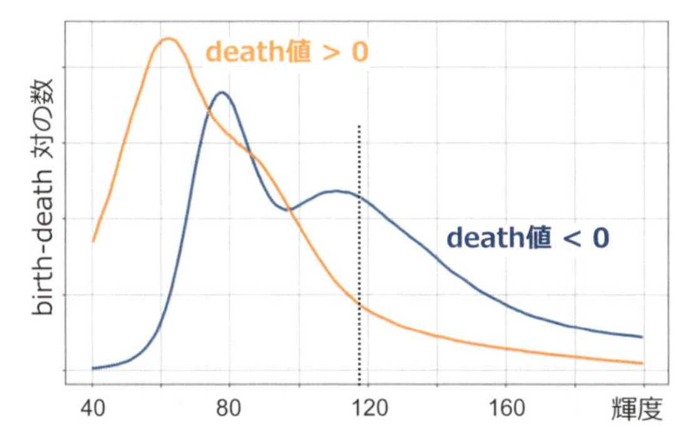

図5　TDAによるグレースケール画像の白黒二値化

られた。その後，面積が 1 px^2 の白の領域を除去した白黒二値画像を図 3 でパーシステント図を計算するための入力データとして使用した。

4. DP 鋼の組織画像の解析と定量化

2,100 枚の SEM 画像を，上述の手法で白黒二値化して白の領域が作るリング構造を記録した 1 次の PD を画像毎に計算し，2,100 個の PD をひとつに重ね書きしたものを**図 6**(a)に示す。暖色系の色のメッシュは（b, d)ペアの密度が大きく，寒色系の色のメッシュは（b, d)ペアの密度が小さいことを表す表示となっている。白のメッシュには(b, d)ペアが存在しない。birth-death の原点に近い多数の（b, d)ペアは，白黒二値化された画像における多数の小さな白のリング構造に対応する。birth 値が小さく death 値が大きい対角線から離れた(b, d)ペアは，白黒二値画像で視覚的に認識できる大きな白のリング構造に対応する。birth 値が大きく対角線に近い（b, d)ペアは，白黒二値画像で飛び地となっている複数の白の領域を大きく太らせることで黒の領域を囲むリング構造の「予備軍」に対応する。見方を変えれば，PD には birth-death の値域によって小さな構造から大きな構造までがスケール横断的に記録されているといえる。たとえば，図 6(b)は birth 値 , death 値ともに 0～4 までの範囲にある（b, d)ペアが白黒二値画像のどこに対応しているのかを HomCloud の機能を用いて可視化(逆解析)したものであり，スケール感の大きな海島構造を構成するマルテンサイト相の中にある微細な構造が，赤で塗られている様子がわかる。同じ birth 値 , death 値の範囲の（b, d)ペアをスケール感の小さな海島構造で逆解析したものが図 6(c)であり，やはりマルテンサイト相の中にある微細な構造が捉えられている。一方，birth 値が 0～4 まで，death 値が 5～9 までの範囲にある(b, d)ペアを同じ画像で逆解析した図 6(d)を見ると，マルテンサイト相がフェライト相を囲む領域が赤で塗られている。図 6(c)，図 6(d)における赤の濃淡などについては，後ほどあらためて言及する。

次に，図 3 の TDA の手続きに沿って白の領域についての 1 次の PD をベクトルデータに変換し，2,100 個のベクトルを対象に主成分分析を行なった。まず，PD の全域(図 6(a)を参考に birth 値を −5～55 まで，death 値を 0～65 までと設定)をベクトル化した場合の結果について，その第 1 主成分値と第 2 主成分値を 2 次元プロットしたものが**図 7**(a)である。第 1 主成分と第 2 主成分の寄与率は，0.93 と 0.06 であった。試料 A 群を赤系，試料 B 群を緑系，試料 C 群を青系で表すと，試料毎の 100 個の点は同じ色で集団を形成しながら分布している様子がわかる。ただし，黒の楕円で囲んだ狭い領域に小さな海島構造を示す試料全てと大きな海島構造を示す試料のひとつが集まり，分類の解像度が悪くなっている。

これに対して，同じ PD において birth 値を 0～55 まで，death 値を 5～65 までに絞ってベクトルデータに変換してから主成分分析を行うと図 7(b)の結果が得られる。第 1 主成分と第 2 主成分の寄与率は，0.88 と 0.11 であった。図 7(a)で狭い範囲に集まっていた試料群を囲む黒の楕円が大きく広がり分類性能が向上していることがわかる。一方で大きな海島構造を示す試料の広がりが小さくなっており，分類性能のトレードオフも見られる。

この図 7(a)の第 1 主成分ベクトルが見ているものが図 6(b)と図 6(c)で赤く塗られた領域

(a)21種，各100枚の画像の1次のパーシステント図を重ね書きしたもの

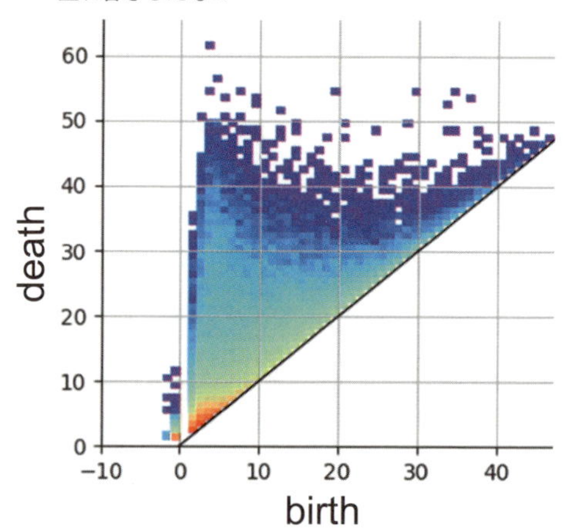

(b)図7(a)の第1主成分ベクトルが見ている構造

(c)図7(a)の第1主成分ベクトルが見ている構造

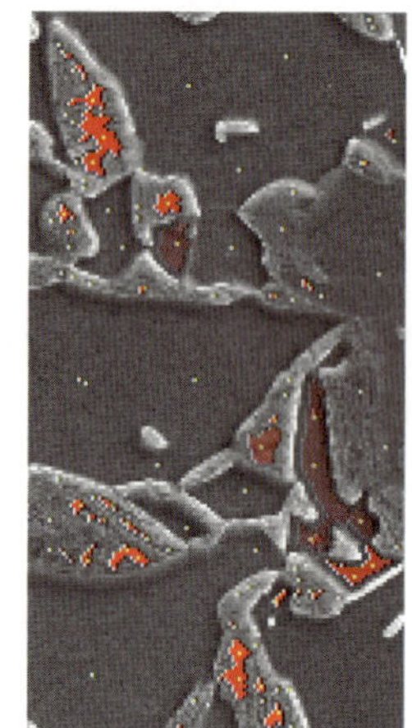

(d)図7(b)の第1主成分ベクトルが見ている構造

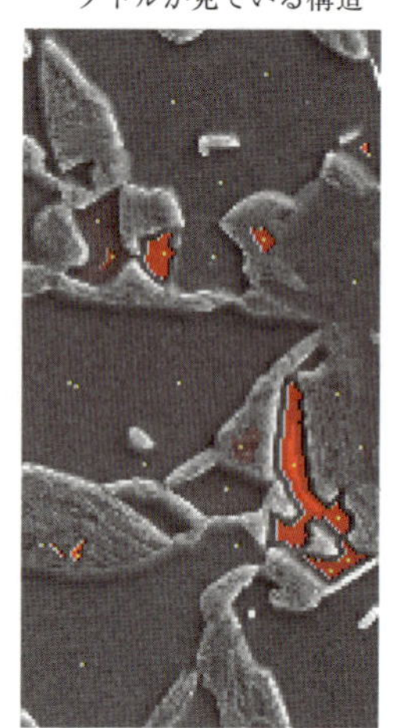

図6　パーシステント図に含まれるマルチスケール構造

(a)小さな構造に基づく定量分類

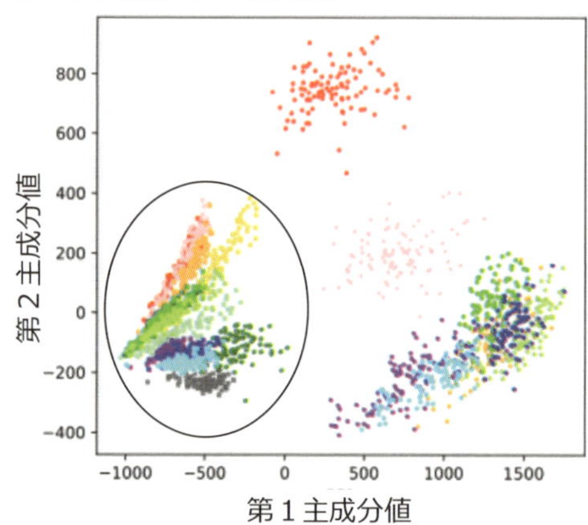

(b)少し大きな構造に基づく定量分類

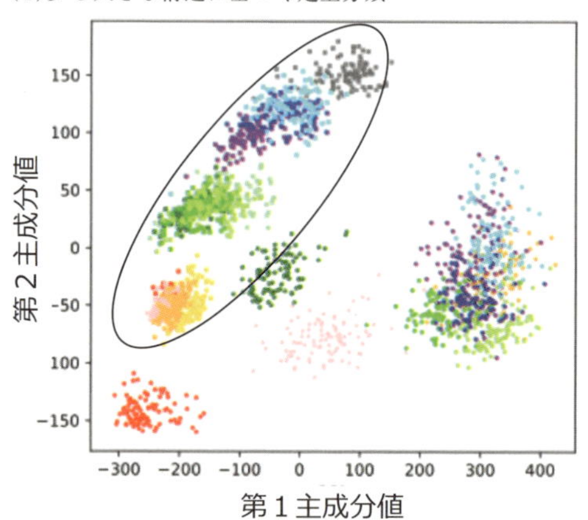

図7　21種，各100枚の画像の主成分分析

であり，図7(b)の第1主成分ベクトルが見ているものが図6(d)で赤く塗られた領域である。図6(c)で薄く赤に塗られた領域が図6(d)で濃く塗られていることから，図7(b)の分類は図7(a)よりも大きな構造的特徴に基づいて行われたことがわかる。このように，PD中の異なる領域に含まれる異なる構造的特徴を用いて画像を定量化することで性格が異なる複数の情報を得ることができる。

5. DP鋼のミクロ構造を説明変数とする引張強度や全伸びの線型回帰

DP鋼の引張強度(TS)や全伸び(EL)は，硬い組織であるマルテンサイト相の体積分率(vf)で近似的に説明できる。[**3.**]の白黒二値化法を流用して各画像のvf(白ピクセル数の割合)を求め，試料毎に100枚の平均値を説明変数として線形回帰したものを**図8**(a)(TS)と図8(e)(EL)に示す。▼は小さな海島構造を持つ試料群を表し，赤は試料A群，オレンジは試料B群，青は試料C群を表す。補正R2スコアはそれぞれ0.780と0.798とまずまずの値を示したが，TSには2本のラインがあるように見え，ELは直線に乗っているようには見えないなど，必ずしも線型モデルとしての記述が良いとはいえない。

そこで，[**4.**]で得た主成分値を説明変数に加えて線型回帰がどのように変化するかを見る。図8(b)(TS)と図8(f)(EL)は，図7(a)の分類を与える第1主成分値(pc1)と第2主成分値(pc2)，およびvfの3つの説明変数を用いた回帰結果で，補正R2スコアがそれぞれ0.904と0.883と有意に改善されるだけでなく，TSとELの両方において線型モデルとしての記述が良くなっている様子が見える。図8(c)(TS)と図8(g)(EL)は，PDからベクトル化する範囲を絞って図7(b)の分類を与えるpc1とpc2を説明変数に加えた場合であり，補正R2スコアはそれぞれ0.935と0.871となった。PDの全域をベクトル化した場合と同様の改善が見られ，特に小さな海島構造を持つ試料群(橙や青の▼)でELの記述性が良くなった。さらに，スケール横断的な記述の改善を狙って，図7(a)の分類を与えるpc1と図7(b)の分類を与えるpc1を説明変数に加えたものが，図8(d)(TS)と図8(h)(EL)である。補正R2スコアはそれぞれ0.945と0.977となり，データ点はほぼ直線に乗っている。TSとELの両方において，図7(b)の分類を与えるpc1が3つの説明変数の中で最大の寄与を示した。

6. 考察とまとめ

本報告では，パーシステントホモロジーという数学の手法を用いて顕微画像データを定量化する手続きを規定し，それらを説明変数としてさまざまなDP鋼の引張強度(TS)や全伸び(EL)を良好に記述する線型回帰モデルを構築できることを述べた。これら一連のトポロジカルデータ解析(TDA)を行うにあたってパーシステント図(PD)から異なるスケールに対応する複数の構造的特徴を取り出す工夫が可能であり，それらを説明変数として組み合わせることで体積分率のみを用いた場合と比べて大幅に記述性を改善できることを紹介した。得られた知見は，マルテンサイト相とフェライト相の入り組み方に相当する構造的特徴のみならず，マルテ

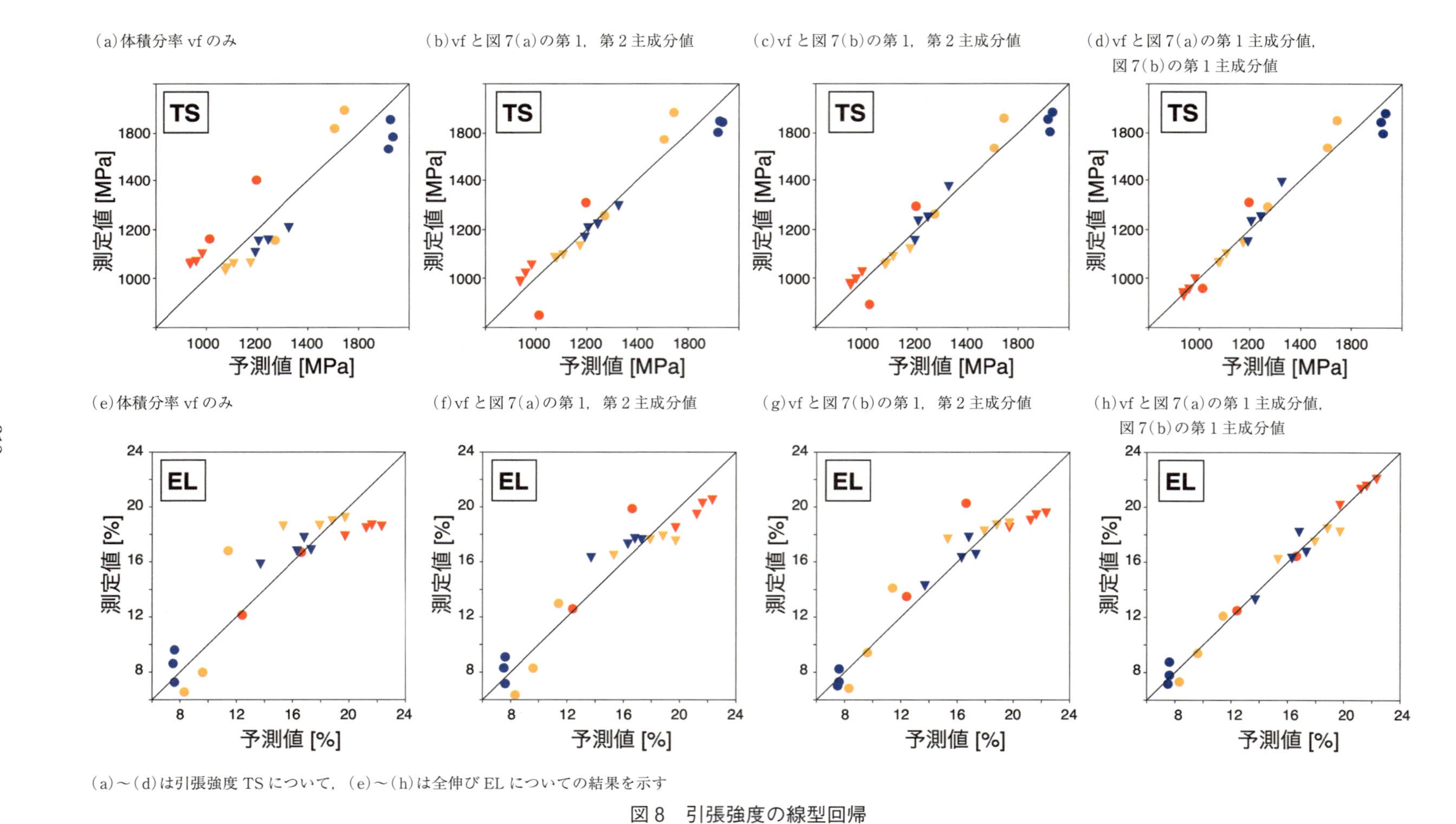

(a)～(d)は引張強度TSについて，(e)～(h)は全伸びELについての結果を示す

図8　引張強度の線型回帰

ンサイト相の内側の微細構造の特徴も回帰性能の向上に寄与するというものであった。

このように，物理的な妥当性を備えつつ鉄鋼材料のミクロ構造とマクロ物性を結ぶ枠組みを構築するという目標に照らせば，文献5)の報告時点から大きな進展が得られたといえよう。しかし一方で，ミクロ構造とプロセス条件を結ぶ取り組みは道半ばであり，解決すべき課題がまだ多く残っている。また，鉄鋼材料以外の金属材料への展開も強く求められている。引き続き，パーシステントホモロジーに基づくトポロジカルデータ解析をマテリアルズインテグレーション(MI)の有用な手法のひとつとすべく発展に努めたい。

謝　辞

本報告記事は，JST/戦略的イノベーション創造プログラム(SIP)の第2期課題「統合型材料開発システムによるマテリアル革命」における研究開発成果とその後の進捗に基づくものである。

文　献

1) 平岡裕章：タンパク質構造とトポロジー，パーシステントホモロジー群入門，共立出版 (2013).

2) 平岡裕章，大林一平，赤木和人：人工知能, **34**(3), 330 (2019).

3) I. Obayashi, T. Nakamura and Y. Hiraoka : *J. Phys. Soc. Jpn.*, **91**, 091013 (2022).

4) HomCloud :
https://homcloud.dev/(閲覧 2024 年 10 月)

5) 赤木和人：ふぇらむ(日本鉄鋼協会誌), **26**, 126 (2021).

第 6 章

将来展望

第1節　社会実装の進展(1)MInt を中核とした構造材料 DX-MOP

国立研究開発法人物質・材料研究機構　出村　雅彦

1. はじめに

ここでは，マテリアルズインテグレーションシステムの一つである MInt の社会課題に向けた取り組みについて紹介する。なお，本稿の内容全般について関する参考として文献1)をあげておく。

2. 材料開発の位置付けと課題

社会課題は高度化し，テクノロジーへの期待はますます高まっている。その中で材料の果たす役割は大きい。**図1**に，社会課題を解決するという文脈における材料開発の位置付けをレイヤー構造で表現した。社会課題を解決するテクノロジーが特定されると，それを実現するために必要な材料に対する性能が決まってくる。この社会課題から材料課題へ還元する部分は産業界が担当している。これを実現する部分が材料開発のレイヤーである。そして，材料開発の基盤となるのが，材料学とこれに基づくさまざまなツールということになる。さらに基盤としてデータ科学などのより汎用的な学問がこれらを支えるという関係にある。材料学やデータ科学の発展は主に大学・公的機関などのアカデミアが担っている。

図1では，材料課題のレイヤーに，構造材料を念頭に置いて考えられる課題を列記した。強度，延性などの特性に加えて，腐食，疲労，耐熱性などの性能，溶接性や3D積層性などの製造容易性に関する課題，リサイクル，ユビキタス性など資源制約に関する課題，加えてコストが含まれる。このように材料課題は多岐にわたる。そのうえ，これらを同時に満たすことが求められる。強度と延性のバランスに優れ，耐腐食性を有しながら，加工性に優れ，さらにはコストが安いといった具合である。これらを1つひとつ解決しながら材料を開発していくには，広範かつ高度な材料学の知識，さまざまなツールを使いこなす知見を必要とする。材料学は細分化されており，構造材料に限ってもその開発には**図1**に示すように電子論，熱力学，拡散，転位論，弾塑性力学，ミクロ組織学，強度理論，損傷・破壊力学などについての深い知識が必要となる。これらに立脚するツールも第一原理計算などの電子・原子レベルの計算から，熱力学平衡計算・フェーズフィールド法などのミクロ組織に関する計算，結晶塑性解析や有限要素法解析などの機械的性質に関する計算などさまざまなスケールに渡っている。これらの材料学・ツールを1人の材料開発者，研究室が使いこなすのは現実的ではない。

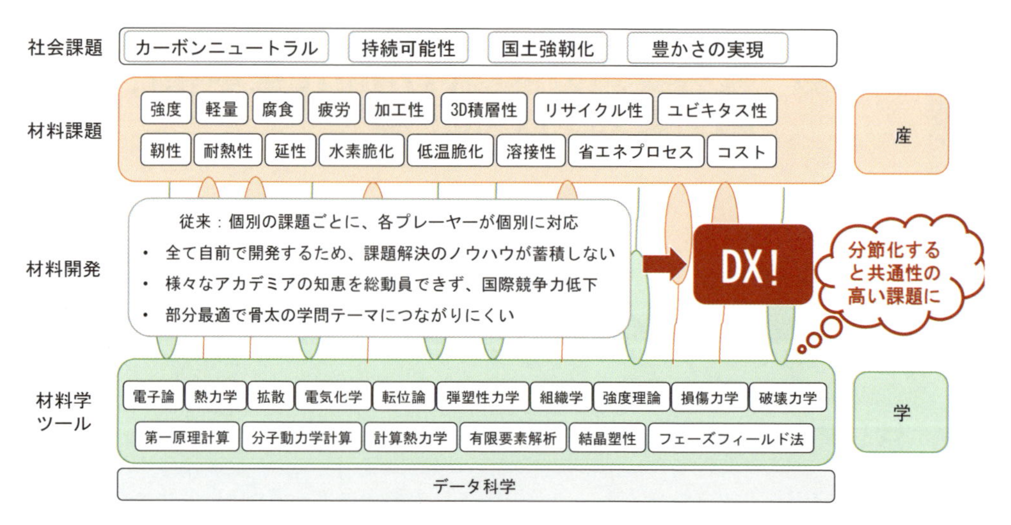

図1　社会課題から材料課題，材料開発，材料学の関係を示す階層構造

材料開発のレイヤーでは，材料課題を掴んでいる産業界と材料学を深めているアカデミアが連携して材料開発を行うことが理想である。産学連携は材料課題を迅速に解決することにつながるとともに，材料学が鍛えられる機会にもなる。しかし，実際には材料開発のレイヤーは各社にとっての差別化のポイントであり競争力の源泉であることから，個社に閉じていることが通常である。自社では開発できない部分を切り出して大学・公的機関と連携することもあるが，その際には課題の全貌は共有されない。その結果，大学・公的機関にとっては社会から求められる真の材料課題を知ることにつながらず，材料学が社会課題とつながらずに細分化され深められていくことになる。使われてこそ材料という観点からすると，現実の課題と離れると材料学が有する工学の機能が弱まっていく。産側から見ても，閉じた開発におけるアカデミアの活用には課題がある。多様な材料学の専門領域をカバーするために複数の大学・公的機関と連携しようとしても個社の研究資金では限界がある。潤沢な資金があったとしても，課題を切り分けて全体像を共有しない状況で複数の大学・公的機関と材料開発を進めることは，マネジメントの観点で困難を極めるだろう。

自前主義は各社の競争力確保の観点では重要であるものの，俯瞰的に見るとリソースの無駄が生じやすいという問題もある。特に材料学やツールが成熟してくると，同じ課題に対して同じアプローチで複数の企業が別々に取り組むという状況が発生しやすい。さらに，課題解決のノウハウが蓄積しないという無駄も生じる。今取り組んでいる課題を解決する際に，他社・他機関によって別の課題の解決の際に用いられた手法が横展開できるとしても，そもそもそのような手法が開発されていることを知る由もない。日本は人口減少のステージに入っており，開発を担う材料工学者の全体数は減少している。同時に，国内市場は縮小しているため，これまで以上に海外に市場を求めていくことになる。つまり，より少ない人員で国内外の多様な社会課題に対応していくことが求められている。

これまでに分析してきた材料開発のレイヤーにおける現状と課題を図1にまとめて列記している。総括すると，以下のようになる。現状は，個別課題ごとに各プレーヤーが個別に対応している閉じた材料開発が行われている。自前主義の開発スタイルは，日本全体としてみると開発リソースの重複や課題解決ノウハウが積み上がらないという課題がある。アカデミアの知恵を総動員できず，国際的な競争力を維持することが困難になっている。アカデミア側から見ても部分最適の産学連携となっており，骨太の学問テーマにつながりにくい。

3. 産学オープンイノベーションのデジタル基盤としてのMInt

新しい開発スタイルとしてオープンイノベーションに期待が寄せられている。オープンイノベーションは，自前主義から脱却して，他社・他機関のリソースを開発に活用していく開発スタイルである。これを実現するためには，共通化できる部分を見極めて，競争と協調を両立させていく必要がある。鍵はデジタル革新(デジタル・トランスフォーメーション＝DX)であると考える。材料課題を解決する材料の開発そのものは，各社の競争力の源泉であり共有することは難しい。しかし，材料課題を細かく分けていくことで，共通性の高い課題に還元でき，それを解くための方法や手法を一緒に開発することが可能となるのではないか。このように分節化(＝デジタル化)することで共通課題化し横展開を図っていくのがDXである。

MIntは，まさに材料開発における産学のDX基盤としてデザインされている。課題を分節化し，これを解くための計算手法を産学で協調して開発し，MIntに実装する。材料開発においては，これらのモジュールを統合したワークフローをMInt上でデザインすることで，各社それぞれに応じた材料開発を加速する。個別の材料開発に資するワークフローのデザインやワークフローとAIを組み合わせて得られる逆問題解析の結果は，各社の中で占有されることが望まれるだろう。このように，共通性の高いモジュールやモデルとなるワークフローについては協調領域として産学の知恵を結集して開発し，これを使った個別の材料開発は競争領域として個別に実施するというのが，競争と協調のデザインになる。

MIntは産学の知恵をデジタル化して蓄積し，利活用する産学連携のデジタル基盤であるといえる。第1章，第2章で紹介してきたワークフローの開発は，協調領域における産学連携の具体的な事例といえる。たとえば，第0章第2節と第2章第3節で詳述したニッケル基超合金の熱処理最適化のためのモジュール，ワークフロー開発とこれを活用した逆問題解析の事例を見てみよう(**図2**)。時効熱処理を模擬するフェーズフィールド法に基づくモジュールでは小山敏幸氏開発のコードが活かされ，強度予測では長田俊郎氏考案の予測式が活用されている。これらを連結してワークフロー全体をデザインしたのが筆者であり，画像解析のモジュールをDmitry Bulgarevich氏が開発し，逆問題を解くためのモンテカルロ木探索のコードはDieb冴氏が開発した。このようにニッケル基超合金の時効熱処理における産業課題に応えるために複数のアカデミアの知恵が活用されるとともに，それがモジュール・ワークフローという形でデジタル化されて蓄積されている。これを元にして，各社は対象とする合金や目的に沿うようにモジュールを改良し，ワークフローを再設計することで，プロセス開発を迅速化できる。同様に，溶接継手の疲労寿命予測，クリープ寿命予測，低温脆化性能などなどの課題においても，分節化されたモジュールが開発され，これを統合したワークフローを設計することで課題が解決されていく(**図3**)。このようにそれぞれの課題解決のために開発されたモジュールはMInt

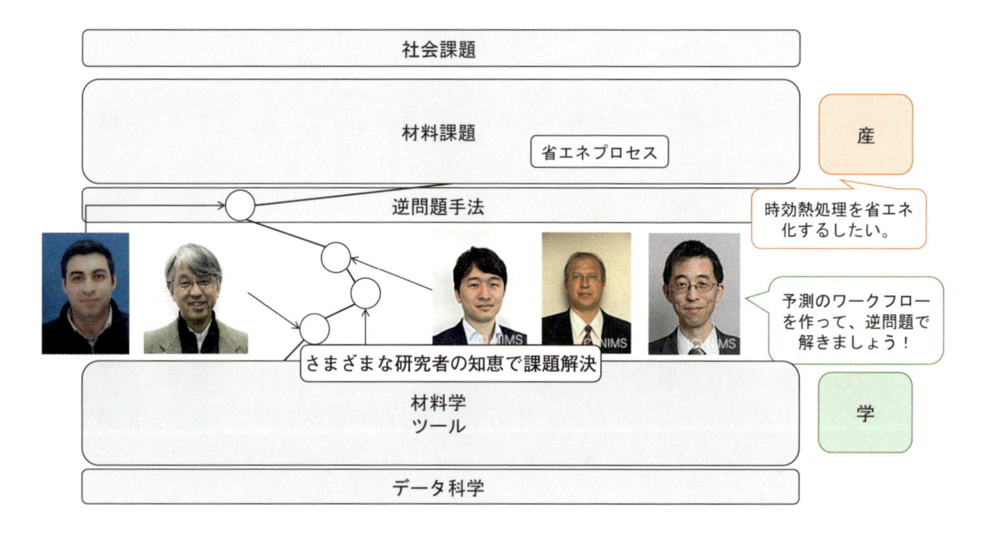

図2　ニッケル超合金の熱処理最適化の課題を例としたモジュール・ワークフローの開発の流れの図解

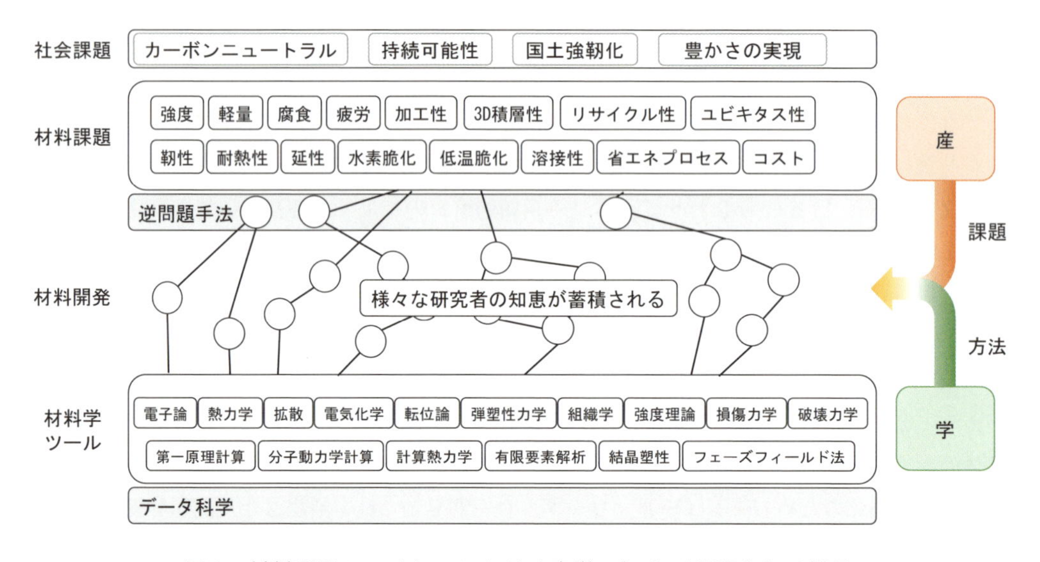

図3　材料開発のレイヤーにおける産学の知恵が蓄積される様子

に実装され，研究者の知恵が蓄積されていくことになる。分節化されたモジュールはある程度の汎用性を有すると期待され，類似の課題に活用できるだろう。たとえば，溶接継手の複数の課題においては熱履歴の予測が共通的に必要であり，これを解く熱伝導計算モジュールは溶接継手のさまざまな課題に横展開できる。さらには，この熱伝導計算に関するモジュールは新しいプロセス技術である3次元積層造形においても(新プロセスに合わせた改良は必要であるものの)活用できるだろう。

図4に示すように，MIntは材料開発のレイヤーにおいて産学連携の成果をデジタル的に蓄積する基盤として機能する。各社はこの基盤を活用して，競争領域の材料開発を行う。本書の

図4　材料開発のレイヤーにおいてMIntは課題解決のノウハウをデジタル的に蓄積する役割を果たす

テーマであるマテリアルズインテグレーションのコンセプトに戻ると，デジタルを活用してプロセス，構造，特性，性能を統合して扱うということから，モジュールとワークフローという考え方が出てきた。この考え方は産学連携の協調領域を取り出す際にも有効な考え方であったといえる。

4. MIntの社会実装：MIコンソーシアムから構造材料DX-MOPへ

産学連携によるオープンイノベーションを推進するためのデジタル基盤としてMIntが開発されたわけであるが，これを実際に機能させるためには産学によるコンソーシアム的な体制が必要となる。**図5**にSIP第1期，第2期を通してMIntの社会実装を段階的に進めた様子を示す。SIP第1期でマテリアルズインテグレーションのコンセプト提案と実証が行われた。これを受けてSIP第2期ではマテリアルズインテグレーションの考え方による研究開発を社会実装することが目標に据えられた。このために逆問題解析に焦点を当てたことは第0章第2節で述べたとおりである。同時に，MIntの社会実装に向けてSIP参画者による協議が進められ，2021年にマテリアルズインテグレーションコンソーシアム(MIコンソーシアム)を設立した。この中では，[**3.**]で述べた協調領域と競争領域の考え方に沿って，産学連携で開発したモジュールやワークフローは共用化されるという原則が打ち立てられた。MIntを使って得られた材料成果そのものは競争領域に属すために占有可能としている。Mコンソーシアムは，SIP第2期の終了に合わせて2023年4月に構造材料DX-MOPへと発展させた。MOPはMaterials Open Platformの略でNIMSにおいて産学連携の協調領域研究を進めていく仕組みである。構造材料DX-MOPは，MIntを中心として構造材料における産学連携DXプラットフォームを形成することを目的としている。この中では，共通課題に取り組むことでモジュール・ワークフローの開発・強化を進めていく。構造材料DX-MOP会員はMIntを自由に使用でき，計算結

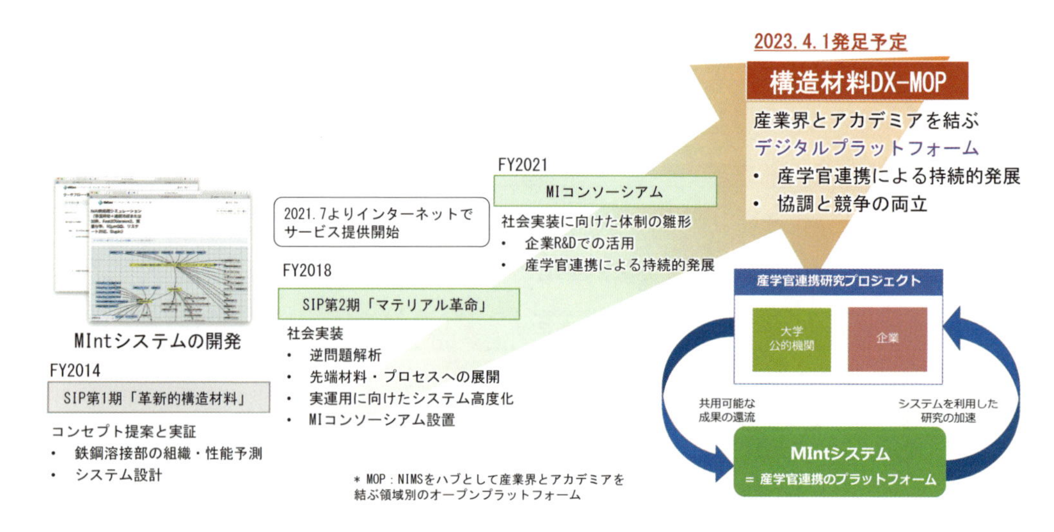

図5　MIntの社会実装に向けた取り組み。構造材料DX-MOPで産学デジタルプラットフォームの社会実装へ

果を占有できる。企業会員はMIntの，利用料という形で協調領域の開発の資金を提供する。アカデミア会員はモジュール・ワークフローの開発に貢献する。NIMSは交付金からMOPの活動を支援する。2024年現在，企業は5社，アカデミア会員は6大学7研究室1センター・2国研という構成となっている。最新の情報はホームページ[2]で確認できる。

文　献

1) M. Demura：マテリアルズインテグレーションの挑戦．鉄と鋼，**109**，490 (2023).
https://doi.org/10.2355/TETSUTOHAGANE.TETSU-2022-122（閲覧2024年9月）
Challenges in Materials Integration. *ISIJ International*, **64**, 503 (2024).
https://doi.org/10.2355/ISIJINTERNATIONAL.ISIJINT-2023-399（閲覧2024年9月）

2) 構造材料DX-MOPホームページ：
https://www.mintsys.jp/dx-mop/（閲覧2024年9月）

第2節　社会実装の進展(2)CoSMICの展開

東北大学　岡部　朋永　　東北大学　川越　吉晃

1. はじめに

航空機においては先進複合材料である炭素繊維強化プラスチック(CFRP)の利用が拡大している。今後もこの傾向は続くことが予想されている。一方で，航空機機体構造に用いられる複合材料の特性は多種多様なものとなってきており，このことが社会実装までのコスト増につながっている。このため，所望の特性を短期間に効率良く得るためのシミュレーション技術が重要になってきている。CFRPは複数素材を組み合わせて作るため，複数の物理現象(マルチフィジックス)を同時に扱いながら，原子・分子から構造体までのスケール(マルチスケール)を繋いで行く技術が必要となる。

筆者らを中心とするグループでは，SIP第2期「統合型材料開発システムによるマテリアル革命」において，分子スケールから簡易的な機体設計までを扱えるマルチフィジックス/マルチスケールシミュレーション技術を開発してきた。このようなシミュレーション技術は，航空業界において「Atoms to Aircraft」と呼ばれている。特に，先進的なCFRPの機体適用を対象とし，開発現場での適用を可能とした，統合シミュレーションツールをシステムとして構築した。具体的には，多成分系ネットワークポリマーの開発研究から構造部材設計，マニュファクチャリングに至るまでを系統的に扱え，かつ，逆問題解析による材料組成最適化までを扱える統合的なシミュレーターを構築することを目的としてきた。その成果物として分子スケールから航空機機体の構造解析まで取り扱える統合解析ツールCoSMIC(Comprehensive System for Materials Integration of CFRP)がある。

2. CoSMICの構成

CoSMICはCFRPを取り扱うシステムとして，東北大学が中心となり，今も開発が進められている。これまでに航空機構造用のCFRP設計をターゲットとした12個のモジュールを開発してきており，原子・分子スケールから機体構造までのマルチフィジックス/マルチスケールシミュレーションが可能である。下記に12個のモジュールを示す。

1. 反応硬化分子動力学シミュレーション
   概要：古典分子動力学法(MD法)を用いてCFRPの母材樹脂である熱硬化性樹脂の架橋構造形成プロセス(硬化反応)を再現するもの。

2．反応硬化散逸粒子動力学シミュレーション

概要：粗視化シミュレーションの1つである散逸粒子動力学法(DPD：Dissipative Particle Dynamics)を用いてCFRPの母材樹脂である熱硬化性樹脂の架橋構造形成プロセス(硬化反応)を再現するもの。

3．化学反応経路自動探索GRRM

(注：量子化学探索研究所が提供するツールであり，CoSMICツールと連携することで，量子化学計算を考慮した反応硬化MD/DPD計算が可能となる。CoSMICのメイン計算サーバーである東北大学スーパーコンピュータAOBAで利用可能)

4．架橋性を有するメゾ有限差分法(密度汎関数理論)シミュレーション

概要：メソスケールでの相分離構造の再現に適した密度汎関数理論の一種であるGinzburgLandau(GL)理論を拡張発展したものであり，架橋構造が誘起するセグメント間の弾性相互作用が相分離構造にどのような影響を及ぼすのかを調査することを目的に作成されている。

5．マルチスケール残留変形シミュレーション

概要：分離型4スケールモデリングからなり，量子化学計算によって反応特性を取得し，それを考慮した反応硬化MDによって母材樹脂の硬化プロセスを再現し，樹脂の硬化収縮量を評価する。さらに得られた硬化MD系を用いてヤング率・ポアソン比・線膨張係数などの熱機械的物性を評価する。次に，それら物性を繊維・樹脂で構成されるミクロFEAに導入することで，一方向積層板の直交異方性を有する弾性定数・線膨張係数および硬化収縮率を評価する。積層板スケールの解析が可能なマクロFEAによって成型時(硬化プロセスと冷却プロセス)における変形を予測する。

6．自己組織化マップ

概要：自己組織化マップ(SOM)は，多数の材料が有する多種多様な物性を視覚的に把握できるようにする手法である。SOMによって，多数の材料を大局的に俯瞰し，元来専門的知識が要求される材料の探索を容易としたり，これまで見落とされていた優れた性質を有する材料の発見を支援する。

7．テーラリング設計支援のための有孔破壊シミュレーション

概要：一方向繊維強化複合材料積層板を主な対象とし，円孔材引張・圧縮(OHT・OHC)試験における①荷重-変位(応力-ひずみ)応答，②強度・破断ひずみ，③破壊モードを評価するツールである。

8．AFP時のギャップ成型を考慮に入れた複合材積層板の有限要素解析ツール

概要：ギャップやラップが内在する複合材積層板の力学的挙動を簡易なモデル化と小さい計算コストで予測する有限要素解析ツール。ギャップやラップが内在する複合材積層板を① ply-by-ply シェルレイヤーモデル，②拡張有限要素法（XFEM），③局所剛性変化，④局所的板厚変化によって簡易的にモデル化し，層間はく離は結合力要素，トランスバースクラックと繊維破断は連続体損傷力学を用いることでモデル化している。

9．ばね要素モデル

概要：マトリックスの応力負担を無視したShear-lag Model（SLM）を有限要素解析に由来した数値解析手法に作り直し，かつ，繊維破断部周りのさまざまな応力集中状態を表現することができ，同じアルゴリズムで非局所応力再配分（GLS：global loadsharing）から局所応力再配分（LLS：local load sharing）までを統一的に扱うことができるようにしたものである。

10．マルチスケール破壊シミュレーション

概要：繊維方向圧縮損傷モデル，微視的有限要素解析により繊維垂直方向の引張，圧縮，せん断強度を予測するための周期セル解析モデルが実装されている。

11．等価剛性モデル

概要：一方向繊維強化複合材料を対象として，周期セルシミュレーションにより等価剛性（弾性係数，ポアソン比，せん断弾性係数）を計算するためのモデルである。有限要素解析により繊維と樹脂の物性値から均質化された複合材料としての物性値を数値的に取得することができる。

12．複合材主翼の多目的最適設計シミュレーター

概要：複合材主翼の形状と材料の機械特性を入力として，①流体解析，②構造解析，③破壊判定，④構造サイジングを順次行い，航空機の飛行性能や構造重量を評価するツールである。

これらに加え，CoSMICの航空機産業以外への活用を見据え，各種基本解析が可能なインハウスコードによる解析ツール群（第2階層）が28プログラムある。

1．アイソパラメトリック要素（一次要素）
2．アイソパラメトリック要素（高次要素）
3．アイソパラメトリック要素（固有振動解析））
4．アイソパラメトリック要素（動解析）
5．幾何学的非線形解析（トータルラグランジュ形式）
6．幾何学的非線形解析（アップデートラグランジュ形式）

7．構造要素線形解析(NLFESTAR)
8．弾塑性解析
9．粘塑性解析
10. 粘塑性くびれ解析
11. X-FEM
12. 平板シェル要素の固有振動解析
13. 平板シェル要素の座屈解析
14. Mindlin 板要素
15. 非圧縮性流体 FEM
16. 浸透流 FEM
17. SPH(2D)
18. SPH(3D)
19. SPH(曲線座標)
20. SPH(衝撃解析)
21. SPH(破壊解析)
22. SPH(変形解析)
23. 全原子 MD
24. DPD
25. 引張強度予測(マイクロメカニクスモデル-森・田中理論)
26. 実験計画法(ベイズ最適化)GUI ツール
27. 差分進化アルゴリズムによる有制約多目的最適化
28. 逐次近似最適化

商用・汎用ソルバー上で動くユーザーサブルーチン群(第3階層)が7ツールある。下記に示す。

1．分子動力学シミュレーション(LAMMPS にて計算するためのサポート資料)
2．DCB(ABAQUS にて計算するためのサポート資料)
3．ENF(ABAQUS にて計算するためのサポート資料)
4．OHC(LS-DYNA にて計算するためのサポート資料)
5．OHT(LS-DYNA にて計算するためのサポート資料)
6．ドリリング(ABAQUS にて計算するためのサポート資料)
7．面外衝撃解析(ABAQUS にて計算するためのサポート資料)

および基礎的な数値解析コード群(Background 階層)57 プログラムを配置してある(2024 年 4 月 28 日現在)。これらコードは原理・手法・動作方法が記載されたマニュアルと共に，HP 上で公開されており，CoSMIC コンソーシアムメンバーになることで，無償入手可能である。さらに，GUI ベースで計算が可能なインターフェースを構築し，東北大学スーパーコンピュータ AOBA で利用可能である(第1階層のみ)。これらによってシミュレーションやターミナル操作が不慣れなユーザーでもツール利用を始めやすい環境が整備されている。

3. 今後の展望

今後はユーザーニーズの高まりに応え，航空機産業以外の製品開発を支援するためのモジュール開発も進めていく予定にしている。特に，データサイエンスにまつわるデータ同化，ベイズ推定・最適化，実験計画法，システム同定，機械学習，マルチエージェントシミュレーションには注力をしていきたい。

2024 年 1 月には，CoSMIC に関連したスタートアップ企業株式会社 CoSMIC-DX が発足した。株式会社 CoSMIC-DX[1]では，「CoSMIC」を利用企業のニーズに合うように，その都度，問題に応じたツールの開発・改良を行い，それに基づく利活用に関するサポートを依頼できる。特に，サポート事業を通じ，サイバー（CoSMIC）とフィジカル（実験・試作）が融合したデジタルツインをシステムとして顧客企業内に構築することで，新たな製品の開発加速に貢献し，「現場の蓄積ノウハウと経験」に頼らない研究 DX プラットフォームを提供したいと考えている。

文　献

1）株式会社 CoSMIC-DX：
https://www.cosmic-dx.com/（閲覧 2024 年 9 月）

第3節　マテリアルズインテグレーションの今後の展望

国立研究開発法人物質・材料研究機構　出村　雅彦

1. はじめに

マテリアルズインテグレーションは材料工学をデジタル化するものと総括できる。デジタル化の先に何があるか。今後の展望を述べたい。

2. 材質予測迅速化によるデジタルツインの実現

一つにはデジタルツインへの応用である。デジタルツインは現実の対になる双子(ツイン)をデジタル空間上に創出するものである。マテリアルズインテグレーションは計算機上でプロセス，構造，特性，性能をつなぐものであることから，デジタルツインそのものといって良いだろう。ただし，デジタルツインとして機能させるためには，現実を模倣する速さが大切となる。

金属3次元積層造形(AM：Additive Manufacturing)を例として考えてみよう。AMはデザインの自由度が高く，これまでの金属加工の工程を大幅に省略できることから破壊的なイノベーションと位置付けられる。AMを使いこなすためには，部品デザインを最適化するツールに加えて，造形方案から材質を予測できる技術が必須となる。造形方案によって入熱が変わりとともに部品形状によって抜熱が変わる。この結果，ミクロ構造が変化し，強度，延性，靱性，疲労，クリープなどの特性や性能に影響を与えることになる。部品性能を担保するためには，適切な材質を実現する造形方案をデザインする必要がある。このためには，任意の造形方案に対して部位ごとの材質を予測する技術が欠かせない。

マテリアルズインテグレーションの考え方で，AM用にモジュールを開発し，プロセスから構造を予測し，これに基づいて特性，性能を予測するためのワークフローを構築することは可能と考えられる。そして，材質を考慮した造形方案のデザインは，造形方案から材質を予測するワークフローとAIによる最適化法を組み合わせることで可能となるだろう。しかし，現実的な時間でデザインするためには，予測を迅速に行う必要がある。AIによる最適化は逐次的に行われるため，繰り返し材質を予測する必要がある。たとえば，第0章第2節で紹介したニッケル超合金の時効熱処理をデザインしたケースで考えてみよう。このケースでは1,600件以上をトライする中で100件ほど優れたパターンを見いだしており，平均的に10数件の試行錯誤で良い熱処理パターンを発見できたことになる。1件あたりの検証(順問題解析)にかかる計算時間は0.5日程度であり，優れた熱処理パターンを見つけるのにかかる平均的な時間は1

週間程度と見積もられる。さらに，AM の場合は部品形状の最適化も同時に行うため，部品形状が変わるごとに造形方案のデザインがやり直されることになる。このため部品を提案するところを含めると，相当の時間がかかってしまうことになる。AM の魅力の 1 つにすぐに試作できる点があるが，デザインの提案までに時間がかかると，この特長を活かすことができない。

マテリアルズインテグレーションの考え方に基づいて逆問題解析をする場合，ボトルネックは材質予測にかかる時間である。フェーズフィールド計算や有限要素解析などが特に時間がかかる。しかし，プロセスから構造，構造から特性を物理モデルにしたがって計算するには，これらの時間のかかるシミュレーションは欠かすことができない。

時間のかかるシミュレーションを迅速化する方法として，AI による代理モデルの活用が考えられる。想定される方案のパターンについてあらかじめ大量に計算をしておき，これを学習データとして AI によって代理モデルを作る。AI による推定はシミュレーションに比べてはるかに速いので，材質予測を大幅に高速化できる。任意の造形方案に対して材質予測を 1 分以内にできるようになると数時間で最適化した造形方案を提案できるようになり，デジタルツインとしての利用価値が高まる。

迅速な材質予測技術に支えられたデジタルツインは，造形方案の設計だけでなく，AM プロセスの制御にも活用できる。デジタルツインの予測をプロセス時にモニタリングする各種情報によって補正をかけるようにすることで，リアルタイムで材質低下を予測できるようになるだろう。材質が低下していると予測される箇所を再溶融するなどの制御をかけることで，材質を適正化することが考えられる。

このような迅速な材質予測に支えられたデジタルツインは，ものづくりのあらゆる分野で活用されていくことが期待される。

3. 生成 AI の活用

生成 AI のインパクトは大きく，これをいかに活用するかが産業競争力を左右する時代に入った。マテリアルズインテグレーションにおいても生成 AI の活用は重要となってくる。1 つには，画像生成の技術の活用である。材料の特性や性能はミクロ構造に依存することから，材料研究においては電子顕微鏡等を用いてミクロ構造を解析する。マテリアルズインテグレーションにおいても物理モデルに立脚したシミュレーションによって，プロセスからミクロ構造を推定するモジュールを開発し実装している。しかし，プロセスは多岐に渡るため，常に物理的なモデルに基づいたシミュレーションができるわけではない。このような局面では，AI によってプロセスからミクロ構造を生成することこで，プロセスと構造を結ぶ相関を計算機上で実現するという手があるだろう。SIP 第 2 期においても，AI 画像生成技術の活用を検討してきた。たとえば，Dual Phase 鋼(DP 鋼)を対象として，走査電子顕微鏡観察画像を生成するモデルを作成している[1)]。この例では敵対的生成ネットワーク(GAN：Generative adversarial networks)という技術を用いている。GAN は画像を生成するニューラルネットワークの学習と画像が本物かどうかを見分ける識別のためのニューラルネットワークを交互に学習する方法である。ニューラルネットワークを用いる方法では大量の学習画像(100 万枚クラス)を必要とするが，ミクロ構造の観察をそれだけの数行うことは現実的ではない。そこで，DP 鋼の例では，回転や反転などの操作を加えて画像の数を人工的に増幅する技術が用いられた。ここでは，3,000 枚のミクロ組織画像を用いて，約 1,000 倍のデータ増幅によって，かなり実際の特徴を取られた画像を生成することに成功している。今後，さまざまな材料において AI によるミクロ構造画像の生成が試されることになるだろう。

生成 AI 活用のもう 1 つの方向性は，予測モデルの開発や利用の支援である。ChatGPT をはじめとする大規模言語モデルは，かなり長い文章から適切に語彙の関係性を学習し，文脈に沿った応答ができるようになっている。プログラムの作成にも利用できることが示されつつあり，予測モデルを開発する際のコード作成に大いに活用できると期待される。さらに，予測モデルの情報(入力と出力，背後にある物理モデルなどに関する文書情報)を学習させることで，ユーザーの目的に合った予測モデルを提案するということも可能になるだろう。

生成 AI は，ミクロ構造画像，予測モデルの文書情報などのさまざまな形態の情報を活用できるようになってきている。マテリアルズインテグレーションの取り組みで生み出された大量の情報を学習していくことで，材料開発を支援する「マテリアル AI」を構築することも可能になるかもしれない。

文　献

1) G. Lambard, K. Yamazaki and M. Demura：Generation of highly realistic microstructural images of alloys from limited data with a style-based generative adversarial network. *Scientific Reports*, **13**, 566 (2023).
https://doi.org/10.1038/s41598-023-27574-8 (閲覧 2024 年 9 月)

おわりに　第2期SIPプログラム：統合型材料開発システムによるマテリアル革命

プログラムディレクター(PD)　三島　良直

国立研究開発法人日本医療研究開発機構　理事長／東京工業大学名誉教授・前学長

2014年に第1期SIPプログラムが内閣府総合科学技術・イノベーション会議(CSTI)を司令塔としてスタートし，11課題のうち「革新的構造材料」が東京大学名誉教授名誉教授の岸輝夫先生をPDとし実施され，大きな成果を挙げた。2018年には第2期SIPプログラム12課題が発動し，第1期の成果をベースに各種構造材料設計手法の革新を目指す「統合型材料開発システムによるマテリアル革命」を小生がPDとして2022年度まで実施した。構造材料は機能材料と呼ばれる半導体，磁石，超伝導材料のようにある特殊な機能を発現するものではなく，建物や橋そして自動車や航空機のような輸送機器の胴体や部品を構成するための材料である。そして人類にとって最も身近な材料は鉄鋼，アルミニウム，チタンなどの金属材料と，比重が金属材料に比べ低くまた高剛性・高強度のCFRP(炭素繊維強化高分子材料)である。いずれも使用する目的と環境における強度，加工性，じん性(耐衝撃性)に加えて使用中の経時的特性として耐疲労性，耐クリープ性などなどを供えた材料であり，人間社会のインフラそのものを支える材料である。

日本は，これまで材料立国を自負してきたが，特に構造材料においては国際競争力が高く，鉄鋼材料を例に取ると建築用あるいは自動車用鋼板の強度，加工性，溶接性などの特性において安定した製造工程による再現性に優れた高い品質は世界トップである。また，非常に過酷な環境で使われる材料，たとえばシベリアなどの極寒地域の石油発掘に用いる高級油井管においては，日本でしか製造できないものである。またCFRPにおいては，軽量化が重視されるスポーツ器具を含む構造用材料として，日本の大手3社が世界の70％ものシェアを持っている。特に航空機第1構造体(胴体)のみならず機体重量の50％がCFRPというのが現状で，機体の軽量化による燃費とCO_2排出の低減に大きな貢献を果たしている。

構造材料は，上に述べたように使用環境にさまざまな特性を長期間維持しなくてはならない。特に金属系材料においては建物，橋，トンネルなどの大型社会インフラ建築物においては数十年の使用が見込まれる。このような場合は強度，じん性，耐腐食性に加えて耐久性(耐疲労性，耐クリープ性)を保証する必要がある。また，航空機のエンジン部材の場合は運転時には1,000℃前後の条件におかれ，着陸後は常温という大きな熱サイクルが繰り替えされることに対する性能保証が必要となる。そのため，使用環境に応じた長期間の材料特性に関する実験データの取得も必要となる。また，航空機の構造体に用いるCFRP材料の場合はプリプレグと呼ばれる薄板素材の高分子材料に組み入れる炭素繊維の方位とその積層手法による胴体，翼などの形状に応じた強度設計が必要であり，さらにその耐久性と安全性に厳しい規格をクリアする必要がある。このため金属材料とCFRP材それぞれに安全で環境への負荷が低いより良い材料開発には長い期間が必要となる。一般には10年，15年かかるといわれてきた。

本ハンドブックは，第1期SIP課題「革新的構造材料」の成果であるマテリアルズインテグレーションシステムを実際の先進材料・プロセス研究開発に活用できるものとし，日本の構造材料設計のための革新的手法として第2期SIP課題「統合型材料開発システムによるマテリアル革命」において多大な時間と費用を要する材料開発のスピードアップ・コストダウンを実現すべく進められてきた成果をまとめたものである。日本の高度成長時代以来，さまざまな構造材料が生まれ，実用化に至るまでのプロセスおいて膨大なデータが蓄積されていることから，これらを計算材料学やAI技術を用いていかに効率よく体系づけることで，日本のこの分野での国際競争力を発揮していくことに貢献するものと確信している。

本ハンドブックが，皆様のモノづくりにおいてお役に立つことを祈念いたします。

索　引

英数・記号

あ行

か行

さ行

た行

な行

は行

ま行

や行

ら行

わ行

マテリアルズインテグレーションによる 構造材料設計ハンドブック

Materials Integration for structural materials design

発行日	2024年12月16日　初版第一刷発行
監修・ 編集委員長	出村　雅彦
監修・ 編集委員	榎　学，渡邊　誠，岡部　朋永，井上　純哉，源　聡
発行者	吉田　隆
発行所	株式会社 エヌ・ティー・エス 〒102-0091 東京都千代田区北の丸公園 2-1　科学技術館２階 TEL.03-5224-5430　http://www.nts-book.co.jp
印刷・製本	倉敷印刷株式会社

ISBN978-4-86043-928-6

NTSの本

関連図書

	書籍名	発刊日	体裁	本体価格
1	接着工学　第2版 ～接着剤の基礎、機械的特性・応用～	2024年	B5 約730頁	54,000円
2	デジタルツイン活用事例集 ～製品・都市開発からサービスまで～	2024年	B5 284頁	45,000円
3	傾斜機能材料ハンドブック	2024年	B5 460頁	56,000円
4	CFRPリサイクル・再利用の最新動向	2023年	B5 296頁	50,000円
5	DX デジタルトランスフォーメーション事例100選	2023年	B5 916頁	30,000円
6	多孔質体ハンドブック ～性質・評価・応用～	2023年	B5 912頁	68,000円
7	破壊の力学Q&A大系 ～壊れない製品設計のための実践マニュアル～	2022年	B5 576頁	54,000円
8	フレッティング摩耗・疲労・損傷と対策技術大系 ～事故から学ぶ壊れない製品設計～	2022年	B5 332頁	50,000円
9	やわらかものづくりハンドブック ～先端ソフトマターのプロセスイノベーションとその実践～	2022年	B5 600頁	45,000円
10	接着界面解析と次世代接着接合技術	2022年	B5 448頁	54,000円
11	3Dプリンタ用新規材料開発	2021年	B5 380頁	45,000円
12	セルロースナノファイバー 研究と実用化の最前線	2021年	B5 896頁	63,000円
13	データ駆動型材料開発 ～オントロジーとマイニング、計測と実験装置の自動制御～	2021年	B5 290頁	52,000円
14	マテリアルズ・インフォマティクス開発事例最前線	2021年	B5 322頁	50,000円
15	Q&Aによるプラスチック全書 ～射出成形、二次加工、材料、強度設計、トラブル対策～	2020年	B5 466頁	50,000円
16	ポリマーの強靭化技術最前線 ～破壊機構、分子結合制御、しなやかタフポリマーの開発～	2020年	B5 318頁	45,000円
17	改訂増補版　プラスチック製品の強度設計とトラブル対策	2018年	B5 328頁	39,000円
18	新世代　木材・木質材料と木造建築技術	2017年	B5 484頁	43,000円
19	自動車のマルチマテリアル戦略 ～材料別戦略から異材接合、成形加工、表面処理技術まで～	2017年	B5 394頁	45,000円
20	工業製品・部材の長もちの科学 ～設計・評価技術から応用事例まで～	2017年	B5 448頁	50,000円
21	しなやかで強い鉄鋼材料 ～革新的構造用金属材料の開発最前線～	2016年	B5 440頁	50,000円
22	CFRPの成形・加工・リサイクル技術最前線 ～生活用具から産業用途まで適用拡大を背景として～	2015年	B5 388頁	40,000円